電気回路学基礎

Fundamentals of Electric Circuits

白藤 立

Shirafuji Tatsuru

プレアデス出版

はじめに

本書は，大阪市立大学工学部電子・物理工学科の 2 年生を対象として半期（前期）で開講している電気回路学基礎という講義の資料をまとめたものである．当該講義及び本書の主たる目的は，正弦波交流電気回路に特有のフェーザという概念の理解と，それを基盤とする交流回路理論の基礎を修得することにある．修得するということは，書いてあることを記憶し，試験で合格するということだけではなく，学習したことが使い物になる必要がある．そうした意味で，各章に対応した付録を設け，そこに定理の証明，各種の具体的かつ実利的な応用例，素人が間違いやすい事項などを記した．「間違いやすい事項」については，恥ずかしながら著者自身が勘違いをしていたり，あまり深く考えていなかった事項でもある．聡明な読者にとっては不要かもしれないが，しばしば同じ間違いをしている人と遭遇することがあるので，あえて明示的に記すことにした．

なお，対象となっている学生が電気工学科や電子工学科の学生ではなく，電子・物理工学科の学生であることから，電気回路の基礎に関する一般的な教科書と比べると，本書で網羅する内容は若干異なる．電気回路の基礎に関する教科書の多くは，その最終章で三相交流を取り上げているが，本書では三相交流を割愛し，電気回路学を学習した後に履修することになる電子回路，半導体，集積回路に関連する過渡現象を含めた．一般の電気回路の教科書では，交流回路素子として初めて学習するコイルやコンデンサに関する話題が，電圧と電流の間に位相差が発生することで終わっている場合が多い．本書でも，その総集編として，交流電気回路の基礎知識を総動員する無効電力補償に関する付録を充実させている．確かに，コイルやコンデンサのこうした基礎知識は正弦波交流の電気回路を考える上で必須である．しかし，電気回路学を学習した後に電子回路学を学習する学生に対しては，むしろこれらの素子の過渡応答や周波数特性を巧みに利用したバイパスコンデンサやチョークコイルなどに関する知識の方が有益であろうと思われる．以上のような見解から，本書では三相交流の代わりに過渡応答を含めることとした．

なお本書には，各章に対応していない番外の付録が二つある．一つ目は，一般的な電気回路の教科書ではあまり述べられていない電源の直並列接続に関する説明である．電子・物理工学科を志望する学生の多くが太陽電池に興味をもって入学してきており，そうした学生が履修すべき科目として半導体工学が既にある．しかし，直並列に太陽電池が接続された実用的なモジュールで生じる部分陰の問題などは，半導体工学ではなく電気回路学の視点で理解するべきものである．残念ながら，現在のカリキュラムでは半導体工学を学習してから再び電気回路学を学習する機会が無いため，本書の付録として含めることにした．

二つ目の番外付録は，交流電気回路の理論で利用する複素数に関する補足説明である．虚数単位 j が単なる $\sqrt{-1}$ の代用品であるという認識をもっていると，その認識が複素平面上のフェーザやインピーダンスの理解を妨げるものになる．そのため，数直線からはみ出た平面数という概念とその演算法則を定義することにより $\mathrm{j}^2 = -1$ という関係が必然的に導出されること，並びに $\mathrm{e}^{\mathrm{j}\theta}$ という表記がオイラーの公式を満たすことを説明する．

最後に，本書を世に出す機会を頂き，出版に際して大変お世話になった（有）プレアデス出版の麻畑仁様に深く感謝の意を表する．

2018 年 5 月 30 日

白藤 立

目次

第1章 直流回路の復習

本書では，直流回路，正弦波，微分，積分，複素数，複素平面に関する基礎知識については，既に学習済であると想定している（本章末の基礎知識確認用問題にて確認されたし）．本章では，既に学習しているはずの基礎知識の中でも，正しく認識していないと後で困ることになる点について重点的に述べた．

1.1 オームの法則

図 1-1 のように，抵抗 R の両端にかかる電圧を V，そこに流れる電流を I とするとき，以下の関係式が成り立つ．これを**オーム（Ohm）の法則**という．

$$V = RI \qquad \text{又は} \qquad I = \frac{V}{R}. \tag{1-1}$$

式 (1-1) の一番目の式に現れる抵抗（単位：**Ω**, **オーム**，Ohm）は，電流の流れ難さを表す指標であり，一般的に記号 R で表される．これに対し，式 (1-1) の二番目の式に現れる抵抗の逆数を**コンダクタンス**（単位：**S**，**ジーメンス**, Siemens）といい，電流の流れ易さを表す指標となる．一般的に記号

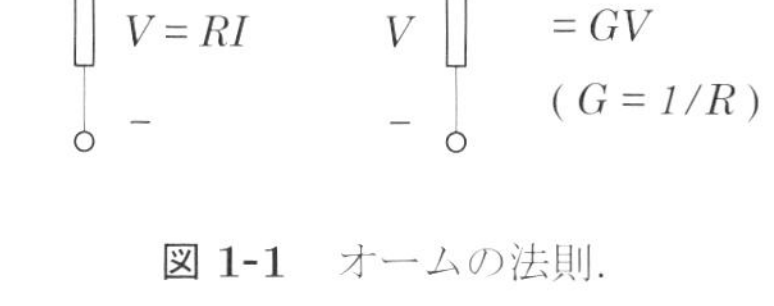

図 1-1　オームの法則.

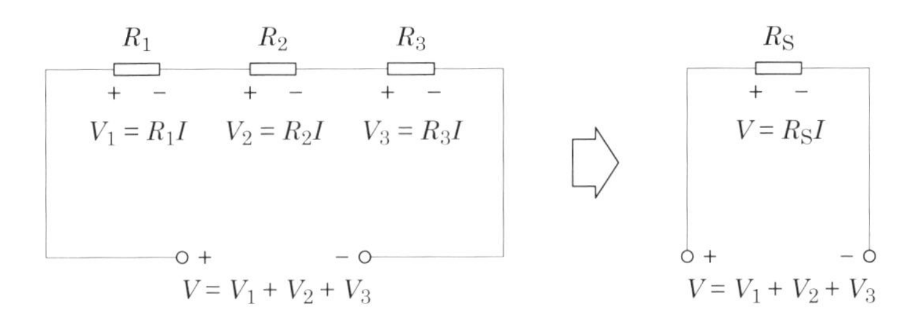

図 1-2　抵抗の直列接続.

G で表される.

$$G = \frac{1}{R}. \tag{1-2}$$

1.2　抵抗の直列接続

抵抗値 R_1, R_2, R_3 の抵抗を**図 1-2** に示すように直列接続したときの合成抵抗値 R_S は次式で与えられる.

$$R_S = R_1 + R_2 + R_3. \tag{1-3}$$

この関係の基礎となっている原理原則は以下のとおりである.

- **1 本の電線を流れる電流はどこも同じである.**

$$I = \frac{V_1}{R_1}, \quad I = \frac{V_2}{R_2}, \quad I = \frac{V_3}{R_3}. \tag{1-4}$$

- **複数の回路素子を直列接続したときの全体の電圧降下は個々の回路素子の電圧降下の和である. また, ループを形成しているとき, 起電力の総和は電圧降下の総和に等しい.**

$$V = V_1 + V_2 + V_3. \tag{1-5}$$

これらの関係と合成抵抗 R_S を用いたオームの法則 $V = R_S I$ から, 式 (1-3) が導き出される. 式 (1-3) の関係は簡単に覚えられるが, それよりも上記の二つの理屈（原理原則）を理解することの方が重要である.

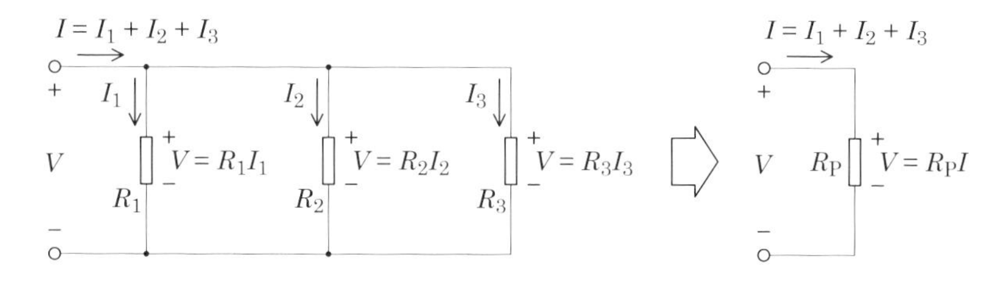

図 1-3　抵抗の並列接続.

1.3　抵抗の並列接続

抵抗値 R_1, R_2, R_3 の抵抗を**図 1-3** に示すように並列接続したときの合成抵抗値 R_P は次式で与えられる.

$$\frac{1}{R_P} = \frac{1}{R_1} + \frac{1}{R_2} + \frac{1}{R_3}. \tag{1-6}$$

この関係の基礎となっている原理原則は以下のとおりである.

- **同じ節点の間の電位差は同じである.**

$$V = R_1 I_1, \qquad V = R_2 I_2, \qquad V = R_3 I_3. \tag{1-7}$$

- **ある節点に入った電流は，出る電流に等しい.**

$$I = I_1 + I_2 + I_3. \tag{1-8}$$

これらの関係と合成抵抗 R_P を用いたオームの法則 $V = R_P I$ から，式 (1-6) が導き出される．無理矢理「$R_P =$」の形式に書き直せば，以下のようになる.

$$R_P = \frac{R_2 R_3 + R_1 R_3 + R_1 R_2}{R_1 + R_2 + R_3}. \tag{1-9}$$

式 (1-9) の関係よりも式 (1-6) の方が覚えやすい．しかし，前節の直列接続の場合と同様に，これを覚えることよりも上記の二つの理屈（原理原則）を理解することの方が重要である.

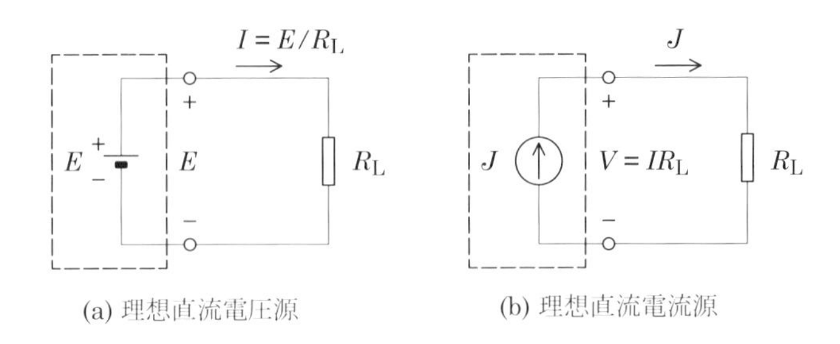

図 1-4 回路図に現れる理想直流電圧源と理想直流電流源.

なお，並列接続の場合には，抵抗の逆数であるコンダクタンスを用いるとすっきりする．式 (1-6) から，合成コンダクタンスは以下のように各コンダクタンスの単純な代数和となる.

$$G_P = G_1 + G_2 + G_3. \tag{1-10}$$

ここで，$G_1 = 1/R_1$，$G_2 = 1/R_2$，$G_3 = 1/R_3$，$G_P = 1/R_P$ である.

1.4 電源

図 1-4 に示すような回路図に描かれた電源は,「電圧をかける」又は「電流を出す」，という基本的性質「だけ」をもつ**理想電源**（仮想電源）であるが，以下のような非現実的な特性をもつことを認識しておいてほしい.

- **理想電圧源**　　如何なる負荷 R_L でも電源の端子間にかかる電圧を E に維持する．$I = E/R_L$ であるから，$R_L = 0$（短絡）なら無限大の電流を出すことになる.
- **理想電流源**　　如何なる負荷 R_L でも電源の端子から出る電流を J に維持する．$V = R_L J$ であるから，$R_L = \infty$（開放）なら無限大の電圧がかかることになる.

本節では直流の場合について例示したが，本書で学習する交流の場合でも同様である.

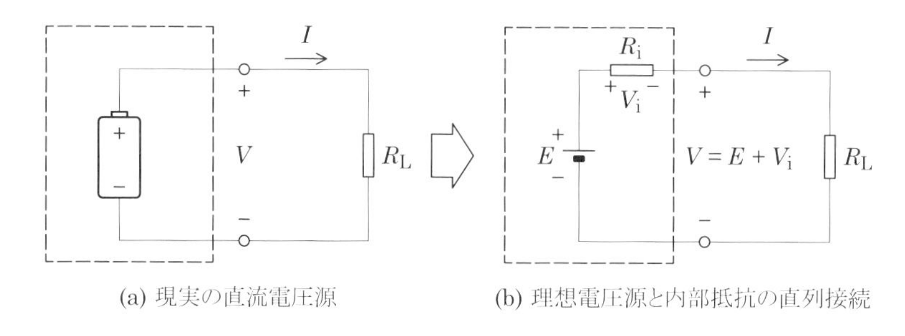

(a) 現実の直流電圧源　(b) 理想電圧源と内部抵抗の直列接続

図 1-5　現実の直流電圧源を理想電圧源と内部抵抗の直列接続で表現する.

1.5　現実の電源と内部抵抗

本節では，より現実に近い電源を回路図を用いて表す際に用いられる内部抵抗について述べる．また，内部抵抗をもつ電源回路であっても，ある条件が満たされれば近似的に理想電源となることを示す．このような「ある条件範囲内での近似」は，工学の分野で多用される重要な考え方となっている．

1.5.1　直流電圧源

電圧源の場合，より現実に近いものを回路図で表そうとするときは，**図 1-5** に示すように，理想電圧源に対して直列に**内部抵抗** R_i を設ける．内部抵抗を考慮すると，電流 I が流れることによって内部抵抗での電圧降下 $V_i = R_i I$ が発生し，E がそのまま端子間電圧 V に反映されないという現実に近い状況になる．電圧源に対してこのような描像をもつことによって，以下のことがわかる．

- **$R_L \gg R_i$ であるとき**
  「負荷抵抗の値が電圧源の内部抵抗の値と比較して十分に大きいとき」と表現する．この条件が満たされれば，電圧源は，その端子間電圧が負荷に依存しない**理想電圧源に近い特性となる**．
- $R_L \gg R_i$ でないとき
  電圧源の端子間電圧は負荷に依存し，その電圧源を理想電圧源として扱うことはできない.

課題 上記のようになる理由を説明せよ.

略解 起電力 E は, R_i と R_L における電圧降下の和と等しいから,

$$E = V_\mathrm{i} + V. \tag{1-11}$$

内部抵抗 R_i と負荷抵抗 R_L に関しては, 以下のオームの法則が成り立つ.

$$V_\mathrm{i} = R_\mathrm{i} I, \qquad V = R_\mathrm{L} I. \tag{1-12}$$

したがって,

$$E = (R_\mathrm{i} + R_\mathrm{L}) I \qquad \Longrightarrow \qquad I = \frac{E}{R_\mathrm{i} + R_\mathrm{L}}. \tag{1-13}$$

この I を先の $V = R_\mathrm{L} I$ に代入すれば,

$$V = \frac{R_\mathrm{L}}{R_\mathrm{i} + R_\mathrm{L}} E = \frac{1}{1 + \dfrac{R_\mathrm{i}}{R_\mathrm{L}}} E. \tag{1-14}$$

この式は, 電源の端子間の電圧 V が負荷 R_L の大小によって変化することを意味する. しかし, $R_\mathrm{L} \gg R_\mathrm{i}$ であれば, $R_\mathrm{i}/R_\mathrm{L} \ll 1$ であるから,

$$V \approx E. \tag{1-15}$$

すなわち, 負荷抵抗が電圧源の内部抵抗と比較して十分に大きければ, 負荷 R_L の大小による端子間電圧 V の変動は無視できる（理想電源として扱える）.

課題 無負荷時の出力電圧が 1.5 V の乾電池に, $R_\mathrm{i} = 0.1\ \Omega$ の内部抵抗が内在しているものとする. このとき, 端子間の電圧 V と端子から流れ出る電流 I の負荷抵抗値に対する依存性を図示し, 負荷抵抗値の減少, すなわち負荷に流れる電流値の増加に伴って端子間電圧が減少することを示せ. また, この乾電池が有効数字 2 桁で 1.5 V の乾電池として機能できる負荷抵抗の限界を求めよ.

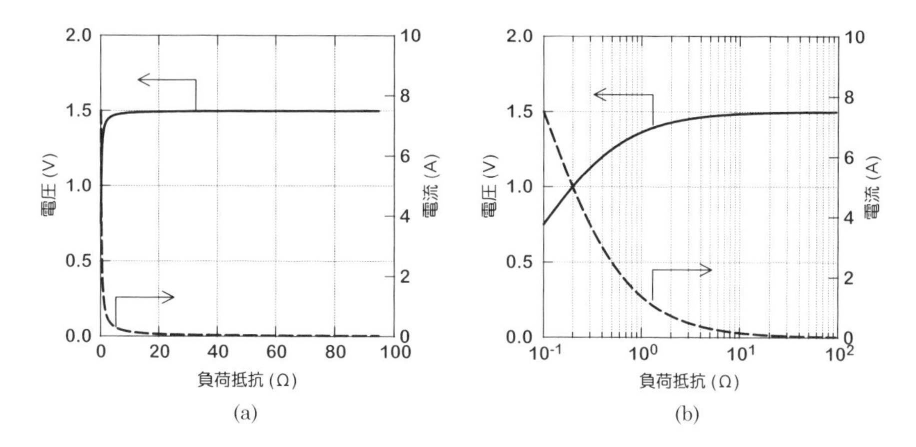

図 1-6　内部抵抗 0.1 Ω，理想起電力 1.5 V の乾電池の端子間電圧 V と端子から流れ出る電流 I の負荷抵抗値 R_{L} に対する依存性．(a) は横軸をリニアスケールで図示したもの，(b) は横軸を対数スケールで図示したもの．

略解　無負荷（開放）で 1.5 V であるから，電池内部の理想起電力を $E = 1.5$ V と想定する．**図 1-5** より，端子間の電圧 V は次式で表される．

$$V = \frac{R_{\mathrm{L}}}{R_{\mathrm{i}} + R_{\mathrm{L}}} E. \tag{1-16}$$

一方，端子から流れ出る電流 I は，

$$I = \frac{V}{R_{\mathrm{L}}} \tag{1-17}$$

である．これらの式を用いて R_{L} に対する V と I の依存性を図示すると，**図 1-6** のようになる．

この図から，負荷抵抗の値が小さくなるに従って，負荷に流れる電流が増加し，同時に端子間の電圧が減少することがわかる．また，有効数字 2 桁で 1.5 V の電池と見なすことができる負荷抵抗の条件は，約 2.8 Ω 以上となる．これよりも小さい負荷抵抗を接続した場合には，この電池はもはや有効数字 2 桁の 1.5 V の電池としては機能せず，1.44 V 以下（下 1 桁を丸めると 1.4 V になる）の電池として振る舞うのである．

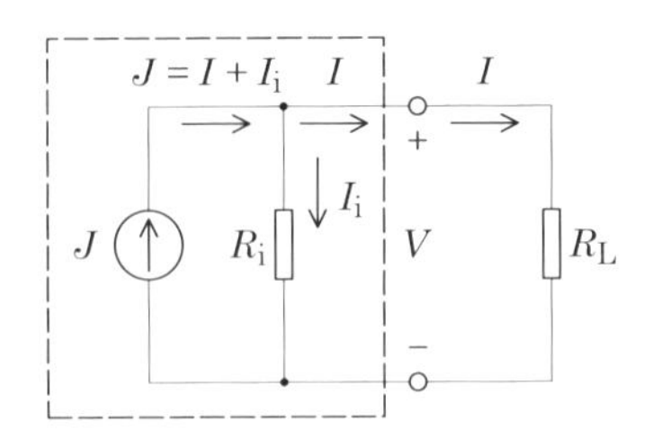

図 1-7　現実の直流電流源を理想直流電源と内部抵抗の並列接続で表現する.

1.5.2　直流電流源

実際の電流源を回路でより正しく表そうとするときには, **図 1-7** に示すように, 理想電流源に対して並列に内部抵抗 R_i が存在する, という描像を適用する. すなわち, 端子間に電圧 V が印加されることによって内部抵抗に流れる電流 $I_\mathrm{i} = V/R_\mathrm{i}$ が発生し, J がそのまま端子から出る電流 I に反映されないことを考慮するのである.

電流源に対してこのような描像をもつことによって, 以下のことがわかる.

- **$R_\mathrm{L} \ll R_\mathrm{i}$ であるとき**
  「**負荷抵抗の値が電流源の内部抵抗の値と比較して十分に小さいとき**」と表現する. この条件が満たされれば, 電流源は, その端子から出る電流が負荷に依存しない**理想電流源に近い特性となる**.
- $R_\mathrm{L} \ll R_\mathrm{i}$ でないとき
  電流源の端子から出る電流は負荷に依存し, その電流源を理想電流源として扱うことはできない.

課題　上記のようになる理由を説明せよ.

略解　理想電流源から出た電流 J は, 内部抵抗 R_i に流れる電流と電源の端子から出る電流 I（すなわち, 負荷抵抗 R_L に流れる電流）の和であるから,

$$J = I_\mathrm{i} + I. \tag{1-18}$$

内部抵抗 R_{i} と負荷抵抗 R_{L} に関しては，以下のオームの法則が成り立つ．

$$I_{\mathrm{i}} = \frac{V}{R_{\mathrm{i}}}, \qquad I = \frac{V}{R_{\mathrm{L}}}. \tag{1-19}$$

したがって，

$$J = \left(\frac{1}{R_{\mathrm{i}}} + \frac{1}{R_{\mathrm{L}}}\right)V \quad \Longrightarrow \quad V = \frac{J}{\dfrac{1}{R_{\mathrm{i}}} + \dfrac{1}{R_{\mathrm{L}}}}. \tag{1-20}$$

この V を先の $I = V/R_{\mathrm{L}}$ に代入すれば，

$$I = \frac{1}{R_{\mathrm{L}}} \frac{J}{\dfrac{1}{R_{\mathrm{i}}} + \dfrac{1}{R_{\mathrm{L}}}} = \frac{1}{1 + \dfrac{R_{\mathrm{L}}}{R_{\mathrm{i}}}} J. \tag{1-21}$$

この式は，電源の端子から出る電流 I が負荷 R_{L} の大小によって変化することを意味する．しかし，$R_{\mathrm{L}} \ll R_{\mathrm{i}}$ であれば，$R_{\mathrm{L}}/R_{\mathrm{i}} \ll 1$ であるから，

$$I \approx J. \tag{1-22}$$

すなわち，負荷抵抗が電流源の内部抵抗と比較して十分に小さければ，負荷 R_{L} の大小による端子電流 I の変動は無視できる（理想電源として扱える）．

事前基盤知識確認事項

課題　1．オームの法則

抵抗 R の両端に電圧 $V(t)$ を印加したときに流れる電流を $I(t)$ とするとき，オームの法則を表す式を書け．

略解

$$V(t) = RI(t).$$

課題　2．合成抵抗

抵抗 R_1 と R_2 の直列合成抵抗を R_{S}，並列合成抵抗を R_{P} とするとき，R_{S} と $1/R_{\mathrm{P}}$ を R_1 と R_2 で表せ．

略解

$$R_{\mathrm{S}} = R_1 + R_2, \qquad \frac{1}{R_{\mathrm{P}}} = \frac{1}{R_1} + \frac{1}{R_2}.$$

課題　3．二つの正弦波の位相差と「遅れ」「進み」

$f(t) = \sin(\omega t)$，$g(t) = \sin(\omega t + 90^\circ)$ とするとき，$f(t)$ と $g(t)$ が表す波形を図示せよ．その際，ωt を横軸にし，その単位は「度」とせよ．[*1]

略解　**図 1-8** に示すとおりである．電気回路をはじめとする波動を扱う分野では，$f(t)$ と $g(t)$ がこのような状態にあることを，以下のように表現する．

「$g(t)$ は $f(t)$ に対して 90° だけ位相が進んでいる」，又は
「$f(t)$ は $g(t)$ に対して 90° だけ位相が遅れている」．

[*1] ω は角周波数であり，その単位は一般に rad/s である．t は時間であり，その単位は一般に s である．したがって，ωt の単位は rad（ラジアン）とすべきであるが，後述のように，工学的には「度」の方が多用されるためラジアンから度に換算して図示することを強要した．

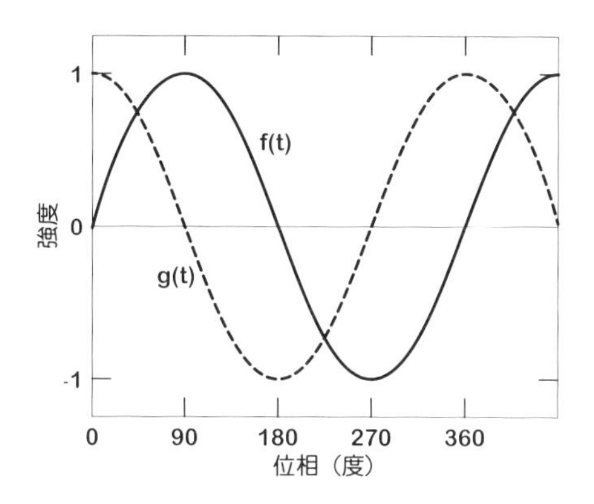

図 1-8 位相差のある二つの正弦波の波形.

課題 4. 虚数単位を含む四則演算

j を虚数単位とし，$z_1 = 1.0 + \mathrm{j}2.0$, $z_2 = 1.0 + \mathrm{j}1.0$ とするとき，$z_1 z_2$, z_1/z_2, $|z_1|$, z_1^* を求め，$x + \mathrm{j}y$ の形式で書け．有効数字は 2 桁とする．z_1^* とは z_1 の共役複素数である．

略解

$$z_1 z_2 = -1.0 + \mathrm{j}3.0, \qquad \frac{z_1}{z_2} = 1.5 + \mathrm{j}0.50,$$

$$|z_1| = 2.2, \qquad z_1^* = 1.0 - \mathrm{j}2.0.$$

共役複素数を表す場合，$\bar{z_1}$ という表現法（バーを上につける）もあるが，本書では $*$ をつける方式で統一する．付録 N に書いたように，電気回路では虚数単位を j で表すので慣れてほしい．複素数を表すとき，数学では ○○ + □□ i という表し方が一般的だが，工学では i の前につく □□ が極めて長い式となる場合があるので,「ここから先が虚数部だよ」ということがすぐわかるように ○○ + i □□，すなわち，電気回路方式なら ○○ + j □□ という表し方をする．こちらも慣れてほしい．

課題 5. 複素平面

$z = 10\{\cos(45^\circ) + \mathrm{j}\sin(45^\circ)\}$ を複素平面上で示せ．

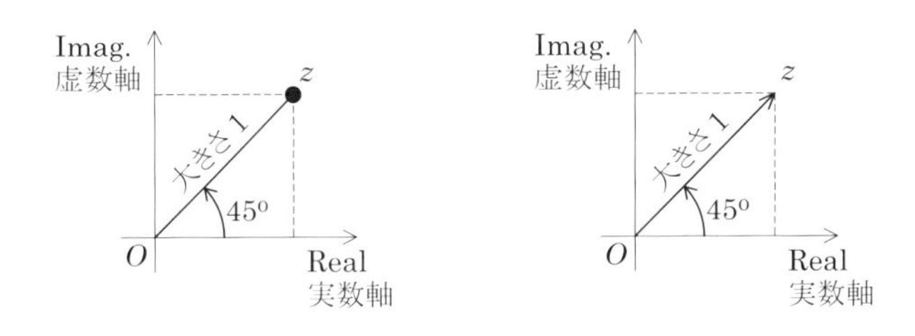

図 1-9 複素平面上の $z = 10\{\cos(45^\circ) + \mathrm{j}\sin(45^\circ)\}$.

略解 **図 1-9** に示すとおりである．数学の場合には，複素平面上の1点を表すが，電気回路学ではベクトルのような描像で表現するのが一般的である．

課題 6. オイラーの公式

$z = 10\ \mathrm{e}^{\mathrm{j}\pi/4}$ を複素平面上で示せ.

略解 付録Nで述べてあるオイラーの公式から，先の問題の答え（**図 1-9**）と同じとなる．交流を扱う電気回路学では，オイラーの公式を熟知しているものとして学習を進めるので各自にて復習されたし.

課題 7. 三角関数の微分・積分

$f(t) = F\{\cos(\omega t) + \mathrm{j}\sin(\omega t)\}$ とするとき，$f(t)$ を微分した式と積分した式を求めよ．F，$\omega(\neq 0)$ は t によらない定数とする．積分定数は省略してよい.

略解

$$\begin{aligned}\frac{\mathrm{d}}{\mathrm{d}t}f(t) &= -\omega F\sin(\omega t) + \mathrm{j}\omega F\cos(\omega t) = \mathrm{j}\omega F\Big\{\cos(\omega t) + \mathrm{j}\sin(\omega t)\Big\}\\ &= \mathrm{j}\omega f(t),\end{aligned}$$

$$\begin{aligned}\int f(t)\ \mathrm{d}t &= \frac{F}{\omega}\sin(\omega t) - \frac{\mathrm{j}F}{\omega}\cos(\omega t) = \frac{F}{\mathrm{j}\omega}\Big\{\cos(\omega t) + \mathrm{j}\sin(\omega t)\Big\}\\ &= \frac{1}{\mathrm{j}\omega}f(t).\end{aligned}$$

課題 8. 指数関数の微分・積分

$f(t) = Fe^{j\omega t}$ とするとき，$f(t)$ を微分した式と積分した式を書け．F，$\omega(\neq 0)$ は t によらない定数とする．積分定数は省略してよい．

略解

$$\frac{\mathrm{d}}{\mathrm{d}t}f(t) = \mathrm{j}\omega Fe^{\mathrm{j}\omega t} = \mathrm{j}\omega f(t), \qquad \int f(t)\ \mathrm{d}t = \frac{F}{\mathrm{j}\omega}e^{\mathrm{j}\omega t} = \frac{1}{\mathrm{j}\omega}f(t).$$

以上のことから，以下のことが言える．

- $e^{\mathrm{j}\omega t}$ の微分：$f(t)$ に $\mathrm{j}\omega$ を掛ける．
- $e^{\mathrm{j}\omega t}$ の積分：$f(t)$ を $\mathrm{j}\omega$ で割る．

交流電気回路の理論ではこの理屈を多用する．また，オイラーの公式から，この設問が前問と同じことになっていることに留意されたし．

課題 8. 指数法則と位相

$f(t) = Fe^{\mathrm{j}\omega t}$ とするとき，$\mathrm{j}\omega f(t)$ と $f(t)/(\mathrm{j}\omega)$ の大きさと偏角はもとの $f(t)$ に対してどのように変化するか．F と $\omega(\neq 0)$ は t によらない定数とする．

略解 虚数単位 j は $\mathrm{j} = e^{\mathrm{j}\pi/2}$ であるから，

$$\mathrm{j}\omega\ f(t) = e^{\mathrm{j}\pi/2}\omega\ Fe^{\mathrm{j}\omega t} = \omega F\ e^{\mathrm{j}(\omega t+\pi/2)},$$
$$\frac{f(t)}{\mathrm{j}\omega} = \frac{Fe^{\mathrm{j}\omega t}}{e^{\mathrm{j}\pi/2}\omega} = \frac{F}{\omega}\ e^{\mathrm{j}(\omega t-\pi/2)}.$$

以上のことから，以下のことが言える．

- $f(t)$ に $\mathrm{j}\omega$ を掛ける
  大きさが ω 倍になり，偏角が $+\dfrac{\pi}{2}$ ずれる（$+90°$ ずれる）．
- $f(t)$ を $\mathrm{j}\omega$ で割る
  大きさが $\dfrac{1}{\omega}$ 倍になり，偏角が $-\dfrac{\pi}{2}$ ずれる（$-90°$ ずれる）．

電気回路学ではこの描像を多用するので，早めに馴染んでおくこと．

課題 9. 有効数字に関する注意事項

長さ 1/3 cm と長さ 0.33 cm の違いについて述べよ.

略解 工学ではなく数学しかしてこなかった皆さんの中には，割り算の結果を分数で書く人が多いと思う．工学では分数は使わない．工学では,「有効数字」を考慮した数値で表す．工学をやる以上は，工学的な考え方を身につけてほしい．例えば，1/3 cm などという表記は，有効数字が無限大であることを意味する.[*2] これは，有効数字が有限の（例えば 2 桁の）現実の設計や製作の場面ではそもそも実現できない精度の長さである．有効数字を考慮した工学的表現は，0.33 cm という表し方となる．また，この表現が表している情報が，0.33000000⋯ という長さを表しているのではなく,「その長さが 0.325000000⋯ cm から 0.334000000⋯ cm の間にあることは保障するが，それより高い精度は保障していない」ということを認識してほしい.

[*2] 米国式のインチ表記などでは 1/4 インチなどというのがまかり通っているので困るのだが⋯.

第2章 交流回路素子とその性質

直流の場合，コイルは導線，コンデンサは絶縁体であるが，交流の場合には，コイルやコンデンサを単なる導線や絶縁体として扱うことはできない．本章では，電圧や電流を正弦波交流に限定すると，これらの回路素子の電流と電圧の関係が次のようになることを学ぶ．

- 抵抗 R の場合
  振幅：$V_{\mathrm{m}} = R\ I_{\mathrm{m}}$
  波形：電圧波形は電流波形と同じ位相（同相）
- コイル L の場合
  振幅：$V_{\mathrm{m}} = \omega L\ I_{\mathrm{m}}$
  波形：電圧波形は電流波形よりも位相が 90° 進む
- コンデンサ C の場合
  振幅：$V_{\mathrm{m}} = \dfrac{I_{\mathrm{m}}}{\omega C}$
  波形：電圧波形は電流波形よりも位相が 90° 遅れる

ここで，ω は正弦波の角周波数（単に周波数と言う場合もある），V_{m} は電圧波形の振幅，I_{m} は電流波形の振幅である．

2.1 電流と電圧の関係（任意波形の場合）

本節では，代表的な回路素子である**抵抗**，**コイル**，**コンデンサ**に印加された任意波形の電圧とそこに流れる電流の関係式を示す．その関係式を基にして，次節で正弦波の電圧が印加された場合の関係を示す．

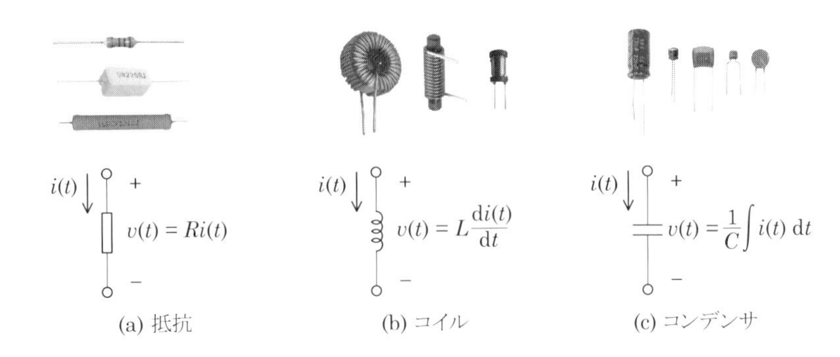

図 2-1 交流回路素子とその電圧と電流の基本的関係.

2.1.1 抵抗

抵抗又は**抵抗器**（resistor）は，**図 2-1**(a) に示すような回路素子である．抵抗を流れる電流 $i(t)$ と抵抗の両端の電圧 $v(t)$ の間には，以下のような比例関係（オーム（Ohm）の法則）が成り立つ．

$$\boldsymbol{v(t) = Ri(t)} \qquad \text{又は} \qquad i(t) = \frac{v(t)}{R}. \tag{2-1}$$

ここで，R を**抵抗値**（resistance）という．単位は，**Ω**（**オーム**，Ohm）である．この法則を利用して電流や電圧の大きさを制御できる．なお，日本語では抵抗値のことも単に抵抗と称する場合が多い．抵抗値の逆数を**コンダクタンス** (conductance) という．単位は **S**（**ジーメンス**，Siemens）である．コンダクタンスで表した素子はコンダクタと呼ぶべきかもしれないが，この場合も抵抗と呼ばれる場合が多い．

2.1.2 コイル

コイル（inductor）は**図 2-1**(b) に示すような回路素子である．日本語ではコイルであるが，英語ではインダクタである．コイルの両端の電圧 $v(t)$ とコイルに流れる電流 $i(t)$ の間には，ファラデー（Faraday）の電磁誘導の法則から導き出される以下の関係がある．

$$\boldsymbol{v(t) = L\frac{di(t)}{dt}} \qquad \text{又は} \qquad i(t) = \frac{1}{L}\int v(t)\,dt. \tag{2-2}$$

ここで，L を**インダクタンス**（inductance）という．単位は H（**ヘンリー**，Henry）である．

電磁誘導による電圧は，電磁気学的には誘導起電力，すなわち「起電力」である．したがって，電磁気学的に見れば，コイルは電源のような能動素子として扱うべき素子である．しかし，電気回路ではコイルを抵抗と同じ範疇の受動素子として扱い，そこに発生する誘導起電力を受動素子の両端の電圧，すなわち「電圧降下」として扱う．このように扱う理由については付録 H を参照されたし．

2.1.3 コンデンサ

コンデンサ（capacitor）は**図 2-1**(c) に示すような回路素子である．日本語ではコンデンサであるが，英語ではキャパシタである．コンデンサの両端の電圧 $v(t)$ とそこに流れる電流 $i(t)$ の間には以下の関係がある．いわゆるコンデンサの充電の式である．

$$\boldsymbol{v(t) = \frac{1}{C}\int i(t)\ \mathrm{d}t} \qquad \text{又は} \qquad i(t) = C\frac{\mathrm{d}v(t)}{\mathrm{d}t}. \tag{2-3}$$

ここで，C を**キャパシタンス**（capacitance）（**静電容量**，もしくは単に**容量**）という．単位は F（**ファラッド**，Farad）である．

2.2 電流と電圧の関係（正弦波電圧印加の場合）

前節で述べたように，任意波形の電圧を印加した場合には回路素子にかかる電圧波形と電流波形の関係は微分や積分を伴った関係式となる．これに対し，回路素子にかかる電圧波形を正弦波に限定すると，電圧波形と電流波形の関係はより簡単化され，同一周波数で振幅と位相差が異なるだけとなる．

本節では**図 2-2** に示した回路において，抵抗，コイル，コンデンサに以下の正弦波電圧が印加されたときの電流波形について述べる．

$$v(t) = V_{\mathrm{m}} \sin \omega t. \tag{2-4}$$

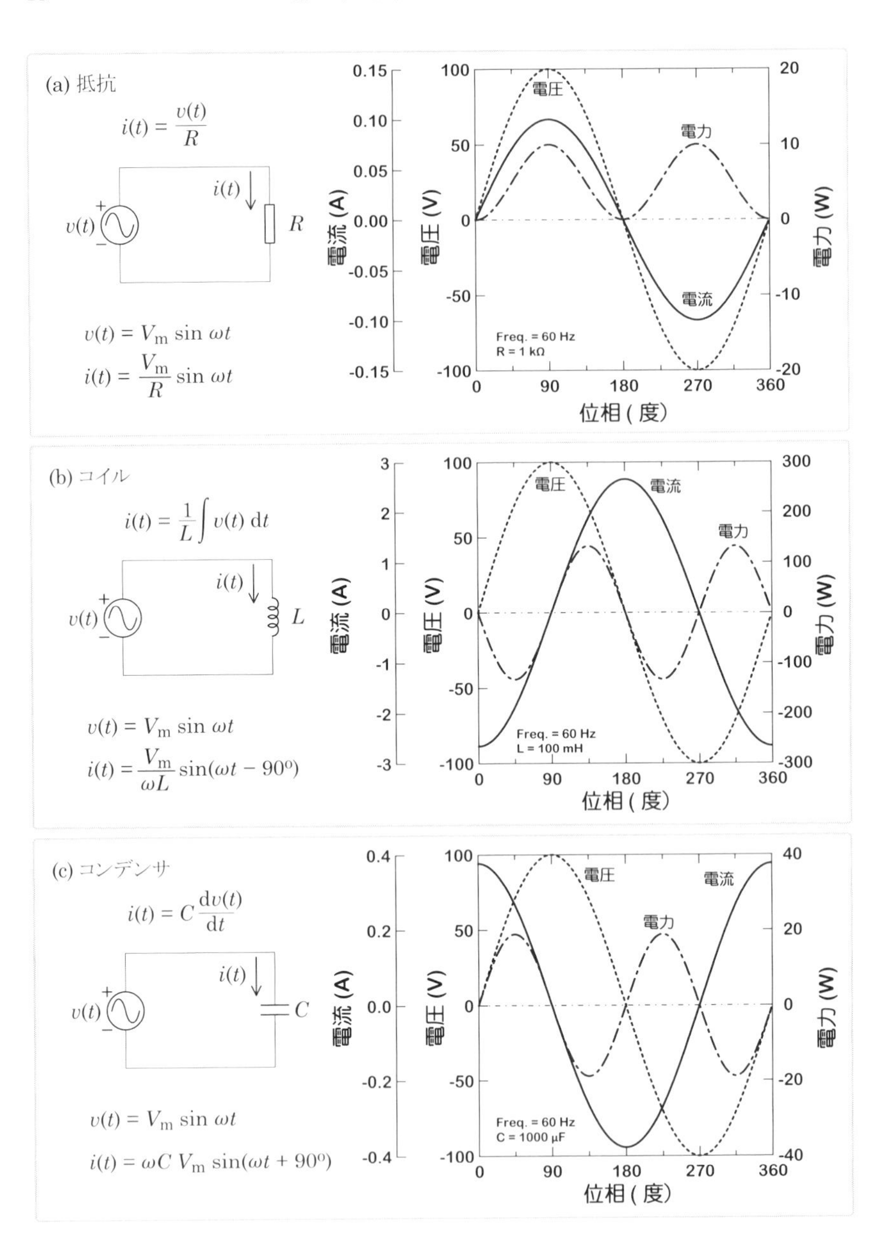

図 2-2 正弦波電圧が印加されたときに抵抗，コイル，コンデンサに流れる電流．参考までに電力の波形も示してある．

2.2.1 抵抗

図 2-2(a) の抵抗に流れる電流 $i(t)$ は，式 (2-1) と式 (2-4) から，

$$i(t) = \frac{v(t)}{R} = \frac{V_{\mathrm{m}}}{R} \sin \omega t = I_{\mathrm{m}} \sin \omega t \tag{2-5}$$

となる．電圧波形と電流波形の関係をまとめると以下のようになる．

- **周波数　ω のまま（変化しない）**
- **振幅　$\boldsymbol{I_{\mathrm{m}} = \dfrac{V_{\mathrm{m}}}{R}}$**
- **電圧に対する電流の位相差　$\phi = \mathbf{0}^\circ$**

このように位相差が 0° であることを「**同相**である」と表現する．すなわち，

抵抗の電流波形は電圧波形と同相である．

図 2-2(a) の波形は上記の関係を図示したものである．

2.2.2 コイル

図 2-2(b) のコイルに流れる電流 $i(t)$ は，式 (2-2) と式 (2-4) から，

$$i(t) = \frac{1}{L}\int v(t)\ \mathrm{d}t = -\frac{V_{\mathrm{m}}}{\omega L} \cos \omega t = I_{\mathrm{m}} \sin(\omega t - 90^\circ) \tag{2-6}$$

となる．ここで，cos を sin に直したのは，電圧と電流を同じ関数で表したときの位相差を明示するためである．電圧波形と電流波形の関係をまとめると以下のようになる．

- **周波数　ω（変化しない）**
- **振幅　$\boldsymbol{I_{\mathrm{m}} = \dfrac{V_{\mathrm{m}}}{\omega L}}$**
- **電圧に対する電流の位相差　$\phi = -\mathbf{90}^\circ$**

このように位相差が負の状態を「位相が遅れている」と表現する．すなわち，

コイルの電流波形は電圧波形に対して位相が $\mathbf{90}^\circ$ 遅れる．

二つの波形の位相差は相対的なものであるから,「コイルの電圧波形は電流波形に対して位相が 90° 進む」と言うこともできる.この関係を実際の波形で図示すると,**図 2-2**(b) に示した波形のようになる.電圧に対して電流が 90° だけ位相が遅れていることがわかる.

2.2.3 コンデンサ

図 2-2(c) のコンデンサに流れる電流 $i(t)$ は,式 (2-3) と式 (2-4) から,

$$i(t) = C\frac{\mathrm{d}v(t)}{\mathrm{d}t} = \omega C V_{\mathrm{m}} \cos\omega t = I_{\mathrm{m}} \sin(\omega t + 90^\circ). \tag{2-7}$$

となる.電圧波形と電流波形の関係をまとめると以下のようになる.

- **周波数** ω **(変化しない)**
- **振幅** $\boldsymbol{I_{\mathrm{m}} = \omega C\ V_{\mathrm{m}}}$
- **電圧に対する電流の位相差** $\boldsymbol{\phi = +90^\circ}$

位相差に着目すると,

コンデンサの電流波形は電圧波形に対して位相が 90° 進む.

又は,「コンデンサの電圧波形は電流波形に対して位相が 90° 遅れる」とも言える.この関係を実際の波形で図示すると,**図 2-2**(c) に示した波形のようになる.電圧に対して電流が 90° だけ位相が進んでいることがわかる.

2.3 電流と電圧の関係(正弦波電流印加の場合)

前節では,電圧源を与え,その電圧に対して回路素子に流れる電流がどうなるかを示した.本節では,**図 2-3** のように電流源を与え,その電流に対して素子にかかる電圧がどうなるかを示す.電流波形は次式で与えられるものとする.

$$i(t) = I_{\mathrm{m}} \sin\omega t. \tag{2-8}$$

なお,電圧波形と電流波形の関係は相対的なものであるから,「電圧に対する電流」と「電流に対する電圧」の関係は相対的には全く同じである.

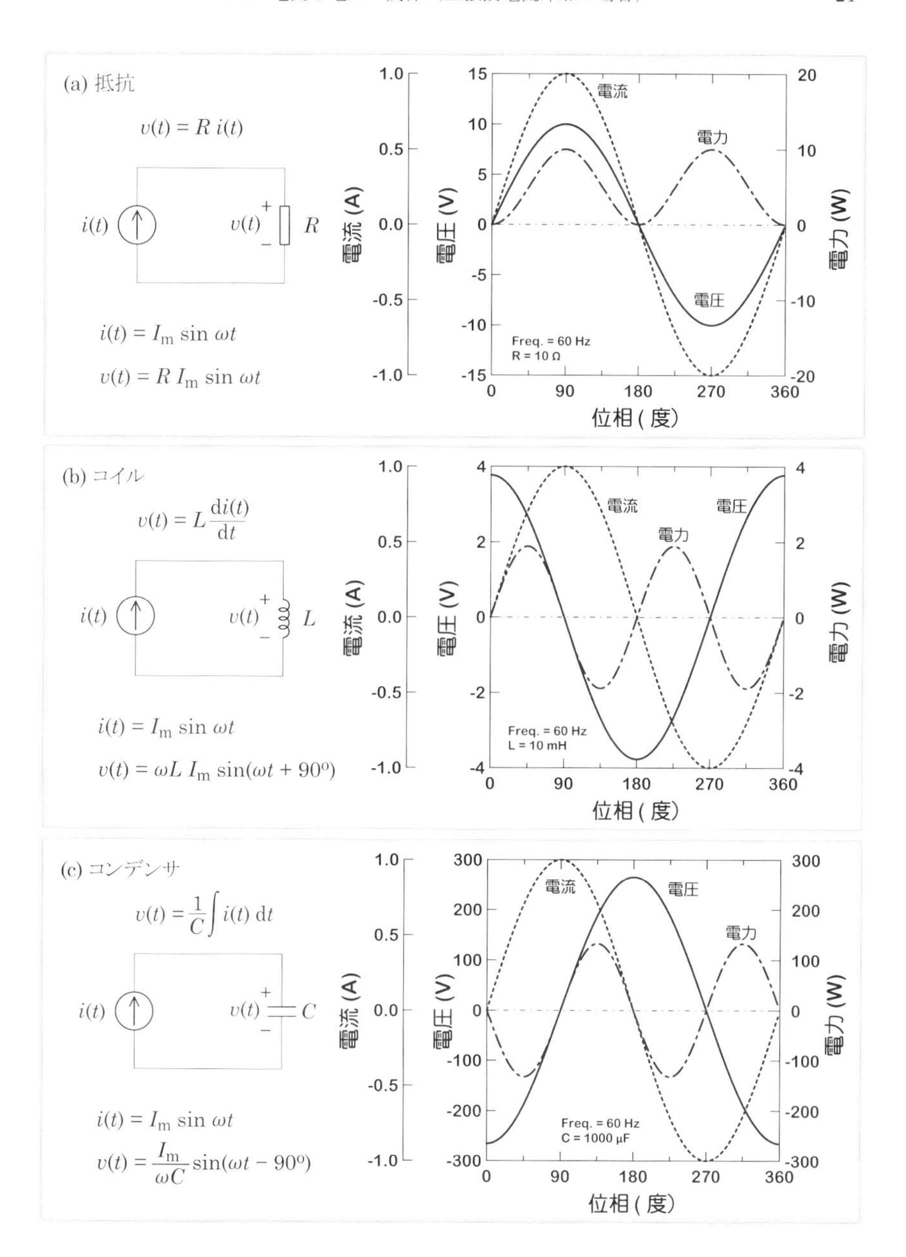

図 2-3 正弦波電流が流されたときに抵抗，コイル，コンデンサにかかる電圧．参考までに電力の波形も示してある．

2.3.1 抵抗

図 2-3(a) の抵抗にかかる電圧 $v(t)$ は，式 (2-1) と式 (2-8) から，

$$v(t) = R\, i(t) = R\, I_{\mathrm{m}} \sin \omega t = V_{\mathrm{m}} \sin \omega t \tag{2-9}$$

となる．電圧波形と電流波形の関係をまとめると以下のようになる．

- ●周波数　ω のまま（変化しない）
- ●振幅　$\boldsymbol{V_{\mathrm{m}} = R\, I_{\mathrm{m}}}$
- ●電圧に対する電流の位相差　$\boldsymbol{\theta = 0^\circ}$

位相差の着目すると，

抵抗の電圧波形は電流波形と同相である．

この関係を実際の波形で図示すると，**図 2-3**(a) に示した波形のようになる．

2.3.2 コイル

図 2-3(b) のコイルにかかる電圧 $v(t)$ は，式 (2-2) と式 (2-8) から，

$$v(t) = L\frac{\mathrm{d}i(t)}{\mathrm{d}t} = \omega L\ I_{\mathrm{m}} \cos \omega t = V_{\mathrm{m}} \sin\left(\omega t + 90^\circ\right) \tag{2-10}$$

となる．この関係をまとめれば，以下のようになる．

周波数　ω（変化しない）
振幅　$\boldsymbol{V_{\mathrm{m}} = \omega L\, I_{\mathrm{m}}}$
電流に対する電圧の位相差　$\boldsymbol{\theta = +90^\circ}$

この関係を実際の波形で図示すると，**図 2-3**(b) に示した波形のようになる．
位相差に着目すると，

コイルの電圧波形は電流波形に対して位相が 90° 進む．

2.3.3 コンデンサ

図 2-3(c) のコンデンサにかかる電圧 $v(t)$ は，式 (2-3) と式 (2-8) から，

$$v(t) = \frac{1}{C}\int i(t)\,\mathrm{d}t = -\frac{1}{\omega C}\ I_\mathrm{m}\cos\omega t = V_\mathrm{m}\sin(\omega t - 90^\circ) \tag{2-11}$$

となる．この関係をまとめれば，以下のようになる．

周波数　ω（変化しない）

振幅　$\boldsymbol{V_\mathrm{m} = \dfrac{I_\mathrm{m}}{\omega C}}$

電流に対する電圧の位相差　$\boldsymbol{\theta = -90^\circ}$

この関係を実際の波形で図示すると，**図 2-3**(c) に示した波形のようになる．位相差に着目すると，

コンデンサの電圧波形は電流波形に対して位相が 90° 遅れる．

2.4 交流回路方程式は微分積分方程式

本章では，交流回路で用いられる回路素子（抵抗，コイル，コンデンサ）が個別に存在するときの電圧と電流の関係を述べた．実際の回路は，これらの回路素子が直列・並列に接続された複雑な回路となる．本章で学習したコイルとコンデンサの電圧と電流の関係には，微分と積分が関与していた．したがって，複数の回路素子が接続された回路に給電したときの各部の電圧や電流を計算するためには，微積分方程式を解く必要がある．

本節では，その一例として，抵抗，コイル，コンデンサが直列接続された比較的簡単な回路に関する計算例を示す．ただし，その目的は微積分方程式を解く手法を学習することではない．次の第 3 章では，フェーザと呼ばれる概念を導入することによって，本節で示すような複雑な微分積分方程式を解くことなく，四則演算だけで必要とする回路の諸量を算出できるということを学ぶ．このフェーザというものの御利益を認識してもらうために，フェーザを用いない計算がどれくらい面倒であるのかを知ってもらうのが本節の目

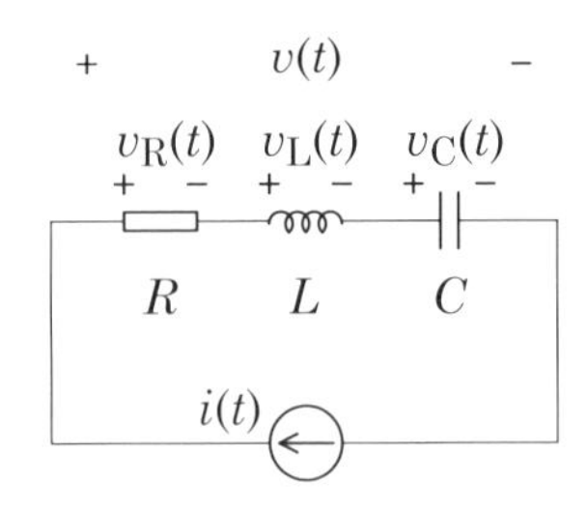

図 2-4 正弦波交流電流源が接続された抵抗，コイル，コンデンサの直列回路.

的である.

例えば，**図 2-4** のように抵抗，コイル，コンデンサが直列接続された回路については次式が成り立つ.

$$v(t) = Ri(t) + L\frac{\mathrm{d}i(t)}{\mathrm{d}t} + \frac{1}{C}\int i(t)\ \mathrm{d}t. \tag{2-12}$$

この式において，$i(t) = I_{\mathrm{m}} \sin \omega t$ が与えられたときに，$v(t)$ がどうなるかを知ることが回路方程式を解くという作業の一例となる.

このタイプの微分方程式は，一般に以下のような解をもつことが数学的にわかっている.

$$v(t) = v_{\mathrm{f}} + v_{\mathrm{s}}. \tag{2-13}$$

ここで，

$$v_{\mathrm{f}} = A_1 \mathrm{e}^{s_1 t} + A_2 \mathrm{e}^{s_2 t} \tag{2-14}$$

$$v_{\mathrm{s}} = V_{\mathrm{m}} \sin(\omega t + \theta) \tag{2-15}$$

である．v_{f} は，通常は $t \to \infty$ で 0 となる過渡現象を表す項である（自由振動項とも呼ばれる）．本書の大半は，十分な時間が経過した後の定常状態に関する理論であるから，過渡現象を表す項は無視する（過渡状態については，第 12 章で触れる）．一方，v_{s} は強制振動項と呼ばれ，$t \to \infty$ でも残る項である．これは「定常状態」を表す項であり，電気回路学基礎ではこの定常状態を中心に学習する.

定常状態を求めることに限定すると，$v(t) = V_{\mathrm{m}} \sin(\omega t + \theta)$ の V_{m} と θ を求める問題に帰着する．$i(t)$ を式 (2-12) に代入すると，解くべき式は以下

のようになる.

$$v(t) = I_{\mathrm{m}}\left[R\sin\omega t + \left(\omega L - \frac{1}{\omega C}\right)\cos\omega t\right]. \tag{2-16}$$

この形にすることによって，電圧の振幅 V_{m} と，電流に対する電圧の位相差 θ を求めることができる．すなわち，

$$V_{\mathrm{m}} = I_{\mathrm{m}}\sqrt{R^2 + \left(\omega L - \frac{1}{\omega C}\right)^2}, \tag{2-17}$$

$$\theta = \tan^{-1}\left(\frac{\omega L - \frac{1}{\omega C}}{R}\right) \tag{2-18}$$

となる．途中計算を大幅に省略しているが，かなり煩雑な計算が必要となる．次の第3章では，フェーザという概念を導入することによって，こうした複雑な数学的作業をしなくても，四則演算だけで求めるものを算出できるということ学習する.

事前基盤知識確認事項

課題　1．コイルの誘導電圧

インダクタンスが L のコイルに時間変動する電流 $i(t)$ を流したとき，コイルの両端に現れる電圧 $v(t)$ を表す式を書け．

略解　前提となる知識は以下のとおりである．

- コイルには電流の時間変化 (時間微分) に比例した電圧が発生する．その比例係数がインダクタンスである．

これを式で表せば以下のようになる．

$$v(t) = L\ \frac{\mathrm{d}i(t)}{\mathrm{d}t}. \tag{2-19}$$

自己誘導の更に詳しい説明については，付録 H を参照されたし．

課題　2．コンデンサの充電電圧

キャパシタンスが C のコンデンサに時間変動する電流 $i(t)$ を流したとき，コンデンサの両端に現れる電圧 $v(t)$ を表す式を書け．

略解　前提となる知識は以下の二つである．

- コンデンサの端子間の電圧 $v(t)$ は，蓄積された電荷量 $q(t)$ に比例したものとなる．その比例係数がキャパシタンスである．これを式で書けば以下のようになる．

$$q(t) = Cv(t). \tag{2-20}$$

- 電流とは，ある断面を単位時間あたりに通過する電荷量である．したがって，電流を時間で積分すれば，通過した全電荷量となる．これを式で書けば以下のようになる．

$$q(t) = \int i(t)\ \mathrm{d}t. \tag{2-21}$$

これらより，次式が得られる．

$$v(t) = \frac{1}{C}\int i(t)\ \mathrm{d}t. \tag{2-22}$$

課題 3. 正弦波の微分と積分

$\sin\omega t$ を t で微分，あるいは積分した関数は cos で表される関数になることは受験勉強でやっていると思う．電気回路では，sin の微分や積分が cos や $-\cos$ になるという見方をするのではなく，sin の位相が 90° 進んだものになる，あるいは 90° 遅れたものになる，という見方をする．そうなることを確認せよ．

略解

$$\frac{\mathrm{d}}{\mathrm{d}t}\sin\omega t = \omega\cos\omega t = \omega\sin\left(\omega t + 90^\circ\right). \tag{2-23}$$

$$\int \sin\omega t\ \mathrm{d}t = -\frac{1}{\omega}\cos\omega t = \frac{1}{\omega}\sin\left(\omega t - 90^\circ\right). \tag{2-24}$$

本章では位相の進みと遅れとして現れるのは ±90° だけであるが，回路素子が組み合わされれば，様々な位相のずれが発生する．これについては，次の章以降で学習する．

なお，一般には ω の単位は rad/s であるから，ωt の単位は rad（ラジアン）である．したがって，上記のように sin() の () 内に rad と °（度）が混在するのは本当はよろしくない．しかし，後述するように，具体的な位相差を工学的に検討する際にはラジアンよりも度が適しているため，このように書いている．本書にて，上式のような表記が多数現れるが，暗に ωt の単位を ° に換算していると考えてほしい．[*1]

[*1] 1 inch と 1 cm を足しているようなものである．米国人なら inch に揃えて計算するだろう．日本人や欧州人なら cm に揃えて計算するであろう．これと同じように電気屋は角度を度に揃えて計算することが多い．

事後学習内容確認事項

課題 1. 回路素子の電圧と電流の関係（一般形）

抵抗 R，コイル L，コンデンサ C にかかる電圧 $v(t)$ と流れる電流 $i(t)$ の関係を書け．

略解

$$
\begin{aligned}
&\text{抵抗 } R \text{ の場合，} && v(t) = Ri(t),\\
&\text{コイル } L \text{ の場合，} && v(t) = L\frac{\mathrm{d}i(t)}{\mathrm{d}t},\\
&\text{コンデンサ } C \text{ の場合，} && v(t) = \frac{1}{C}\int i(t)\ \mathrm{d}t.
\end{aligned}
$$

課題 2. 回路素子の電圧と電流の関係（正弦波）

正弦波交流の場合に，抵抗 R，コイル L，コンデンサ C にかかる電圧の波形と流れる電流の波形の関係を書け．また，電流波形に対する電圧波形の位相が進み・遅れ・同相のどれであるかを示せ．

略解 回路素子に流れる電流の波形を

$$
i(t) = I_{\mathrm{m}} \sin \omega t
$$

とすると各回路素子について以下のようになる．

- 抵抗 R の場合，

$$
v(t) = RI \sin \omega t
$$

  となり，電圧波形は電流波形と同相となる．

- コイル L の場合，

$$
v(t) = \omega L\ I_{\mathrm{m}} \sin(\omega t + 90^\circ)
$$

となり，電圧波形は電流波形に対して 90° だけ位相が進んでいる．

- コンデンサ C の場合，

$$v(t) = \frac{1}{\omega C}\ I_{\mathrm{m}} \sin\left(\omega t - 90^\circ\right)$$

となり，電圧波形は電流波形に対して 90° だけ位相が遅れている．

第3章

フェーザ

本章では以下のことを学ぶ.

- 正弦波を扱う回路方程式は以下の置き換えをしても成り立つ(ただし,「線形」に限る).

$$a(t) = A_{\mathrm{m}} \sin(\omega t + \theta) \qquad \Longrightarrow \qquad a(t) = A_{\mathrm{m}} \mathrm{e}^{\mathrm{j}(\omega t + \theta)}$$

- $a(t) = A_{\mathrm{m}} \mathrm{e}^{\mathrm{j}(\omega t + \theta)}$ から $\mathrm{j}\omega t$ を除き,振幅 A_{m} の代わりに実効値 $A_{\mathrm{e}} = A_{\mathrm{m}}/\sqrt{2}$ を用いたものを**フェーザ**という. $a(t)$ のフェーザ表記を A とすると,

$$A = A_{\mathrm{e}} \mathrm{e}^{\mathrm{j}\theta} \qquad \text{又は} \qquad A = A_{\mathrm{e}} \angle \theta.$$

- フェーザ形式の電流 I と電圧 V を用いると,微分や積分が関与するコイルとコンデンサについてもオームの法則のような関係が成り立つ.

$$v(t) = R\, i(t) \qquad \Longrightarrow \qquad V = R\, I \tag{3-1}$$

$$v(t) = L\, \frac{\mathrm{d}i(t)}{\mathrm{d}t} \qquad \Longrightarrow \qquad V = \mathrm{j}\omega L\, I \tag{3-2}$$

$$v(t) = \frac{1}{C} \int i(t)\, \mathrm{d}t \qquad \Longrightarrow \qquad V = \frac{1}{\mathrm{j}\omega C}\, I \tag{3-3}$$

- したがって,フェーザ形式を用いれば,正弦波交流を扱う電気回路の問題を解くときに,上記左側の三つの関係を組み合わせた複雑な微分・積分方程式を使う必要がなくなり,オームの法則に相当する上記右側の 3 つの関係式と四則演算を使うだけでよい.直流のときと違う点は**電流や電圧が大きさと偏角を有する複素数になる**という点である.

3.1 正弦波を表す指数関数

電気回路のように正弦波を扱う分野では，正弦波の表し方として，

$$i(t) = I_{\rm m} \sin \omega t \ \text{や}\ i(t) = I_{\rm m} \cos \omega t \tag{3-4}$$

のように三角関数を用いて表す代わりに，次式のように指数部が虚数になった指数関数で表すことが多い（exp 形式と呼ぶことにする）．

$$i(t) = I_{\rm m} {\rm e}^{{\rm j}\omega t} = I_{\rm m} \exp({\rm j}\omega t) \tag{3-5}$$

電気回路で「フェーザ形式」を導入する際にも，正弦波で変化する電圧・電流が ${\rm e}^{{\rm j}\omega t}$ で表現できることを前提とする．そこで，まず，このように表してよいのかどうか，について確認する．

3.1.1 指数関数と三角関数の関係

以下のオイラー（Eular）の公式の関係があることは既知であるとする．

$${\rm e}^{{\rm j}\omega t} = \exp({\rm j}\omega t) = \cos \omega t + {\rm j} \sin \omega t. \tag{3-6}$$

「線形微分方程式」と呼ばれる特定の条件を満たした微分方程式では，sin や cos の代わりに上記の exp 形式を使うと，以下のようになることが数学的にわかっている．

- **sin の代わりに exp 形式を用いた場合**
  計算結果の**虚数部分**が sin を用いた計算結果と同じになる．
- **cos の代わりに exp 形式を用いた場合**
  計算結果の**実数部分**が cos を用いた計算結果と同じになる．

なお，この関係は線形微分方程式以外では成り立たないので注意のこと．電気回路学基礎で扱う回路方程式はすべて線形微分方程式である．また，sin と cos とが両方用いられている場合には，置き換える前にどちらかに統一しておく必要がある（付録 C を参照されたし）．

3.2　フェーザの一歩手前

交流回路素子の電流電圧の関係には微分や積分が関与していた．本節では，正弦波を exp 形式で表すと交流回路素子の電流電圧の関係がすべて次式に示すオームの法則のような形式なることを確認する．

$$v(t) = [\quad] i(t). \tag{3-7}$$

3.2.1　抵抗

抵抗の電流電圧の関係式は，

$$v(t) = Ri(t) \tag{3-8}$$

であった．R を掛け算するだけであるから，$i(t) = I_{\mathrm{m}}\mathrm{e}^{\mathrm{j}\omega t}$ としてもこの式は変わらない．したがって，exp 形式にしても前章で述べた以下のことがすべて継承される．

- **振幅：電圧の振幅は電流の $\boldsymbol{R}$ 倍**
- **位相差：電圧と電流は同相**

3.2.2　コイル

コイルの電流電圧の関係式は，

$$v(t) = L\frac{\mathrm{d}i(t)}{\mathrm{d}t} \tag{3-9}$$

であった．$i(t) = I_{\mathrm{m}}\mathrm{e}^{\mathrm{j}\omega t}$ とすると，

$$v(t) = \mathrm{j}\omega L\ I_{\mathrm{m}}\mathrm{e}^{\mathrm{j}\omega t} = \mathrm{j}\omega L\ i(t) \tag{3-10}$$

となる．この関係式 (3-10) の意味することは以下のとおりとなり，exp 形式にしても前章で述べた以下のことがすべて継承される．

- **振幅：電圧の振幅は電流の $\boldsymbol{\omega L}$ 倍になる**
- **位相差：電圧は電流に対して 90° 位相が進む**[*1]

[*1] j が掛け算されているからである．詳細は付録 C を参照されたし．

3.2.3 コンデンサ

コンデンサの電流電圧の関係式は,

$$v(t) = \frac{1}{C} \int i(t)\ \mathrm{d}t \tag{3-11}$$

であった．$i(t) = I_{\mathrm{m}} \mathrm{e}^{\mathrm{j}\omega t}$ とすると,

$$v(t) = \frac{1}{\mathrm{j}\omega C}\ I_{\mathrm{m}} \mathrm{e}^{\mathrm{j}\omega t} = \frac{1}{\mathrm{j}\omega C}\ i(t) \tag{3-12}$$

となる．この関係式 (3-12) の意味することは以下のとおりとなり，exp 形式にしても前章で述べた以下のことがすべて継承される．

- **振幅: 電圧の振幅は電流の $\boldsymbol{\frac{1}{\omega C}}$ 倍になる**
- **位相差: 電圧は電流に対して 90° 位相が遅れる**[*2]

3.3 フェーザ

正弦波を exp 形式で表すと計算中の等式の右辺と左辺に必ず $\mathrm{e}^{\mathrm{j}\omega t}$ が現れる（後述）．したがって，両辺から $\mathrm{e}^{\mathrm{j}\omega t}$ を削除しても等式は成り立つ．そこで，電流や電圧の表し方として最初から $\mathrm{e}^{\mathrm{j}\omega t}$ を除いたものを使う，というのがフェーザ形式を導入する基本的な考え方である．すなわち，正弦波を

$$i(t) = I_{\mathrm{m}} \mathrm{e}^{\mathrm{j}(\omega t + \theta)} \tag{3-13}$$

によって表現する代わりに，おおちゃくをして，

$$I = I_{\mathrm{m}} \mathrm{e}^{\mathrm{j}\theta} \tag{3-14}$$

が正弦波を表しているものとしてしまおう，というものである．

この考え方は，線形微分方程式であれば，周波数 ω が変わることは無く，変わるのは振幅と位相だけ，ということに基づいている．変わるのが振幅と位相だけなら，振幅と位相の情報だけをもつパラメータで表現すれば，それ

[*2] j で割り算されているからである．詳細は付録 C を参照のこと．

でよいではないか，という考え方である．この振幅と位相の情報だけをもつのが**フェーザ**と呼ばれる複素数である．この複素数の大きさが振幅情報に相当し，複素数の偏角が位相情報に相当する．

ただし，後述のように振幅情報についてはある決まったルールが設けられている．すなわち，フェーザの大きさに振幅そのものの情報をもたせるのではなく，振幅を少しだけ改変した「実効値」なるものにする，というルールである．このルールが先に登場すると，話がややこしくなるので，ここでは，まずはそのルールを無視して説明し，最後にそのルールを適用する．

3.4　フェーザ版オームの法則

本節では，フェーザ形式を用いた場合に，抵抗，コイル，コンデンサの電流と電圧の関係が以下のようになることを学ぶ．

$$V = R\,I, \quad V = \mathrm{j}\omega L\,I, \quad V = \frac{1}{\mathrm{j}\omega C}\,I. \tag{3-15}$$

電流を $i(t) = I_{\mathrm{m}}\mathrm{e}^{\mathrm{j}\omega t}$ とすると，そのフェーザ形式は，

$$I = I_{\mathrm{m}} \tag{3-16}$$

である．電圧は回路素子によって異なるが，それを一般化して $v(t) = V_{\mathrm{m}}\mathrm{e}^{\mathrm{j}(\omega t+\theta)}$ とすると，そのフェーザ形式は以下のようになる．

$$V = V_{\mathrm{m}}\mathrm{e}^{\mathrm{j}\theta}. \tag{3-17}$$

以下では，各回路素子において V_{m} と θ が具体的にどうなるかを示す．

3.4.1　抵抗

抵抗のもともとの電流と電圧の関係式は，

$$v(t) = R\,i(t) \tag{3-18}$$

であった．これに exp 形式の電流と電圧を代入すると，

$$V_{\mathrm{m}}\mathrm{e}^{\mathrm{j}\theta}\mathrm{e}^{\mathrm{j}\omega t} = R\,I_{\mathrm{m}}\mathrm{e}^{\mathrm{j}\omega t} \tag{3-19}$$

となる．両辺の $\mathrm{e}^{\mathrm{j}\omega t}$ を除いてしまえば，

$$V_{\mathrm{m}}\mathrm{e}^{\mathrm{j}\theta} = R\ I_{\mathrm{m}} \tag{3-20}$$

となる．すなわち，フェーザ形式の電流と電圧の間には，本章の最初に示した以下の関係が成り立っていることになる．

$$V = R\ I. \tag{3-21}$$

3.4.2 コイル

コイルのもともとの電流と電圧の関係式は，

$$v(t) = \mathrm{j}\omega L\ i(t) \tag{3-22}$$

であった．これに exp 形式の電流と電圧を代入すると，

$$V_{\mathrm{m}}\mathrm{e}^{\mathrm{j}\theta}\mathrm{e}^{\mathrm{j}\omega t} = \mathrm{j}\omega L\ I_{\mathrm{m}}\mathrm{e}^{\mathrm{j}\omega t} \tag{3-23}$$

両辺の $\mathrm{e}^{\mathrm{j}\omega t}$ を除いてしまえば，

$$V_{\mathrm{m}}\mathrm{e}^{\mathrm{j}\theta} = \mathrm{j}\omega L\ I_{\mathrm{m}} \tag{3-24}$$

となる．すなわち，フェーザ形式の電流と電圧の間には，本章の最初に示した以下の関係が成り立っていることになる．

$$V = \mathrm{j}\omega L\ I. \tag{3-25}$$

3.4.3 コンデンサ

コンデンサのもともとの電流と電圧の関係式は，

$$v(t) = \frac{1}{\mathrm{j}\omega C} i(t) \tag{3-26}$$

であった．これに exp 形式の電流と電圧を代入すると，

$$V_{\mathrm{m}}\mathrm{e}^{\mathrm{j}\theta}\mathrm{e}^{\mathrm{j}\omega t} = \frac{1}{\mathrm{j}\omega C}\ I_{\mathrm{m}}\mathrm{e}^{\mathrm{j}\omega t} \tag{3-27}$$

両辺の $\mathrm{e}^{\mathrm{j}\omega t}$ を除いてしまえば，

$$V_{\mathrm{m}}\mathrm{e}^{\mathrm{j}\theta} = \frac{1}{\mathrm{j}\omega C}\ I_{\mathrm{m}} \tag{3-28}$$

となる．すなわち，フェーザ形式の電流と電圧の間には，本章の最初に示した以下の関係が成り立っていることになる．

$$V = \frac{1}{\mathrm{j}\omega C}\ I. \tag{3-29}$$

3.5　フェーザの大きさは「実効値」

3.4 節で述べたように，電気回路では以下のような取り決めがある．

フェーザの大きさ（絶対値）は 振幅ではなく実効値.

ここからそれを適用する．

正弦波の場合の**実効値** A_e は，その正弦波の振幅を A_m とした場合，以下のように**振幅を $\sqrt{2}$ で割ったもの**として与えられる．

$$A_\mathrm{e} = \frac{A_\mathrm{m}}{\sqrt{2}}. \tag{3-30}$$

例えば，$i(t) = I_\mathrm{m}\mathrm{e}^{\mathrm{j}(\omega t+\theta)}$ であるとき，これに対応するフェーザ形式は，

$$i(t) = I_\mathrm{m}\mathrm{e}^{\mathrm{j}(\omega t+\theta)} \quad \Leftrightarrow \quad I = I_\mathrm{e}\ \mathrm{e}^{\mathrm{j}\theta}, \quad I_\mathrm{e} = \frac{I_\mathrm{m}}{\sqrt{2}} \tag{3-31}$$

となる．なぜ $\sqrt{2}$ で割ったものを実効値などという名前を付けて利用するのかについては付録 C を参照されたし．

3.6　フェーザと波形の関係

フェーザを用いない場合の回路素子の電流と電圧の関係が

$$v(t) = R\ i(t), \quad v(t) = L\ \frac{\mathrm{d}i(t)}{\mathrm{d}t}, \quad v(t) = \frac{1}{C}\int i(t)\mathrm{d}t \tag{3-32}$$

という微分・積分を含んだものになるのに対し，フェーザを用いると，すべての回路素子の電流と電圧の関係が

$$V = R\ I, \quad V = \mathrm{j}\omega L\ I, \quad V = \frac{1}{\mathrm{j}\omega C}\ I \tag{3-33}$$

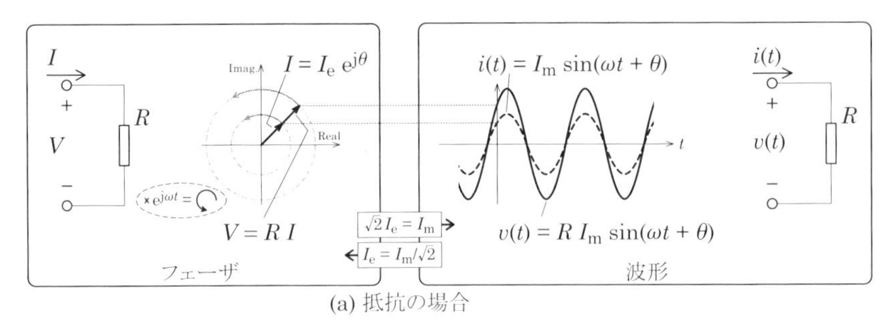

(a) 抵抗の場合

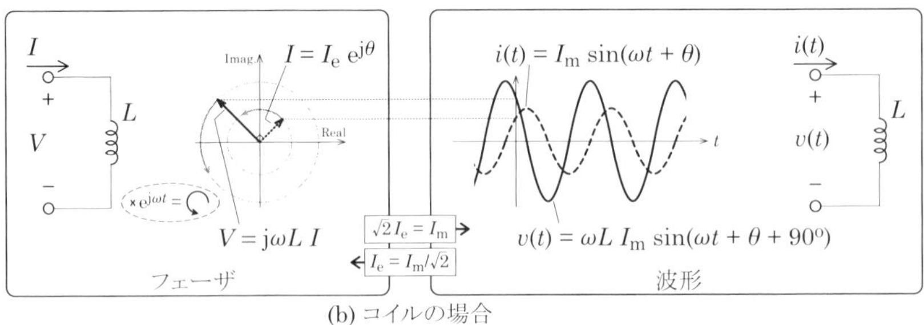

(b) コイルの場合

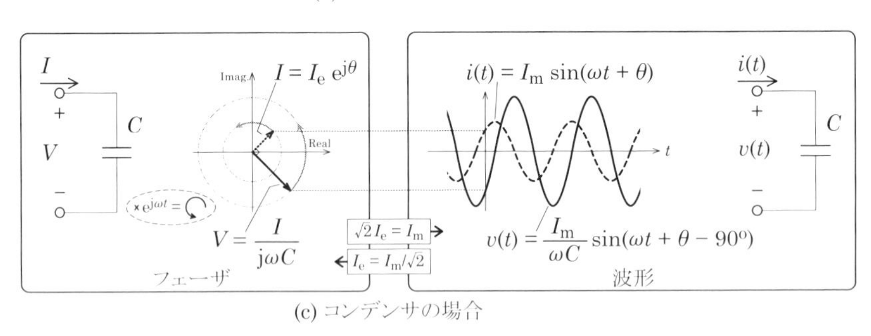

(c) コンデンサの場合

図 3-1　フェーザ形式における電流・電圧と実際の電流・電圧波形の対応.

というオームの法則に似た関係式になる．このことから，フェーザを利用すると，電気回路の方程式を解く際に微分や積分が不要となり，複素数の四則演算だけを行えばよいことになる．このように，フェーザは正弦波交流電気回路の問題に取り組むときに極めて便利な形式であるが，フェーザを用いた計算ができたとしても，

波形からフェーザへ　　又は　　フェーザから波形へ

という対応が頭の中でできていなければ，それはもはや電気回路の問題に取り組んでいるのではなく，単に虚数を含んだ算数をやっているだけになってしまう．本節では，フェーザが表しているものが何なのかを再認識してもらうために，抵抗，コイル，コンデンサについて電流電圧波形と複素平面上のフェーザを**図 3-1** に示し，その特徴を以下にまとめた．同図の左側のフェーザは複素平面上に固定された複素数となるが，各フェーザに $e^{j\omega t}$ を掛けると，各フェーザの相対的な関係を保ったまま，周波数 ω で回転することになる．このとき，その虚数部（もしくは実数部）は右側に示したような正弦波振動をする．すなわち，本章でフェーザを導入する過程で行った「指数関数形式の表現から $e^{j\omega t}$ を除く」ということは，この回転を止めてフェーザ間の相対的な関係のみに注目したことに対応する．

なお，波形の場合であっても，フェーザの場合であっても，電圧と電流という異なる物理量の大きさを比較するのは意味が無いことに留意されたし（質量と長さを比較するようなものである）．比較して意味があるのは同じ物理量のときだけである（二つの電流の振幅やフェーザの大きさを比較するときなど）．一方，波形やフェーザに内在する位相については，共通の角度という物理量であるから，波形やフェーザの物理量が異なっていても比較可能である．すなわち，電圧の大きさと電流の大きさを比べるのは無意味であるが，電圧の位相と電流の位相を比べることには意味がある．したがって，以下では位相に注目して波形とフェーザの関係を見ることにする．

3.6.1 抵抗

抵抗に流れる電流と抵抗にかかる電圧の間の関係を，波形そのもので考えた場合の関係と，フェーザ形式で考えた場合の関係を図示すると，**図 3-1**(a) のようになる．波形に着目すると，波形の位相のずれは無い．電圧の大きさは電流に対して R 倍となるが，電圧と電流は単位が違うので，これらの大小を論じても意味がない．これをフェーザ形式で表したものに対応させると以下のようになる．

- **波形が同相 $\Leftrightarrow$ フェーザの方位が同一**

3.6.2 コイル

コイルに流れる電流と抵抗にかかる電圧の間の関係を，波形そのもので考えた場合の関係と，フェーザ形式で考えた場合の関係を図示すると，**図 3-1**(b) のようになる．波形に着目すると，電圧波形は電流波形に対して 90° だけ位相が進む（電流波形は電圧波形に対して 90° だけ位相が遅れる）．電圧の大きさは電流に対して ωL 倍となるが，電圧と電流は単位が違うので，これらの大小を論じても意味がない．これをフェーザ形式で表したものに対応させると以下のようになる．

- **電圧波形は電流波形に対して位相が 90° 進む**
  ⇔ 電圧フェーザは電流フェーザに対して偏角が 90° 大きい

3.6.3 コンデンサ

コンデンサに流れる電流と抵抗にかかる電圧の間の関係を，波形そのもので考えた場合の関係と，フェーザ形式で考えた場合の関係を図示すると，**図 3-1**(c) のようになる．波形に着目すると，電圧波形は電流波形に対して 90° だけ位相が遅れる（電流波形は電圧波形に対して 90° だけ位相が進む）．電圧はその大きさが電流に対して $1/(\omega C)$ 倍となるが，電圧と電流は単位が違うので，これらの大小を論じても意味がない．これをフェーザ形式で表したものに対応させると以下のようになる．

- **電圧波形は電流波形に対して位相が 90° 遅れる**
  ⇔ 電圧フェーザは電流フェーザに対して偏角が 90° 小さい

事前基盤知識確認事項

課題 1. 正弦波の微分と積分（その 1）

$i(t) = I_{\mathrm{m}} \sin \omega t$ とするとき，以下のことを示せ．

- $L\dfrac{\mathrm{d}i(t)}{\mathrm{d}t}$ は $i(t)$ よりも位相が $90°$ だけ進んだ波形となる．
- $\dfrac{1}{C}\displaystyle\int i(t)\ \mathrm{d}t$ は $i(t)$ よりも位相が $90°$ だけ遅れた波形となる．

略解

$$L\frac{\mathrm{d}i(t)}{\mathrm{d}t} = \omega L\ I_{\mathrm{m}} \cos \omega t = \omega L\ I_{\mathrm{m}} \sin\left(\omega t + 90°\right),$$
$$\frac{1}{C}\int i(t)\ \mathrm{d}t = -\frac{1}{\omega C}\ I_{\mathrm{m}} \cos \omega t = \frac{1}{\omega C}\ I_{\mathrm{m}} \sin\left(\omega t - 90°\right).$$

課題 2. 正弦波の微分と積分（その 2）

$i(t) = I_{\mathrm{m}} \cos \omega t$ とするとき，以下のことを示せ．

- $L\dfrac{\mathrm{d}i(t)}{\mathrm{d}t}$ は $i(t)$ よりも位相が $90°$ だけ進んだ波形となる．
- $\dfrac{1}{C}\displaystyle\int i(t)\ \mathrm{d}t$ は $i(t)$ よりも位相が $90°$ だけ遅れた波形となる．

略解

$$L\frac{\mathrm{d}i(t)}{\mathrm{d}t} = -\omega L\ I_{\mathrm{m}} \sin \omega t = \omega L\ I_{\mathrm{m}} \cos\left(\omega t + 90°\right),$$
$$\frac{1}{C}\int i(t)\ \mathrm{d}t = \frac{1}{\omega C}\ I_{\mathrm{m}} \sin \omega t = \frac{1}{\omega C}\ I_{\mathrm{m}} \cos\left(\omega t - 90°\right).$$

課題 3. j による掛け算と割り算

ある数 (複素数) に j を掛け算すると，その数の偏角はどうなるか．ある数 (複素数) を j で割り算すると，その数の偏角はどうなるか．

略解

- $\mathrm{j} = \mathrm{e}^{\mathrm{j}\frac{\pi}{2}}$ による掛け算は，偏角を $\dfrac{\pi}{2}$ 増やす．すなわち，偏角を 90° 増やす．
- $\mathrm{j} = \mathrm{e}^{\mathrm{j}\frac{\pi}{2}}$ による割り算は，偏角を $\dfrac{\pi}{2}$ 減らす．すなわち，偏角を 90° 減らす．

課題 4. $\mathrm{e}^{\mathrm{j}\omega t}$ の微分と積分

$i(t) = I_\mathrm{m}\mathrm{e}^{\mathrm{j}\omega t}$ とするとき，

$$L\frac{\mathrm{d}i(t)}{\mathrm{d}t} = \mathrm{j}\omega L\ i(t),$$
$$\frac{1}{C}\int i(t)\ \mathrm{d}t = \frac{1}{\mathrm{j}\omega C}i(t)$$

となることを示せ.

略解

$$L\frac{\mathrm{d}}{\mathrm{d}t}\ \left(I_\mathrm{m}\mathrm{e}^{\mathrm{j}\omega t}\right) = \mathrm{j}\omega L\ I_\mathrm{m}\mathrm{e}^{\mathrm{j}\omega t} = \mathrm{j}\omega L\ i(t), \tag{3-34}$$
$$\frac{1}{C}\int\ \left(I_\mathrm{m}\mathrm{e}^{\mathrm{j}\omega t}\right)\ \mathrm{d}t = \frac{1}{\mathrm{j}\omega C}\ I_\mathrm{m}\mathrm{e}^{\mathrm{j}\omega t} = \frac{1}{\mathrm{j}\omega C}\ i(t). \tag{3-35}$$

課題 5. オイラーの公式の実部と虚部

課題1と課題2の結果は，それぞれ，課題4の虚部と実部に対応していることを確認せよ.

略解 $i(t)$ をオイラーの公式で書けば，

$$i(t) = I_\mathrm{m}\mathrm{e}^{\mathrm{j}\omega t} = I_\mathrm{m}\cos\omega t + \mathrm{j}I_\mathrm{m}\sin\omega t \tag{3-36}$$

となる．これに対し，

$$
\begin{aligned}
L\frac{\mathrm{d}i(t)}{\mathrm{d}t} &= \mathrm{j}\omega L\ i(t) = \mathrm{e}^{+\mathrm{j}\frac{\pi}{2}}\omega L\ I_{\mathrm{m}}\mathrm{e}^{\mathrm{j}\omega t} \\
&= \omega L\ I_{\mathrm{m}}\mathrm{e}^{\mathrm{j}\left(\omega t+\frac{\pi}{2}\right)} \\
&= \omega L\ I_{\mathrm{m}}\cos\left(\omega t+90^\circ\right)+\mathrm{j}\omega L\ I_{\mathrm{m}}\sin\left(\omega t+90^\circ\right),
\end{aligned}
\tag{3-37}
$$

$$
\begin{aligned}
\frac{1}{C}\int i(t)\ \mathrm{d}t &= \frac{1}{\mathrm{j}\omega C}\ i(t) = \mathrm{e}^{-\mathrm{j}\frac{\pi}{2}}\frac{1}{\omega C}\ I_{\mathrm{m}}\mathrm{e}^{\mathrm{j}\omega t} \\
&= \frac{1}{\omega C}\ I_{\mathrm{m}}\mathrm{e}^{\mathrm{j}\left(\omega t-\frac{\pi}{2}\right)} \\
&= \frac{1}{\omega C}\ I_{\mathrm{m}}\cos\left(\omega t-90^\circ\right)+\mathrm{j}\frac{1}{\omega C}\ I_{\mathrm{m}}\sin\left(\omega t-90^\circ\right)
\end{aligned}
\tag{3-38}
$$

となり，虚部と実部に対応していることが確認できる．線形微分方程式については，このような対応が一般的に成り立つことが数学的に保障されている．

事後学習内容確認事項

課題 1. 正弦波の指数関数表現

交流電気回路の電流波形と電圧波形が従う回路方程式は，線形微分方程式となる．この方程式に従う電流波形と電流波形の表記の仕方として，三角関数を用いた実関数表現以外に，複素数を指数にもつ指数関数表現がある．以下の実関数表現

$$v(t) = V_{\mathrm{m}} \sin(\omega t + \theta), \qquad i(t) = I_{\mathrm{m}} \sin(\omega t + \phi)$$

に対応する指数関数表現を書け．

略解 与えられた実関数表現の電圧波形と電流波形を指数関数表現すると，

$$v(t) = V_{\mathrm{m}} \mathrm{e}^{\mathrm{j}(\omega t + \theta)}, \qquad i(t) = I_{\mathrm{m}} \mathrm{e}^{\mathrm{j}(\omega t + \phi)}$$

となる．

課題 2. 正弦波のフェーザ表記

指数関数表現の回路方程式のすべての項に共通についてくる時間依存の項；

$$\mathrm{e}^{\mathrm{j}\omega t}$$

を省いてしまい，振幅と位相の情報のみで方程式を記述したときの複素数をフェーザという．通常は大文字で表す．

上記問題の電圧波形と電流波形をフェーザ形式で表せ．また，電気回路特有の表記法である極座標形式でも表せ．

略解 上記問題の電圧波形と電流波形をフェーザ形式で表すと，

$$V = V_{\mathrm{e}} \mathrm{e}^{\mathrm{j}\theta}, \qquad I = I_{\mathrm{e}} \mathrm{e}^{\mathrm{j}\phi}$$

となる．なお，フェーザの絶対値は波形の振幅ではなく実効値であるから，

実際の波形とフェーザとの対応は以下のとおりとなる．

$$V_{\mathrm{e}} = \frac{V_{\mathrm{m}}}{\sqrt{2}}, \qquad I_{\mathrm{e}} = \frac{I_{\mathrm{m}}}{\sqrt{2}}.$$

フェーザを極座標表記すれば，以下のようになる．

$$V = V_{\mathrm{e}}\angle\theta, \qquad I = I_{\mathrm{e}}\angle\phi.$$

課題 3. 回路素子の電圧と電流の関係

抵抗，コイル，コンデンサについて，フェーザ形式の電圧と電流の間に成り立つ関係式を書け．

略解

抵抗 R の場合，

$$v(t) = Ri(t) \quad \Longrightarrow \quad V = R\ I$$

となる．

コイル L の場合，

$$v(t) = L\frac{\mathrm{d}i(t)}{\mathrm{d}t} \quad \Longrightarrow \quad V = \mathrm{j}\omega L\ I$$

となる．

コンデンサ C の場合，

$$v(t) = \frac{1}{C}\int i(t)\ \mathrm{d}t \quad \Longrightarrow \quad V = \frac{1}{\mathrm{j}\omega C}\ I$$

となる．

第4章

インピーダンス・アドミタンス・極座標形式

本章では，以下のことを学ぶ．

- **インピーダンスとアドミタンス**
  フェーザ形式で表した電圧と電流をそれぞれ V，I とするとき，

$$V = ZI$$

  なる関係式における Z を**インピーダンス**という．インピーダンスの逆数 $Y = 1/Z$ を**アドミタンス**という．

インピーダンスは，直流のオームの法則

$$V = RI$$

の抵抗 R に相当する．

直流の場合と異なる点は，以下のとおりである．

- **V と I はフェーザ（複素数）である．**
- **Z も複素数であり，その偏角は V と I の間に位相差を生む．**

交流回路の解析は，sin や cos の波形のままで解析しようとすると，微分と積分が混在した複雑な方程式となってしまうことを既に確認した．これに対し，フェーザを用いれば，上記の二つ点を考慮して計算する必要はあるが，交流回路の解析が直流抵抗回路の解析と全く同じ計算手法で行うことができる．また，フェーザ電圧やフェーザ電流は sin や cos で表す波形と一対一対応しているため，いつでも波形に戻すことができる．

4.1 インピーダンス

抵抗しか扱わない直流回路におけるオームの法則は

$$V = RI \tag{4-1}$$

であった．これに対し，交流の場合においても，フェーザという表現方法を用いることによって，抵抗，コイル，コンデンサのどの場合においても，オームの法則のように

$$V = ZI \tag{4-2}$$

という形式で表されることを学んだ．この式の Z は，抵抗，コイル，コンデンサが単独で存在している場合には，

抵抗	R	偏角が 0° の実数,	(4-3)
コイル	$\mathrm{j}\omega L$	偏角が $+90^\circ$ の正の純虚数,	(4-4)
コンデンサ	$\dfrac{1}{\mathrm{j}\omega C}$	偏角が -90° の負の純虚数	(4-5)

であったが，複数回路素子の直並列接続で構成されている回路の二つの端子間についても式 (4-2) は成り立つ．その場合，Z は任意の大きさと偏角をもった複素数となる．電気回路学では，このフェーザ版オームの法則の中の抵抗に相当する Z を**インピーダンス**（impedance）と呼ぶ．一般に，インピーダンスは記号 Z で表されることが多い．単位は **Ω**（**オーム**, Ohm）である．以下では，各種の回路素子が直列・並列に接続された回路の合成インピーダンスについて述べる．

4.1.1 インピーダンスの直列接続

合成インピーダンスの求め方は，適用する原理原則が直流回路の場合と全く同じであるから，抵抗の直列・並列接続の場合と全く同じである．異なる点は，扱う数値が大きさしかもたない実数ではなく，大きさと偏角（もしくは実部と虚部）をもつ複素数である，という点である．

図 4-1 は直列接続の場合の考え方を示した図である．抵抗の場合に適用した原理原則の R を Z に置き換えて，もう一度ここに示そう．

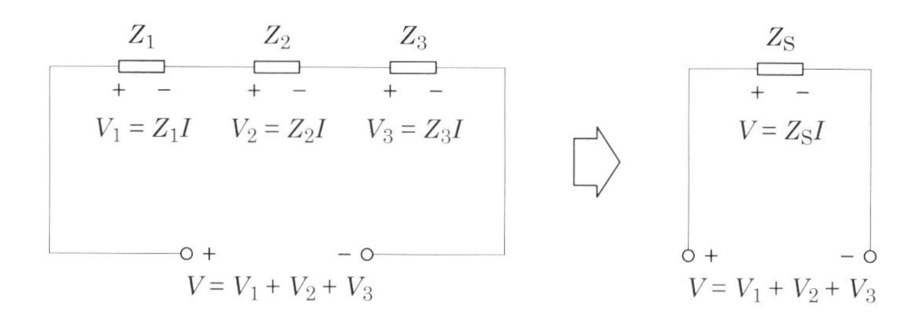

図 4-1 インピーダンスの直列合成.

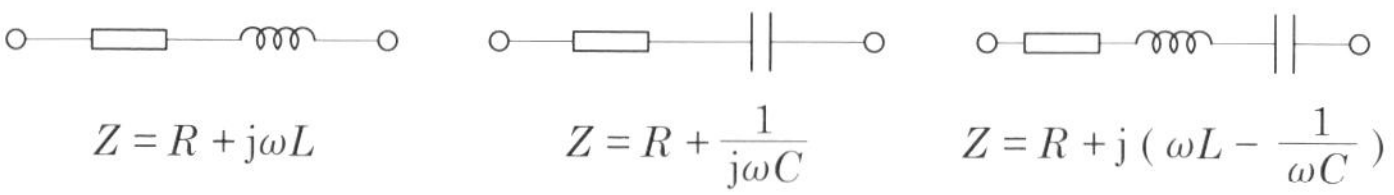

$Z = R + \mathrm{j}\omega L$　　$Z = R + \dfrac{1}{\mathrm{j}\omega C}$　　$Z = R + \mathrm{j}\left(\omega L - \dfrac{1}{\omega C}\right)$

図 4-2 簡単な合成インピーダンスの例.

(1)　1 本の電線を流れる電流はどこも同じである.

$$I = \frac{V_1}{Z_1}, \qquad I = \frac{V_2}{Z_2}, \qquad I = \frac{V_3}{Z_3}. \tag{4-6}$$

(2)　複数の回路素子を直列接続したときの全体の電圧降下は個々の回路素子の電圧降下の和である．また，ループを形成しているとき，起電力の総和は電圧降下の総和に等しい.

$$V = V_1 + V_2 + V_3. \tag{4-7}$$

以上の原理原則から，$V = Z_S I$ を満たす直列合成インピーダンス Z_S が以下のようになるということが導き出される.

$$Z_S = Z_1 + Z_2 + Z_3. \tag{4-8}$$

簡単な合成インピーダンスの具体例を**図 4-2** に示す.

4.1.2　インピーダンスの並列接続

図 4-3 は並列接続の場合の考え方を示した図である．抵抗の場合に適用した原理原則の R を Z に置き換えて，もう一度ここに示そう.

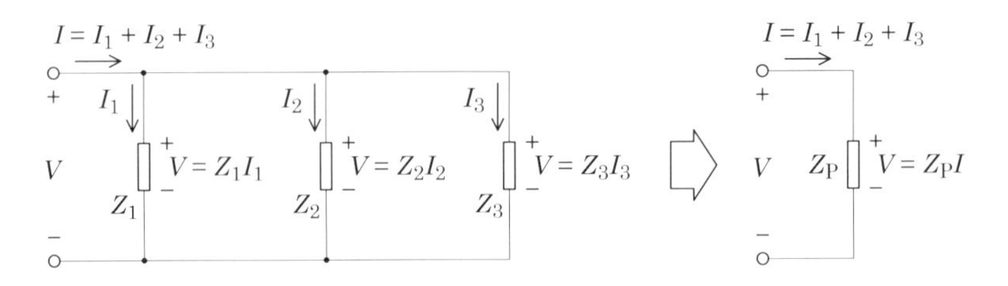

図 **4-3** インピーダンスの並列合成.

(1)　同じ節点の間の電位差は同じである.

$$V = Z_1 I_1, \quad V = Z_2 I_2, \quad V = Z_3 I_3. \tag{4-9}$$

(2)　ある節点に入った電流は，出る電流に等しい.

$$I = I_1 + I_2 + I_3. \tag{4-10}$$

以上の原理原則から，$V = Z_\mathrm{P} I$ を満たす並列合成インピーダンス Z_P が以下のようになるということが導き出される.

$$\frac{1}{Z_\mathrm{P}} = \frac{1}{Z_1} + \frac{1}{Z_2} + \frac{1}{Z_3}. \tag{4-11}$$

4.1.3　抵抗とリアクタンス

合成インピーダンスの例からわかるように，インピーダンスは，一般には以下のように実部と虚部をもつ.

$$Z = R + \mathrm{j}X. \tag{4-12}$$

実部 R を抵抗成分（もしくは，単に抵抗（resistance）），虚部 X をリアクタンス成分（もしくは，単にリアクタンス（reactance））と呼ぶ．リアクタンスは，その正負によって以下のように呼ばれる.

- $X > 0$: 誘導性リアクタンス（inductive reactance）
- $X < 0$: 容量性リアクタンス（capacitive reactance）

コイル（inductor）のインピーダンスが正の純虚数，コンデンサ（capacitor）のインピーダンスが負の純虚数であることから，このように呼ぶことはわかると思う.

4.2　アドミタンス

抵抗の逆数としてコンダクタンスが定義されていたように，インピーダンスの場合にも，その逆数として**アドミタンス**（admittance）というものが定義されている．すなわち，

$$I = YV. \tag{4-13}$$

における Y をアドミタンスという．インピーダンス Z との関係は，

$$Y = \frac{1}{Z}. \tag{4-14}$$

という逆数の関係にある．単位はコンダクタンスの場合と同様に **S**（**ジーメンス**，Siemens）である．

このように，ある回路素子や回路の端子間の電流と電圧の関係を定めるパラメータとして，インピーダンスとその逆数のアドミタンスがあるが，特別の理由が無い限り，逆数のアドミタンスを使うことがあまりない．これは，直流の場合も同様である．同じ抵抗素子を表す方法として抵抗とコンダクタンスがあるが，コンダクタンスを使って話をする頻度は極めて少ない．

4.2.1　アドミタンスの直列並列接続

アドミタンスを直列，並列接続したときの合成アドミタンスは，直流のときのコンダクタンスの場合と同じである．アドミタンスを直列合成した場合には以下のようになる．

$$\frac{1}{Y_\mathrm{S}} = \frac{1}{Y_1} + \frac{1}{Y_2} + \frac{1}{Y_3}. \tag{4-15}$$

アドミタンスを並列合成した場合には以下のようになる．

$$Y_\mathrm{P} = Y_1 + Y_2 + Y_3. \tag{4-16}$$

4.2.2　コンダクタンスとサセプタンス

インピーダンスの実部と虚部に名前が付いていたように，アドミタンスの実部と虚部にも名前が付いている．

$$Y = G + \mathrm{j}B \tag{4-17}$$

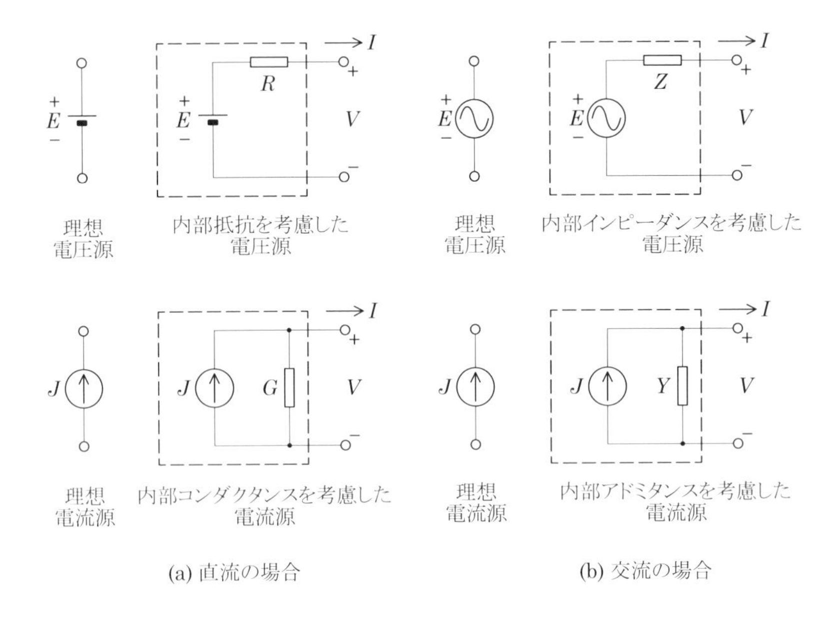

図 4-4 電源とその等価回路．(a) 直流の場合．(b) 交流の場合．

における G を**コンダクタンス**（conductance），B を**サセプタンス**（susceptance）という．また，B については，これまたインピーダンスのリアクタンスのように，その値が正か負かによって以下のように区別している．

- $B > 0$: 容量性サセプタンス（capacitive susceptance）
- $B < 0$: 誘導性サセプタンス（inductive susceptance）

4.3 交流電源

第1章の直流回路の復習で述べたように，電圧源や電流源を表す電源記号は理想的な電源を表すものであり，条件によっては理想電源と実際の電源の特性は大きくかけ離れたものとなる．そのため，現実の電源をなるべく忠実に表現しようとする場合，**図 4-4**(a) に示すように，理想電圧源と内部抵抗や内部コンダクタンスを接続した回路で表される．

交流の場合の電圧源や電流源を表す記号は**図 4-4**(b) に示したような記号

となるが，これらも直流の場合と同様に理想電源である．したがって，現実の電源をなるべく忠実に表現しようとする場合には，同図のように理想電源と内部インピーダンスや内部アドミタンスを含む回路で表される．

なお，電圧源については，直流の場合には電池の記号 を，交流の場合にはマルの中に正弦波を描いた記号 を使い，両者を区別している．しかし，電流源については，なぜか直流と交流で同じ記号（マルの中に矢印の記号 ）を使うので注意が必要である．これ以外にも という電流源記号があるが，この場合も直流と交流の区別がなされていない．本書ではマルの中に矢印の作法に従うことにする．

4.4　電気回路特有の複素数の表記法

フェーザ形式で交流回路の挙動を考える，もしくは問題を解くとき，その計算過程で複素数を扱うことになる．数学で複素数を学ぶときの一般的な表記法は，実部と虚部を用いた直角座標形式と呼ばれる形式が多い．しかし，位相の変化に注目する電気回路では，実部と虚部が明示されている直角座標形式よりも，絶対値と偏角が明示されている方が実用的である．そのため，**極座標形式**というものがよく用いられる．以下に複素数の表記法をまとめておく．

●**直角座標形式**　$\boldsymbol{z = x + \mathrm{j}y}$

インピーダンスの足し算，引き算のときには便利であり，実際に使う．しかし，掛け算・割り算になると不便である．また，偏角もすぐにはわからない．

●**指数関数形式**　$\boldsymbol{z = r\mathrm{e}^{\mathrm{j}\theta} = r\exp(\mathrm{j}\theta)}$

これは極座標形式の一種であるが，指数関数を使うので，本講義では「指数関数形式」と呼ぶ．この場合の θ の単位は「ラジアン」である．数値を扱わない理論計算ではこの形式がよく用いられる．しかし，工学的問題を扱う場合には，角度を「度」で表した後述の極座標形式がよく用いられる．例えば「1 ラジアン」と言われても，どんな角度なのかがすぐにわからない（少なくとも筆者はわからない）．

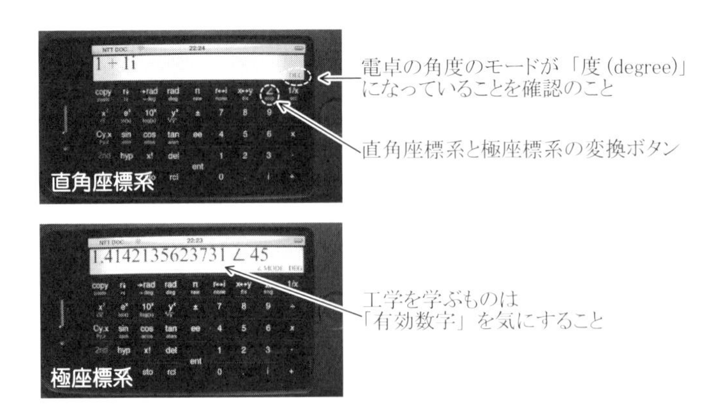

図 4-5　関数電卓による直角座標系と極座標系の変換例.

● **極座標形式**　$z = r\angle\theta$

この場合の θ の単位は「度」「°」である．度を用いるのは数値を扱う工学的問題を対象とするからである．先ほどの1ラジアンを度で表すと約57°（おおよそ60°）である．これならば，三角定規を思い浮かべればどれくらいの角度なのかがピンとくるはずである．

極座標形式の計算例

極座標形式の起源は指数関数形式であるから，極座標形式の計算作法は以下のように指数関数形式の計算作法に則ったものとなる．

- 掛け算

$$(4\angle 15^\circ) \times (2\angle 30^\circ) = (4 \times 2)\angle(15^\circ + 30^\circ) = 8\angle 45^\circ \tag{4-18}$$

大きさは掛け算，偏角は足し算となる．

- 割り算

$$\frac{4\angle 15^\circ}{2\angle 30^\circ} = \frac{4}{2}\angle(15^\circ - 30^\circ) = 2\angle -15^\circ \tag{4-19}$$

大きさは割り算，偏角は引き算となる．

なお，周波数 ω と回路素子の R，L，C からすぐに算出できるのは直角座標形式の実部と虚部であるから，極座標形式を使う場合には，直角座標形式からの変換が必要となる．ピタゴラスの定理と tan の逆関数を用いればよいのだが，関数電卓によっては極座標表記と直角座標表記の変換をしてくれるものがある．電気回路の数値計算ではそのような電卓をよく使う．最近では，**図 4-5** に示すようなスマホアプリもある．なお，関数電卓で角度を扱うときには，電卓の角度の単位の設定に気をつけること．deg（度）と rad（ラジアン）に加えて，360° を 400 grad（グラジアン）とする単位設定があることが多い．

事前基盤知識確認事項

課題　1.　フェーザ形式による表現の復習

$i(t) = I_{\mathrm{m}} \sin(\omega t + \theta)$ なる電流のフェーザ形式による表現を書き，複素平面上で描け．

略解　$i(t)$ をフェーザ形式で表すと，

$$I = I_{\mathrm{e}}\ \mathrm{e}^{\mathrm{j}\theta}$$

となる．ここで，フェーザの絶対値は実効値 (振幅/$\sqrt{2}$) であるから，

$$I_{\mathrm{e}} = \frac{I_{\mathrm{m}}}{\sqrt{2}}$$

となる．これを複素平面上で図示すれば，**図 4-6** のようになる．

課題　2.　フェーザ形式による表現の復習

$v(t) = V_{\mathrm{m}} \sin(\omega t + \theta)$ なる電圧のフェーザ形式による表現を書き，複素平面上で描け．

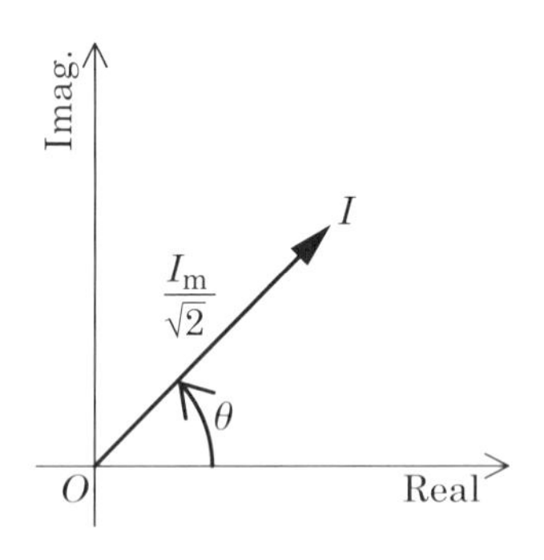

図 4-6　$i(t) = I_{\mathrm{m}} \sin(\omega t + \theta)$ のフェーザ表現．

略解　$v(t)$ をフェーザ形式で表すと，

$$V = V_{\mathrm{e}}\ \mathrm{e}^{\mathrm{j}\theta}$$

となる．ここで，フェーザの絶対値は実効値 (振幅/$\sqrt{2}$) であるから，

$$V_{\mathrm{e}} = \frac{V_{\mathrm{m}}}{\sqrt{2}}$$

となる．これを複素平面上で図示すれば，**図 4-7** のようになる．

課題　3．直列接続の場合の合成抵抗の復習

R_1，R_2，R_3 を直列接続したときの合成抵抗 R_{S} を示せ．

略解

$$R_{\mathrm{S}} = R_1 + R_2 + R_3$$

課題　4．並列接続の場合の合成抵抗の復習

R_1，R_2，R_3 を並列接続した合成抵抗 R_{P} を示せ．

略解

$$\frac{1}{R_{\mathrm{S}}} = \frac{1}{R_1} + \frac{1}{R_2} + \frac{1}{R_3}$$

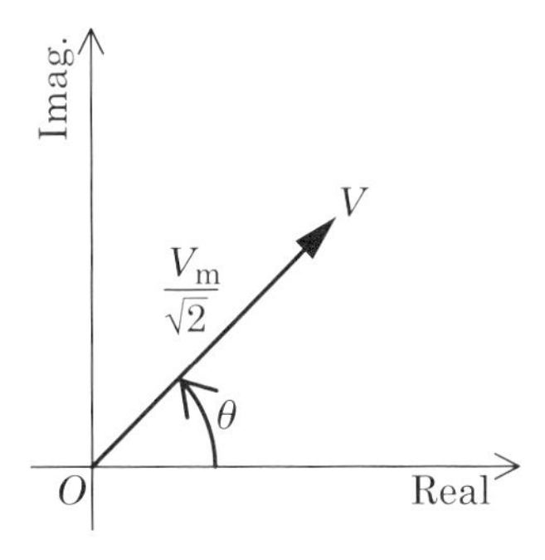

図 4-7　$v(t) = V_{\mathrm{m}} \sin(\omega t + \theta)$ のフェーザ表現．

交流の場合の抵抗に相当する「インピーダンス」も，全く同じように扱ってよいことを本章で学ぶ．違うのは，値が大きさだけではなく，実部と虚部をもつ（もしくは，大きさと偏角をもつ）複素数である，という点である．

課題　5．極座標形式の電気回路的表現

電気回路では，

$$z = r\mathrm{e}^{\mathrm{j}\theta}$$

なる複素数を，

$$z = r\angle\theta$$

なる独特の形式で表す流儀がある．例えば，$r = 2.0$，$\theta = \pi/4$（度なら$\theta = 45°$）を上記表記方法で書いてみよ．有効数字は2桁とする．

略解

$$z = 2.0\angle 45°.$$

課題　6．角度の表現方法

0.77ラジアンがどのような角度か図示せよ．44° がどのような角度か図示せよ．

略解　省略．この課題は，具体的数値を扱う工学においてラジアンと度のどちらの表現方法が具体的な角度を頭に描き易いかを考えてもらうための課題である．0.77ラジアンと44° はどちらもほぼ同じ角度であるが，少なくとも筆者は，44° の方が具体的な角度を頭に描きやすい．

ラジアンで角度を明記することに価値があるのは，純粋に理論を構築するときだけであると思われる．そのような観点から，工学を学習するための本書では，随所で角度を「度」で表すことを強制するのでご理解いただきたい．

事後学習内容確認事項

課題 1. インピーダンス

問 1.1 回路素子のインピーダンス

抵抗 $R = 1\ \Omega$，コイル $L = 1\ \mathrm{mH}$，コンデンサ $C = 500\ \mu\mathrm{F}$ があるとき，それぞれの回路素子のインピーダンスを求めよ．交流電圧・電流の周波数は $\omega = 1000\ \mathrm{rad/s}$ とする．有効数字 2 桁で答えよ．

略解 R，L，C のインピーダンスはそれぞれ以下のようになる．

$$
\begin{aligned}
&\text{抵抗 } R && R = 1.0\ \Omega, \\
&\text{コイル } L && \mathrm{j}\omega L = \mathrm{j}\ (1000) \times (1 \times 10^{-3}) = \mathrm{j}\ 1.0\ \Omega, \\
&\text{コンデンサ } C && \frac{1}{\mathrm{j}\omega C} = -\mathrm{j}\ \frac{1}{(1000) \times (500 \times 10^{-6})} = -\mathrm{j}\ 2.0\ \Omega.
\end{aligned}
$$

問 1.2 直列回路のインピーダンス

R, L, C の直列合成インピーダンス Z を求め，直角座標形式と極座標形式で表せ．有効数字 2 桁で表せ．Z を複素平面上で図示せよ．

略解 それぞれ以下のようになる．

$$
\begin{aligned}
&\text{直角座標形式} && Z = (1.0 - \mathrm{j}1.0)\ \Omega, \\
&\text{極座標形式} && Z = 1.41\angle - 45^\circ = (1.4\angle - 45^\circ)\ \Omega.
\end{aligned}
$$

このインピーダンス Z を図示すると**図 4-8**(a) のようになる．

問 1.3 フェーザと波形の対応関係

上記の Z に印加する電圧波形の振幅を $V_{\mathrm{m}} = 2.0\ \mathrm{V}$，周波数を $\omega = 1000\ \mathrm{rad/s}$ とするとき，Z におけるフェーザ電圧とフェーザ電流を求め，それらを複素平面上に描け（実効値と位相の情報が必要）．それを基にして，電圧波形と電流波形を描け（振幅と位相の情報が必要）．

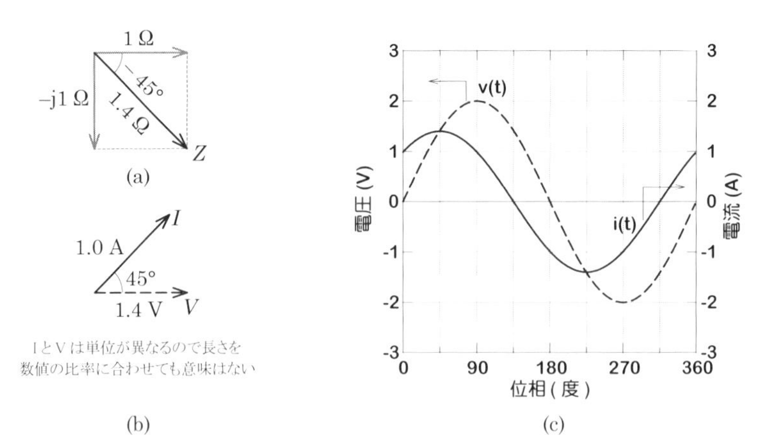

図 4-8　周波数 $\omega = 1000$ rad/s の正弦波交流を想定したときの (a) 抵抗 $R = 1\ \Omega$，コイル $L = 1$ mH，コンデンサ $C = 500\ \mu$F の直列インピーダンス Z，(b) Z に振幅 $V_{\mathrm{m}} = 2$ V の電圧を印加したときのフェーザ電圧とフェーザ電流，及び (c) 電圧波形と電流波形.

略解　振幅 A_{m}，周波数 ω の正弦波 $a(t)$ とそれに対応するフェーザ A の関係は以下のとおりである.

$$a(t) = A_{\mathrm{m}} \sin(\omega t + \theta) \qquad \Longleftrightarrow \qquad A = A_{\mathrm{e}}\angle\theta,\ \text{実効値}\ A_{\mathrm{e}} = \frac{A_{\mathrm{m}}}{\sqrt{2}}$$

指定が無ければ $\theta = 0°$ とすればよい．したがって，フェーザ電圧 V は,

$$\text{実効値}\ V_{\mathrm{e}} = \frac{V_{\mathrm{m}}}{\sqrt{2}} = 1.41 = 1.4\ \mathrm{V}$$

より以下のようになる.

$$V = (1.4\angle 0.0°)\ \mathrm{V}.$$

となる．一方，$Z = (1.4\angle -45°)\ \Omega$ であるから，オームの法則により

$$I = \frac{V}{Z} = \frac{1.41\angle 0°}{1.41\angle -45°} = (1.0\angle 45°)\ \mathrm{A}$$

となる.[*1] これらより複素平面上のフェーザ電圧とフェーザ電流は**図 4-8**(b)

[*1] 計算途中では桁落ち防止のために 1 桁多い有効数字に戻して計算.

のようになる．また，電圧と電流のフェーザと波形の関係は，

$$v(t) = V_{\mathrm{m}} \sin(\omega t + \theta) \iff V = V_{\mathrm{e}}\angle\theta,\ \text{実効値}\ V_{\mathrm{e}} = \frac{V_{\mathrm{m}}}{\sqrt{2}},$$

$$i(t) = I_{\mathrm{m}} \sin(\omega t + \phi) \iff I = I_{\mathrm{e}}\angle\phi,\ \text{実効値}\ I_{\mathrm{e}} = \frac{I_{\mathrm{m}}}{\sqrt{2}},$$

であるから，$V_{\mathrm{m}} = 2.0$ V，$I_{\mathrm{m}} = \sqrt{2} \times 1.0$ A より電圧波形と電流波形の関係は以下のようになる．

$$v(t) = 2.0\ \sin\omega t\ \mathrm{V}, \quad i(t) = 1.4\ \sin(\omega t + 45^\circ)\ \mathrm{A}.$$

これを図示すると**図 4-8**(c) のようになる．

課題 2. アドミタンス

問 2.1 回路素子のアドミタンス

抵抗 $R = 1\ \Omega$，コイル $L = 0.5$ mH，コンデンサ $C = 1000\ \mu$F があるとき，それぞれの回路素子のアドミタンスを求めよ．交流電圧・電流の周波数は $\omega = 1000$ rad/s とする．有効数字 2 桁で答えよ．

略解 R，L，C のアドミタンスはそれぞれ以下のようになる．

抵抗 R $\quad \dfrac{1}{R} = 1.0\ \mathrm{S},$

コイル L $\quad \dfrac{1}{\mathrm{j}\omega L} = -\mathrm{j}\ \dfrac{1}{(1000) \times (0.5 \times 10^{-3})} = -\mathrm{j}\ 2.0\ \mathrm{S},$

コンデンサ C $\quad \mathrm{j}\omega C = \mathrm{j}\ (1000) \times (1000 \times 10^{-6}) = \mathrm{j}\ 1.0\ \mathrm{S}.$

問 2.2 並列回路のアドミタンス

R，L，C の並列合成インピーダンス Y を求め，直角座標形式と極座標形式で表せ．Y を複素平面上で図示せよ．

略解 それぞれ以下のようになる．

直角座標形式 $\quad Y = (1.0 - \mathrm{j}1.0)\ \mathrm{S},$

極座標形式 $\quad Y = 1.41\angle - 45^\circ = (1.4\angle - 45^\circ)\ \mathrm{S}$

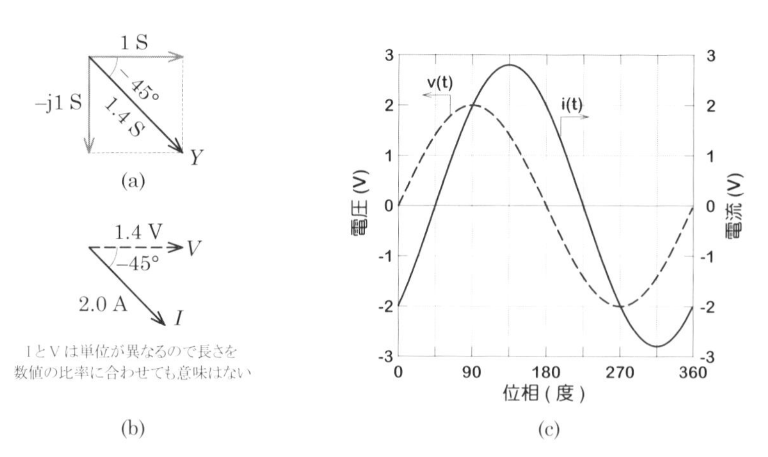

図 4-9 周波数 $\omega = 1000$ rad/s の正弦波交流を想定したときの (a) 抵抗 $R = 1\ \Omega$，コイル $L = 0.5$ mH，コンデンサ $C = 1000\ \mu$F の並列アドミタンス Y，(b) Y に振幅 $V_{\mathrm{m}} = 2$ V の電圧を印加したときのフェーザ電圧とフェーザ電流，及び (c) 電圧波形と電流波形.

このアドミタンス Y を複素平面上で表せば**図 4-9**(a) のようになる.

問 2.3 フェーザと波形の対応関係

上記の Y に印加する電圧波形の振幅を $V_{\mathrm{m}} = 2.0$ V，周波数を $\omega = 1000$ rad/s とするとき，Y にかかる電圧と電流をフェーザ形式で表したときの関係を複素平面上に描け (実効値と位相の情報が必要)．それを基にして，電圧と電流の波形の関係を描け (振幅と位相の情報が必要).

略解 振幅 A_{m}，周波数 ω の正弦波 $a(t)$ とそれに対応するフェーザ A の関係は以下のとおりである.

$$a(t) = A_{\mathrm{m}} \sin(\omega t + \theta) \qquad \Longleftrightarrow \qquad A = A_{\mathrm{e}} \angle \theta,\ \text{実効値}\ A_{\mathrm{e}} = \frac{A_{\mathrm{m}}}{\sqrt{2}}$$

指定が無ければ $\theta = 0°$ とすればよい．したがって，フェーザ電圧 V は,

$$\text{実効値}\ V_{\mathrm{e}} = \frac{V_{\mathrm{m}}}{\sqrt{2}} = 1.41 = 1.4\ \text{V}$$

より以下のようになる．

$$V = (1.4\angle 0.0^\circ)\ \mathrm{V}.$$

となる．一方，$Y = (1.4\angle -45^\circ)$ S であるから，オームの法則により，

$$I = \frac{V}{Z} = VY = (1.41\angle 0^\circ)\ (1.41\angle -45^\circ) = (2.0\angle -45^\circ)\ \mathrm{A}$$

となる．[*2] これらより複素平面上のフェーザ電圧とフェーザ電流は**図 4-9**(b) のようになる．また，電圧と電流のフェーザと波形の関係は，

$$v(t) = V_{\mathrm{m}} \sin(\omega t + \theta) \quad \Longleftrightarrow \quad V = V_{\mathrm{e}}\angle\theta,\ \text{実効値}\ V_{\mathrm{e}} = \frac{V_{\mathrm{m}}}{\sqrt{2}},$$
$$i(t) = I_{\mathrm{m}} \sin(\omega t + \phi) \quad \Longleftrightarrow \quad I = I_{\mathrm{e}}\angle\phi,\ \text{実効値}\ I_{\mathrm{e}} = \frac{I_{\mathrm{m}}}{\sqrt{2}},$$

であるから，$V_{\mathrm{m}} = 2.0$ V，$I_{\mathrm{m}} = \sqrt{2} \times 2.0$ A より電圧波形と電流波形の関係は以下のようになる．

$$v(t) = 2.0\ \sin\omega t\ \mathrm{V}, \quad i(t) = 2.8\ \sin(\omega t + 45^\circ)\ \mathrm{A}.$$

これを図示すると**図 4-9**(c) のようになる．

[*2] 計算途中では桁落ち防止のために 1 桁多い有効数字に戻して計算．

第5章

交流回路の直並列接続

交流回路を扱うための数学的準備（フェーザの導入）は前章までで完了した．本章では，典型的な例題を通じてフェーザの使い方に慣れてもらい，以下の能力と知識を修得することを目的とする．

- **五つの「できる」**
  - ○ Z と Y の計算
  - ○ 複素平面上の Z と Y の図示
  - ○ フェーザを用いた交流回路の計算
  - ○ 複素平面上のフェーザの図示
  - ○ フェーザと実関数（波形）との対応
- **四つの「知っている」**
  - ○ 移相回路，
  - ○ 等価回路，
  - ○ ブリッジ回路，
  - ○ 共振回路

5.1　基本的な直並列回路の例

本節では，基本的な直列回路と並列回路の合成インピーダンスを表す式を示し，その複素平面上での描像を示す．このインピーダンスの電圧と電流の関係をフェーザ形式の式で表すとともに，複素平面上での描像を示す．

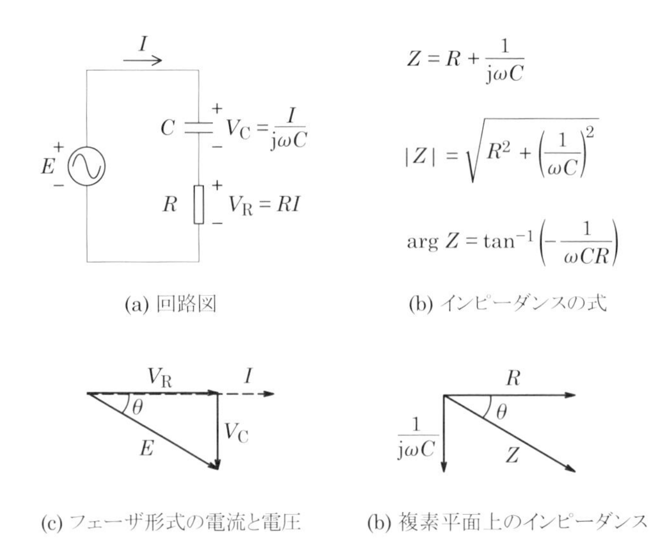

図 5-1　RC 直列回路図とそのインピーダンスを表す式，フェーザ形式で表した電流と電圧の複素平面上での関係，インピーダンスの複素平面上での描像.

5.1.1　RC 直列回路

図 5-1 に示すような抵抗 R とコンデンサ C の直列回路の合成インピーダンス Z は次式で表される.

$$Z = R + \frac{1}{j\omega C} = R - j\frac{1}{\omega C}. \tag{5-1}$$

ここで，Z の大きさ $|Z|$ と偏角 $\arg Z$ は次式で表される．なお，図中では偏角を θ と表記した.

$$|Z| = \sqrt{R^2 + \left(\frac{1}{\omega C}\right)^2}, \tag{5-2}$$

$$\arg Z = \tan^{-1}\left(-\frac{1}{\omega CR}\right). \tag{5-3}$$

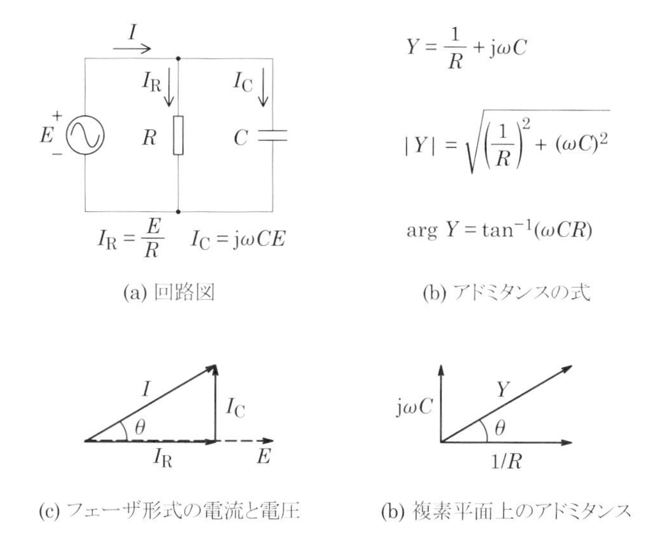

図 5-2 RC 並列回路図とそのアドミタンスを表す式，フェーザ形式で表した電流と電圧の複素平面上での関係，アドミタンスの複素平面上での描像．

5.1.2 RC 並列回路

図 5-2 に示すような抵抗 R とコンデンサ C の並列回路の合成アドミタンス Y は次式で表される．並列の場合は，アドミタンスで扱った方が式がシンプルになるのでアドミタンスで表しているが，必要ならばインピーダンスで表してもかまわない．

$$Y = \frac{1}{R} + j\omega C. \tag{5-4}$$

ここで，Y の大きさ $|Y|$ と偏角 $\arg Y$ は次式で表される．なお，図中では偏角を θ と表記した．

$$|Y| = \sqrt{\left(\frac{1}{R}\right)^2 + (\omega C)^2}, \tag{5-5}$$

$$\arg Y = \tan^{-1}(\omega CR). \tag{5-6}$$

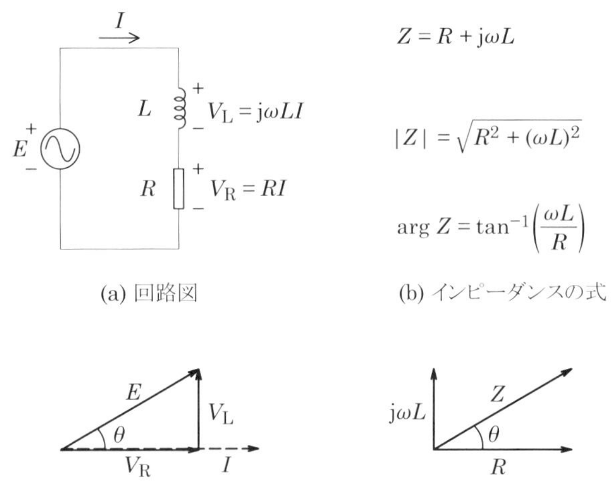

(c) フェーザ形式の電流と電圧　　(b) 複素平面上のインピーダンス

図 5-3　RL 直列回路図とそのインピーダンスを表す式，フェーザ形式で表した電流と電圧の複素平面上での関係，インピーダンスの複素平面上での描像.

5.1.3　RL 直列回路

図 5-3 に示すような抵抗 R とコイル L の直列回路の合成インピーダンス Z は次式で表される.

$$Z = R + j\omega L. \tag{5-7}$$

ここで，Z の大きさ $|Z|$ と偏角 $\arg Z$ は次式で表される．なお，図中では偏角を θ と表記した.

$$|Z| = \sqrt{R^2 + (\omega L)^2}, \tag{5-8}$$

$$\arg Z = \tan^{-1}\left(\frac{\omega L}{R}\right). \tag{5-9}$$

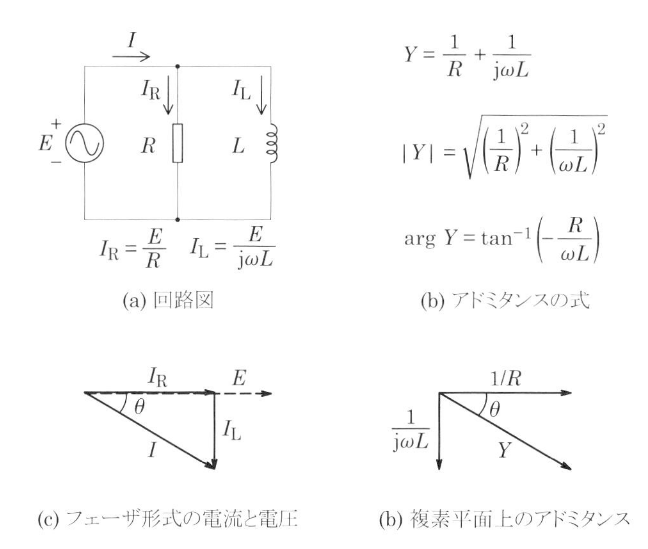

図 5-4　RL 並列回路図とそのアドミタンスを表す式，フェーザ形式で表した電流と電圧の複素平面上での関係，アドミタンスの複素平面上での描像.

5.1.4　RL 並列回路

図 5-4 に示すような抵抗 R とコイル L の並列回路の合成アドミタンス Y は次式で表される．並列の場合は，アドミタンスで扱った方が式がシンプルになるので，アドミタンスで表しているが，必要ならばインピーダンスで表してもかまわない.

$$Y = \frac{1}{R} + \frac{1}{j\omega L} = \frac{1}{R} - j\frac{1}{\omega L}. \tag{5-10}$$

ここで，Y の大きさ $|Y|$ と偏角 $\arg Y$ は次式で表される．なお，図中では偏角を θ と表記した.

$$|Y| = \sqrt{\left(\frac{1}{R}\right)^2 + \left(\frac{1}{\omega L}\right)^2}, \tag{5-11}$$

$$\arg Y = \tan^{-1}\left(-\frac{R}{\omega L}\right). \tag{5-12}$$

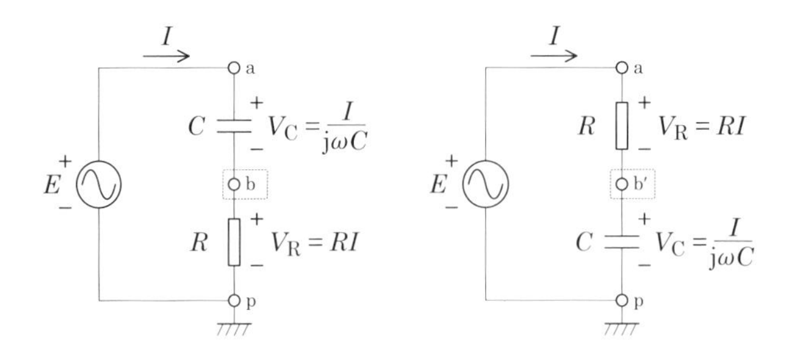

図 5-5 CR 直列回路と RC 直列回路．どちらも合成インピーダンスは同じであるが，p を接地電位 (= 0 V) とした場合の b と b′ の電位が異なる．

5.2 つなぎ方に関する留意事項（電位と電位差）

図 5-5 は，R と C を接続する順番が異なる二つの RC 直列回路である．合成インピーダンス，回路全体に流れる電流 I と電源電圧 E の関係はどちらも全く同じである．また，R だけに注目したときの R の端子間の電圧 V_R と R に流れる電流 I も，二つの回路で比較しても差異はない．C だけに注目したときの C の端子間の電圧 V_C と C に流れる電流 I についても同様に差異が無い．

これら二つの回路は等価とみてよいのだろうか？

答えはこの回路の何処に注目しているかで異なる．

p と a の端子間しか問題にしないのであれば等価である．しかし，b や b′ も考慮する場合には等価ではない．[*1] これは，p を基準としたときの b の電位 V_{bp} と，p を基準としたときの b′ の電位 $V_{b'p}$ が異なるからである．以下では，V_{bp} と $V_{b'p}$ がどのように異なるのかについて説明する．

まず，説明のための前準備として，片方の点を基準としてもう片方を見たときの電位差を表すときのルールについて説明する．前の段落にて V_{bp} とい

[*1] b や b′ を考慮する具体的な例としては，例えば，後で b（あるいは b′）に何かを接続して使う場合などである．

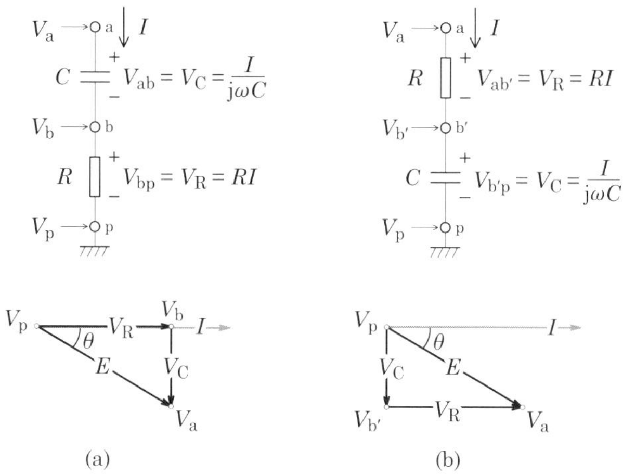

図 5-6　R と C の接続順番が異なる 2 つの回路の電圧と電流のフェーザ図.

う書き方をしたが，二つの添え字 b と p を用いて表した V_{bp} という表記には,「p から b を見たときの電圧（電位差）である」，もしくは「b の電位である（ただし，p を基準としてますよ）」という意味が込められている．したがって，添え字の順番を逆にすると符号が変わるので注意されたし.[*2]

図 5-6(a) と**図 5-6**(b) は，R と C の接続順番が異なる二つの回路の電圧と電流のフェーザ図である．説明をし易くするために，電流 I が複素平面上で水平になるような電圧が印加されているものとする．(a) と (b) のどちらの場合も，R と C を個別に抜き出して考えた場合の電圧と電流の関係は同じであり，次式のようになる.

$$V_{\mathrm{R}} = RI, \tag{5-13}$$

$$V_{\mathrm{C}} = \frac{I}{\mathrm{j}\omega C}. \tag{5-14}$$

以上で，前準備は終わりである．ここから説明の本論に入る．ある節点を基準としてそこから回路に沿って別の節点に移動するとき，回路素子と出会う順番が異なると途中の電位が異なってくる，というのが説明の要点であ

[*2] 同じ坂でも，坂の上から見れば「下り坂」，坂の下から見れば「上り坂」という状況.

る．この状況は山登りに例えることができる．山頂に向けて坂道を登るとき，異なる経路をたどると，最終的に到達する山頂の高さは同じであるが，途中の高さが異なるというイメージである．これを複素平面上にフェーザ形式の電圧と電流を描くことで説明する．

図 5-6(a) の場合も**図 5-6**(b) の場合も，p から a に向かって電位勾配を登っていくと，最終的に到達する a の電位 V_{ap} は，どちらの場合も同じである（同じ山の頂上に到達する）．しかし，**図 5-6**(a) の場合には，p から登っていくときに最初に通る回路素子が抵抗 R であるのに対し，**図 5-6**(b) の場合には，最初に通る回路素子はコンデンサ C である．抵抗 R における電位差が式 (5-13) で与えられるのに対し，コンデンサ C における電位差は式 (5-14) で与えられ，抵抗の場合と異なる．したがって，p から見た b と b$'$ の電位が異なるのである．どのように異なるかを見てみよう．

図 5-6(a) の場合には，p から b に向かうときに感じる電位差は $V_{\mathrm{bp}} = V_{\mathrm{R}}$ である．抵抗では電圧と電流の間に位相差が生じないので，複素平面上で表したフェーザ形式の V_{bp} は，電流 I と同じ偏角で描かれることになる（この場合，どちらも偏角が 0 である）．一方，**図 5-6**(b) の場合には，p から b$'$ に向かうときに感じる電位差は $V_{\mathrm{b'p}} = V_{\mathrm{C}}$ であり，一般には，その大きさは $V_{\mathrm{bp}} = V_{\mathrm{R}}$ と異なる．さらに，コンデンサでは電流に対して電流の位相が 90° 遅れる．複素平面上のフェーザ形式の $V_{\mathrm{b'p}}$ は，電流 I に対して $-90°$ だけ異なる偏角で描かれることになる．したがって，$V_{\mathrm{b'p}}$ は，大きさだけでなく偏角も $V_{\mathrm{bp}} = V_{\mathrm{R}}$ と異なったものとなる．

以上をまとめると，以下のようになる．

複数の回路素子を接続する場合，接続の順番が異なっていても，合成インピーダンスに違いは無いが，回路素子同士を接続している節点の電位が異なる

このことをうまく利用すると，位相が関与する交流ならではの面白い回路ができる．これは，節点の電位の大きさは変えずに位相だけを変えるという回路であり，移相回路と呼ばれている．次節以降では，こうした特定の用途のために「うまい具合に作った回路」を紹介する．

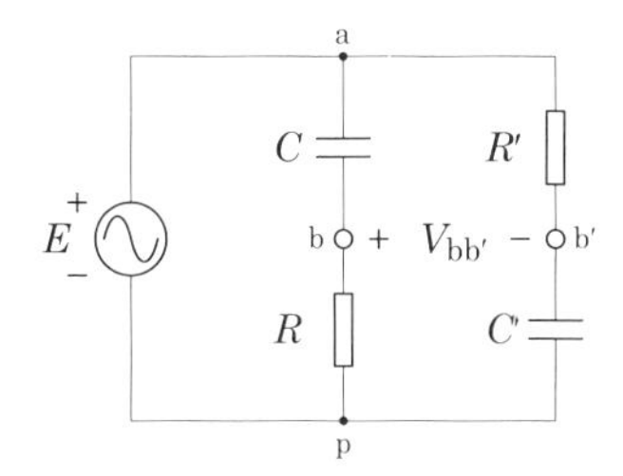

図 5-7 移相回路の回路図.

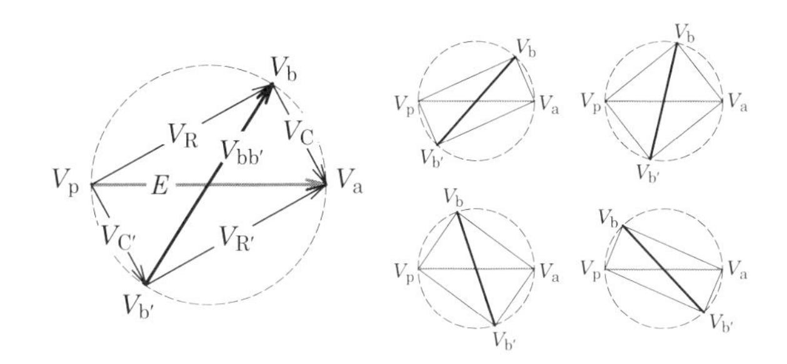

図 5-8 移相回路のフェーザ・ダイヤグラム.

5.3 移相回路

移相回路（phase-shifter）の回路図を**図 5-7** に示す．この回路は，回路素子（R，C，R'，C'）の値を変えると，b と b′ の間の電位差である $V_{bb'}$ の位相だけが変わる回路である（大きさ $|V_{bb'}|$ は変わらない）．その理由は，**図 5-8** に示すようなフェーザを描くことによって理解できる．

$V_R + V_C$ と $V_{R'} + V_{C'}$ は，回路素子の値によらず常に E である．また，V_R と V_C のなす角と $V_{R'}$ と $V_{C'}$ のなす角も回路素子の値によらず常に 90° である．これらの幾何学的制約により，b の電位 V_b と b′ の電位 $V_{b'}$ は破線の円周上を動くだけとなる．したがって，$V_{bb'}$ の挙動は，その大きさ $|V_{bb'}|$ が常に $|E|$ であり，E に対する V の角度（すなわち，E に対する V の位相）だけが変化する，という挙動になるのである．

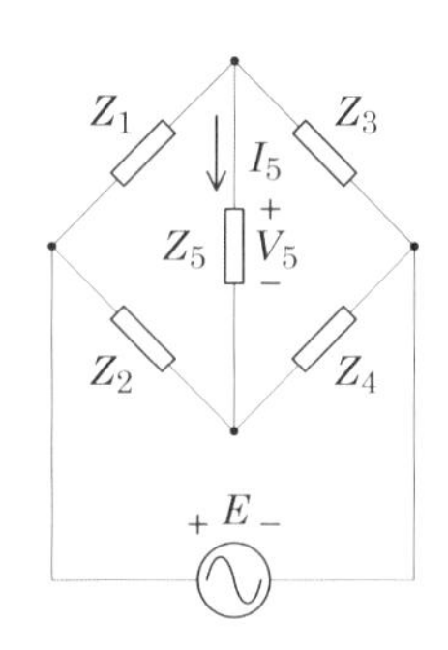

図 5-9　ブリッジ回路.

5.4　ブリッジ回路

図 5-9 のような回路をブリッジ回路という．Z_5 を流れる電流がゼロの状態（これを平衡状態という）になるように Z_1，Z_2，Z_3，Z_4 を調節して使う．平衡状態になる条件は次式で与えられる．

$$\frac{Z_1}{Z_2} = \frac{Z_3}{Z_4}. \tag{5-15}$$

このような回路を作って何が嬉しいのだろうか．実は，ブリッジ回路は平衡条件となるように 1，2，3，4 の添え字で示したインピーダンスの値を調整すると，抵抗，周波数，インダクタンスなどを正確に計測できる計測器となるのである．以下では，代表的なブリッジ回路であるホイートストンブリッジ（Wheatstone bridge），マクスウェルブリッジ（Maxwell bridge），ウィーンブリッジ（Wien bridge）を紹介する．

5.4.1　ホイートストンブリッジ

図 5-10 はホイートストンブリッジと呼ばれるブリッジ回路であり，抵抗測定に利用される．式 (5-15) より平衡条件式は以下のようになる．

$$\frac{R_1}{R_2} = \frac{R_3}{R_4} \tag{5-16}$$

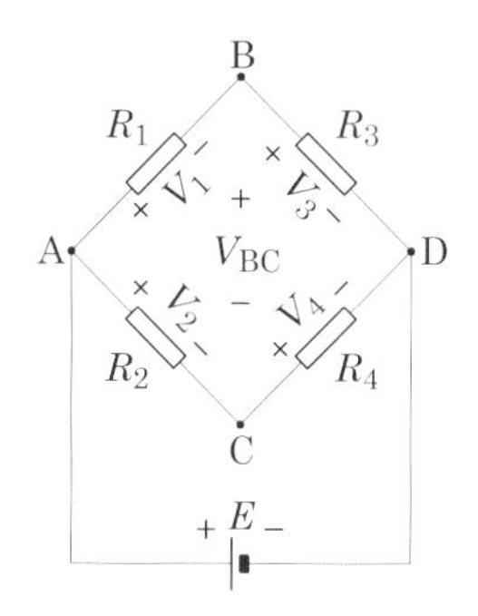

図 5-10　未知の抵抗値を高精度で求めるためのホイートストンブリッジ.

R_1 が未知の抵抗であるとするとき，平衡条件を満たす R_2，R_3，R_4 が高精度でわかっていれば，

$$R_1 = \frac{R_3}{R_4} R_2 \tag{5-17}$$

によって R_1 を高精度で決定できるというのがこのブリッジの御利益である.

課題　ホイートストンブリッジの平衡条件を導出せよ

略解　**図 5-10** の V_3 と V_4 は，二つの抵抗で電圧を分割したときの電圧に相当するから，次式で与えられる.

$$V_3 = \frac{R_3}{R_1 + R_3} E, \qquad V_4 = \frac{R_4}{R_2 + R_4} E. \tag{5-18}$$

一方，V_{BC} は V_3 と V_4 を用いて以下のように表される.

$$V_{BC} = V_3 - V_4. \tag{5-19}$$

平衡条件の $V_{BC} = 0$ を満たすとすると，次式が成り立つ.

$$\frac{R_3}{R_1 + R_3} - \frac{R_4}{R_2 + R_4} = 0. \tag{5-20}$$

この式を変形すれば，以下の平衡条件の式となる.

$$\frac{R_1}{R_2} = \frac{R_3}{R_4}. \tag{5-21}$$

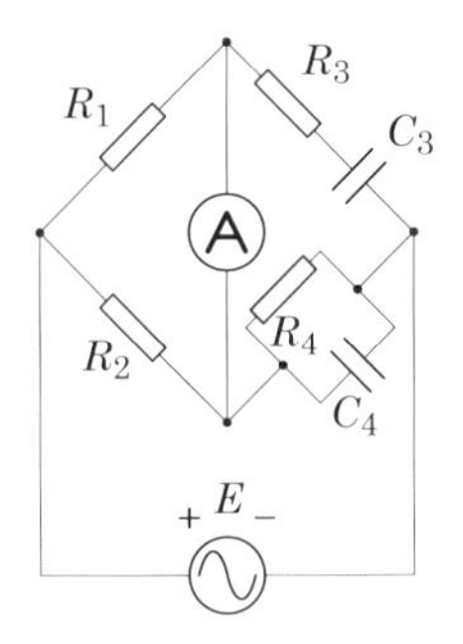

図 5-11　周波数を回路素子定数から求めるためのウィーンブリッジ.

なお，抵抗 R_i（$i=1,2,3,4$）をインピーダンス Z_i に置き換えれば，式(5-15) が容易に導かれることがわかる.

5.4.2　ウィーンブリッジ

図 5-11 はウィーンブリッジと呼ばれるブリッジ回路である．このブリッジの目的は周波数測定である．平衡条件式は以下のようになる.

$$\omega = \frac{1}{R_3C_3} \tag{5-22}$$

ただし，$R_1 = 2R_2$，$R_3 = R_4$，$C_3 = C_4$ という条件を満たすものとする.

課題　ウィーンブリッジの平衡条件を導出せよ

略解　平衡条件を単純に書き下すと次式のようになる.

$$\left(R_3 + \frac{1}{\mathrm{j}\omega C_3}\right)\left(\frac{1}{R_4} + \mathrm{j}\omega C_4\right) = \frac{R_1}{R_2}. \tag{5-23}$$

これを平衡条件がわかりやすい以下のような形式に式変形する.

$$\frac{R_3}{R_4} + \frac{C_4}{C_3} + \mathrm{j}\left(\omega R_3C_4 - \frac{1}{\omega R_4C_3}\right) = \frac{R_1}{R_2}. \tag{5-24}$$

左辺と右辺の実部と虚部がそれぞれ等しいという条件から次式を得る.

$$\frac{R_3}{R_4} + \frac{C_4}{C_3} = \frac{R_1}{R_2}, \qquad \omega R_3C_4 = \frac{1}{\omega R_4C_3} \tag{5-25}$$

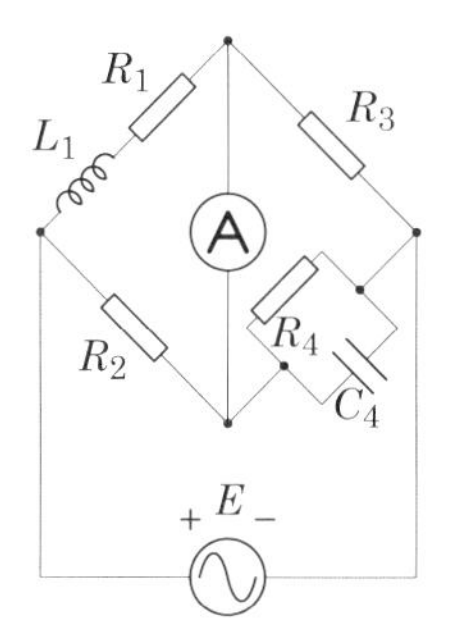

図 5-12　誘導性インピーダンスを求めるために用いられるマクスウェルブリッジ．

となる．ここで，条件 $R_1 = 2R_2$，$R_3 = R_4$，$C_3 = C_4$ を利用すると，

$$\omega = \frac{1}{R_3 C_3} \tag{5-26}$$

となり，R_3 と C_3 から周波数 ω が求められることがわかる．

5.4.3　マクスウェルブリッジ

図 5-12 はマクスウェルブリッジと呼ばれるブリッジ回路である．抵抗 R_2，R_3，R_4 とコンデンサ C_4 を利用して，未知の誘導性インピーダンス $Z = R_1 + \mathrm{j}\omega L_1$ の抵抗成分 R_1 とインダクタンス L_1 を求めるために使用される．電源の周波数 ω の情報が不要であることが特徴である．

課題　マクスウェルブリッジの平衡条件を導出せよ

略解　平衡条件の式を書き下すと以下のようになる．

$$\frac{R_1 + \mathrm{j}\omega L_1}{\dfrac{1}{R_4} + \mathrm{j}\omega C_4} = R_2 R_3, \implies \frac{R_1 R_4 + \mathrm{j}\omega L_1 R_4}{1 + \mathrm{j}\omega C_4 R_4} = R_2 R_3 \tag{5-27}$$

$$\implies R_1 R_4 + \mathrm{j}\omega L_1 R_4 = R_2 R_3 (1 + \mathrm{j}\omega C_4 R_4). \tag{5-28}$$

左辺と右辺の実部と虚部がそれぞれ等しいことから次式を得る．

$$R_1 = \frac{R_2 R_3}{R_4}, \qquad L_1 = C_4 R_2 R_3 \tag{5-29}$$

これより，R_2，R_3，R_4，C_4 を用いて R_1 と L_1 を求めることができる．

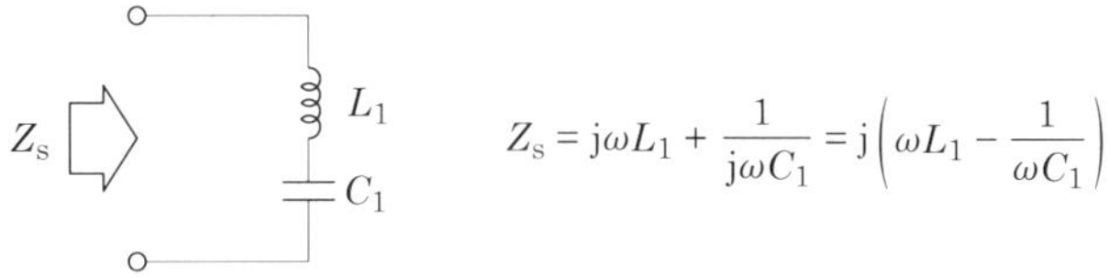

Z_s　L_1　C_1

$$Z_s = j\omega L_1 + \frac{1}{j\omega C_1} = j\left(\omega L_1 - \frac{1}{\omega C_1}\right)$$

(a) LC 直列接続（直列共振回路）

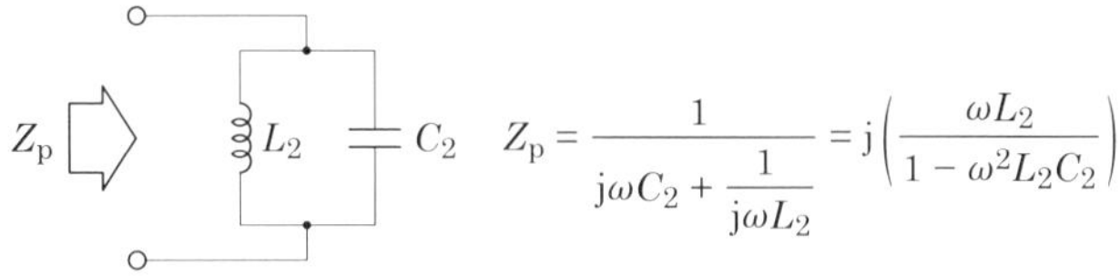

Z_p　L_2　C_2

$$Z_p = \frac{1}{j\omega C_2 + \dfrac{1}{j\omega L_2}} = j\left(\frac{\omega L_2}{1 - \omega^2 L_2 C_2}\right)$$

(a) LC 並列接続（並列共振回路）

図 5-13　(a) LC 直列接続による直列共振回路．(b) LC 並列接続による並列共振回路．

5.5　共振回路

図 5-13(a), (b) は，それぞれ，LC 直列回路，LC 並列回路である．コイル L とコンデンサ C で構成される回路要素は，インピーダンスの大きさがある周波数でゼロ，又は無限大になるという特性をもつ．このような特性を共振特性という．

図 5-13(a) に示した LC 直列回路の場合，合成インピーダンス Z_s は

$$Z_s = j\omega L_1 + \frac{1}{j\omega C_1} = j\left(\omega L_1 - \frac{1}{\omega C_1}\right) \tag{5-30}$$

となる．Z_s はリアクタンス成分（虚部）だけで構成されており，特定の周波数 $\omega = 1/\sqrt{L_1 C_1}$ において，$|Z_s|$ がゼロとなることがわかる．

図 5-13(b) に示した LC 並列回路の場合，合成インピーダンス Z_p は，

$$Z_p = \frac{1}{j\omega C_2 + \dfrac{1}{j\omega L_2}} = \frac{j}{\dfrac{1}{\omega L_2} - \omega C_2} \tag{5-31}$$

となる．Z_p はリアクタンス成分（虚部）だけで構成されており，特定の周波数 $\omega = 1/\sqrt{L_2 C_2}$ において，$|Z_p|$ が無限大となることがわかる．

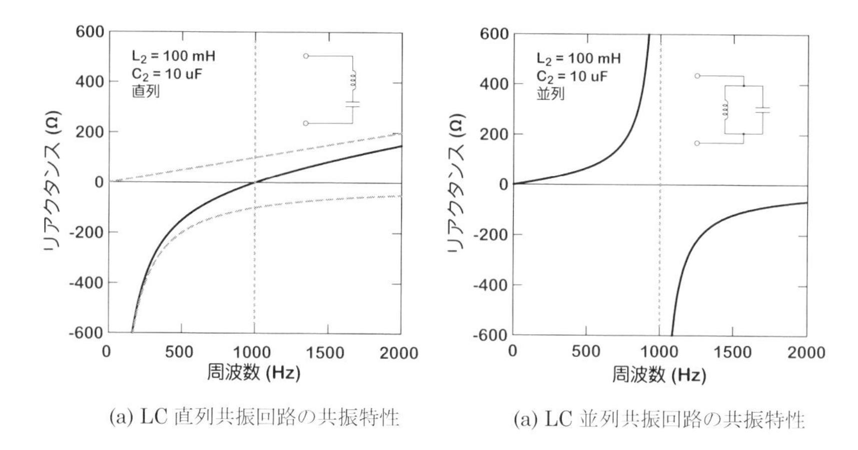

(a) LC 直列共振回路の共振特性　　(a) LC 並列共振回路の共振特性

図 5-14　(a) LC 直列共振回路の共振特性．(b) LC 並列共振回路の共振特性．

図 5-14(a)，(b) は $L_1 = 100$ mH，$C_1 = 10\ \mu$F，$L_2 = 100$ mH，$C_2 = 10$ μ F として Z_S，Z_P を計算し，それぞれのリアクタンス成分の大きさの周波数特性を図示したものである．このような特性全体を「共振特性」と言う．また，この特性の場合，ちょうど $f = 1$ kHz のときにリアクタンス成分がゼロ，又は無限大になっている．そのような周波数を「共振周波数」という．そのような周波数に設定されている状態を「共振している」と表現する．「共振」については，別途，章を改めて詳しく説明する．

5.6　計算練習（その 1）RC 直列回路

図 5-15 に示した回路について以下の問に答えよ．なお，電源 E の波形は正弦波であり，その実効値は $E_\mathrm{e} = 10$ V，周波数は $\omega = 5000$ rad/s とする．また，$C = 10\ \mu$F，$R = 10\ \Omega$ とする．有効数字 3 桁で答えよ．

1. 電源の電圧波形 $e(t)$ とフェーザ電圧 E を書け．
2. C と R の合成インピーダンス Z を求めよ．
3. フェーザ電流 I を求めよ．
4. Z，E，I の関係を複素平面上で図示せよ．

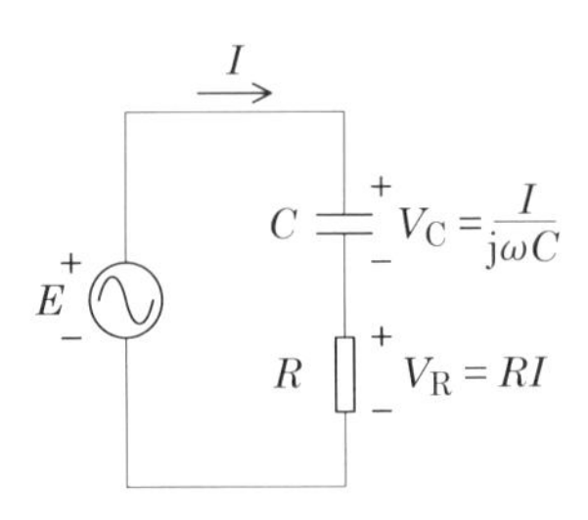

図 5-15 計算練習用の RC 直列回路.

5. フェーザ電流 I に対応する電流波形 $i(t)$ を表す式を書け.
6. $e(t)$ と $i(t)$ の波形を図示せよ.
7. C にかかるフェーザ電圧 V_{C} を求めよ.
8. R にかかるフェーザ電圧 V_{R} を求めよ.
9. E, V_{C}, V_{R} の関係を複素平面上で図示せよ.

略解 1 波形 $e(t)$ とフェーザ E の関係は,

$$e(t) = E_{\mathrm{m}} \sin(\omega t + \theta) \qquad \Leftrightarrow \qquad E_{\mathrm{e}}\angle\theta,\ \ E_{\mathrm{e}} = \frac{E_{\mathrm{m}}}{\sqrt{2}} \tag{5-32}$$

である. 簡単のために電圧の初期位相を $\theta = 0°$ とすると,

$$e(t) = 14.14 \sin(\omega t + 0°) = 14.1 \sin \omega t \ \mathrm{V}, \tag{5-33}$$

$$E = E_{\mathrm{e}}\angle\theta = (10.0\angle 0.00°) \ \mathrm{V}. \tag{5-34}$$

略解 2 与えられた R, C, ω より,

$$\begin{aligned} Z &= R + \frac{1}{\mathrm{j}\omega C} = 10 - \mathrm{j}20 \\ &= 22.36\angle - 63.43° = (22.4\angle - 63.4°) \ \Omega. \end{aligned} \tag{5-35}$$

略解 3 式 (5-34) の E と式 (5-35) の Z から,

$$I = \frac{E}{Z} = 0.4472\angle 63.43° = (0.447\angle 63.4°) \ \mathrm{A}. \tag{5-36}$$

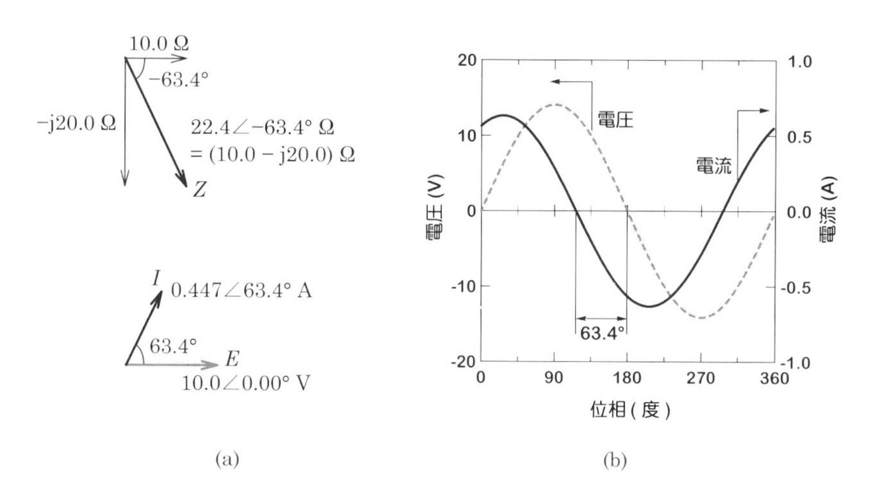

図 5-16 (a) 計算練習用の RC 直列回路の Z, E, I の関係. (b) 計算練習用の RC 直列回路の電圧波形 $e(t)$ と電流波形 $i(t)$ の関係.

略解 4 式 (5-35) の Z，式 (5-34) の E，式 (5-36) の I を複素平面上で図示すれば，**図 5-16**(a) のようになる．

略解 5 波形 $i(t)$ とフェーザ I の関係は，

$$i(t) = I_{\mathrm{m}} \sin(\omega t + \phi) \qquad \Leftrightarrow \qquad I_{\mathrm{e}}\angle\phi, \;\; I_{\mathrm{e}} = \frac{I_{\mathrm{m}}}{\sqrt{2}} \tag{5-37}$$

である．これと式 (5-36) の I より，

$$i(t) = I_{\mathrm{m}} \sin(\omega t + \phi). = 0.632 \sin(\omega t + 63.4^\circ) \ \mathrm{A}. \tag{5-38}$$

略解 6 式 (5-33) の $e(t)$ と式 (5-38) の $i(t)$ を図示すると，**図 5-16**(b) に示すような波形となる．

略解 7 C のインピーダンスを Z_{C} とすると，C にかかる電圧は $V_{\mathrm{C}} = Z_{\mathrm{C}} I$ となる．Z_{C} は

$$Z_{\mathrm{C}} = \frac{1}{\mathrm{j}\omega C} = -\mathrm{j}20 = 20.00\angle - 90.00^\circ = (20.0\angle - 90.0^\circ) \ \Omega. \tag{5-39}$$

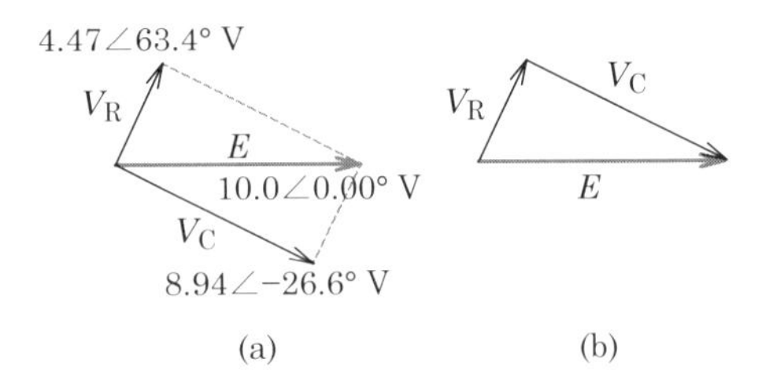

図 5-17 計算練習用の RC 直列回路のフェーザ電圧の複素平面上での関係. (a) 節点間の電位差のみを考慮した作図例. (b) 節点の電位を考慮した作図例.

である. この Z_C と式 (5-36) の I より,

$$V_C = Z_C I = 8.944\angle - 26.57^\circ = (8.94\angle - 26.6^\circ)\ \mathrm{V}. \tag{5-40}$$

略解 8 R にかかる電圧は $V_R = RI$ であるから, 与えられた R と式 (5-36) の I より,

$$V_R = RI = 4.472\angle 63.43^\circ = (4.47\angle 63.4^\circ)\ \mathrm{V}. \tag{5-41}$$

略解 9 $E = V_C + V_R$ に留意して, 式 (5-34) の E, 式 (5-40) の V_C, 式 (5-41) の V_R を複素平面上で図示すれば, **図 5-17** のようになる.

5.7 計算練習(その 2)RC 並列回路

図 5-18 に示した回路について, 以下の問に答えよ. なお, 電源 E の波形は正弦波であり, その実効値は $E_e = 10$ V, 周波数は $\omega = 5000$ rad/s とする. また, $C = 100\ \mu$F, $R = 10\ \Omega$ とする. 有効数字 3 桁で答えよ.

1. 電源の電圧波形 $e(t)$ とフェーザ電圧 E を書け.
2. C と R の合成アドミタンス Y を求めよ.
3. フェーザ電流 I を求めよ.
4. Y, E, I の関係を複素平面上で図示せよ.

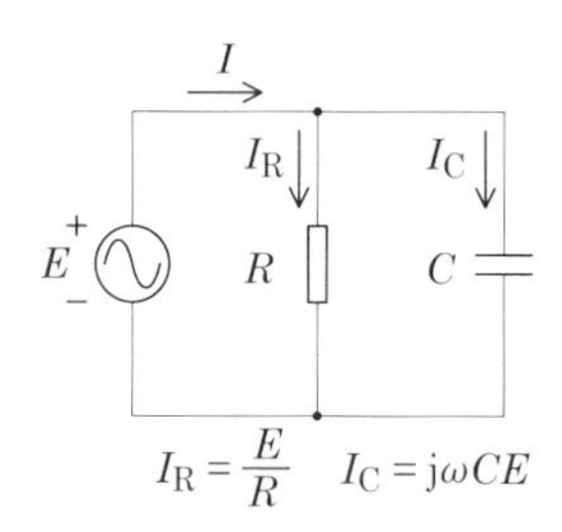

図 5-18 計算練習用の RC 並列回路.

5. フェーザ電流 I に対応する電流波形 $i(t)$ を表す式を書け.
6. $e(t)$ と $i(t)$ の波形を図示せよ.
7. C に流れるフェーザ電流 I_{C} を求めよ.
8. R に流れるフェーザ電流 I_{R} を求めよ.
9. I，I_{C}，I_{R} の関係を複素平面上で図示せよ.

略解 1 波形 $e(t)$ とフェーザ E の関係は,

$$e(t) = E_{\mathrm{m}} \sin(\omega t + \theta) \quad \Leftrightarrow \quad E_{\mathrm{e}} \angle \theta, \ \ E_{\mathrm{e}} = \frac{E_{\mathrm{m}}}{\sqrt{2}} \tag{5-42}$$

である. 簡単のために電圧の初期位相を $\theta = 0^\circ$ とすると,

$$e(t) = 14.14 \sin(\omega t + 0^\circ) = 14.1 \sin \omega t \ \mathrm{V}, \tag{5-43}$$

$$E = E_{\mathrm{e}} \angle \theta = (10.0 \angle 0.00^\circ) \ \mathrm{V}. \tag{5-44}$$

略解 2 与えられた R, C, ω より,

$$\begin{aligned} Y &= \frac{1}{R} + \mathrm{j}\omega C = 0.1 + \mathrm{j}0.5 \\ &= 0.5099 \angle 78.69^\circ = (0.510 \angle 78.7^\circ) \ \mathrm{S}. \end{aligned} \tag{5-45}$$

略解 3 式 (5-44) の E と式 (5-45) の Y から,

$$I = YE = 5.099 \angle 78.69^\circ = (5.10 \angle 78.7^\circ) \ \mathrm{A}. \tag{5-46}$$

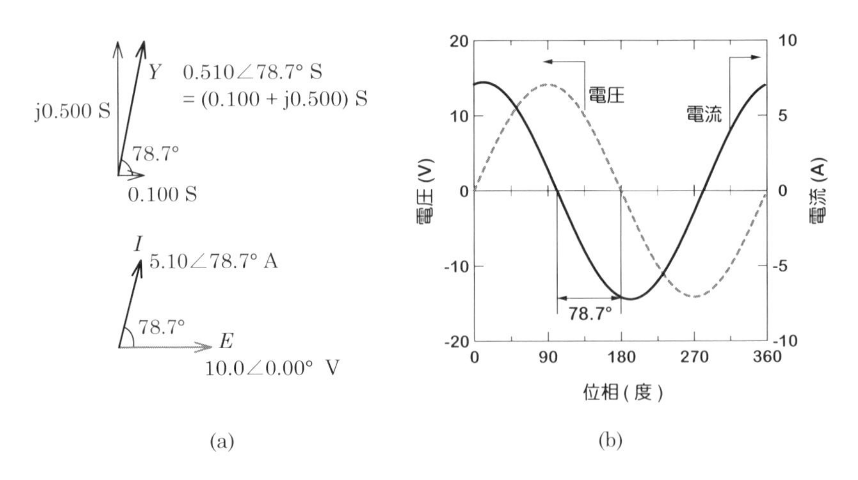

図 5-19 (a) 計算練習用の RC 並列回路の Y, E, I の関係. (b) 計算練習用の RC 並列回路の電圧波形 $e(t)$ と電流波形 $i(t)$ の関係.

略解 4 式 (5-45) の Y, 式 (5-44) の E, 式 (5-46) の I を複素平面上で図示すれば, **図 5-19**(a) のようになる.

略解 5 波形 $i(t)$ とフェーザ I の関係は,

$$i(t) = I_{\rm m} \sin(\omega t + \phi) \quad \Leftrightarrow \quad I_{\rm e}\angle\phi, \;\; I_{\rm e} = \frac{I_{\rm m}}{\sqrt{2}} \tag{5-47}$$

である. これと式 (5-46) の I より,

$$i(t) = I_{\rm m} \sin(\omega t + \phi). = 7.21 \sin(\omega t + 78.7^\circ) \text{ A}. \tag{5-48}$$

略解 6 式 (5-43) の $e(t)$ と式 (5-48) の $i(t)$ を図示すると, **図 5-19**(b) に示すような波形となる.

略解 7 C のアドミタンスを $Y_{\rm C}$ とすると, C に流れる電流は $I_{\rm C} = Y_{\rm C}E$ となる. $Y_{\rm C}$ は,

$$Y_{\rm C} = {\rm j}\omega C = {\rm j}0.5 = (0.500\angle 90.0^\circ) \text{ S}. \tag{5-49}$$

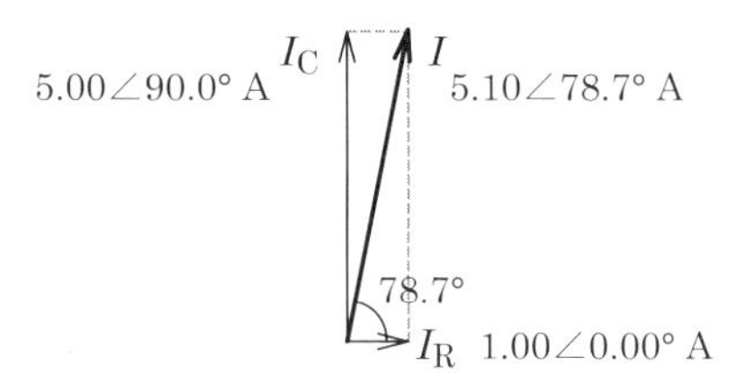

図 5-20　計算練習用の RC 並列回路のフェーザ電流の複素平面上での関係.

である．この Y_C と式 (5-46) の I より，

$$I_C = Y_C E = (5.00\angle 90.0^\circ)\ \mathrm{A}. \tag{5-50}$$

略解　8　R に流れる電流は $I_R = E/R$ であるから，与えられた R と式 (5-44) のより，

$$I_R = \frac{E}{R} = (1.00\angle 0.00^\circ)\ \mathrm{A}. \tag{5-51}$$

略解　9　$I = I_R + I_C$ に留意して，式 (5-46) の I，式 (5-50) の I_C，式 (5-51) の I_R を複素平面上で図示すれば，**図 5-20** のようになる．

5.8　計算練習（その 3）RL 直列回路

図 5-21 に示した回路について以下の問に答えよ．なお，電源 E の波形は正弦波であり，その実効値は $E_e = 10$ V，周波数は $\omega = 5000$ rad/s とする．また，$L = 10$ mH，$R = 10\ \Omega$ とする．有効数字 3 桁で答えよ．

1. 電源の電圧波形 $e(t)$ とフェーザ E を書け E.
2. L と R の合成インピーダンス Z を極座標形式で求めよ.
3. フェーザ電流 I を求めよ.
4. Z，E，I の関係を複素平面上で図示せよ.
5. フェーザ電流 I に対応する電流波形 $i(t)$ を表す式を書け.
6. $e(t)$ と $i(t)$ の波形を図示せよ.

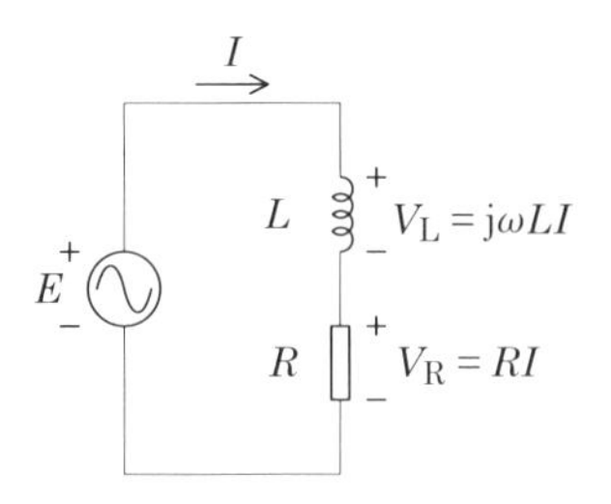

図 5-21　計算練習用の RL 直列回路.

7. L にかかるフェーザ電圧 V_{L} を求めよ.
8. R にかかるフェーザ電圧 V_{R} を求めよ.
9. E, V_{L}, V_{R} の関係を複素平面上で図示せよ.

略解 1　波形 $e(t)$ とフェーザ E の関係は,

$$e(t) = E_{\mathrm{m}} \sin(\omega t + \theta) \qquad \Leftrightarrow \qquad E_{\mathrm{e}} \angle \theta, \ \ E_{\mathrm{e}} = \frac{E_{\mathrm{m}}}{\sqrt{2}} \tag{5-52}$$

である. 簡単のために電圧の初期位相を $\theta = 0^\circ$ とすると,

$$e(t) = 14.14 \sin(\omega t + 0^\circ) = 14.1 \sin \omega t \ \mathrm{V}, \tag{5-53}$$

$$E = E_{\mathrm{e}} \angle \theta = (10.0 \angle 0.00^\circ) \ \mathrm{V}. \tag{5-54}$$

略解 2　与えられた R, L, ω より,

$$\begin{aligned} Z &= R + \mathrm{j}\omega L = 10 + \mathrm{j}50 \\ &= 50.99 \angle 78.69^\circ = (51.0 \angle 78.7^\circ) \ \Omega. \end{aligned} \tag{5-55}$$

略解 3　式 (5-54) の E と式 (5-55) の Z から,

$$I = \frac{E}{Z} = 0.1961 \angle -78.69^\circ = (0.196 \angle -78.7^\circ) \ \mathrm{A}. \tag{5-56}$$

略解 4　式 (5-55) の Z, 式 (5-54) の E, 式 (5-56) の I を複素平面上で図示すれば, **図 5-22**(a) のようになる.

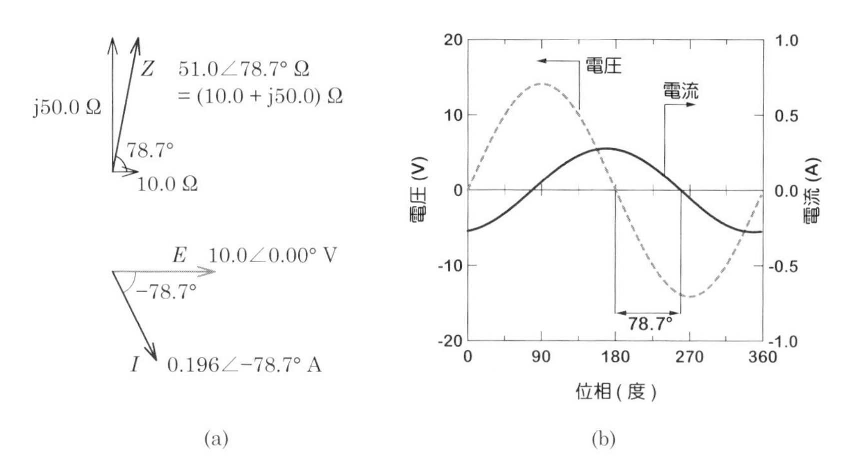

図 **5-22** (a) 計算練習用の RL 直列回路の Z, E, I の関係. (b) 計算練習用の RL 直列回路の電圧波形 $e(t)$ と電流波形 $i(t)$ の関係.

略解 5 波形 $i(t)$ とフェーザ I の関係は,

$$i(t) = I_{\mathrm{m}} \sin(\omega t + \phi) \qquad \Leftrightarrow \qquad I_{\mathrm{e}}\angle\phi, \ \ I_{\mathrm{e}} = \frac{I_{\mathrm{m}}}{\sqrt{2}} \tag{5-57}$$

である. これと式 (5-56) の I より,

$$i(t) = I_{\mathrm{m}} \sin(\omega t + \phi). = 0.632 \sin(\omega t + 63.4^\circ) \text{ A}. \tag{5-58}$$

略解 6 式 (5-53) の $e(t)$ と式 (5-58) の $i(t)$ を図示すると, **図 5-22**(b) に示すような波形となる.

略解 7 L のインピーダンスを Z_{L} とすると, L にかかる電圧は $V_{\mathrm{L}} = Z_{\mathrm{L}} I$ となる. Z_{L} は

$$Z_{\mathrm{L}} = \mathrm{j}\omega L = \mathrm{j}50 = 50.00\angle 90.00^\circ = (50.0\angle 90.0^\circ) \ \Omega. \tag{5-59}$$

である. この Z_{L} と式 (5-56) の I より,

$$V_{\mathrm{L}} = Z_{\mathrm{L}} I = 9.805\angle 11.31^\circ = (9.81\angle 11.3^\circ) \text{ V}. \tag{5-60}$$

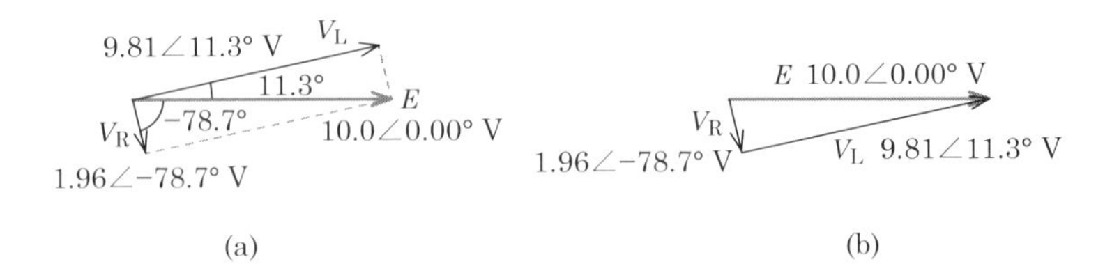

図 5-23　計算練習用の RL 直列回路のフェーザ電圧の複素平面上での関係．(a) 節点間の電位差のみを考慮した作図例．(b) 節点の電位を考慮した作図例．

略解　8　R にかかる電圧は $V_R = RI$ であるから，与えられた R と式 (5-56) の I より，

$$V_R = RI = 1.961\angle - 78.69^\circ = (1.96\angle - 78.7^\circ)\ \mathrm{V}. \tag{5-61}$$

略解　9　$E = V_L + V_R$ に留意して，式 (5-54) の E，式 (5-60) の V_L，式 (5-61) の V_R を複素平面上で図示すれば，**図 5-23** のようになる．

5.9　計算練習（その 4）RL 並列回路

図 5-24 に示した回路について，以下の問に答えよ．なお，電源 E の波形は正弦波であり，その実効値は $E_e = 10$ V，周波数は $\omega = 5000$ rad/s とする．また，$L = 1$ mH，$R = 10\ \Omega$ とする．有効数字 3 桁で答えよ．

1. 電源の電圧波形 $e(t)$ とフェーザ電圧 E を書け．
2. L と R の合成アドミタンス Y を求めよ．
3. フェーザ電流 I を求めよ．
4. Y，E，I の関係を複素平面上で図示せよ．
5. フェーザ電流 I に対応する電流波形 $i(t)$ を表す式を書け．
6. $e(t)$ と $i(t)$ の波形を図示せよ．
7. L に流れるフェーザ電流 I_L を求めよ．
8. R に流れるフェーザ電流 I_R を求めよ．
9. I，I_L，I_R の関係を複素平面上で図示せよ．

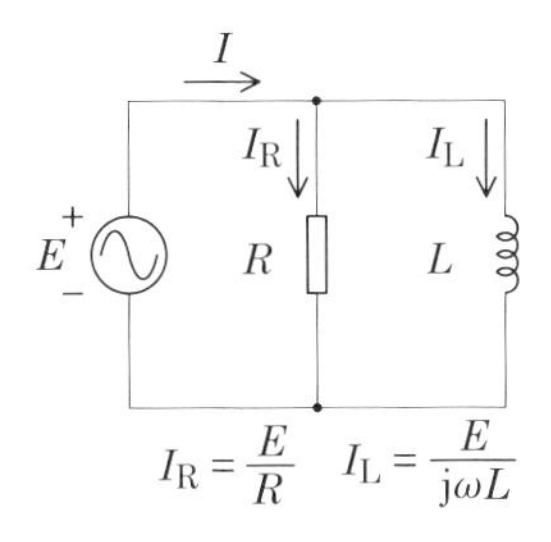

図 5-24 計算練習用の RL 並列回路.

略解 1 波形 $e(t)$ とフェーザ E の関係は,

$$e(t) = E_m \sin(\omega t + \theta) \quad \Leftrightarrow \quad E_e \angle\theta,\ E_e = \frac{E_m}{\sqrt{2}} \tag{5-62}$$

である. 簡単のために電圧の初期位相を $\theta = 0°$ とすると,

$$e(t) = 14.14 \sin(\omega t + 0°) = 14.1 \sin \omega t \text{ V}, \tag{5-63}$$

$$E = E_e \angle\theta = (10.0\angle 0.00°) \text{ V}. \tag{5-64}$$

略解 2 与えられた R, C, ω より,

$$\begin{aligned} Y &= \frac{1}{R} + \frac{1}{j\omega L} = 0.1 + j0.2 \\ &= 0.2236\angle - 63.43° = (0.224\angle - 63.4°) \text{ S}. \end{aligned} \tag{5-65}$$

略解 3 式 (5-64) の E と式 (5-65) の Y から,

$$I = YE = 2.236\angle - 63.43° = (2.24\angle - 63.4°) \text{ A}. \tag{5-66}$$

略解 4 式 (5-65) の Y, 式 (5-64) の E, 式 (5-66) の I を複素平面上で図示すれば, **図 5-25**(a) のようになる.

略解 5 波形 $i(t)$ とフェーザ I の関係は,

$$i(t) = I_m \sin(\omega t + \phi) \quad \Leftrightarrow \quad I_e \angle\phi,\ I_e = \frac{I_m}{\sqrt{2}} \tag{5-67}$$

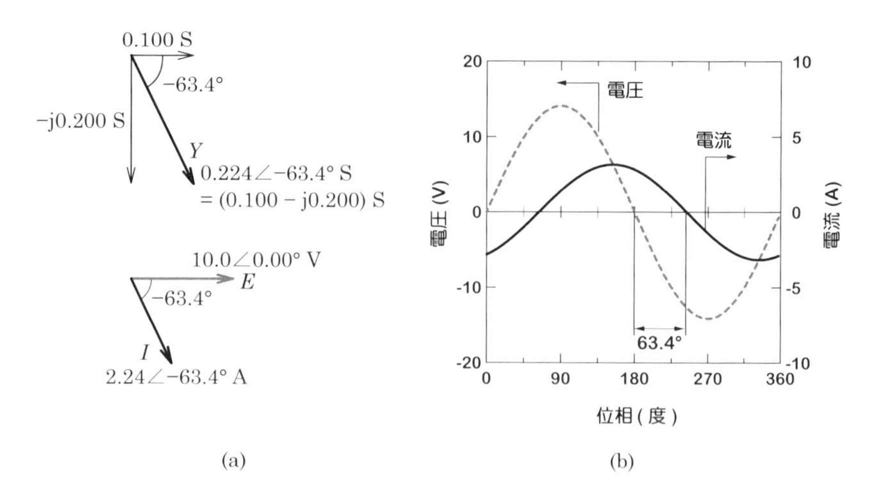

図 5-25　(a) 計算練習用の RL 並列回路の Z, E, I の関係. (b) 計算練習用の RL 並列回路の電圧波形 $e(t)$ と電流波形 $i(t)$ の関係.

である．これと式 (5-66) の I より,

$$i(t) = I_{\mathrm{m}} \sin(\omega t + \phi). = 7.21 \sin(\omega t + 78.7^\circ) \text{ A}. \tag{5-68}$$

略解　6　式 (5-63) の $e(t)$ と式 (5-68) の $i(t)$ を図示すると，**図 5-25**(b) に示すような波形となる.

略解　7　L のアドミタンスを Y_{L} とすると，L に流れる電流は $I_{\mathrm{L}} = Y_{\mathrm{L}} E$ となる．Y_{L} は,

$$Y_{\mathrm{L}} = \frac{1}{\mathrm{j}\omega L} = -\mathrm{j}0.2 = (0.20\angle - 90.0^\circ) \text{ S}. \tag{5-69}$$

である．この Y_{L} と式 (5-66) の I より,

$$I_{\mathrm{L}} = Y_{\mathrm{L}} E = (2.00\angle - 90.0^\circ) \text{ A}. \tag{5-70}$$

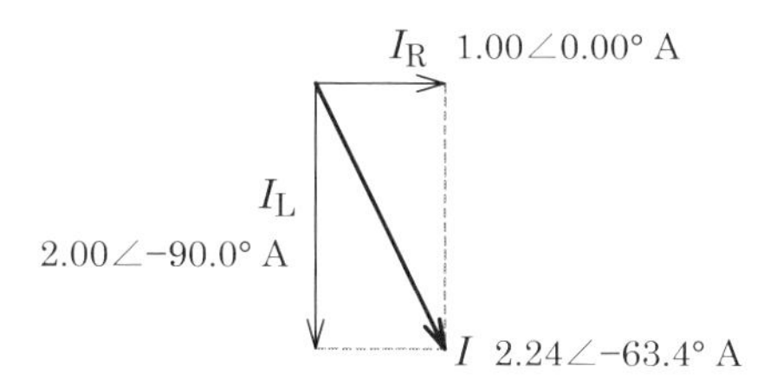

図 5-26 計算練習用の RL 並列回路のフェーザ電流の複素平面上での関係.

略解 8 R に流れる電流は $I_R = E/R$ であるから，与えられた R と式 (5-64) のより，

$$I_R = \frac{E}{R} = (1.00\angle 0.00°)\ \mathrm{A}. \tag{5-71}$$

略解 9 $I = I_R + I_L$ に留意して，式 (5-66) の I，式 (5-70) の I_L，式 (5-71) の I_R を複素平面上で図示すれば，**図 5-26** のようになる.

事前基盤知識確認事項

課題 1. フェーザ形式による表現の復習（電流）

$i(t) = I_{\mathrm{m}} \sin(\omega t + \theta)$ なる電流のフェーザ形式による表現を書き，複素平面上で描け.

略解

$$I = \frac{I_{\mathrm{m}}}{\sqrt{2}} \mathrm{e}^{\mathrm{j}\theta} \quad \text{又は} \quad I = \frac{I_{\mathrm{m}}}{\sqrt{2}} \angle\theta.$$

これを複素平面上で図示すれば，**図 5-27**(a) のようになる.

課題 2. フェーザ形式による表現の復習（電圧）

$v(t) = V_{\mathrm{m}} \sin(\omega t + \theta)$ なる電圧のフェーザ形式による表現を書き，複素平面上で描け.

略解

$$V = \frac{V_{\mathrm{m}}}{\sqrt{2}} \mathrm{e}^{\mathrm{j}\theta} \quad \text{又は} \quad V = \frac{V_{\mathrm{m}}}{\sqrt{2}} \angle\theta.$$

これを複素平面上で図示すれば，**図 5-27**(b) のようになる.

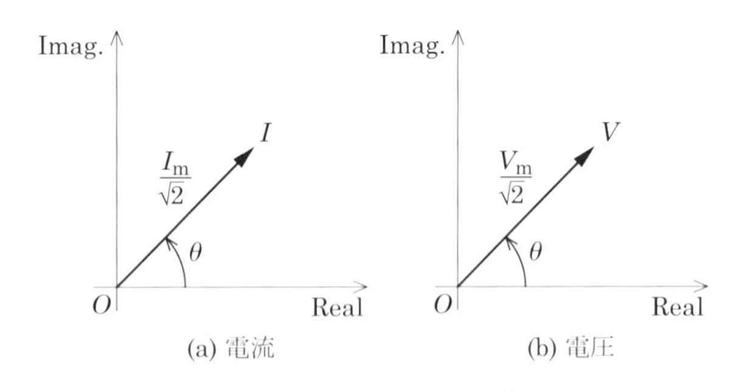

図 5-27 (a) $i(t) = I_{\mathrm{m}} \sin(\omega t + \theta)$ に対応するフェーザ I. (b) $v(t) = V_{\mathrm{m}} \sin(\omega t + \theta)$ に対応するフェーザ V.

課題　3. インピーダンスの復習

R, L, C で構成される直列回路の合成インピーダンス Z を表す式を書け. Z の両端の電圧とそこを流れる電流をフェーザ形式で表したものを V, I とするとき, V, I, Z の間に成り立つ式を書け.

略解

$$
\begin{aligned}
&Z = R + \mathrm{j}\omega L + \frac{1}{\mathrm{j}\omega C} \\
&V = ZI
\end{aligned}
$$

課題　4. アドミタンスの復習

R, L, C で構成される並列回路の合成アドミタンス Y を表す式を書け. Y の両端の電圧とそこを流れる電流をフェーザ形式で表したものを V, I とするとき, V, I, Y の間に成り立つ式を書け.

略解

$$
\begin{aligned}
&Y = \frac{1}{R} + \frac{1}{\mathrm{j}\omega L} + \mathrm{j}\omega C \\
&I = YV
\end{aligned}
$$

事後学習内容確認事項

課題　1. 直列接続

電圧 $v(t)$ の実効値を $V_\mathrm{e} = 10$ V，周波数を $\omega = 5000$ rad/s とし，この電圧を RC 直列回路（抵抗 $R = 1\ \Omega$，コンデンサ $C = 400\ \mu$F）に印加したとする．以下の問いに答えよ（有効数字 3 桁で答えよ）．

問 1.1 波形とフェーザの関係

$v(t)$ を sin を用いて表し，それをフェーザ $V = V_\mathrm{e}\angle\phi$ に変換せよ．

略解　電圧の振幅を V_m とすると，

$$v(t) = V_\mathrm{m}\sin(\omega t + \phi) \qquad \Leftrightarrow \qquad V = V_\mathrm{e}\angle\phi,\ \ V_\mathrm{e} = \frac{V_\mathrm{m}}{\sqrt{2}} \tag{5-72}$$

である．簡単のために初期位相を $\phi = 0^\circ$ とする．

$$V_\mathrm{m} = \sqrt{2}V_\mathrm{e} = 14.14 = 14.1\ \mathrm{V} \tag{5-73}$$

より，$v(t)$ は以下のようになる．

$$v(t) = 14.1\sin\omega t\ \mathrm{V}. \tag{5-74}$$

これに対応する V は以下のようになる．

$$V = (10.0\angle 0.00^\circ)\ \mathrm{V}. \tag{5-75}$$

問 1.2 直列インピーダンス

RC 直列合成インピーダンス Z の値を直角座標形式と極座標形式で書け．Z を複素平面上で図示せよ．

略解　直角座標形式では，

$$Z = R + \frac{1}{\mathrm{j}\omega C} = (1.00 - \mathrm{j}0.500)\ \Omega \tag{5-76}$$

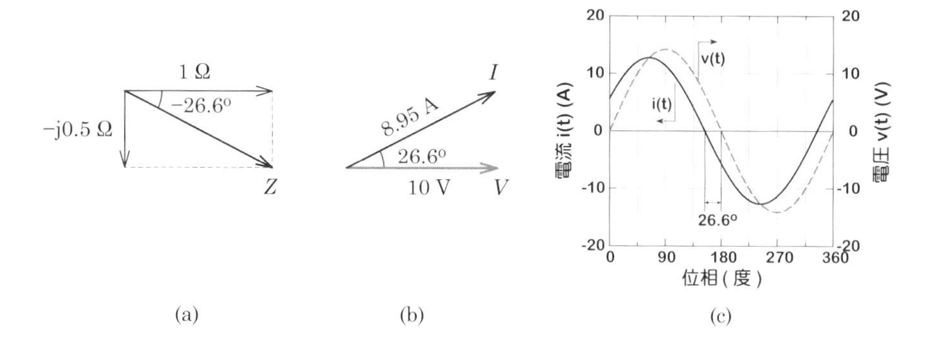

図 5-28 (a) 抵抗 $R = 1\ \Omega$ とコンデンサ $C = 400\ \mu\mathrm{F}$ の直列接続インピーダンス Z．(b) フェーザ形式の電流 I と電圧 V．(c) 波形で表した電流 $i(t)$ と電圧 $v(t)$．ただし，周波数は $\omega = 5000$ rad/s.

となる．極座標形式については，関数電卓で変換して，

$$Z = 1.118\angle-26.57^\circ = (1.12\angle-26.6^\circ)\ \Omega \tag{5-77}$$

となる．これを図示すると**図 5-28**(a) のようになる．

問 1.3 交流版オームの法則

Z に流れる電流 $I = I_\mathrm{e}\angle\theta$ を求めよ．V と I を複素平面上で表せ．

略解 式 (5-75)，式 (5-77) とオームの法則より，

$$I = \frac{V}{Z} = 8.945\angle 26.57^\circ = (8.95\angle 26.6^\circ)\ \mathrm{A} \tag{5-78}$$

となる．これは，電流波形の実効値が $I_\mathrm{e} = 8.95$ A であり，電圧波形に対する電流波形の位相が 26.6° だけ進んでいることを意味する．この I と先に求めた V を複素平面上で図示すると**図 5-28**(b) のようになる．

問 1.4 フェーザ形式から時間領域関数へ

フェーザ I を時間領域の $i(t)$ に変換し，$v(t)$ と $i(t)$ の波形を図示せよ．

略解　電流 $i(t)$ の振幅 I_m については，I の大きさ $|I|$ （$=$ 実効値 I_e）より，

$$I_\mathrm{m} = \sqrt{2}I_\mathrm{e} = \sqrt{2}|I| = 12.65 = 12.7 \text{ A} \tag{5-79}$$

となる．したがって，式 (5-78) で表されるフェーザ I と

$$i(t) = I_\mathrm{m}\sin(\omega t + \theta) \qquad \Leftrightarrow \qquad I = I_\mathrm{e}\angle\theta,\ \ I_\mathrm{e} = \frac{I_\mathrm{m}}{\sqrt{2}} \tag{5-80}$$

の関係より，

$$i(t) = I_\mathrm{m}\sin(\omega t + \theta) = 12.7\sin(\omega t + 26.6^\circ) \text{ A} \tag{5-81}$$

となる．電圧については，式 (5-74) のとおりである．これらを図示すると**図 5-28**(c) のようになる．

課題　2．並列接続

電流 $i(t)$ の実行値を $I_\mathrm{e} = 10$ A，周波数を $\omega = 5000$ rad/s とし，この電流を RL 並列回路（抵抗 $R = 1\ \Omega$，コイル $L = 0.4$ mH）に流したとする．以下の問いに答えよ（有効数字 3 桁で答えよ）．

問 2.1 波形とフェーザの関係

$i(t)$ を sin を用いて表し，それをフェーザ $I = I_\mathrm{e}\angle\theta$ に変換せよ．

略解　電流の振幅を I_m とすると，

$$i(t) = I_\mathrm{m}\sin(\omega t + \theta) \qquad \Leftrightarrow \qquad I = I_\mathrm{e}\angle\theta,\ \ I_\mathrm{e} = \frac{I_\mathrm{m}}{\sqrt{2}} \tag{5-82}$$

である．簡単のために初期位相を $\theta = 0^\circ$ とする．

$$I_\mathrm{m} = \sqrt{2}I_\mathrm{e} = 14.14 = 14.1 \text{ A} \tag{5-83}$$

より，$i(t)$ は以下のようになる．

$$i(t) = 14.1\sin\omega t \text{ A}. \tag{5-84}$$

これに対応するフェーザ I は以下のようになる．

$$I = (10.0\angle 0.00^\circ) \text{ A}. \tag{5-85}$$

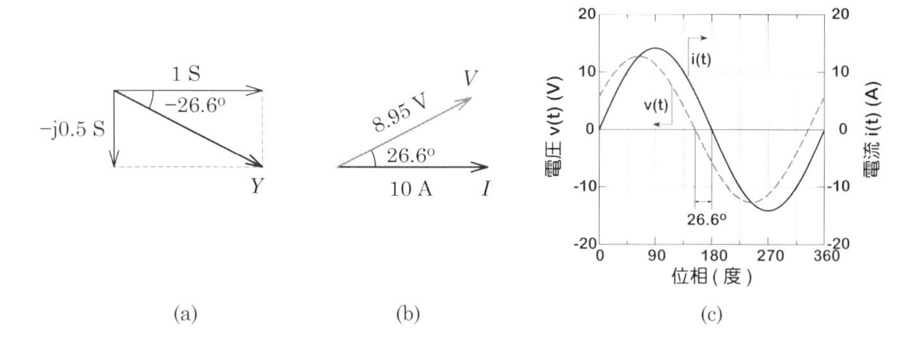

図 5-29 (a) 抵抗 $R = 1\ \Omega$ とコイル $L = 0.4$ mH の並列接続アドミタンス Y. (b) フェーザ形式の電流 I と電圧 V. (c) 波形で表した電流 $i(t)$ と電圧 $v(t)$. ただし，周波数は $\omega = 5000$ rad/s.

問 2.2 並列インピーダンス

RL 並列合成アドミタンス Y の値を直角座標形式と極座標形式で書け．Y を複素平面上で図示せよ．

略解 直角座標形式では，

$$Y = \frac{1}{R} + \frac{1}{\mathrm{j}\omega L} = (1.00 - \mathrm{j}0.500)\ \mathrm{S} \tag{5-86}$$

となる．極座標形式については，関数電卓で変換して，

$$Y = 1.118\angle -26.57^\circ = (1.12\angle -26.6^\circ)\ \mathrm{S} \tag{5-87}$$

となる．これを図示すると**図 5-29**(a) のようになる．

問 2.3 交流版オームの法則

Y にかかる電圧 $V = V_e\angle\phi$ を求めよ．I と V を複素平面上で表せ．

略解 式 (5-85)，式 (5-87) とオームの法則より，

$$V = \frac{I}{Y} = 8.945\angle 26.57^\circ = (8.95\angle 26.6^\circ)\ \mathrm{V} \tag{5-88}$$

となる．これは，電圧波形の実効値が $V_{\mathrm{e}} = 8.95$ V であり，電流波形に対するで何つ波形の位相が 26.6° だけ進んでいることを意味する．この式の V と式 (5-85) の I を図示すると**図 5-29**(b) のようになる．

問 2.4 フェーザ形式から時間領域関数へ

フェーザ V を時間領域の $v(t)$ に変換し，$i(t)$ と $v(t)$ 波形を図示せよ．

略解 電圧 $v(t)$ の振幅 V_{m} については，V の大きさ $|V|$ （= 実効値 V_{e}）より，

$$V_{\mathrm{m}} = \sqrt{2}V_{\mathrm{e}} = \sqrt{2}|V| = 12.65 = 12.7 \text{ V} \tag{5-89}$$

となる．したがって，式 (5-88) で表されるフェーザ V と

$$v(t) = V_{\mathrm{m}} \sin(\omega t + \phi) \quad \Leftrightarrow \quad V = V_{\mathrm{e}} \angle \phi,\ V_{\mathrm{e}} = \frac{V_{\mathrm{m}}}{\sqrt{2}} \tag{5-90}$$

の関係より，

$$v(t) = V_{\mathrm{m}} \sin(\omega t + \phi) = 12.7 \sin(\omega t + 26.6^\circ) \text{ V} \tag{5-91}$$

となる．電流については，式 (5-84) のとおりである．これらを図示すると**図 5-29**(c) のようになる．

第 6 章

交流電力

本章では，正弦波交流の場合に特有の電力を表すパラメータについて学ぶ.

- **複素電力** S

  フェーザ電圧 E とフェーザ電流 I の共役複素数 I^* の積:

  $$S = EI^*.$$

  本章では，電圧として電源のみを扱っているので電圧を E で表しているが，より一般的な電圧の記号 V で表すならば，$S = VI^*$ となる.

- **皮相電力** $|S|$

  上記複素電力の絶対値（大きさ）. フェーザ電圧とフェーザ電流の大きさ（実効値）の積.

- **有効電力** P

  複素電力の実部. 実際に消費される電力は，皮相電力ではなくこの有効電力となる.

- **無効電力** Q

  複素電力の虚部. 実際には消費されない成分.[*1]

- **力率** $\cos\theta$

  複素電力の実部と虚部がなす偏角の cos. 皮相電力と力率の積が有効電力となる. 力率の値は 100 倍して % で表すことが多い.

複素平面上におけるこれらのパラメータの関係については，後述の**図 6-4** を参照されたし.

[*1] 英語では reactive power という. 日本語の「無効」という意味合いとは異なる.

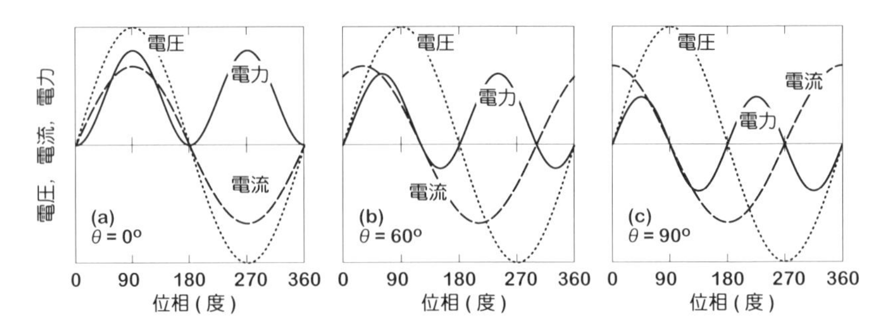

図 6-1　電圧に対する電流の位相差が 0°, 60°, 90° の場合における電圧，電流，電力の波形．同じ振幅の電圧と電流であっても，電圧と電流の位相差によって電力の時間平均値が異なる．

6.1　交流電力の特徴

図 6-1 は，電圧と電流の振幅は変えずに，電圧に対する電流の位相差 θ だけを変えて電力を計算した結果である．電圧と電流の振幅が変わらなくても，位相差 θ が異なると電力波形の平均値が変わる．$\theta = 0°$ の場合には電力波形は常に ≥ 0 であるが，$\theta = 60°$ の場合には電力波形に負の領域があるため，その平均値は前者よりも小さくなる．$\theta = 90°$ の場合には，電力波形の正と負の領域の積分値が同じであるから，その一周期の平均値は 0 となる．

直流の場合，電力の変化は必ず電圧もしくは電流の大きさの変化が原因となって生じる．これに対し交流の場合には，電圧と電流の大きさ（振幅）が変化しなくても，上記のように**電圧と電流の位相差が変化するだけで電力の瞬時値の挙動や平均値の値が変化する**．そのため，交流を扱う電気回路学では，交流電力を適切に表現するために，交流電力に特有の**皮相電力**，**有効電力**，**無効電力**，**力率**というパラメータが利用されている．本章では，これらのパラメータについて説明する．なお，位相差の起源は負荷インピーダンスの偏角である．したがって，これらのパラメータにはインピーダンスの偏角が深く関わっている．

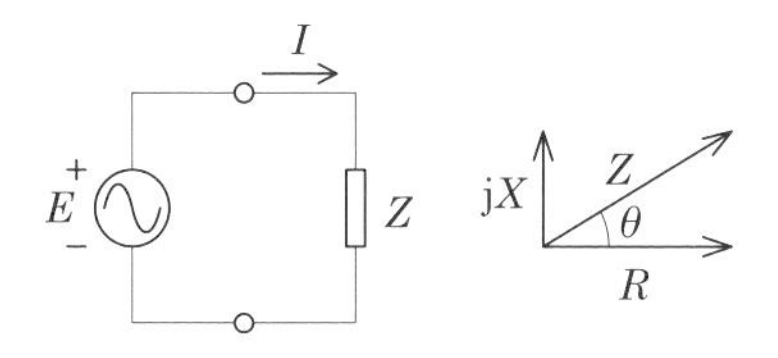

図 6-2　瞬時電力計算例題のための図.

6.2　交流電力の直流成分と交流成分

本節では,

交流電力は直流成分と交流成分で構成されている

ということを示す. **図 6-1** の電力波形からわかるように, 交流電力は, 電圧や電流の周波数の 2 倍の周波数で振動する. また, その振動の中心は, 電圧や電流と異なり, 必ずしも 0 を中心に振動するわけではない. 0 を中心として振動する正弦波の場合, その一周期の平均値は必ず 0 となる. これに対し, 非 0 を中心に振動する正弦波の場合には, 非 0 の値に相当する直流成分が重畳していることになり, 一周期の平均値は 0 にはならず, その非 0 の値となる. 以下では, このことを電力波形を表す式を用いて検証する.

図 6-2 に示すような交流電圧源 E と負荷インピーダンス Z で構成される回路を考える. 電源電圧の周波数は ω, 実効値は E_e, 初期位相は 0° とし, Z は次式で与えられるものとする.

$$Z = R + \mathrm{j}X = |Z|\angle\theta. \tag{6-1}$$

このとき, 電圧波形 $e(t)$ と電流波形 $i(t)$ の積 $p(t) = e(t)i(t)$ で与えられる電力波形の式を見れば, そこに含まれる直流成分と交流成分がわかるはずである.

電源のフェーザ電圧を E とすると, フェーザ電流 I は次式で与えられる.

$$I = \frac{E}{Z} = \frac{E_\mathrm{e}\angle 0^\circ}{|Z|\angle\theta} = I_\mathrm{e}\angle(-\theta), \qquad I_\mathrm{e} = \frac{E_\mathrm{e}}{|Z|}. \tag{6-2}$$

したがって，電圧波形 $e(t)$ と電流波形 $i(t)$ は以下のようになる．

$$e(t) = E_{\mathrm{m}} \sin \omega t, \qquad E_{\mathrm{m}} = \sqrt{2} E_{\mathrm{e}}, \tag{6-3}$$

$$i(t) = I_{\mathrm{m}} \sin(\omega t - \theta), \qquad I_{\mathrm{m}} = \sqrt{2} I_{\mathrm{e}}. \tag{6-4}$$

これらを用いると，$p(t) = e(t)i(t)$ は以下のようになる．

$$\begin{aligned} p(t) = e(t)i(t) &= 2E_{\mathrm{e}} I_{\mathrm{e}} \sin \omega t \sin(\omega t - \theta) \\ &= E_{\mathrm{e}} I_{\mathrm{e}} \cos \theta - E_{\mathrm{e}} I_{\mathrm{e}} \cos(2\omega t - \theta). \end{aligned} \tag{6-5}$$

上式から以下のことがわかる．

- **第 1 項**　　$E_{\mathrm{e}} I_{\mathrm{e}} \cos \theta$
  - 時間に依存しない**直流成分**．
  - $\theta = \pm 90^\circ$ 以外は**平均すると有限の値が残る**．
- **第 2 項**　　$E_{\mathrm{e}} I_{\mathrm{e}} \cos(2\omega t - \theta)$
  - 電源の周波数 ω の 2 倍の周波数で変動する**交流成分**．
  - 一周期で（半周期でも）**平均すると 0 になる**．

6.3　交流電力の有効成分と無効成分

前節と違う視点でみると以下のような成分分解もできる（どちらも交流成分だが平均値が違う）．

- **有効成分**　　**平均値 ≥ 0 となる交流成分**
- **無効成分**　　**平均値 $= 0$ となる交流成分**

以下では，上記のような成分分解ができることを示し，これらの成分を表す交流電力に特有のパラメータを紹介する．

前節の瞬時電力を表す式 (6-5) を以下のように変形する．

$$\begin{aligned} p(t) &= E_{\mathrm{e}} I_{\mathrm{e}} \cos \theta - E_{\mathrm{e}} I_{\mathrm{e}} \cos(2\omega t - \theta) \\ &= E_{\mathrm{e}} I_{\mathrm{e}} \cos \theta - E_{\mathrm{e}} I_{\mathrm{e}} \cos \theta \cos 2\omega t - E_{\mathrm{e}} I_{\mathrm{e}} \sin \theta \sin 2\omega t \\ &= E_{\mathrm{e}} I_{\mathrm{e}} \cos \theta (1 \quad \cos 2\omega t) \quad E_{\mathrm{e}} I_{\mathrm{e}} \sin \theta \sin 2\omega t \end{aligned} \tag{6-6}$$

上式の第 1 項の $(1-\cos 2\omega t)$ と第 2 項の $\sin 2\omega t$ はどちらも 2ω で振動する振幅 1 の正弦波である．その振動の中心はそれぞれ $+1$ と 0 となっており，各項はこの振動中心の違いが原因となって以下のような性質をもつ．

- **第 1 項**　$E_\mathrm{e} I_\mathrm{e} \cos\theta\,(1-\cos 2\omega t)$
  $\dfrac{1}{T}\displaystyle\int_0^T (1-\cos 2\omega t)\,\mathrm{d}t = 1$ より**平均値 ≥ 0 となる．**
  平均値は $E_\mathrm{e} I_\mathrm{e} \cos\theta$ である（$\theta = \pm 90^\circ$ で 0 となる）．
- **第 2 項**　$E_\mathrm{e} I_\mathrm{e} \sin\theta\ \sin 2\omega t$
  $\dfrac{1}{T}\displaystyle\int_0^T \sin 2\omega t\ \mathrm{d}t = 0$ より θ によらず**平均値 $= 0$ となる．**

以上のことから，交流電力特有のパラメータとして以下のようなパラメータが導入されている．力率以外はどれも電力の次元を持つため，区別するためにそれぞれに対応した単位が設けられている．

- **皮相電力：実効値の単純な積．**
  単位は **VA**（ボルトアンペア，Volt-Ampare）．

$$E_\mathrm{e} I_\mathrm{e} \tag{6-7}$$

- **有効電力：正味の消費電力がある振動成分の振幅．**
  単位は **W**（ワット，Watt）．[*2]

$$E_\mathrm{e} I_\mathrm{e} \cos\theta \tag{6-8}$$

- **無効電力：正味の消費電力がない振動成分の振幅．**
  単位は **var**（バール，Var）．[*3]

$$E_\mathrm{e} I_\mathrm{e} \sin\theta \tag{6-9}$$

- **力率：皮相電力に対する有効電力の割合．**
  無次元だが，100 倍して % で表す場合もある．

$$\cos\theta \tag{6-10}$$

[*2] 直流のときと同様に消費される電力という意味．
[*3] Var とする場合もある．volt-ampare-reactive より．

なお，$\sin\theta$ にもリアクタンス率という名前がついているがほとんど利用されていない．以下では，負荷インピーダンスが R，L，C だけという簡単な場合と一般的な場合に分けて，これらの成分がどのようになるかを示す．

6.3.1 R のみの場合

これは，$\theta = 0°$，$\cos\theta = 1$，$\sin\theta = 0$ に相当する．したがって，以下のようになる．

瞬時値 (VA)	$E_\mathrm{e}I_\mathrm{e}(1-\cos 2\omega t)$
平均値 (W)	$E_\mathrm{e}I_\mathrm{e}$
皮相電力 (VA)	$E_\mathrm{e}I_\mathrm{e}$
有効電力 (W)	$E_\mathrm{e}I_\mathrm{e}$
無効電力 (var)	0
力率	$1 \Rightarrow 100\%$

このときの波形を図示すると**図 6-3**(a) のようになる．負荷インピーダンスが抵抗だけの場合の交流電力は，波形が ≥ 0 であることから，直流の場合と同様に消費のみとなる（有効電力=皮相電力）．力率が 100% となるので，抵抗成分だけの負荷のことを「力率が 100% の負荷」ということもある．

6.3.2 L のみの場合

これは，$\theta = +90°$，$\cos\theta = 0$，$\sin\theta = +1$ に相当する．したがって，以下のようになる．

瞬時値 (VA)	$-E_\mathrm{e}I_\mathrm{e}\sin 2\omega t$
平均値 (W)	0
皮相電力 (VA)	$E_\mathrm{e}I_\mathrm{e}$
有効電力 (W)	0
無効電力 (var)	$E_\mathrm{e}I_\mathrm{e}$
力率	$0 \Rightarrow 0\%$

このときの波形を図示すると**図 6-3**(b) のようになる．電力波形の振動の中心が 0 であるため平均値（有効電力）は 0 になり，無効電力のみとなる．すなわち，電力の消費がない．

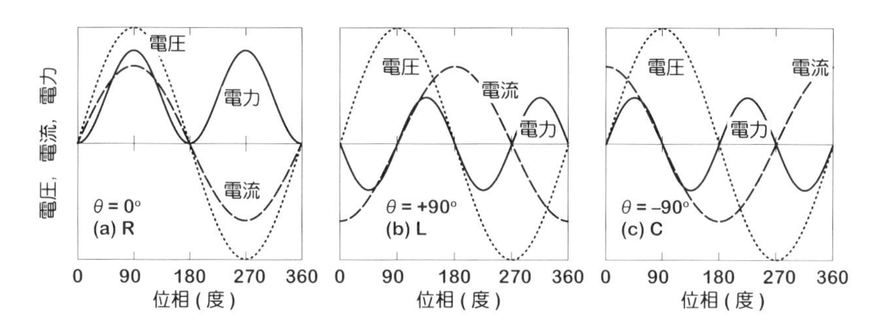

図 **6-3**　R, L, C だけの回路素子の電圧，電流，電力波形.

6.3.3　C のみの場合

これは，$\theta = -90°$，$\cos\theta = 0$，$\sin\theta = -1$ に相当する．したがって，以下のようになる．

瞬時値 (VA)	$+E_{\mathrm{e}}I_{\mathrm{e}}\sin 2\omega t$
平均値 (W)	0
皮相電力 (VA)	$E_{\mathrm{e}}I_{\mathrm{e}}$
有効電力 (W)	0
無効電力 (var)	$-E_{\mathrm{e}}I_{\mathrm{e}}$
力率	$0 \Rightarrow 0\%$

このときの波形を図示すると**図 6-3**(c) のようになる．電力波形の振動の中心が 0 であるため平均値（有効電力）は 0 になり，無効電力のみとなる．すなわち，電力の消費がない．

上記特徴は L の場合と同じであるが，電力波形の位相が L の場合と異なる．2 倍の周波数となっているため，もとの電圧や電流に対する位相で議論することはできないが，L の場合と C の場合で電力の波形が反転している．

6.3.4　一般的な場合

例えば，負荷インピーダンスの偏角が $\theta = 60°$ の場合には，$\cos\theta = 0.5$，$\sin\theta = 0.5$ となる．したがって，以下のようになる．

瞬時値 (VA)	$0.5E_\mathrm{e}I_\mathrm{e}(1-\cos 2\omega t)-0.5E_\mathrm{e}I_\mathrm{e}\sin 2\omega t$
平均値 (W)	$0.5E_\mathrm{e}I_\mathrm{e}$
皮相電力 (VA)	$E_\mathrm{e}I_\mathrm{e}$
有効電力 (W)	$0.5E_\mathrm{e}I_\mathrm{e}$
無効電力 (var)	$0.5E_\mathrm{e}I_\mathrm{e}$
力率	$0.5 \Rightarrow 50\%$

6.4 複素電力

電圧と電流がフェーザ形式で与えられているとき，それらの積を計算すると電力らしきものが得られると想定される．その際，前節までで導入した 3 つの電力成分とつじつまの合う形で電圧と電流の積，すなわち，電力を定義しなければならない．そのようにして定義される電力を**複素電力**という．フェーザ電圧，フェーザ電流のそれぞれの実効値が E_e，I_e であり，負荷インピーダンスの偏角が θ であるとき，複素電力を S，皮相電力を $|S|$，有効電力を P，無効電力を Q とすると，以下のように定義される．

$$\text{複素電力 (VA)} \quad S = P + \mathrm{j}Q, \tag{6-11}$$

$$\text{皮相電力 (VA)} \quad |S| = E_\mathrm{e}I_\mathrm{e}, \tag{6-12}$$

$$\text{有効電力 (W)} \quad P = E_\mathrm{e}I_\mathrm{e}\cos\theta, \tag{6-13}$$

$$\text{無効電力 (var)} \quad Q = E_\mathrm{e}I_\mathrm{e}\sin\theta \tag{6-14}$$

これらの関係を図示すれば，**図 6-4** のようになる．

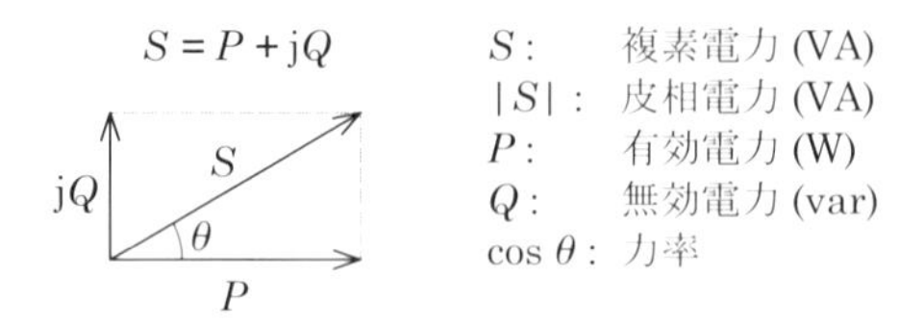

図 6-4 複素電力を定義するための図．(a) 皮相電力 $|S|$，有効電力 P，無効電力 Q，偏角 θ の関係．(b) これらの関係を満足するように定義した複素電力の複素平面上での描像．

6.4.1 複素電力の計算式

複素電力を前節のように定義したが，それを計算するときに，単純にフェーザ電圧とフェーザ電流の積を計算したらよいというわけにはいかない，というのがこの節である．

結論から先に述べると，複素電力を定義どおりに算出するためには，以下のように計算しなければならない．

$$S = EI^* \quad \text{または}\ S = E\bar{I} \tag{6-15}$$

ここで，I^* や $\bar{I}$ は I の共役複素数であることを示すものである．すなわち，フェーザ形式の電圧とフェーザ形式の**電流の共役複素数を掛け算する**，という作法になる．なぜそのようなことをしなければならないのかを以下に示す．

フェーザ電圧を $E = E\angle 0^\circ$，負荷のインピーダンスを $Z = |Z|\angle\theta$ とすると，フェーザ電流は以下のようになる．

$$I = \frac{E_\mathrm{e}}{|Z|}\angle(-\theta) = I_\mathrm{e}\angle(-\theta). \tag{6-16}$$

このとき，もしも E と I の単純な積を計算すると，

$$EI = E_\mathrm{e}I_\mathrm{e}\angle(-\theta) \tag{6-17}$$

となり，複素電力の偏角の符号が定義と逆になる．これを定義どおりの計算結果になるようにしたければ，電流を複素共役（$I^* = I_\mathrm{e}\angle\theta$）にして計算すればよい．そうすれば，

$$EI^* = E_\mathrm{e}I_\mathrm{e}\angle\theta \tag{6-18}$$

となり，複素電力の定義と偏角の符号が一致することが確認できる．

事前基盤知識確認事項

課題　1. 交流電力の瞬時値を表す式

$e(t) = \sqrt{2}E_\mathrm{e}\sin\omega t$, $i(t) = \sqrt{2}I_\mathrm{e}\sin(\omega t - \theta)$ とするとき，$p(t) = e(t)i(t)$ が次式のようになることを示せ．

$$p(t) = E_\mathrm{e}I_\mathrm{e}\cos\theta\ (1 - \cos 2\omega t) - E_\mathrm{e}I_\mathrm{e}\sin\theta\ \sin 2\omega t.$$

略解

$$\begin{aligned} p(t) &= 2E_\mathrm{e}I_\mathrm{e}\sin\omega t\sin(\omega t - \theta) \\ &= 2E_\mathrm{e}I_\mathrm{e}\left\{\sin^2\omega t\cos\theta - \sin\omega t\cos\omega t\sin\theta\right\}. \end{aligned}$$

ここで，

$$\sin^2\omega t = \frac{1 - \cos 2\omega t}{2}, \qquad \sin\omega t\cos\omega t = \frac{\sin 2\omega t}{2}$$

より，

$$\begin{aligned} p(t) &= E_\mathrm{e}I_\mathrm{e}\{(1 - \cos 2\omega t)\cos\theta - \sin 2\omega t\sin\theta\} \\ &= E_\mathrm{e}I_\mathrm{e}\cos\theta\ (1 - \cos 2\omega t) - E_\mathrm{e}I_\mathrm{e}\sin\theta\ \sin 2\omega t. \end{aligned}$$

上式の第 1 項は 2ω で振動する正弦波であり，その平均値は $E_\mathrm{e}I_\mathrm{e}\cos\theta$ となる．第 2 項も同じく 2ω で振動する正弦波であるが，その平均値は 0 となる．本章では，この性質に関連した交流電力特有のいくつかのパラメータについて学習する．

事後学習内容確認事項

課題 1. 複素電力の計算

$V = 10\angle 0^\circ$ V，$I = 50\angle 60^\circ$ A のとき，複素電力 S をフェーザ形式（極座標形式）で書け．皮相電力 $|S|$ を求めよ．

略解

$$S = VI^* = (10\angle 0^\circ)\,(50\angle -60^\circ) = 500\angle -60^\circ$$

よって，皮相電力 $|S|$ は 500 VA である（単位に注意）．

課題 2. 力率の計算

課題 1 の力率を % で表せ．

略解

$$\cos(-60^\circ) = 0.5$$

よって，力率は 50.0 % である．

課題 3. 有効電力の計算

課題 1 の有効電力 P を求めよ．

略解

$$P = |S|\cos(-60^\circ) = 500 \times 0.5 = 250$$

よって，有効電力 P は 250 W である（単位に注意）．

課題 番外編

上記課題は初学者向けの確認問題である．より現実的な問題に取り組みたい人は付録 F の「力率改善コンデンサ」や「無効電力補償」にトライされたし．

第7章

共振回路

これまでの章ではωはいつも同じであった．ここでは，

- ωが変化する，
- 異なるωの波形が関与する，

という状況を取り扱い，**共振**という現象について述べる．

電気回路における共振とは，

電圧や電流がある周波数で極値をとること

を言う．観測されるのが電圧や電流であるため，電圧や電流を主語としたが，それを支配しているのはインピーダンス（又はその逆数のアドミタンス）である．[*1] したがって，電圧や電流がある周波数で極値をとるということは，インピーダンスが極値をとることに相当し，後ほど示す**図 7-2** や**図 7-4** のような周波数特性を示す．したがって,「共振しているとき」とは,「インピーダンスが極値をとるとき」と言い換えてもよい．

本章では，この共振現象に関する以下の点について学習する．

- **共振の条件**

  インピーダンス又はアドミタンスが極値をもつのはその虚部が0となるときである．

- **Q 値**

  応用上，極大（又は極小）特性の鋭さが重要であり，その鋭さを表すために Q 値という指標を使う．

[*1] 以下では，同じ交流負荷のことを指す場合には，特に必要がない限り,「インピーダンス（又はその逆数のアドミタンス)」を単に「インピーダンス」ということにする．

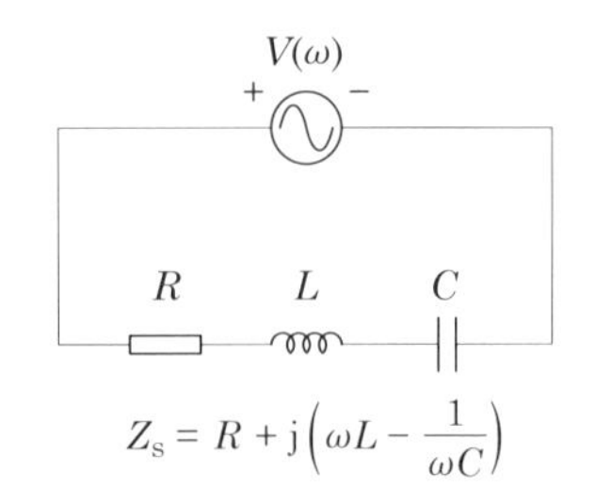

図 7-1　RLC 直列共振回路.

7.1　直列共振回路とその周波数特性

7.1.1　直列共振回路

L と C が直列接続された回路は共振特性をもち，その回路を直列共振回路という．一般的には，抵抗成分も含めて，**図 7-1** に示すような回路になる．この回路では電圧源が与えられている．フェーザ形式の電圧の絶対値 $|V|$ が周波数によらず一定であるとすると，インピーダンスの周波数依存性によって極値をとるのは電流である．回路のインピーダンスを Z_s とすると，

$$I = \frac{V}{Z_s} \tag{7-1}$$

であるから，インピーダンスが極小なら電流が極大，インピーダンスが極大なら電流が極小となる．計算すればわかるが，この回路の場合にはインピーダンスが極小となる．すなわち，電流が極大となる.[*2]

そこで，インピーダンス Z_s の絶対値 $|Z_s|$ が極小になる，すなわち，アドミタンス Y_s の絶対値 $|Y_s|$ 極大になる条件を求めよう．Z_s は，

$$Z_s = R + j\left(\omega L - \frac{1}{\omega C}\right) \tag{7-2}$$

[*2] なお，上記特徴等を述べるときに「極大」「極小」というコトバを用いたが，本章の回路では全周波数帯域において「極大」又は「極小」が一つしかないので「最大」又は「最小」と読み替えても問題ない．

である．この式から，Z_s の j( ) の中，すなわち，Z_s の虚部が 0 になるときに $|Z_\mathrm{s}|$ が極小値（$= R$）となることがわかる．Z_s の虚部が 0 になる周波数を ω_0 とすると，次式が成り立っていることになる．

$$\omega_0 L - \frac{1}{\omega_0 C} = 0. \tag{7-3}$$

これより，共振周波数が L と C によって以下のように表されることがわかる．

$$\omega_0 = \frac{1}{\sqrt{LC}}. \tag{7-4}$$

上記の周波数（厳密に言えば角周波数）を普通の周波数で表せば，以下のようになる．

$$f_0 = \frac{1}{2\pi\sqrt{LC}}. \tag{7-5}$$

7.1.2 直列共振回路の周波数特性の特徴

以上をまとめると，直列共振回路の特徴は以下のとおりとなる．

- 共振周波数は $\omega_0 = \dfrac{1}{\sqrt{LC}}$ である．このとき，
- Z_s の虚部が 0 になる．
- $|Z_\mathrm{s}|$ が極小値 R となる．
- $|Y_\mathrm{s}|$ が極大値 $\dfrac{1}{R}$ となる．
- $|I|$ が極大値 $\dfrac{|V|}{R}$ となる．

7.1.3 直列共振回路の周波数特性の具体例

具体的に R, L, C の値を与えて，直列共振回路のインピーダンスとアドミタンスの大きさの周波数依存性を図示してみよう．ここでは，$L = 100$ mH, $C = 10$ μF とする．共振周波数は R によらないので，L と C を定めた時点で共振周波数が決まり，

$$\omega_0 = \frac{1}{\sqrt{LC}} = \frac{1}{\sqrt{100 \times 10^{-3} \times 10 \times 10^{-6}}} = 1000 \text{ rad/s}$$

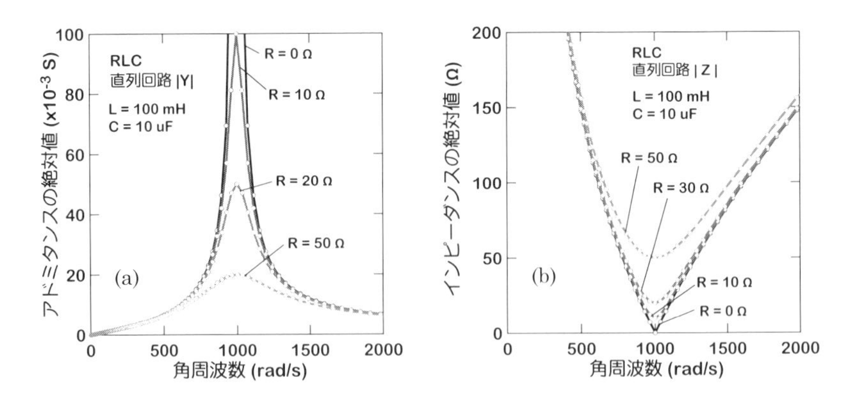

図 7-2 (a) RLC 直列共振回路のアドミタンス（の絶対値）の周波数特性．(b) RLC 直列共振回路のインピーダンス（の絶対値）の周波数特性．

となる．**抵抗 R は共振周波数にはなんら影響を及ぼさないが，後述のように，その大小が共振特性に重大な影響を及ぼす．** そこで，R についてはいくつかの値を試した．具体的には，0 Ω，10 Ω，20 Ω 及び 50 Ω の 5 種類を試した．

以上の条件設定の下で計算したアドミタンスとインピーダンスの周波数依存性を**図 7-2** の (a) と (b) に示す．この図から，R によらず $\omega_0 = 1000$ rad/s にてアドミタンスの絶対値 $|Y_s|$ が極大値をとっていることがわかる．逆に，アドミタンスの逆数であるインピーダンスは極小値をとっている．異なる R を用いた効果として目に見えてわかる点は，以下の二点かと思う．

- 直列共振時のアドミタンスの絶対値が異なる．
- **直列共振特性のピークのシャープさが低抵抗ほどシャープである．**

この二つの特徴のうち，後者が応用上極めて重要な点となる．このシャープさを定量的に評価するために Q 値なるパラメータを定義するのだが，これについては，並列共振周波数について述べた後に定義をすることにする．

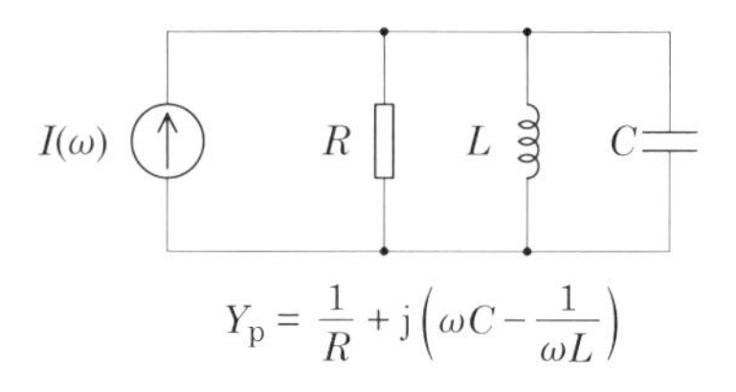

図 7-3 RLC 並列共振回路.

7.2 並列共振回路とその周波数特性

7.2.1 並列共振回路

L と C が並列接続された回路も共振特性をもち，その回路を並列共振回路という．一般的には，抵抗成分も含めて，**図 7-3** に示すような回路になる．この回路では，電流源が与えられている．フェーザ形式の電流の絶対値 $|I|$ が周波数によらず一定であるとすると，インピーダンスの周波数依存性によって極値をとるのは電圧である．回路のインピーダンスを Z_{p} とすると，

$$V = Z_{\mathrm{p}} I \tag{7-6}$$

であるから，インピーダンスの大きさが極小になれば，電圧の大きさが極小となり，インピーダンスの大きさが極大になれば，電圧の大きさが極大となる．計算するとわかるが，この回路の場合にはインピーダンスの大きさが極大となる．すなわち，電圧が極大となる．

そこで，アドミタンスの絶対値 $|Y_{\mathrm{p}}|$ が極小となる条件を求めよう．Y_{p} は，

$$Y_{\mathrm{p}} = \frac{1}{R} + \mathrm{j}\left(\omega C - \frac{1}{\omega L}\right) \tag{7-7}$$

である．この式から Y_{p} の j(　) の中，すなわち Y_{p} の虚部が 0 になるときに $|Y_{\mathrm{p}}|$ が極小値（$= 1/R$）となることがわかる．Y_{p} の虚部が 0 になる周波数を ω_0 とすると，次式が成り立っていることになる．

$$\omega_0 C - \frac{1}{\omega_0 L} = 0. \tag{7-8}$$

これより，共振周波数が L と C によって，以下のように表されることがわかる．

$$\omega_0 = \frac{1}{\sqrt{LC}}. \tag{7-9}$$

上記の周波数（厳密に言えば角周波数）を普通の周波数に直せば，以下のようになる．

$$f_0 = \frac{1}{2\pi\sqrt{LC}}. \tag{7-10}$$

既に導出した直列共振回路の共振周波数の式と今回導出した並列共振周波数の式を見比べてみると，両方ともに同じ式となっていることがわかる．

7.2.2 並列共振回路の周波数特性の特徴

以上をまとめると，並列共振回路の特徴は以下のとおりとなる．

- 共振周波数は $\omega_0 = \dfrac{1}{\sqrt{LC}}$ である．
- Y_{p} の虚部が 0 になる．
- $|Y_{\mathrm{p}}|$ が極小値 $\dfrac{1}{R}$ となる．
- $|Z_{\mathrm{p}}|$ が極大値 R となる．
- $|V|$ が極大値 $R|I|$ となる．

7.2.3 並列共振回路の周波数特性の具体例

具体的に R, L, C の値を与えて，並列共振回路のインピーダンスとアドミタンスの大きさの周波数依存性を図示してみよう．ここでは，$L = 100$ mH，$C = 10\ \mu$F とする．共振周波数は R によらないので，L と C を定めた時点で共振周波数が決まり，

$$\omega_0 = \frac{1}{\sqrt{LC}} = \frac{1}{\sqrt{100 \times 10^{-3} \times 10 \times 10^{-6}}} = 1000\ \mathrm{rad/s}$$

となる．**抵抗 R は共振周波数にはなんら影響を及ぼさないが，後述のように，その大小が共振特性に重大な影響を及ぼす**．そこで，R についてはいくつかの値を試した．具体的には，100 Ω，500 Ω，1000 Ω 及び ∞ Ω の 5 種類を試した．

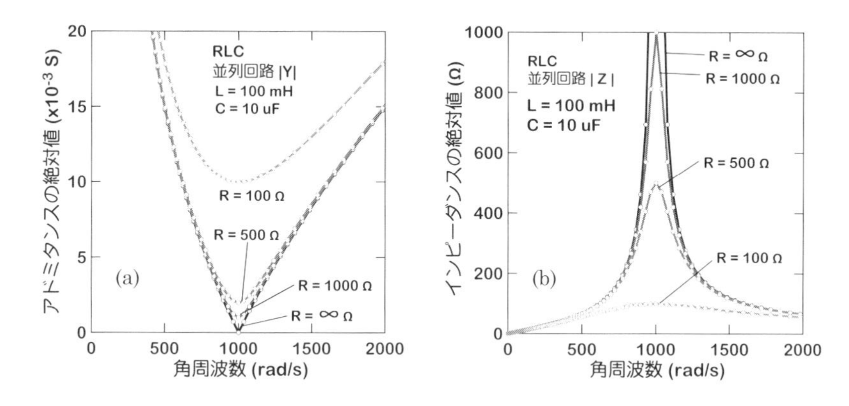

図 7-4　(a) RLC 並列共振回路のアドミタンス (の絶対値) の周波数特性. (b) RLC 並列共振回路のインピーダンス (の絶対値) の周波数特性.

以上の条件設定の下で計算したアドミタンスとインピーダンスの周波数依存性を**図 7-4**(a) と (b) に示す．この図から，R によらず $\omega_0 = 1000$ rad/s にてアドミタンスの絶対値 $|Z_\mathrm{p}|$ が極大値をとっていることがわかる．逆に，アドミタンスの逆数であるインピーダンスは極小値をとっている．異なる R を用いた効果として目に見えてわかる点は，以下の二点かと思う．

- 並列共振時のアドミタンスの絶対値が異なる．
- **並列共振特性のピークのシャープさが高抵抗ほどシャープである**.

この二つの特徴のうち，後者が応用上極めて重要な点となる．このシャープさを定量的に評価するために Q 値なるパラメータを定義するが，その前に，共振特性の鋭さがなぜ重要なのか，について少し触れておく．

7.3　共振回路の性質と用途

直列共振回路と並列共振回路の性質をまとめると以下のようになる．

- **直列共振回路**
  - 共振回路に交流電圧を印加すると，
  - $|I| = |Y_\mathrm{s}||V|$ が極大値をとり，

  - 共振周波数のときに電流が極めてよく流れる
- **並列共振回路**
  - 共振回路に交流電流を流すと，
  - $|V| = |Z_\mathrm{p}||I|$ が極大値をとり，
  - 共振周波数のときに電圧が極めて大きくなる

これらの性質を利用すると，**図 7-5** に示すように，複数の周波数成分が混在した信号からある周波数成分だけを取り出すことに利用することができる.[*3] そうした機能は，通信機器などに含まれる同調回路やフィルタ回路として利用される．このような用途に共振回路を用いる場合，共振特性がシャープではなく幅をもったものになると，ある周波数の信号だけを取り出したいのに，その周波数に近い成分も同時に取り出されてしまう．したがって，ある周波数を選別するという目的（現実にはその目的が最も多い）に限定すれば，

共振特性はシャープなほど良い，

と言うことができる．

共振周波数特性の鋭さを「鋭い」「鋭くない」などのコトバで文学的に表現するのではなく，何らかの統一されたルールで求めた数値で示し，共振回路特性の良さを共通の土俵で比較できる指標が必要である．次の節では，この共振特性の鋭さを表すための指標として「Q 値」なるものを定義する．

7.4 Q 値

ある物理量に対して**図 7-6** のような共振特性があるとき，共振の鋭さを表すための指標として **Q 値**（Quality Factor）を以下のように定義する．「ある物理量」としては，インピーダンス，アドミタンス，電圧，電流などが想

[*3] これを理解するためには，まず，「複数の周波数成分が混在した信号」というものがどんなものであるのかや，任意の波形を表すことのできるフーリエ級数展開の理論を知っておく必要があるので付録に記した．

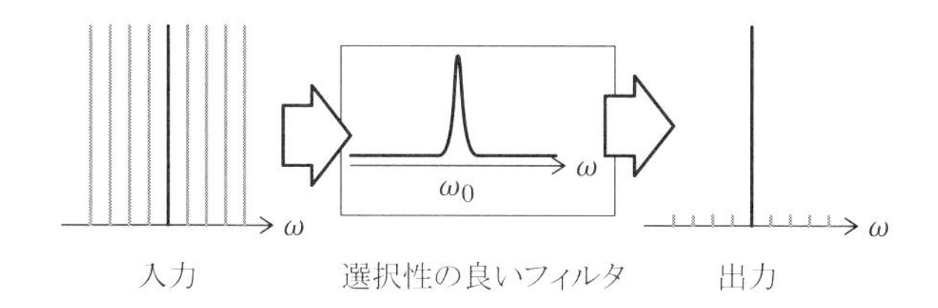

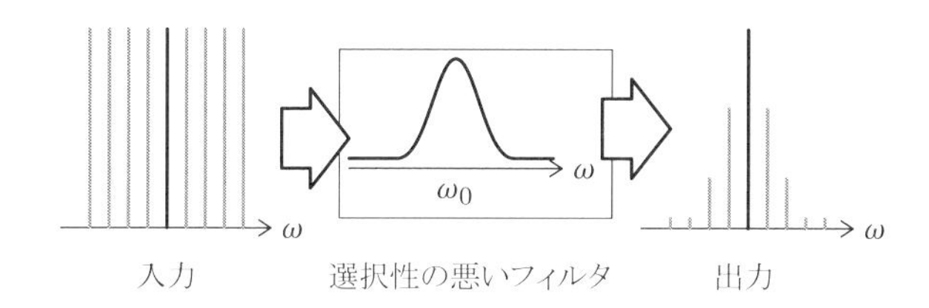

図 7-5　周波数選別に用いられるフィルタの機能と，共振特性の鋭さの良否がその性能に及ぼす影響.

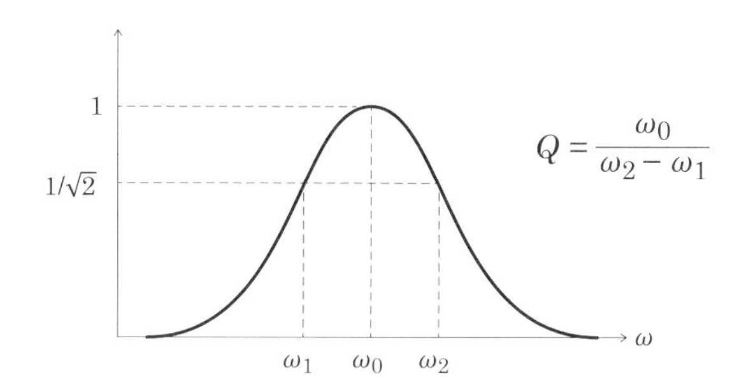

図 7-6　共振特性の鋭さを表す Q 値の定義.

定される.

$$Q = \frac{\omega_0}{\omega_2 - \omega_1}. \tag{7-11}$$

ここで，ω_0 は共振特性の中心周波数，すなわち共振周波数である．ω_1，ω_2 は，その物理量が，共振周波数のときの値の $1/\sqrt{2}$ の大きさになる周波数であり，共振周波数よりも低周波数側にある方を ω_1，共振周波数よりも高周波数側にある方を ω_2 としている.

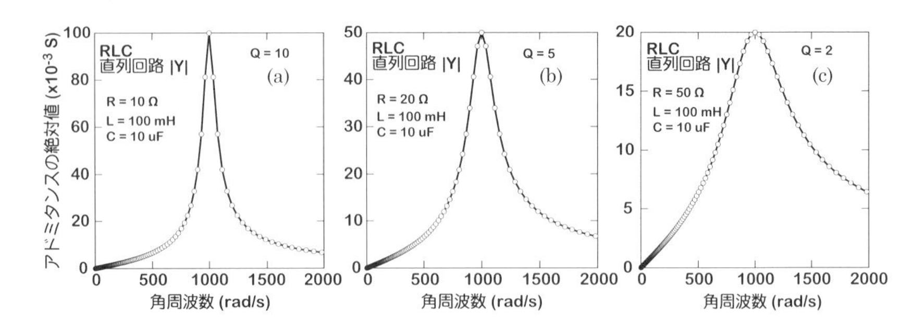

図 7-7 コイル（$L = 100$ mH）とコンデンサ（$C = 10\ \mu$F）の直列接続回路に異なる抵抗値の抵抗（$R = 10\ \Omega$, $20\ \Omega$, $50\ \Omega$）が直列接続されている回路の共振特性.

7.5 RLC 直列共振回路の Q 値

図 7-7 は，$L = 100$ mH，$C = 10\ \mu$F，$R = 10\ \Omega$，$20\ \Omega$，$50\ \Omega$ の RLC 直列共振回路のアドミタンスの周波数特性である．同図からわかるように，

> **RLC 直列共振回路の鋭さは，抵抗値 R が小さいほど鋭い．すなわち，抵抗値 R が小さいほど Q 値が大きい．**

この例の場合には，$R = 10\ \Omega$，$20\ \Omega$，$50\ \Omega$ に対して，$Q = 10$, $Q = 5$, $Q = 2$ となっている．

7.6 RLC 並列共振回路の Q 値

図 7-8 は，$L = 100$ mH，$C = 10\ \mu$F，$R = 1000\ \Omega$，$500\ \Omega$，$100\ \Omega$ の RLC 並列共振回路のインピーダンスの周波数特性である．同図からわかるように，

> **RLC 並列共振回路の鋭さは，抵抗値 R が大きいほど鋭い．すなわち，抵抗値 R が大きいほど Q 値が大きい．**

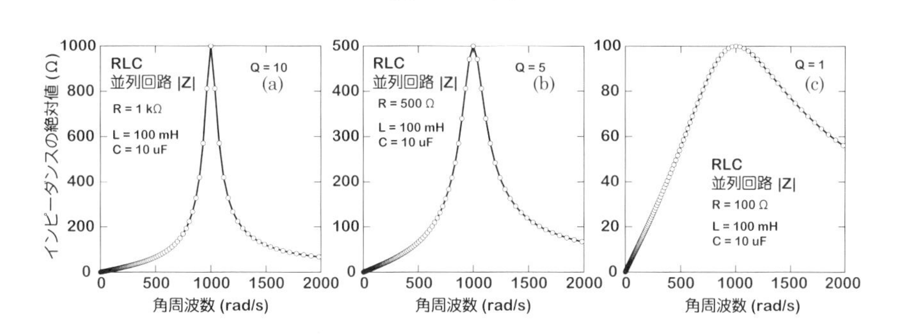

図 7-8　コイル（$L = 100$ mH）とコンデンサ（$C = 10$ μF）の並列接続回路に異なる抵抗値の抵抗（$R = 1000$ Ω，500 Ω，100 Ω）が並列接続されている回路の共振特性.

この例の場合には，$R = 1000$ Ω，500 Ω，100 Ω に対して，$Q = 10$，$Q = 5$，$Q = 1$ となっている.

7.7　Q 値と R の関係

前節において，共振特性のピークの鋭さと R の間には何らかの関係があることを示した．また，その鋭さを表す数値的指標である Q 値も当然ながら R との間に何らかの関係がある．結論から先に述べると，以下の関係があるのである．これらの関係の導出過程については，単純作業であるが，大変長くなるので付録 G に記した．各自にて確認すること.

- **RLC 直列共振回路の Q 値**は次式で与えられる.

$$Q = \frac{\omega_0 L}{R} = \frac{1}{\omega_0 CR} = \frac{1}{R}\sqrt{\frac{L}{C}}. \tag{7-12}$$

- **RLC 並列共振回路の Q 値**は次式で与えられる.

$$Q = \omega_0 CR = \frac{R}{\omega_0 L} = R\sqrt{\frac{C}{L}}. \tag{7-13}$$

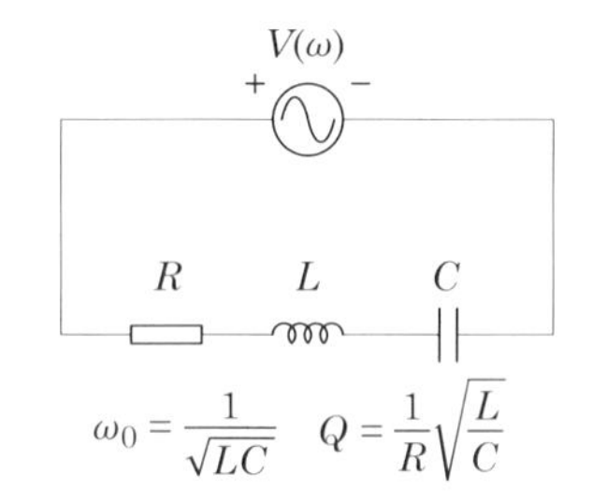

図 7-9　RLC 直列共振回路と共振周波数 ω_0 及び Q 値を表す式.

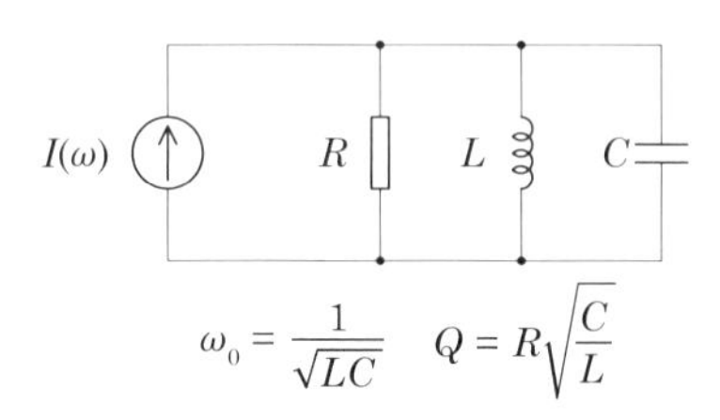

図 7-10　RLC 並列共振回路と共振周波数 ω_0 及び Q 値を表す式.

7.7.1　共振回路の抵抗成分

これまでに，**図 7-9** に示した RLC 直列共振回路と**図 7-10** に示した RLC 並列共振回路について，その共振周波数や共振特性の鋭さを表す Q 値を表す式の導出を行ってきた．その結果，Q 値が大きい，すなわち，共振特性が鋭い回路を作るためには，以下のような回路を作ればよい，ということを示した．

- **直列共振回路では** R **が小さい方がよい**（究極は $R = 0$）
- **並列共振回路では** R **が大きい方がよい**（究極は $R = \infty$）

ということは，

> 最初から抵抗なんか接続せずに，LC 直列共振回路，LC 並列共振回路にすればよい

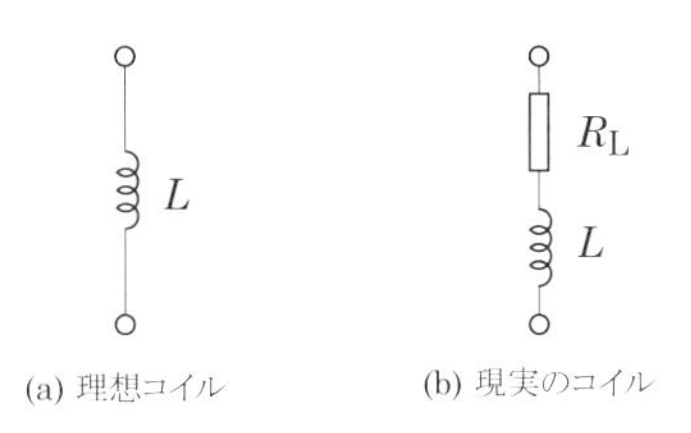

図 7-11　コイルの理想と現実.

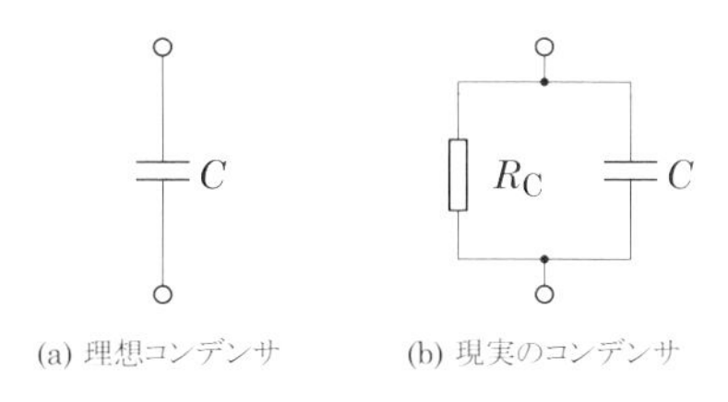

図 7-12　コンデンサの理想と現実.

のである．そうすれば共振特性の鋭さを表す Q 値は無限大となり，究極の鋭さをもつ回路を作ることができる．では，なぜ，わざわざ抵抗の入った回路について勉強したのか？その理由は，

現実の回路素子を用いた場合には，コイルとコンデンサだけを接続したつもりでも，必ず抵抗成分が存在する

からである．次節ではこれについて説明する．

7.8　コイルとコンデンサの理想と現実

コイル，コンデンサと思って回路素子をつなげても実際のコイルとコンデンサには，**図 7-11**，**図 7-12** に示すように，抵抗成分が含まれている．ゼロではない抵抗成分が直列に含まれているコイルを損失のあるコイルといい，無限大ではない抵抗成分が並列に含まれているコンデンサを損失のあるコンデンサという．以下では，この損失のあるコイルやコンデンサの具体例に触れることで，実際にどれくらいの抵抗成分が含まれているのかを学習する．

電気的特性

インダクタンス (μH)	インダクタンス許容差	直流抵抗 (Ω)max.
10	±10%	0.019
15	±10%	0.022
22	±10%	0.031
33	±10%	0.044
47	±10%	0.059
68	±10%	0.073
100	±10%	0.1
150	±10%	0.15
220	±10%	0.26
330	±10%	0.32
470	±10%	0.48
680	±10%	0.73
1000	±10%	0.96
1500	±10%	1.4
2200	±10%	2.5
3300	±10%	3.3
5600	±10%	6.4

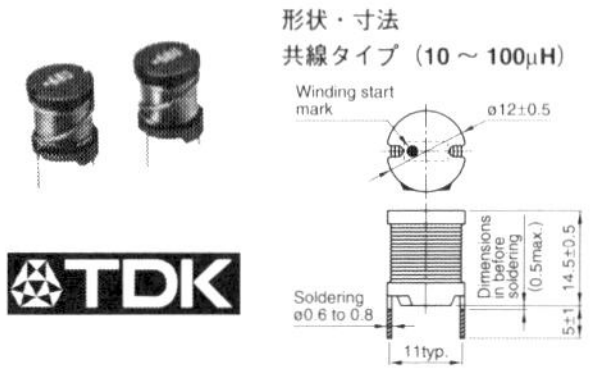

図 7-13　現実のコイルの特性表．TDK 株式会社のカタログより許可を得て転載．

7.8.1　現実のコイルに内在する抵抗成分

コイルに内在する抵抗は，コイルの導線の抵抗成分である．導線は電流を流すことを目的としたものであるから，その抵抗成分は回路素子として利用される抵抗の抵抗値と比較すると極めて小さいものになっているがゼロではない．共振回路の特性を考えるときには，この小さいがゼロではない抵抗成分が無視できないのである．

これは，**図 7-13** に示したような市販のコイルの特性をみるとわかる．[*4] コイルのカタログであるからインダクタンスの値が示されているが，同時に直流抵抗成分も記されている．例えば，1 mH のインダクタンスの場合には，

*4 TDK 株式会社 ラジアルリードインダクタ SL シリーズ（2010 年 11 月）のカタログ．現在は製造中止となっており古い型であるが，低内部抵抗の典型例である巻き線コイル型の図や写真があることから引用させていただいた．

約 1 Ω の抵抗成分が含まれていることがわかる.

なお，電線をコイル状に巻けば，必ず電線が向かい合った状況が形成される．電線が向かい合えば，コンデンサであるから，小さいながらもコイルにコンデンサの成分が含まれることになる．コイルに含まれるこのような内部コンデンサ成分の影響については，付録 G を参照されたし.

7.8.2 現実のコンデンサに内在する抵抗成分

コンデンサに内在する抵抗として，コンデンサの漏れ電流成分によるものが想定される．コンデンサは二つの電極を向かい合わせたものであり，理想的コンデンサは直流的には絶縁体であるはずである．したがって，コンデンサに直流電圧を印加した後，十分な時間（理想的には無限大の時間）が経過すれば，コンデンサには直流電流は流れないはずである.[*5] しかし，実際にコンデンサを作ると，微弱ながら電極間を直流電流が流れる．これを漏れ電流という．この状況を回路で表すと，理想的なコンデンサと並列に抵抗成分がある，という形で表される．この漏れ電流は極めて微々たるものであるが，現実的にはゼロにすることができない．これを並列抵抗成分の値で言い表せば，並列抵抗成分は極めて大きいが，無限大にはできない，となる.

なお，漏れ電流の大小は，コンデンサの種類によって異なる．フィルムコンデンサやセラミックコンデンサと呼ばれるタイプの場合には，漏れ電流が実用上の問題になることはまずない．しかし，アルミ電解コンデンサと呼ばれるタイプの場合には，漏れ電流が比較的大きく，しばしば問題となることがある．製品にもよるが，1000 μF のアルミ電解コンデンサに直流の 50 V を印加したときの漏れ電流値として，約 21 μA という値が報告されている.[*6] この値から，約 2.4 MΩ の並列抵抗があることがわかる.

なお，コンデンサでは，上記の並列接続成分の他に，リード線が存在する

[*5] 第 12 章の過渡現象を参照されたし.

[*6] ニチコン株式会社技術情報ライブラリー：アルミ電解コンデンサテクニカルノート「アルミニウム電解コンデンサの概要」http://www.nichicon.co.jp/lib/
漏れ電流の計測時には，無限大の時間をかけることが不可能であるため，電圧を印加した 1 分後の電流値が示されている．また，漏れ電流には温度依存性があり，引用した値は室温近辺の値である.

ことなどに起因するインダクタンス成分（直列接続されたコイル）や，電解コンデンサの電解液，電極箔，リード線などの材料が有する抵抗成分（直列接続された抵抗）が存在する．これらについては，付録 G に記したので参照にされたし．

7.9 現実の LC 共振回路の RLC 等価回路

現実に売られているコイルとコンデンサだけを接続した回路であっても，抵抗成分が潜んでいることを既に述べた．本節では，その抵抗成分を考慮した等価回路を導出すると，以下のようになることを学習する．

- 現実の LC 直列回路は，**図 7-14**(a-1)～(a-3) に示すように，等価的に RLC 直列共振回路となる．
- 現実の LC 並列回路は，**図 7-14**(b-1)～(b-3) に示すように，等価的に RLC 並列共振回路となる．

このことを示すためには，多少準備が必要となる．そのため，以下の二つの節ではその準備を行い，その後，本番の説明を行う．

7.9.1 コイルとコンデンサの Q 値の定義

Q 値は，共振回路全体に対して定義されたものであったが，ここでは，コイルとコンデンサの単独の場合の Q_{X} 値を定義する．

図 7-11 に示したようなコイルの場合，コイルの Q_{X} 値は，以下のように定義されている．

$$Q_{\mathrm{L}} = \frac{|\,\text{リアクタンス成分}\,|}{\text{抵抗成分}} = \frac{\omega L}{R_{\mathrm{L}}}. \tag{7-14}$$

図 7-12 に示したようなコンデンサの Q_{X} 値は，以下のように定義されている．

$$Q_{\mathrm{C}} = \frac{|\,\text{サセプタンス成分}\,|}{\text{コンダクタンス成分}} = \frac{\omega C}{G_{\mathrm{C}}}. \tag{7-15}$$

ここで，$G_{\mathrm{C}} = 1/R_{\mathrm{C}}$ である．

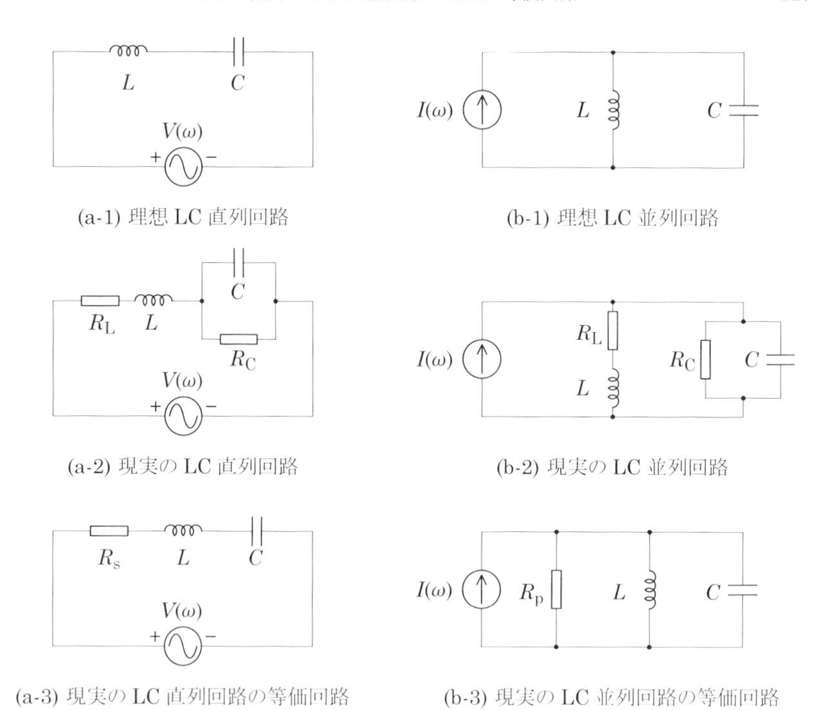

図 7-14 (a-1) 理想的な LC 直列回路，(a-2) 現実の LC 直列回路，(a-3) 現実の LC 直列回路の等価回路．(b-1) 理想的な LC 並列回路，(b-2) 現実の LC 並列回路，(b-3) 現実の LC 並列回路の等価回路．

共振回路全体の Q 値は，周波数 ω によらず，L，C，R だけで決まる定数であった．これに対し，ここで定義したコイルやコンデンサの単独の $Q_{\rm X}$ 値は，式からわかるように，一般的には ω に依存する．

しかし，ここで定義した $Q_{\rm X}$ 値は，ほとんどの場合，共振周波数 ω_0 の近傍だけの議論で用いる．そのため，議論する周波数帯域を共振周波数の近傍だけに限定し，有効数字が 2 〜 3 桁の議論であれば（普通はそうである），ω を ω_0（一定）としてしまっても全く問題が無い．[*7] すなわち，上記のよう

[*7] 「問題が無い」とは，$x.xx \times 10^{y}$ と求められるべき数値があったとすると，その 4 桁目以降にしか影響を与えない（四捨五入の影響を考えると，厳密には 5 桁目以降となるかな），ということを意味する．グラフ用紙に特性を描けば，描いた曲線の線の太さぐらい

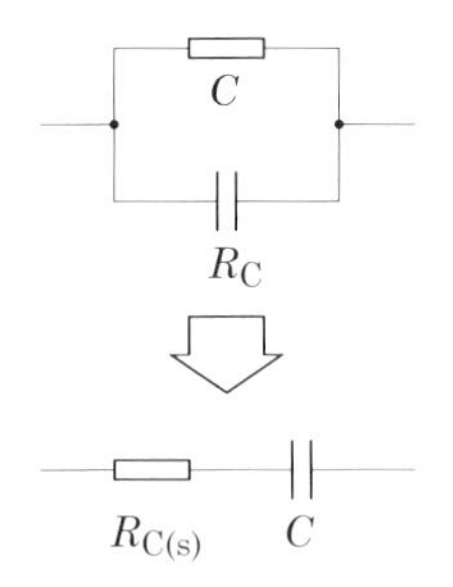

図 7-15　現実の LC 直列回路を RLC 直列回路で等価的に表すためには，並列抵抗成分を有するコンデンサを抵抗とコンデンサの直列回路に変換する必要がある．

に限定されれば，Q_X 値を以下のようにしてしまってもよいのである．

$$Q_L = \frac{\omega_0 L}{R_L}, \tag{7-16}$$

$$Q_C = \frac{\omega_0 C}{G_C}. \tag{7-17}$$

以下では，このようにしてしまってもよい条件下での説明をする．

7.9.2　抵抗成分をもつリアクタンスの等価回路

現実のコイルには直列抵抗成分が，現実のコンデンサには並列抵抗成分が，それぞれ含まれている．したがって，現実のコイルとコンデンサを**図 7-14** の (a-1) や (b-1) のように接続したつもりであっても，実際には，**図 7-14** の (a-2) や (b-2) のような回路で考えなければならない．この置き換えは，ほとんど頭を使う必要が無いので容易に理解できるであろう．

しかし，これらの回路を既に学んだ RLC 直列回路，RLC 並列回路にする，すなわち，**図 7-14** の (a-2) や (b-2) を (a-3) や (b-3) にするためには，少し頭を使わねばならない．

すなわち，現実の LC 直列回路を RLC 直列共振回路にするためには，並列抵抗成分を有するコンデンサを**図 7-15** に示すように等価な直列接続に変

の影響しかない，ということである．工学ではこうした有効数字を考慮した具体的な近似の感覚を身につける必要があると思われる．

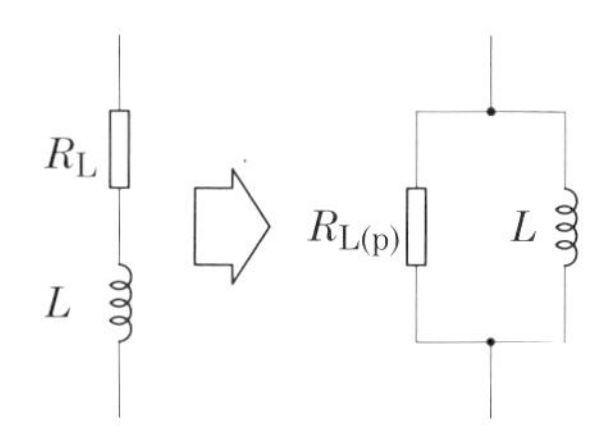

図 7-16 現実の LC 並列回路を RLC 並列回路で等価的に表すためには，直列抵抗成分を有するコイルを抵抗とコイルの並列回路に変換する必要がある．

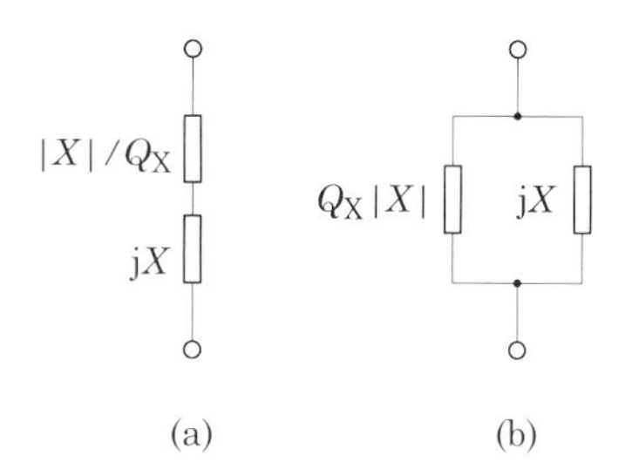

図 7-17 Q_X を用いた損失のある回路素子の等価回路．

換をしなければならない．また，現実の LC 並列回路を RLC 並列共振回路にするためには，直列抵抗成分を有するコイルを**図 7-16** に示すように等価な並列接続に変換をしなければならない．

以下では，この変換を近似を用いて行う手法について述べる．したがって，厳密に言うと完璧な変換にはならない．しかし，後述するように，実用上は問題の無い変換ができるのである．

結論から先に言うと，抵抗成分のあるコイルやコンデンサを，近似的ではあるが**図 7-17** のように，直列・並列のどちらの回路でも等価的に表すことができるのである．このとき，便宜上（すっきりと表すことができるので），前節で導入した Q_X 値を使って抵抗成分を表している．

以下に，**図 7-17** (a), (b) に示した二つの回路が近似的に等価であることを示す．具体的には，**図 7-17** (b) に示した並列回路のインピーダンスが**図 7-17** (a) に示した直列回路のインピーダンスと同じになる，ということを示す．

図 7-17 (b) に示した並列回路のインピーダンスは，

$$Z = \frac{1}{\dfrac{1}{\mathrm{j}X} + \dfrac{1}{Q_{\mathrm{X}}|X|}} = \frac{\mathrm{j}X}{1 + \mathrm{j}\dfrac{1}{Q_{\mathrm{X}}}\dfrac{X}{|X|}} \tag{7-18}$$

となる．Q_{X} は本来 1 よりも十分に大きいはずであるから[*8]，$1/Q \ll 1$ となるはずである．また，$X/|X|$ の絶対値は 1 である．したがって，$|w| \ll 1$ なる w についてなりたつ近似式

$$(1+w)^{-1} \simeq 1 - w \tag{7-19}$$

を用いれば，

$$Z \simeq \mathrm{j}X\left(1 - \mathrm{j}\frac{X}{Q_{\mathrm{X}}|X|}\right) = \frac{|X|}{Q_{\mathrm{X}}} + \mathrm{j}X \tag{7-20}$$

となる．この式を見れば，この式が表すインピーダンスの回路が**図 7-17** (a) になっていることはすぐにわかるであろう．

なお，現実のコイルやコンデンサをより詳しい等価回路で表すと，付録 G で示してあるように，一つの回路素子なのに R, L, C 全てが関与した等価回路となる．この場合，本章で述べている置き換え手順とは若干異なってくるが，同様の近似の視点で変換することにより，**図 7-17** に示したような二つの純粋抵抗と純粋リアクタンスの直並列回路に置き換えることができる．余力のある人は挑戦されたし．

7.9.3　現実の LC 回路の等価 RLC 回路

前節のような変換を用いれば，**図 7-15** と**図 7-16** に示した変換が可能となる．すなわち，**図 7-15** に示すように，並列抵抗成分を含む現実のコンデンサを等価的に直列抵抗とコンデンサで表したときの $R_{\mathrm{C(s)}}$ は，以下のようになる．

$$R_{\mathrm{C(s)}} = \frac{R_{\mathrm{C}}}{Q_{\mathrm{C}}^2}. \tag{7-21}$$

[*8] 普通は，コイルの直列抵抗は ωL よりも十分小さく，コンデンサの並列抵抗は $1/\omega C$ よりも十分大きい．これが成り立たない周波数領域や回路素子定数の場合には，このような近似はできない．

また，**図 7-16** に示すように，直列抵抗成分を含む現実のコイルを等価的に並列抵抗とコイルで表したときの $R_{L(p)}$ は，以下のようになる．

$$R_{L(p)} = Q_L^2 R_L. \tag{7-22}$$

したがって，現実の LC 回路の抵抗成分を考慮した RLC 回路（**図 7-14** の (a-3) と (b-3)）における R_s と R_p は，それぞれ，以下のようになる．

$$R_s = R_L + R_{C(s)} = R_L + \frac{R_C}{Q_C^2}, \tag{7-23}$$

$$\frac{1}{R_p} = \frac{1}{R_C} + \frac{1}{R_{L(p)}} = \frac{1}{R_C} + \frac{1}{Q_L^2 R_L}. \tag{7-24}$$

すなわち，上記のような抵抗成分を用いれば，既に学んだ RLC 直列・並列回路を用いて現実の LC 直列・並列回路を扱うことができるのである．

なお，注意してほしい点は，上記の議論にて「はずである」が何度も出ていた点である．これはあくまでも近似であり,「はずである」が成り立たない条件下では，上記のような近似はできない，ということを理解しておいてほしい．

「はずである」が成り立っている場合には，上記の近似が成り立つのであるが，本当に成り立っているかどうかを数値的に確認してみよう．確認のために用いた回路素子の定数は，先述の具体的なコイルとコンデンサのカタログ値から抜粋した．すなわち，$L = 1$ mH，$R_L = 1\ \Omega$，$C = 1000$ pF，$R_C = 2$ MΩ である．共振周波数（角周波数）は，抵抗成分の有無にかかわらず，L と C だけで決まり，$\omega_0 = 1/\sqrt{LC} = 10^6$ rad/s となる．普通の周波数に直せば，$f_0 = \omega_0/(2\pi) = 159$ kHz となる．したがって，計算する周波数帯域は，この 160 kHz 近辺を計算すればよい．

図 7-18 の (a) と (b) は，それぞれ現実の LC 直列回路の周波数特性を近似無しで計算した結果と，**図 7-14**(a-3) に示したような等価回路に近似して計算した周波数特性である．両者を比較すれば，大差が無いことがわかる．また，**図 7-19** の (a) と (b) は，それぞれ現実の LC 並列回路の周波数特性を近似無しで計算した結果と，**図 7-14**(b-3) に示したような等価回路に近似して計算した周波数特性である．両者を比較すれば，この場合も大差が無いことがわかる．

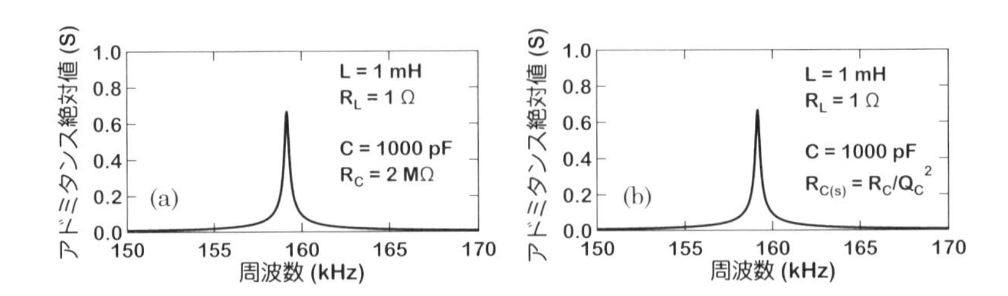

図 7-18　(a) 抵抗成分をもつ現実の LC 直列回路の近似無しの周波数特性と (b) それを等価的に RLC 直列回路に変換した回路の周波数特性.

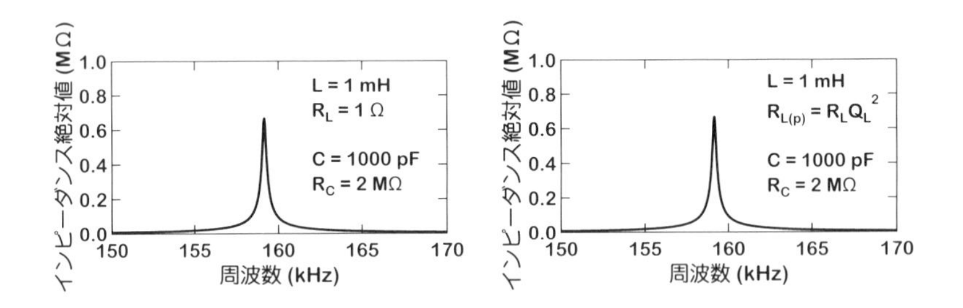

図 7-19　(a) 抵抗成分をもつ現実の LC 並列回路の近似無しの周波数特性と (b) それを等価的に RLC 並列回路に変換した回路の周波数特性.

事前基盤知識確認事項

課題 1. インピーダンスの復習と共振の予習

R, L, C で構成される直列回路の合成インピーダンス Z を表す式を書け．角周波数は ω とする．リアクタンス成分（インピーダンスの虚数部）が 0 Ω になるときの角周波数 ω_0 を L, C を用いて表せ．

略解

$$Z = R + \mathrm{j}\omega L + \frac{1}{\mathrm{j}\omega C} = R + \mathrm{j}\left(\omega L - \frac{1}{\omega C}\right).$$

これより，リアクタンスが 0 になるときの角周波数は以下のようになる．

$$\omega_0 = \frac{1}{\sqrt{LC}}.$$

$\omega = \omega_0$ のときにインピーダンスの大きさ (絶対値) は極小値 R となる．

課題 2. アドミタンスの復習と共振の予習

R, L, C で構成される並列回路の合成アドミタンス Y を表す式を書け．角周波数は ω とする．サセプタンス成分（アドミタンスの虚数部）が 0 になるときの角周波数 ω_0 を L, C を用いて表せ．

略解

$$Y = \frac{1}{R} + \frac{1}{\mathrm{j}\omega L} + \mathrm{j}\omega C = \frac{1}{R} + \mathrm{j}\left(-\frac{1}{\omega L} + \omega C\right).$$

これより，サセプタンスが 0 になる角周波数 ω_0 は以下のようになる．

$$\omega_0 = \frac{1}{\sqrt{LC}}.$$

$\omega = \omega_0$ のときにアドミタンスの大きさ (絶対値) は極小値 $1/R$ となる．

事後学習内容確認事項

課題 1. RLC 直列共振回路のインピーダンス

RLC 直列共振回路のインピーダンス Z_{s} を式で表せ．周波数は ω とする．

略解

$$Z_{\mathrm{s}} = R + \mathrm{j}\left(\omega L - \frac{1}{\omega C}\right).$$

課題 2. RLC 直列共振回路の共振周波数

RLC 直列共振回路の共振周波数を示せ．

略解 共振周波数 ω_0 は Z_{s} の虚部がゼロとなる ω である．よって，

$$\omega_0 = \frac{1}{\sqrt{LC}}.$$

課題 3. RLC 直列共振回路の Q 値

RLC 直列共振回路の Q 値の意味を示せ．また，Q 値を R, L, C を用いて表せ．

略解 $1/|Z_{\mathrm{s}}|$ の周波数依存性をプロットすると ω_0 を中心とする山型の特性を示す．山の鋭さを表す指標が Q 値である．$1/|Z_{\mathrm{s}}$ が最大値の $1/\sqrt{2}$ になる二つの周波数を ω_1，ω_2（$\omega_1 < \omega_2$）とするとき，Q 値は次式で定義される．

$$Q = \frac{\omega_0}{\omega_2 - \omega_1}.$$

これを R，L，C を用いて表すと，かなりの計算をした後に次式が得られる(付録に書いてあるので各自にて計算してみること)．

$$Q = \frac{1}{R}\sqrt{\frac{L}{C}}.$$

したがって，直列共振特性は R が 小さい ほど鋭くなる．

課題 4. RLC 並列回路のインピーダンス

RLC 並列共振回路のアドミタンス Y_p を式で表せ．周波数は ω とする．

略解

$$Y_\mathrm{p} = \frac{1}{R} + \mathrm{j}\left(\omega C - \frac{1}{\omega L}\right).$$

課題 5. RLC 直列共振回路の共振周波数

RLC 直列共振回路の共振周波数を示せ．

略解 共振周波数 ω_0 は，Y_p の虚部がゼロとなる ω である．よって，

$$\omega_0 = \frac{1}{\sqrt{LC}}.$$

課題 6. RLC 並列共振回路の Q 値

RLC 並列共振回路の Q 値の意味を示せ．また，Q 値を R, L，C を用いて表せ．

略解 $1/|Y_\mathrm{p}|$ の周波数依存性をプロットすると ω_0 を中心とする山型の特性を示す．山の鋭さを表す指標が Q 値である．

$1/|Y_\mathrm{p}$ が最大値の $1/\sqrt{2}$ になる二つの周波数を ω_1，ω_2（$\omega_1 < \omega_2$）とするとき，Q 値は次式で定義される．

$$Q = \frac{\omega_0}{\omega_2 - \omega_1}.$$

これを R，L，C を用いて表すと，かなりの計算をした後に次式が得られる（付録に書いてあるので各自にて計算してみること）．

$$Q = R\sqrt{\frac{C}{L}}.$$

したがって，並列共振特性は R が 大きい ほど鋭くなる．

第8章

相互インダクタンスとトランス

ここでは，二つのコイルを用いた回路素子であるトランスの機能や等価回路について学ぶ.[*1] 具体的には以下のとおり.

- トランスの一次側と二次側の関係

  添え字の 1 と 2 を一次側と二次側を表すものとし，電圧，電流，巻数を V, I, N で表すとき，

$$V_1 I_1 = V_2 I_2, \qquad \frac{V_2}{V_1} = \frac{N_2}{N_1}.$$

- 相互インダクタンスの式

$$V_1 = \pm \mathrm{j}\omega L_1 I_1 \pm \mathrm{j}\omega M I_2,$$
$$V_2 = \pm \mathrm{j}\omega M I_1 \pm \mathrm{j}\omega L_2 I_2,$$

  と ± の符号を定めるドットルール.

8.1 トランスとは

トランス（正しくはトランスフォーマー，transformer）とは，**図 8-1** に示すように二つのコイルがあり，片方のコイルの磁束がもう片方のコイルにも入り込む構造になっている．この原理さえ維持されれば同図の構造と全く同じである必要は無い．一番簡単な例はコイルを接近させるという方法であるが，その場合，片方のコイルの磁束がもう片方のコイルにきちっと回り込

[*1] 学術用語的には変成器又は変圧器という．「トランス」という用語は英語の transformer を略して日本語発音した俗語ではあるが，よく使われているので本書では「トランス」を用いることにする．

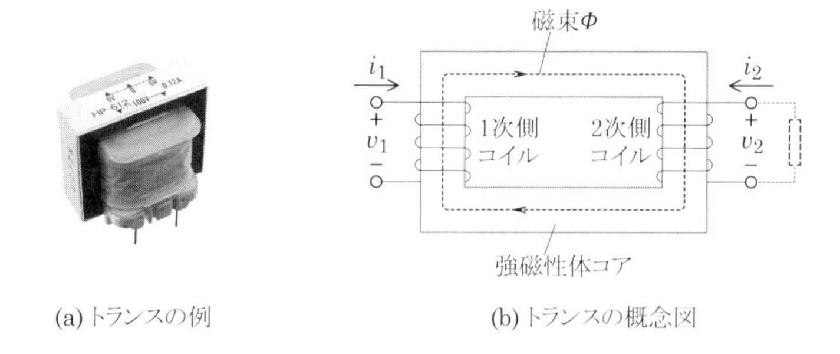

(a) トランスの例　(b) トランスの概念図

図 8-1 トランスの構造．写真は豊澄電源機器株式会社製小型基板タイプ HP-612.（写真提供：豊澄電源機器株式会社，株式会社秋月電子通商）

む率が減ってしまう．そのため，もう片方のコイルにきちっと磁束が回り込むように鉄心が用いられる．これは，磁束が透磁率の高い部分を通るからである（電流が導電率の高い部分を通るのと同じ）．この図ではリング状の鉄心が用いられているが，一本の鉄心に二つのコイルを巻く例もある．

8.2 トランスの機能

トランスには，**図 8-1** に示すように二つの端子対がある．入力側とする方を一次側，出力側とする方を二次側という．一次側に属する諸量を表すときの添え字として 1 を使い，二次側に属する諸量をあらわすときの添え字として 2 を使うことが多く，本書もこれに従う（p と s を使う場合もある）.[*2]

トランスの一次側と二次側の交流電圧の振幅と交流電流の振幅の間には，以下のような関係が成り立つ（振幅の代わりに実効値を用いても同じ関係が成り立つ）.

$$\frac{V_2}{V_1} = \frac{I_1}{I_2} = \frac{N_2}{N_1}. \tag{8-1}$$

ここで，V_1，V_2 は一次側と二次側の電圧，I_1，I_2 は一次側と二次側の電流，N_1，N_2 は一次側と二次側のコイルの巻数である．即ち，二次側の電圧は，一次側電圧をコイルの巻数比倍したものになる．トランスの主な用途は，こ

[*2] p は primary，s は secondary の頭文字.

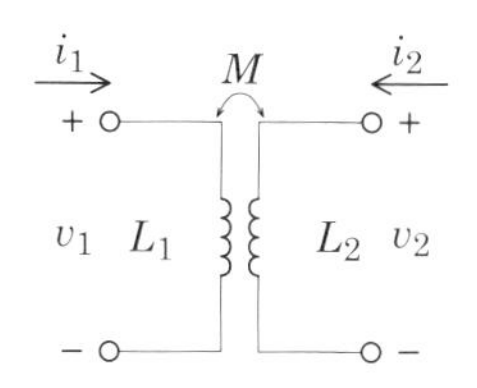

図 8-2 トランスの回路図.

の機能を利用した交流電圧の変換である．日本の長距離送電では振幅 500 kV 程度の交流が用いられており，それを家庭用の 100 V に変換するために，変電所においてトランスが用いられている.*3

なお，二次側の電流については，一次側の電流をコイルの巻数比分の 1 したものになる．したがって，

$$V_1 I_1 = V_2 I_2 \tag{8-2}$$

となり，**トランスの一次側と二次側で電力は変わらない**．即ち，電圧を大きくすると同時に電流が小さくなり，電力が大きくなるわけではないということに留意してほしい．

8.3 トランスの基本式（相互誘導の基本式）

8.3.1 相互誘導

片方のコイルに電流が流れることによってもう片方のコイルに電圧が発生するような現象を「相互誘導」という．このとき発生する電圧を相互誘導起電力という．トランスはこの相互誘導を利用した回路素子である．トランスを回路図で描くときには**図 8-2** のように描く．また，相互誘導を表すトランスの基本式を非フェーザ形式で表すと以下のようになる.*4

$$\begin{aligned} v_1 &= L_1 \frac{\mathrm{d}i_1}{\mathrm{d}t} \pm M \frac{\mathrm{d}i_2}{\mathrm{d}t}, \\ v_2 &= L_2 \frac{\mathrm{d}i_2}{\mathrm{d}t} \pm M \frac{\mathrm{d}i_1}{\mathrm{d}t}. \end{aligned} \tag{8-3}$$

*3 電力を遠距離送電する場合には，高電圧の方が損失が少ないからである．

*4 フェーザ形式については後述．

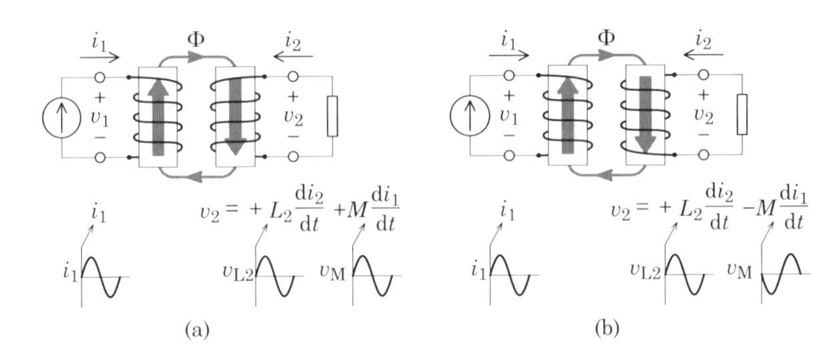

図 8-3 トランスの巻き線の巻き方向による二次側の誘導電圧降下の符号の違い.

ここで，右辺の各項は以下のような意味をもつ.

- **自己誘導による電圧** $L_n\frac{\mathrm{d}i_n}{\mathrm{d}t}$, $(n = 1, 2)$

  自身のコイルに流れた電流によって決まる電圧．厳密に言えば，

  自己誘導による起電力を電圧降下として扱ったもの[*5]

  (通常のコイルと同じ.)

- **相互誘導による電圧** $M\frac{\mathrm{d}i_m}{\mathrm{d}t}$, $(m = 1, 2)$

  相手のコイルに流れた電流によって決まる電圧．厳密に言えば，

  相互誘導による起電力を起電力として扱ったもの[*6]

  (コイルの巻き方で正負が逆転する．後述.)

8.3.2 相互誘導とコイルの巻き方向

トランス特有の特徴として，一次側と二次側の巻き線の巻き方に**図 8-3**(a) と (b) に示すような二通りの巻き方があるという点が挙げられる．この巻き方が異なると，式 (8-3) で表されるトランスの基本式における相互誘導成分の符号が異なってくる.

自己誘導による電圧については，コイルの巻き方によって符号が変わるこ

*5 「起電力を電圧降下として扱う」という表現については付録 H を参照のこと.

*6 「起電力を起電力として扱う」という表現については付録 H を参照のこと.

とはない．電圧と電流の正の向きとして受動素子にとって自然な設定している限り，必ず以下の正符号の式

$$L_1\frac{\mathrm{d}i_1}{\mathrm{d}t},\qquad L_2\frac{\mathrm{d}i_2}{\mathrm{d}t} \tag{8-4}$$

で表される．

一方，相互誘導による電圧については，コイルの巻き方が異なると相互誘導による電圧の向きが異なる．例えば，**図 8-3**(a) の場合の二次側に注目すると，自己誘導による電圧（電圧降下）が増えるときに，相互誘導による電圧（起電力）も増えるので，

$$v_2 = L_2\frac{\mathrm{d}i_2}{\mathrm{d}t} + M\frac{\mathrm{d}i_1}{\mathrm{d}t} \tag{8-5}$$

と表される．

これに対し，**図 8-3**(b) のように二次側の巻方を逆にした場合には，相互誘導による電圧（起電力）の大きさ（絶対値）は先ほどと同様に増えるのだが，自己誘導とは逆の向きに増える．したがって，式としては，

$$v_2 = L_2\frac{\mathrm{d}i_2}{\mathrm{d}t} - M\frac{\mathrm{d}i_1}{\mathrm{d}t} \tag{8-6}$$

のように M の前にマイナスが付くことになる．

以上のように，

> **一次側と二次側の巻方向の相対的な違いにより相互誘導起電力の符号が変わる．**

上記の例題は一次側が原因となって二次側に誘起される相互誘導起電力について述べたが，二次側が原因となって一次側に相互誘導起電力が誘起されるときも同様である．しかし，**図 8-3** のような絵を回路図でいちいち描いていたのではたまらない．そこで導入されたのが後述の**図 8-6** などで描かれている「ドット（●）印」である．次節ではこのドット印をどのように読み取れば相互インダクタンスの符号を決めることができるのかという「トッドのルール」について説明する [Nilsson (2015)].

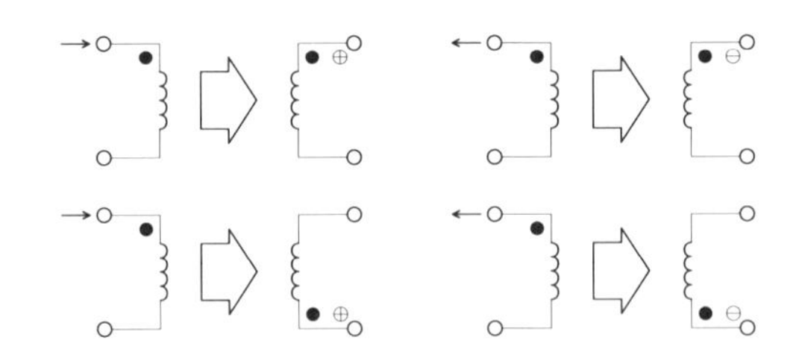

図 8-4　ドット印のルール．一次側の電流が原因で二次側に誘導電圧（電圧降下）が発生する場合．

8.4　ドットのルール

一次側の電流で二次側の相互誘導電圧が発生する場合

- **一次側の電流の矢印がドットに流れ込む向き**

  $\Longrightarrow$ **二次側のドットは「+」**

  これと二次側の電圧の $\pm$ 設定が同じなら $+M$

  逆なら $-M$

- **一次側の電流の矢印がドットから流れ出る向き**

  $\Longrightarrow$ **二次側のドットは「−」**

  これと二次側の電圧の $\pm$ 設定が同じなら $+M$

  逆なら $-M$

これを図で表すと**図 8-4** のようになる．なお，記述を簡略化するために「ドットに流れ込む向き」や「ドットから流れ出る向き」という書き方をしてあるが，より厳密な意味はそれぞれ以下のとおりである．

- 「ドットに違い端子からドットに向かって流れ込む向き」．
- 「ドットに違い端子に向かってドットから流れ出る向き」．

上記のルールは，一次側の電流が原因となって二次側に相互誘導による電圧が発生する場合であるが，二次側の電流が原因となって一次側に相互誘導の電圧が発生する場合も全く同様である．改めて書く必要も無いかもしれない

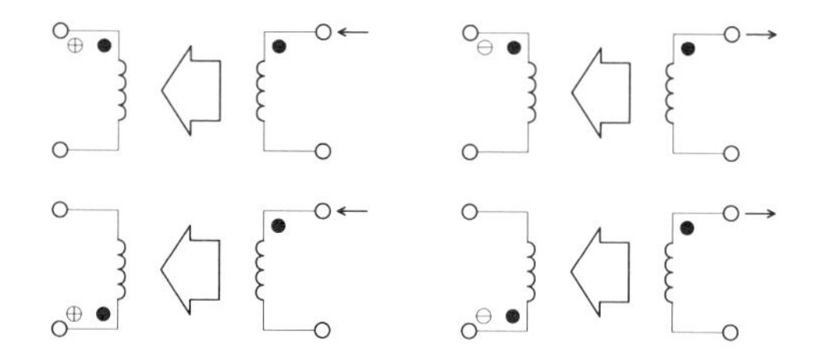

図 8-5　ドット印のルール．二次側の電流が原因で一次側に誘導電圧（電圧降下）が発生する場合．

が，以下のとおりである．

二次側の電流で一次側の相互誘導電圧が発生する場合

- **二次側の電流の矢印がドットに流れ込む向き**

  $\Longrightarrow$ **一次側のドットは「+」**

  これと一次側の電圧の $\pm$ 設定が同じなら $+M$

  逆なら $-M$

- **二次側の電流の矢印がドットから流れ出る向き**

  $\Longrightarrow$ **一次側のドットは「−」**

  これと一次側の電圧の $\pm$ 設定が同じなら $+M$

  逆なら $-M$

これを図で表すと**図 8-5** のようになる．

なお，自己誘導や相互誘導の電圧を考えるときには，回路上で自分がどちら向きの電圧を正と想定しているのかという点に細心の注意を払うこと．[*7] これを間違えると，大きさ（絶対値）は同じでも符号が逆になるからである．回路図上における電圧の向きの設定の仕方については巻末付録に記してある．回路図に書き込んでいる + と − の印の意味を再度確認しておいてほしい．また，その電圧を電圧降下と捉えているのか，起電力と捉えているのかについても注意すること．ドットの読み方については練習が必要である

[*7] 端子間電圧を v で表したときに，$v > 0$ の意味するところがどちらの端子が高電位のときかということ．付録 A を参照されたし．

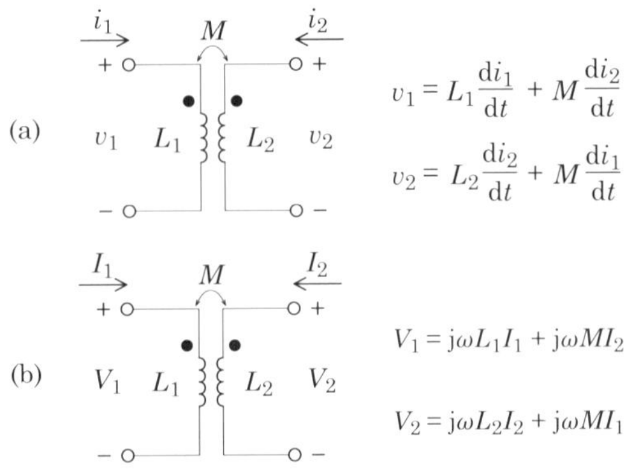

(a)

$$v_1 = L_1\frac{\mathrm{d}i_1}{\mathrm{d}t} + M\frac{\mathrm{d}i_2}{\mathrm{d}t}$$

$$v_2 = L_2\frac{\mathrm{d}i_2}{\mathrm{d}t} + M\frac{\mathrm{d}i_1}{\mathrm{d}t}$$

(b)

$$V_1 = \mathrm{j}\omega L_1 I_1 + \mathrm{j}\omega M I_2$$

$$V_2 = \mathrm{j}\omega L_2 I_2 + \mathrm{j}\omega M I_1$$

図 8-6　トランスの基本式のフェーザ版.

が，その前にトランスの基本式のフェーザ版について次節で説明しておく.

8.5　トランスの基本式のフェーザ版

前節までの相互誘導の説明では，片方のコイルに流れる電流の時間変化によって，もう片方のコイルに誘導起電力が発生するということを明示的に示すために，あえて $\mathrm{d}i/\mathrm{d}t$ という記述をしてきた．トランスにおいてもフェーザ形式を用いることになるので，ここでトランスの基本式をフェーザ形式で表しておこう.

周波数 ω で正弦波振動する $i(t)$ のフェーザ形式を I とすれば，

$$\frac{\mathrm{d}i(t)}{\mathrm{d}t} \Longrightarrow \mathrm{j}\omega I \tag{8-7}$$

である．したがって，**図 8-6**(a) に示すようなトランスの基本式をフェーザ形式であらわせば，以下のとおりとなる（同図 (b)）.

$$\begin{aligned} V_1 &= \mathrm{j}\omega L_1 I_1 + \mathrm{j}\omega M I_2, \\ V_2 &= \mathrm{j}\omega L_2 I_2 + \mathrm{j}\omega M I_1. \end{aligned} \tag{8-8}$$

次節では，このフェーザ形式の相互誘導の基本式において「ドット印」のルールを適用し，右辺の各項の符号がどうなるのかを説明する.

8.6 ドットの読み方

ドット印のルールについては，慣れてしまえば先の簡単なルールを頭に入れておくだけでよい．しかし，一度も練習をしないと，多くの学生達が本番で慌てふためいている．章末にドット印の付いたトランス回路の読み方の練習問題をいくつも用意してあるので，練習のために各自にて確認してほしい．この節では，その練習問題を解くための How to 的な「+」「−」の決定手順を示す．

8.6.1 自己インダクタンス成分の符号決定

まず，次式の自己インダクタンス L_1，L_2 による電圧降下の符号（次式の $\mathrm{j}\omega L_n$ の前の $\pm$）を決める．

$$\begin{aligned} V_1 &= \pm\mathrm{j}\omega L_1 I_1 \quad \pm\mathrm{j}\omega M I_2, \\ V_2 &= \pm\mathrm{j}\omega L_2 I_2 \quad \pm\mathrm{j}\omega M I_1. \end{aligned} \tag{8-9}$$

判定基準は以下のとおり．一次側も二次側も判定基準は基本的に同じであるが，あえて学習のために両方とも記した．

- 一次側に注目

  電圧 V_1 の向きに対して電流 I_1 の向きは？

  自然な向き ⇒ プラス $(+\mathrm{j}\omega L_1 I_1)$

  反対の向き ⇒ マイナス $(-\mathrm{j}\omega L_1 I_1)$

- 二次側に注目

  電圧 V_2 の向きに対して電流 I_2 の向きは？

  自然な向き ⇒ プラス $(+\mathrm{j}\omega L_2 I_2)$

  反対の向き ⇒ マイナス $(-\mathrm{j}\omega L_2 I_2)$

なお，ここでいう「自然」か「反対」かは，受動素子の電圧と電流の向きとして自然か反対かを判定すること.「高いところから低いところに電流が流れる」というのが「自然」な向きである．

8.6.2 相互インダクタンス成分の符号決定

次に，相互インダクタンス M による電圧降下の符号（次式の $\mathrm{j}\omega M$ の前の ±）を決める．

$$\begin{aligned} V_1 = &\quad \pm \mathrm{j}\omega L_1 I_1 \qquad \pm \mathrm{j}\omega M I_2, \\ V_2 = &\quad \pm \mathrm{j}\omega L_2 I_2 \qquad \pm \mathrm{j}\omega M I_1. \end{aligned} \tag{8-10}$$

この場合も，一次側と二次側で方針は同じであるが，学習のために，両方の場合について記した．

- 一次側の相互インダクタンスの項の符号を決める
  ドットルールの適用
  - 二次側ドットでは電流が流入 ⇒ 一次側ドットは ＋（増加）
  - 二次側ドットでは電流が流出 ⇒ 一次側ドットは −（減少）

  このようにして定まった一次側ドットの ± を，同じ側の電圧 V_1 の向きと比べる．[*8]
  - 同 ⇒ 相互インダクタンスの項を足す（$+\mathrm{j}\omega M I_2$）
  - 逆 ⇒ 相互インダクタンスの項を引く（$-\mathrm{j}\omega M I_2$）
- 二次側の相互インダクタンスの項の符号を決める
  ドットルールの適用
  - 一次側ドットでは電流が流入
    ⇒ 二次側ドットは ＋（増加）
  - 一次側ドットでは電流が流出
    ⇒ 二次側ドットは −（減少）

  このようにして定まった二次側ドットの ± を，同じ側の電圧 V_2 の向きと比べる．[*8]
  - 同 ⇒ 相互インダクタンスの項を足す（$+\mathrm{j}\omega M I_1$）
  - 逆 ⇒ 相互インダクタンスの項を引く（$-\mathrm{j}\omega M I_1$）

具体的な例題を章末に用意したので各自にて確認されたし．

[*8] どちらが高電位のときにそこの電圧を表す変数値が正（> 0）としているか．

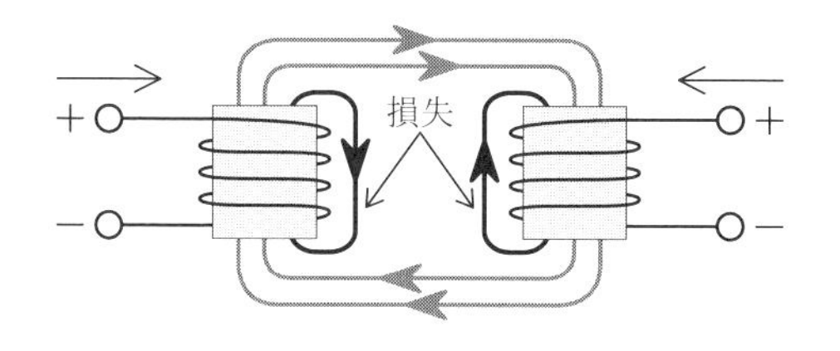

図 8-7　「磁束の漏れ無し」の程度を表す結合係数 k.

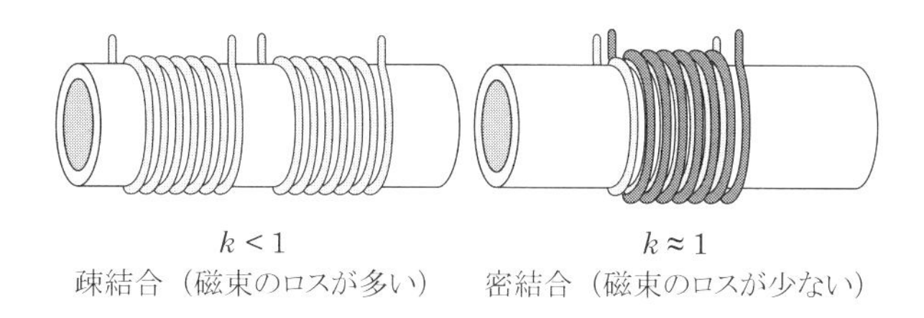

図 8-8　磁束のロスが多い結合と磁束のロスが少ない結合（密結合という）.

8.7　結合係数 k

トランス関係のパラメータとして「結合係数 k」なるものがあるので，紹介しておく．前節までは，相互誘導係数 M は与えられるもの，として扱ってきたが，結合係数 k なるパラメータとそれぞれの自己誘導係数 L_1，L_2 を用いて，以下のように表される．

$$M = k\sqrt{L_1 L_2} \quad (|k| \leq 1). \tag{8-11}$$

この結合係数とは，二つのコイルの磁束が完全に一致していれば 1 となる．実際には，**図 8-7** に示すように，一つのコイルを通る磁束のうち，もう片方のコイルを通らない成分もある．このようなときには，$k < 1$ となる．状況によっては，後述の様に負の M もあり得るので，k の値が負になる場合もある．そのため，厳密に書くならば $|k| < 1$ とすべきであるが，特殊な場合なので本書ではあえて絶対値を付けずに表記している．なお，一般には，磁束のロスがあるため $k < 1$ であるが，**図 8-8** に示すような特殊な巻き線の巻き方をすれば，$k \simeq 1$ が実現できる．このような結合を密結合という．

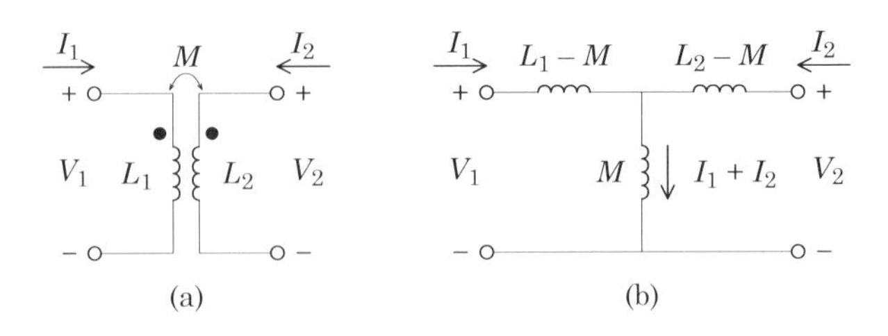

図 8-9 (a) トランスの回路図（一次側と二次側は絶縁されている）.(b) 下側端子が共通であるとした場合の等価回路.

8.8 トランスの等価回路

トランスは，一次側と二次側が磁束のみで結合しているため，**図 8-9**(a) に示すように，直流的には一次側と二次側は絶縁されている（つながっていない）．もしも，一次側と二次側の下側の端子が繋がっているとすると，**図 8-9**(b) に示すような等価回路で表すことができる．

図 8-9(b) に示した等価回路は以下のようにして導かれる．**図 8-9**(a) のトランスの基本式は以下のとおりである．

$$
\begin{aligned}
V_1 &= \mathrm{j}\omega L_1 I_1 + \mathrm{j}\omega M I_2, \\
V_2 &= \mathrm{j}\omega L_2 I_2 + \mathrm{j}\omega M I_1.
\end{aligned}
\tag{8-12}
$$

これに対して以下のようなトリッキーな式変形を行う．

$$
\begin{aligned}
V_1 &= \mathrm{j}\omega (L_1 - M) I_1 + \mathrm{j}\omega M (I_1 + I_2), \\
V_2 &= \mathrm{j}\omega (L_2 - M) I_2 + \mathrm{j}\omega M (I_1 + I_2).
\end{aligned}
\tag{8-13}
$$

この式をよくみれば，**図 8-9**(b) の回路の電圧と電流の関係を表していることがわると思う．

8.9 トランスを間に挟んだ場合の入力インピーダンス

電源と負荷の間にトランスを挟んだ場合に，電源側からトランス込みで負荷側をみたときの入力インピーダンスは，**図 8-10** に示すようにもともとの負荷のインピーダンスとは異なってくる．

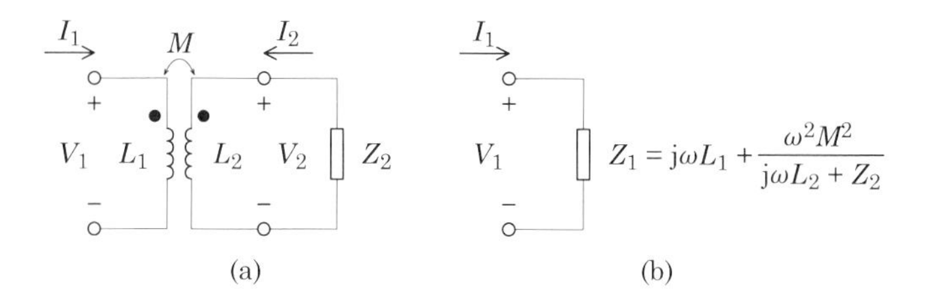

図 8-10 (a) 二次側に負荷を接続したトランスと (b) トランス込みで負荷側を見たときの入力インピーダンス.

トランスの基本式と負荷側でのオームの法則（電流の向きに注意）の式とを組み合わせた以下の式から $Z_1 = V_1/I_1$ を求めれば，同図に記してある入力インピーダンスが導出される.

$$V_1 = \mathrm{j}\omega L_1 I_1 + \mathrm{j}\omega M I_2, \tag{8-14}$$

$$V_2 = \mathrm{j}\omega L_2 I_2 + \mathrm{j}\omega M I_1, \tag{8-15}$$

$$V_2 = -Z_2 I_2. \tag{8-16}$$

これらより次式が得られる.

$$Z_1 = \frac{V_1}{I_1} = \mathrm{j}\omega L_1 + \frac{\omega^2 M^2}{\mathrm{j}\omega L_2 + Z_2}. \tag{8-17}$$

トランスの右側に位置する負荷が極端な状況になったときについて，トランス込みの入力インピーダンスを求めると，以下のようになる.

- **負荷が開放 $Z_2 = \infty$ の場合**

$$Z_1 = \mathrm{j}\omega L_1. \tag{8-18}$$

- **負荷が短絡 $Z_2 = 0$ の場合**

$$Z_1 = \mathrm{j}\omega \left(L_1 - \frac{M^2}{L_2} \right). \tag{8-19}$$

※ $M^2 = k^2 L_1 L_2$ であるから，密結合 $k = 1$ の場合には $Z_1 = 0$ となる.

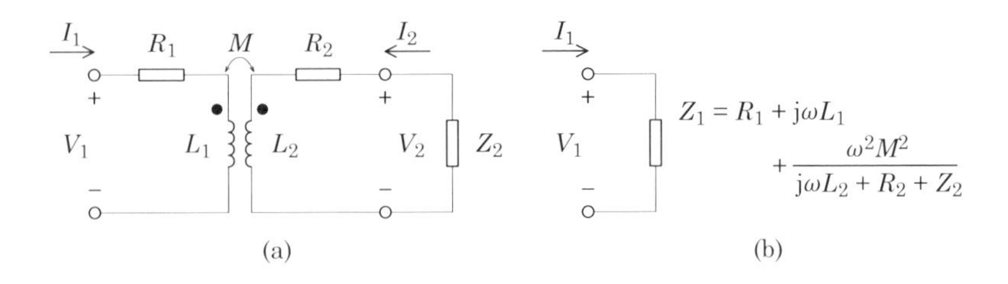

図 8-11 (a) コイルの抵抗成分を考慮したトランスと (b) そのトランス込みで負荷側を見たときの入力インピーダンス.

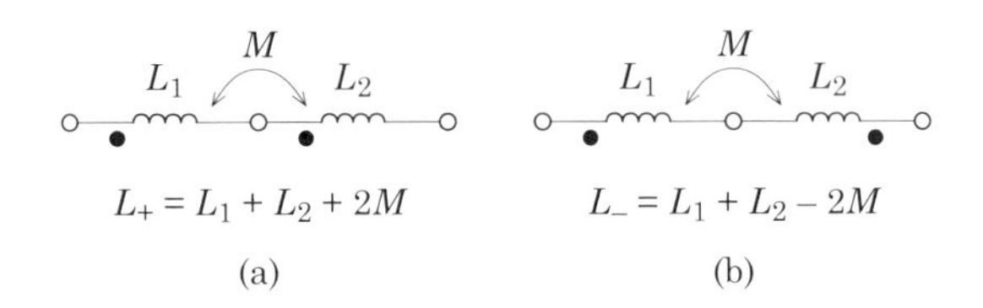

図 8-12 相互誘導のあるコイルを直列接続した回路の二つの例.

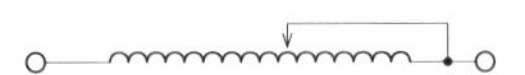

図 8-13 インダクタンスの一部を短絡することで可変する方式の可変インダクタンス.

また，より厳密にコイルの抵抗成分まで考慮すると，**図 8-11** に示すようになり，トランス込みの入力インピーダンスは以下のようになる.

$$Z_1 = R_1 + j\omega L_1 + \frac{\omega^2 M^2}{j\omega L_2 + R_2 + Z_2}. \tag{8-20}$$

8.10 可変コイル（可変インダクタンス）

抵抗に可変抵抗器があり，コンデンサに可変コンデンサがあるように，コイルにも可変コイルがある．その実現方法の一つとして，相互誘導のある二つのコイルを直列接続する方法がある．回路的には**図 8-12** のようになる．M の値を変えることができれば，合成された L_+ 又は L_- の値が可変できる．どのようにして M を可変するかは，**図 8-8** を見直すとピンとくると思

図 8-14　手軽に可変交流電圧を得るために用いられるスライダック（山菱電機株式会社製 S-130）．(写真提供：山菱電機株式会社)

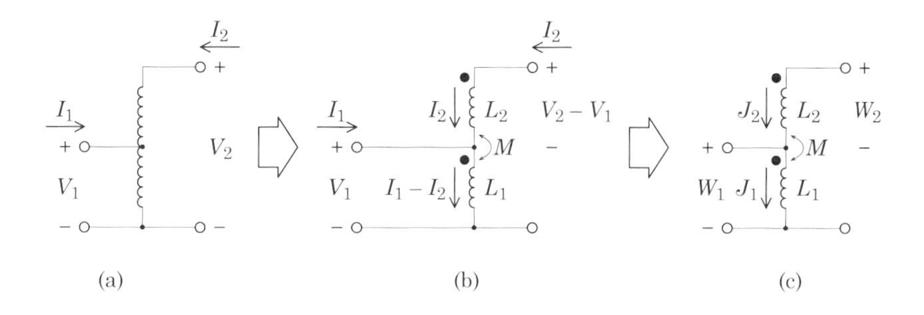

図 8-15　スライダックの回路.

う．二つのコイルを同軸で重ね合わせ，両者の重なり具合を調整すればよいのである．別のタイプの可変インダクタンスとして，コイルの一部を短絡する**図 8-13** のような方式もある．可変インダクタンスとしてはこちらの方がポピュラーであり，スライダックと呼ばれている．

8.11　スライダック

実験などで手軽に交流電圧を可変して出力したいときに用いるのがスライダックである．実物は**図 8-14** に示すようなものである．本節ではこのスライダックの基本式を導出しよう．

スライダックの回路を実体配線的に描けば，**図 8-15**(a) のようになっている．この等価回路は同図 (b) のようになる．

この回路からスライダックの基本式を導出するにあたって，これまでのト

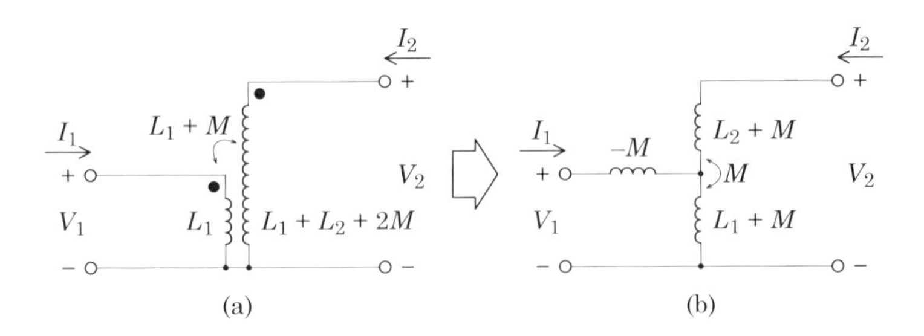

図 8-16 (a) スライダックの等価回路. (b) スライダックの T 字型等価回路.

ランスの基本回路の一次側と二次側の電圧と電流が，スライダックの一次側と二次側の電圧と電流とは一対一対応していないことに留意しなければならない．うまく一対一対応させるために，以下のような置き換えを行う．

$$W_1 = V_1, \tag{8-21}$$

$$W_2 = V_2 - V_1, \tag{8-22}$$

$$J_1 = I_1 - I_2, \tag{8-23}$$

$$J_2 = I_2. \tag{8-24}$$

こうすれば，スライダックの等価回路を**図 8-15**(c) のように見ることができる．これらのパラメータを使うと，既に学んだトランスの基本式を適用することができる．即ち，基本式を書き下せば次式のようになる．

$$W_1 = \mathrm{j}\omega L_1 J_1 + \mathrm{j}\omega M J_2, \tag{8-25}$$

$$W_2 = \mathrm{j}\omega L_2 J_2 + \mathrm{j}\omega M J_1. \tag{8-26}$$

上式で使われている変数を置き換え前の変数に直せば次式が得られる．

$$V_1 \quad = \mathrm{j}\omega L_1(I_1 + I_2) + \mathrm{j}\omega M I_2, \tag{8-27}$$

$$V_2 - V_1 = \mathrm{j}\omega L_2 I_2 + \mathrm{j}\omega M(I_1 + I_2). \tag{8-28}$$

これをトランスの基本式のように変形すれば，

$$V_1 = \mathrm{j}\omega L_1 I_1 + \mathrm{j}\omega(L_1 + M)I_2, \tag{8-29}$$

$$V_2 = \mathrm{j}\omega(L_1 + L_2 + 2M)I_2 + \mathrm{j}\omega(L_1 + M)I_1 \tag{8-30}$$

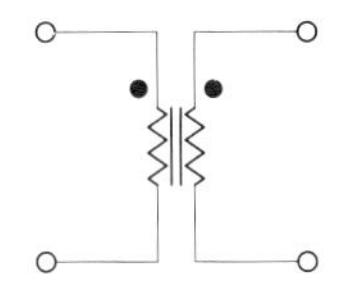

図 8-17　回路図上での理想トランスの表し方.

となる．この電圧と電流の関係式から等価回路を逆算すれば，**図 8-16**(a) のようになる．これを**図 8-9** で示したような T 字型の等価回路に直せば，**図 8-16**(b) のようになる．これは，**図 8-16**(a) と**図 8-9** とを比較すれば自ずとわかるであろう．

8.12　理想トランス

トランスは主として電圧の変換に用いられるが，コイルを利用しているために，どうしてもインダクタンス成分が存在する．理想トランスとは，インダクタンス成分を全くもたず，一次側と二次側の間に以下のようなトランスの基本的な関係だけをもつ仮想的な回路素子である．

$$V_2 = nV_1, \tag{8-31}$$

$$I_2 = -\frac{I_1}{n}. \tag{8-32}$$

ここで，n は一次側と二次側の巻数比 $n = N_2/N_1$ である．これまでのトランスの理論に基づくと，理想トランスとは巻数比 n を一定に保ちながら，L_1，L_2，M を無限大にしたものと解釈することができる（後述）．そのため，理想トランスは以下の性質をもつ．

- コイルは極めて大きいリアクタンス成分をもつ
- 結合係数は 1 である
- 一次側，二次側のコイルは損失無し（抵抗成分ゼロ）

理想トランスは仮想的なものであるが，実在するトランスを理想トランスと R，L，C の組み合わせで表すと便利な場合があるため，理想トランスという概念が利用される．回路図上では，理想トランスを**図 8-17** のように表す．

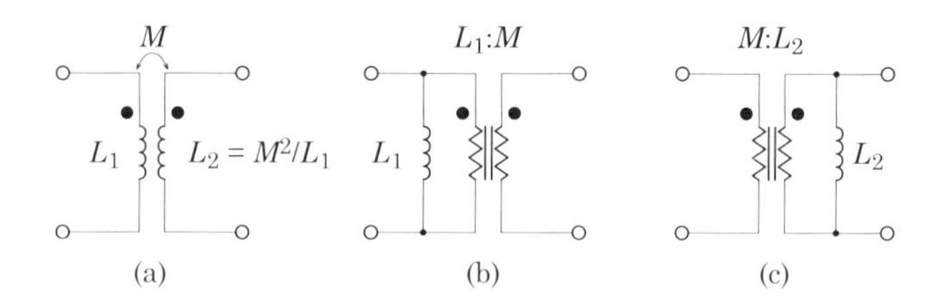

図 8-18 密結合トランス (a) の等価な二つの表し方．(b) 一次側のインダクタンス L_1 と巻数比 $L_1 : M$ の理想トランスで表したもの．(c) 二次側のインダクタンス L_2 と巻数比 $M : L_2$ の理想トランスで表したもの．

8.12.1 理想トランスの特徴

理想トランスは以下の特徴をもつ．

- **電力無消費**

$$V_1 I_1^* = \frac{V_2}{n} n I_2^* = V_2 I_2^* \tag{8-33}$$

即ち，電力は理想トランスを素通りする．

- **インピーダンス換算**

$$Z_1 = \frac{V_1}{I_1} = \frac{1}{n^2}\frac{V_2}{I_2} = \frac{1}{n^2} Z_2 \tag{8-34}$$

即ち，理想トランスは二次側のインピーダンスを定数倍する．また，二次側での短絡・開放の状態はそのまま一次側に現れる．

8.12.2 理想トランスを用いた等価回路

ここでは，理想トランスとその他の回路素子とを組み合わせて，実際のトランスを表した例を示す．**図 8-18** は密結合トランスを独立したインダクタンスと理想トランスで表したものである．通常のトランスに付随するインダクタンス成分を理想トランスの一次側で表現したものと，二次側で表現したものを例として示してある．

非密結合のトランスを理想トランスによって表現しようとすると，理想トランスを用いた表現に変換する前に，まず漏れインダクタンスの成分を独立

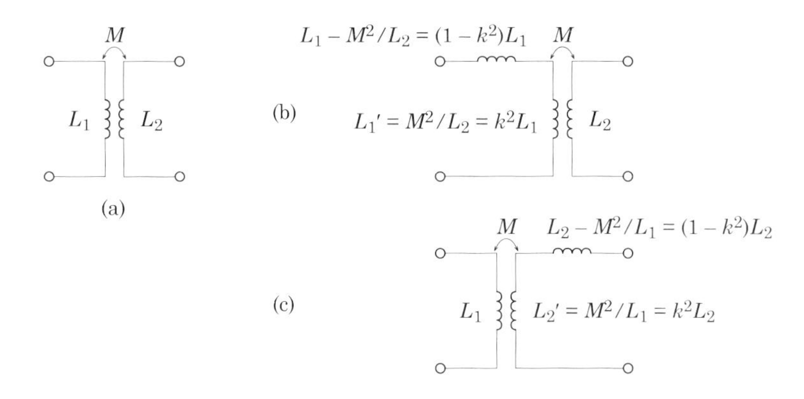

図 8-19 非密結合トランス (a) の等価な二つの表し方. (b) 一次側の漏れインダクタンスとトランスで表したもの. (c) 二次側の漏れインダクタンスとトランスで表したもの.

したコイルで表現しておく必要がある. **図 8-19** は, 非密結合トランスの漏れインダクタンス成分を独立したコイルで表現したものである. この場合も, この漏れインダクタンス成分を一次側で表現する方法と二次側で表現する方法の二通りがある. このように漏れインダクタンスを独立したコイルとして分離した後に, **図 8-20** に示すように, トランスの部分を理想トランスに変換する. この場合も, トランスの部分を理想トランスに変換する際に, コイルの成分を一次側で表現するのか, 二次側で表現するのかという二通りがあり, 更に漏れインダクタンスの成分も, 一次側で表現するのか, 二次側で表現するのかという二通りがある.

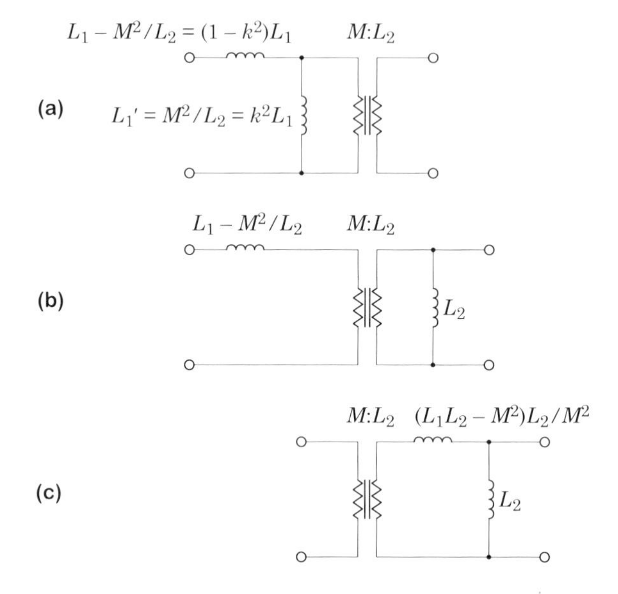

図 8-20 非密結合トランス（**図 8-19**）の理想トランスを用いた等価な表し方．(a) トランスのインダクタンス成分を一次側の並列コイルで表現し，それに対して漏れインダクタンスの成分を直列コイルで表現したもの．(b) 前者と同じであるが，トランスのインダクタンス成分のコイルを二次側で表現したもの．(c) 更に漏れインダクタンスの成分も二次側で表現したもの．

課題 ドット印の読み方の練習 (1a)

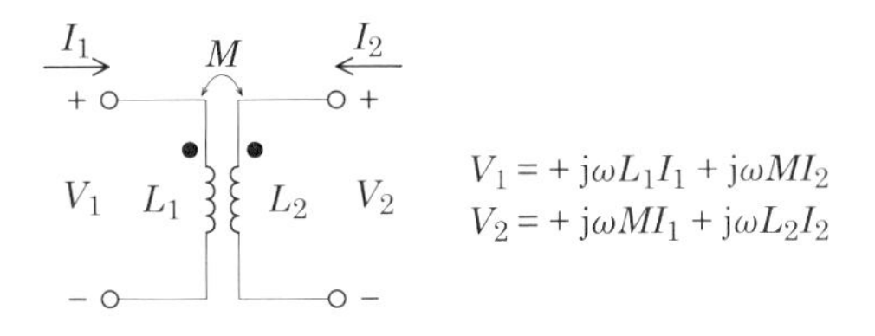

図 8-21 ドット印の読み方の練習 (1a).

略解 自己インダクタンス成分の符号については,「電圧の向きに対して電流の向きは?」を見る.

- 一次側:同 ⇒ $+\mathrm{j}\omega L_1 I_1$
- 二次側:同 ⇒ $+\mathrm{j}\omega L_2 I_2$

相互インダクタンス成分の符号については, ドットを見る.

- **一次側の式について**
  - 二次側ドットでは, 電流が「流入」
    ⇒ 一次側ドットは「正」
  - 一次側ドットの符号と一次側端子の電圧の向きは「同」
    ⇒ $+\mathrm{j}\omega M I_2$
  - したがって,
$$V_1 = +\mathrm{j}\omega L_1 I_1 + \mathrm{j}\omega M I_2$$
- **二次側の式について**
  - 一次側ドットでは, 電流が「流入」
    ⇒ 二次側ドットは「正」
  - 二次側ドットの符号と二次側端子の電圧の向きは「同」
    ⇒ $+\mathrm{j}\omega M I_1$
  - したがって,
$$V_2 = +\mathrm{j}\omega L_2 I_2 + \mathrm{j}\omega M I_1$$

課題 ドット印の読み方の練習 (1b)

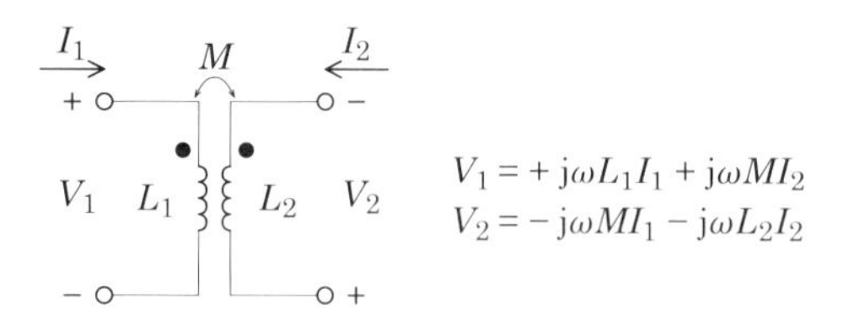

図 8-22 ドット印の読み方の練習 (1b).

略解 自己インダクタンス成分の符号については,「電圧の向きに対して電流の向きは？」を見る（注：二次側の電流と電圧の向きが不自然）.

- 一次側：同 ⇒ $+\mathrm{j}\omega L_1 I_1$
- 二次側：逆 ⇒ $-\mathrm{j}\omega L_2 I_2$

相互インダクタンス成分の符号については, ドットを見る.

- **一次側の式について**
  - 二次側ドットでは, 電流が「流入」
    ⇒ 一次側ドットは「正」
  - 一次側ドットの符号と一次側端子の電圧の向きは「同」
    ⇒ $+\mathrm{j}\omega M I_2$
  - したがって,
    $$V_1 = +\mathrm{j}\omega L_1 I_1 + \mathrm{j}\omega M I_2$$

- **二次側の式について**
  - 一次側ドットでは, 電流が「流入」
    ⇒ 二次側ドットは「正」
  - 二次側ドットの符号と二次側端子の電圧の向きは「逆」
    ⇒ $-\mathrm{j}\omega M I_1$
  - したがって,
    $$V_2 = -\mathrm{j}\omega L_2 I_2 - \mathrm{j}\omega M I_1$$

課題　ドット印の読み方の練習 (2a)

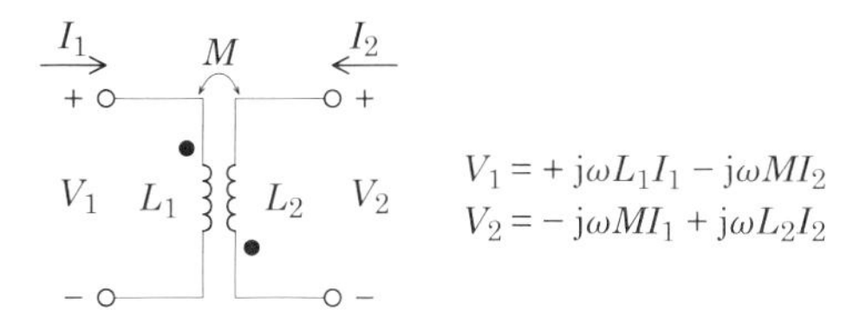

図 8-23　ドット印の読み方の練習 (2a).

略解　自己インダクタンス成分の符号については,「電圧の向きに対して電流の向きは？」を見る.

- 一次側：同 ⇒ $+\mathrm{j}\omega L_1 I_1$
- 二次側：同 ⇒ $+\mathrm{j}\omega L_2 I_2$

相互インダクタンス成分の符号については，ドットを見る.

- **一次側の式について**
  - 二次側ドットでは，電流が「流出」
    ⇒ 一次側ドットは「負」
  - 一次側ドットの符号と一次側端子の電圧の向きは「逆」
    ⇒ $-\mathrm{j}\omega M I_2$
  - したがって，
    $$V_1 = +\mathrm{j}\omega L_1 I_1 - \mathrm{j}\omega M I_2$$
- **二次側の式について**
  - 一次側ドットでは，電流が「流入」
    ⇒ 二次側ドットは「正」
  - 二次側ドットの符号と二次側端子の電圧の向きは「逆」
    ⇒ $-\mathrm{j}\omega M I_1$
  - したがって，
    $$V_2 = +\mathrm{j}\omega L_2 I_2 - \mathrm{j}\omega M I_1$$

課題　ドット印の読み方の練習 (2b)

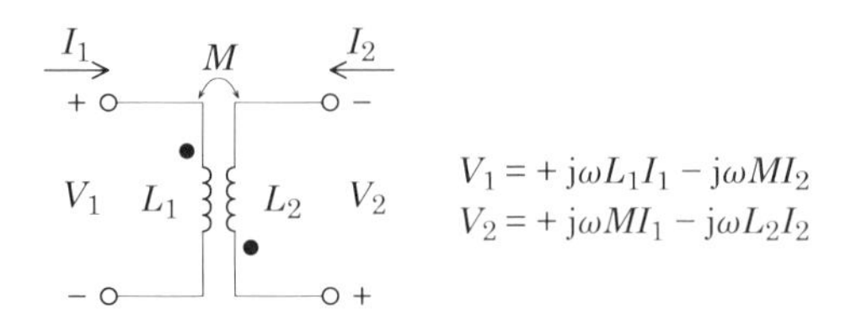

図 8-24　ドット印の読み方の練習 (2b).

略解　自己インダクタンス成分の符号については,「電圧の向きに対して電流の向きは？」を見る（注：二次側の電流と電圧の向きが不自然）.

- 一次側：同 $\Rightarrow$ $+\mathrm{j}\omega L_1 I_1$
- 二次側：逆 $\Rightarrow$ $-\mathrm{j}\omega L_2 I_2$

相互インダクタンス成分の符号については，ドットを見る.

- **一次側の式について**
  - 二次側ドットでは，電流が「流出」
    $\Rightarrow$ 一次側ドットは「負」
  - 一次側ドットの符号と一次側端子の電圧の向きは「逆」
    $\Rightarrow$ $-\mathrm{j}\omega M I_2$
  - したがって,

$$V_1 = +\mathrm{j}\omega L_1 I_1 - \mathrm{j}\omega M I_2$$

- **二次側の式について**
  - 一次側ドットでは，電流が「流入」
    $\Rightarrow$ 二次側ドットは「正」
  - 二次側ドットの符号と二次側端子の電圧の向きは「同」
    $\Rightarrow$ $+\mathrm{j}\omega M I_1$
  - したがって,

$$V_2 = -\mathrm{j}\omega L_2 I_2 + \mathrm{j}\omega M I_1$$

課題 ドット印の読み方の練習 (3a)

$$V_1 = +\mathrm{j}\omega L_1 I_1 - \mathrm{j}\omega M I_2$$
$$V_2 = +\mathrm{j}\omega M I_1 - \mathrm{j}\omega L_2 I_2$$

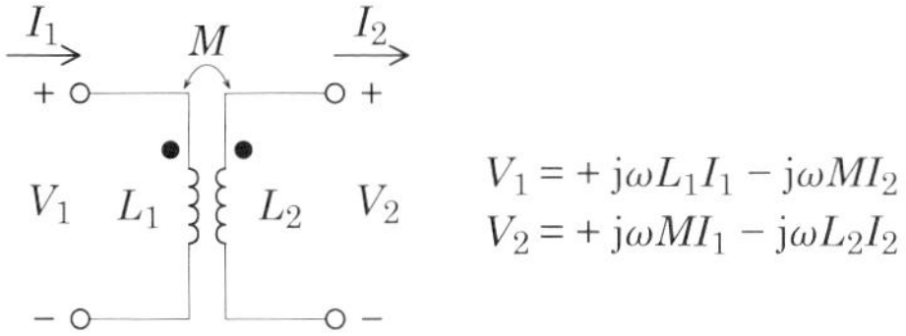

図 8-25 ドット印の読み方の練習 (3a).

略解 自己インダクタンス成分の符号については,「電圧の向きに対して電流の向きは?」を見る(注:二次側の電流と電圧の向きが不自然).

- 一次側:同 ⇒ $+\mathrm{j}\omega L_1 I_1$
- 二次側:逆 ⇒ $-\mathrm{j}\omega L_2 I_2$

相互インダクタンス成分の符号については,ドットを見る.

- **一次側の式について**
  - 二次側ドットでは,電流が「流出」
    ⇒ 一次側ドットは「負」
  - 一次側ドットの符号と一次側端子の電圧の向きは「逆」
    ⇒ $-\mathrm{j}\omega M I_2$
  - したがって,
$$V_1 = +\mathrm{j}\omega L_1 I_1 - \mathrm{j}\omega M I_2$$

- **二次側の式について**
  - 一次側ドットでは,電流が「流入」
    ⇒ 二次側ドットは「正」
  - 二次側ドットの符号と二次側端子の電圧の向きは「同」
    ⇒ $+\mathrm{j}\omega M I_1$
  - したがって,
$$V_2 = -\mathrm{j}\omega L_2 I_2 + \mathrm{j}\omega M I_1$$

課題　ドット印の読み方の練習 (3b)

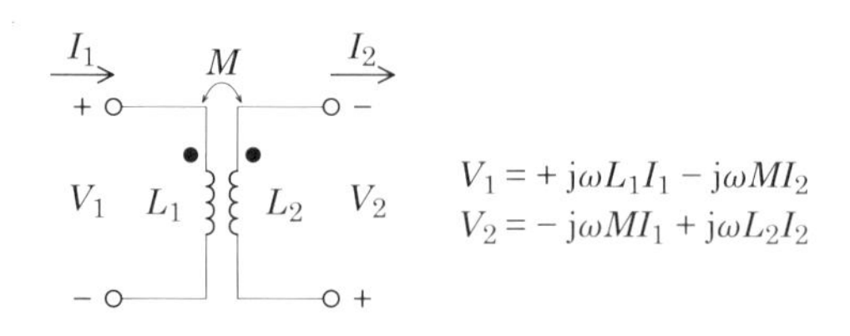

図 8-26　ドット印の読み方の練習 (3b).

略解　自己インダクタンス成分の符号については,「電圧の向きに対して電流の向きは？」を見る.

- 一次側 : 同 ⇒ $+\mathrm{j}\omega L_1 I_1$
- 二次側 : 同 ⇒ $+\mathrm{j}\omega L_2 I_2$

相互インダクタンス成分の符号については，ドットを見る.

- **一次側の式について**
  - 二次側ドットでは，電流が「流出」
    ⇒ 一次側ドットは「負」
  - 一次側ドットの符号と一次側端子の電圧の向きは「逆」
    ⇒ $-\mathrm{j}\omega M I_2$
  - したがって,
    $$V_1 = +\mathrm{j}\omega L_1 I_1 - \mathrm{j}\omega M I_2$$
- **二次側の式について**
  - 一次側ドットでは，電流が「流入」
    ⇒ 二次側ドットは「正」
  - 二次側ドットの符号と二次側端子の電圧の向きは「逆」
    ⇒ $-\mathrm{j}\omega M I_1$
  - したがって,
    $$V_2 = +\mathrm{j}\omega L_2 I_2 - \mathrm{j}\omega M I_1$$

課題　ドット印の読み方の練習 (4)

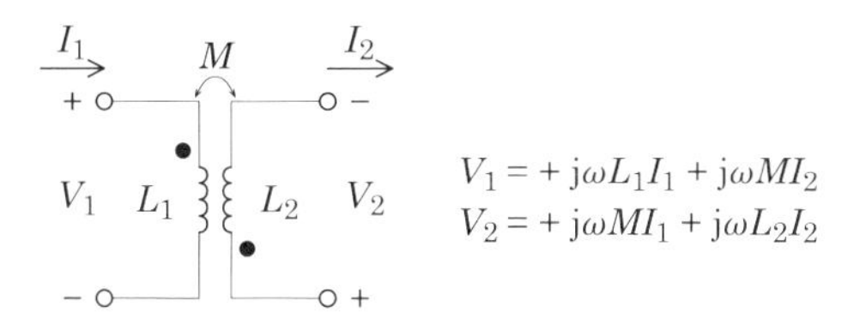

図 8-27　ドット印の読み方の練習 (4).

略解　自己インダクタンス成分の符号については,「電圧の向きに対して電流の向きは？」を見る.

- 一次側：同 ⇒ $+\mathrm{j}\omega L_1 I_1$
- 二次側：同 ⇒ $+\mathrm{j}\omega L_2 I_2$

相互インダクタンス成分の符号については，ドットを見る.

- **一次側の式について**
  - 二次側ドットでは，電流が「流入」
    ⇒ 一次側ドットは「正」
  - 一次側ドットの符号と一次側端子の電圧の向きは「同」
    ⇒ $+\mathrm{j}\omega M I_2$
  - したがって,
$$V_1 = +\mathrm{j}\omega L_1 I_1 + \mathrm{j}\omega M I_2$$

- **二次側の式について**
  - 一次側ドットでは，電流が「流入」
    ⇒ 二次側ドットは「正」
  - 二次側ドットの符号と二次側端子の電圧の向きは「同」
    ⇒ $+\mathrm{j}\omega M I_1$
  - したがって,
$$V_2 = +\mathrm{j}\omega L_2 I_2 + \mathrm{j}\omega M I_1$$

事前基盤知識確認事項

課題 1．相互誘導の復習（その 1）

図 8-28 に示した相互誘導回路において，同図に示したように電圧と電流の正の向きを設定する．一次側に図のような正弦波が入力されたとき，二次側の端子間電圧 v_2 を表す式が同図中の式のようになることを示せ．また，v_2 の自己誘導成分と相互誘導成分の波形が同図中に描かれたような波形となることを示せ．

略解

自己誘導成分

自己誘導成分は，単独のコイルと同様に扱えばよい．したがって，$L_2 \mathrm{d}i_2/\mathrm{d}t$ となる．これは，コイルの巻き方，一次側，二次側によらず同様である．ただし，電圧と電流の正の向きとして，受動素子にとって逆の向きとなるような設定をしている場合には，$-L_k \mathrm{d}i_k/\mathrm{d}t$ となる $(k = 1, 2)$.

相互誘導成分

二次側の相互誘導の電圧成分を考える場合には，一次側に設定した電流の向きと，二次側に設定した電圧の向きが関与してくる．また，相互誘導成分は以下のように「誘導起電力」の概念に立ち戻って扱わなければならない．

1. 一次側電流が正方向に増える $(\mathrm{d}i_1/\mathrm{d}t > 0)$
2. 親指ルールにより，一次側の磁束密度が緑矢印の方向に増える

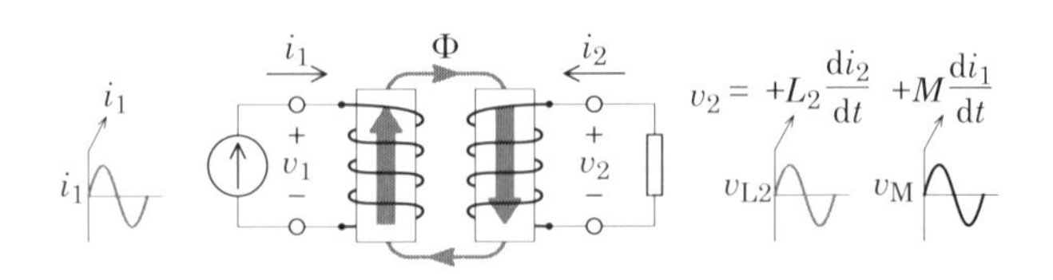

図 8-28 相互誘導の基本式の導出（その 1）．

3. 二次側にもそれが伝わる
4. 相互誘導により二次側に誘導起電力が発生する．
5. その起電力を表す式は，$\pm M \mathrm{d}i_1/\mathrm{d}t$ どちらかである．
6. 符号の正負は，以下の二つで決まる．
   - 電磁誘導の原理 (誘導された二次側の磁束密度の増加を抑制しようとする)
   - 二次側端子のどちらが高電位のときに $v_2 > 0$ と設定したか
7. 電磁誘導の原理によると，この場合，誘導起電力の向きは，二次側の緑矢印の方向の磁束密度の増加を打ち消すような，すなわち，上向きの磁束密度を増やす電流を流すような起電力である．
8. 親指ルールから，その起電力は，コイルの下から上に電流を流すような起電力である．
9. すなわち，電池の正極が上，負極が下，という起電力である．
10. v_2 の向きの設定として，上端子が高電位，下端子が低電位のときに $v_2 > 0$ としているので，現れる起電力の向きと合致している．したがって，この起電力を v_2 の成分として表したときの式は，正の符号を用いた $+M \mathrm{d}i_1/\mathrm{d}t$ となる．

課題 2．相互誘導の復習（その 2）

図 8-29 に示した相互誘導回路において，同図に示したように電圧と電流の正の向きを設定する．一次側に図のような正弦波が入力されたとき，二次側の端子間電圧 v_2 を表す式が同図中の式のようになることを示せ．また，v_2 の自己誘導成分と相互誘導成分の波形が同図中に描かれたような波形となることを示せ．

略解

自己誘導成分

先ほどと同様なので省略．

相互誘導成分

上の問題と全く同じ論理で考えればよいが，二次側のコイルの巻き方が異なる点に注意されたし．

1. 一次側電流が正方向に増える $(\mathrm{d}i_1/\mathrm{d}t > 0)$
2. 親指ルールにより，一次側の磁束密度が緑矢印の方向に増える
3. 二次側にもそれが伝わる
4. 相互誘導により二次側に誘導起電力が発生する．
5. その起電力を表す式は，$\pm M\mathrm{d}i_1/\mathrm{d}t$ どちらかである．
6. 符号の正負は，以下の二つで決まる．
   - 電磁誘導の原理 (誘導された二次側の磁束密度の増加を抑制しようとする)
   - 二次側端子のどちらが高電位のときに $v_2 > 0$ と設定したか
7. 電磁誘導の原理によると，この場合，誘導起電力の向きは，二次側の緑矢印の方向の磁束密度の増加を打ち消すような，すなわち，上向きの磁束密度を増やす電流を流すような起電力である．
8. 親指ルールから，その起電力は，コイルの 上から下に 電流を流すような起電力である．
9. すなわち，電池の正極が下，負極が上，という起電力である．
10. v_2 の向きの設定として，上端子が高電位，下端子が低電位のときに $v_2 > 0$ としているので，現れる起電力の向きとは逆である．したがって，この起電力を v_2 の成分として表したときの式は，負の符号を用いた $-M\mathrm{d}i_1/\mathrm{d}t$ となる．

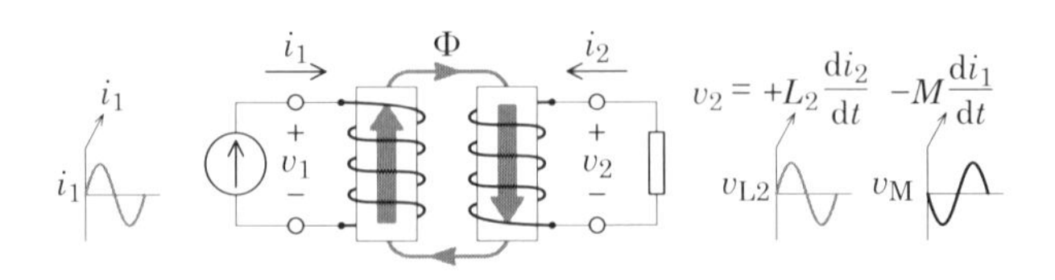

図 8-29　相互誘導の基本式の導出（その 2）．

事後学習内容確認事項

課題 1. トランスの基本式

図 8-30 のフェーザ電圧 V_1, V_2, フェーザ電流 I_1, I_2 を用いて, 破線で囲まれたトランスの基本式を書け.

略解 電圧と電流の向き, 及びドットの位置によく注意してトランスの基本式を書くと, 次式のようになる.

$$V_1 = \mathrm{j}8I_1 - \mathrm{j}I_2, \tag{8-35}$$

$$V_2 = \mathrm{j}5I_2 - \mathrm{j}I_1. \tag{8-36}$$

課題 2. トランスを含む回路の計算

図 8-30 のように電源と抵抗が接続されているときの V_1, V_2, I_1, I_2 をフェーザ形式で求めよ. 有効数字は 3 桁とする.

略解 式 (8-35) と式 (8-36) に加えて, 電源側（図ではトランスの左側）と負荷側（図ではトランスの右側）にてそれぞれ次式が成り立つ. 方程式が四つできるので, これらを解くことにより四つの未知数を決定できる.

$$\mathrm{j}6 - V_1 = 4I_1, \tag{8-37}$$

$$V_2 = 10(-I_2). \tag{8-38}$$

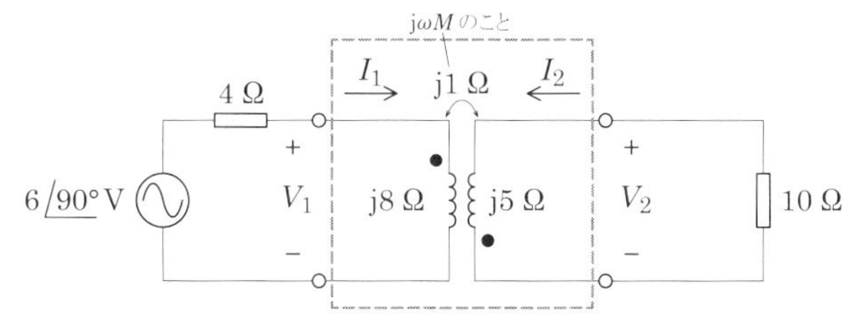

図 8-30 トランスの基本式に関する問題の図.

式 (8-37) を式 (8-35) に用いて V_1 を消去し，式 (8-38) を式 (8-36) に用いて V_2 を消去すると，

$$\mathrm{j}6 = (4 + \mathrm{j}8)I_1 - \mathrm{j}I_2, \tag{8-39}$$

$$0 = -\mathrm{j}I_1 + (10 + \mathrm{j}5)I_2. \tag{8-40}$$

式 (8-40) より，

$$I_1 = \frac{(10 + \mathrm{j}5)}{\mathrm{j}} I_2 = (5 - \mathrm{j}10)I_2. \tag{8-41}$$

この式 (8-41) を式 (8-39) に代入して，

$$\mathrm{j}6 = (4 + \mathrm{j}8)(5 - \mathrm{j}10)I_2 - \mathrm{j}I_2 = (100 - \mathrm{j})I_2 \approx 100I_2.$$

ここで，大きさが 1 の j は 100 に対して無視できるとした.[*9] これより，

$$I_2 = \frac{\mathrm{j}6}{100} = \mathrm{j}0.06 = (0.0600\angle 90^\circ)\ \mathrm{A}, \quad もしくは\ (60.0\angle 90^\circ)\ \mathrm{mA}.$$

また，式 (8-41) より，

$$\begin{aligned} I_1 &= (5 - \mathrm{j}10) \times \mathrm{j}0.06 = 0.6 + \mathrm{j}0.3 = 0.6708\angle 26.57^\circ \\ &= (0.671\angle 26.6^\circ)\ \mathrm{A}, \quad もしくは\ (671\angle 26.6^\circ)\ \mathrm{mA}. \end{aligned}$$

出力電圧 V_2 は

$$V_2 = -10I_2 = -\mathrm{j}0.6 = (0.600\angle - 90.0^\circ)\ \mathrm{V}.$$

V_1 は，式 (8-37) より，

$$\begin{aligned} V_1 &= \mathrm{j}6 - 4I_1 = \mathrm{j}6 - 4 \times (0.6 + \mathrm{j}0.3) = -2.4 + \mathrm{j}4.8 \\ &= 5.366\angle 116.5^\circ = (5.37\angle 117^\circ)\ \mathrm{V}. \end{aligned}$$

[*9] どんなときに「無視できる」のかについては，触れいている書き物はあまり無いように思う．一つの判定基準として，$A + B$ なる計算をするときに B の大きさが A に対して 1/100 以下であれば，$A + B = A$ としても差し支え無いと思ってよいだろう．

第9章 回路の方程式

本章では，いくつもの回路素子で構成された複雑な電気回路の任意の閉路に流れる電流や，任意の節点の電位を求めるための以下の二つの理論を紹介する．

- 閉路電流法
- 節点電位法

この方法の中で，以下に示す電気回路の二大法則を使う．

- キルヒホッフの電流の法則（第1法則）
- キルヒホッフの電圧の法則（第2法則）

9.1 回路のグラフ

電気回路は，回路素子の存在を無視すると，**図 9-1** に示すように，節点（node）と枝（branch）によって構成されている．通常，そこには閉路（loop）構造が形成される（状況にもよる）．このような概念的な構造体をグ

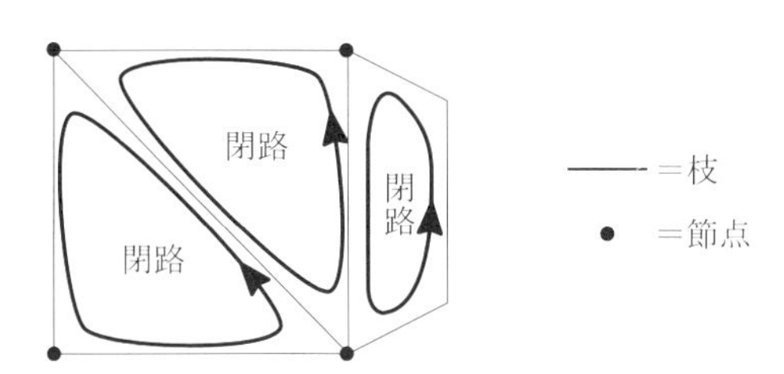

図 9-1 回路のグラフと，節点，枝，閉路．

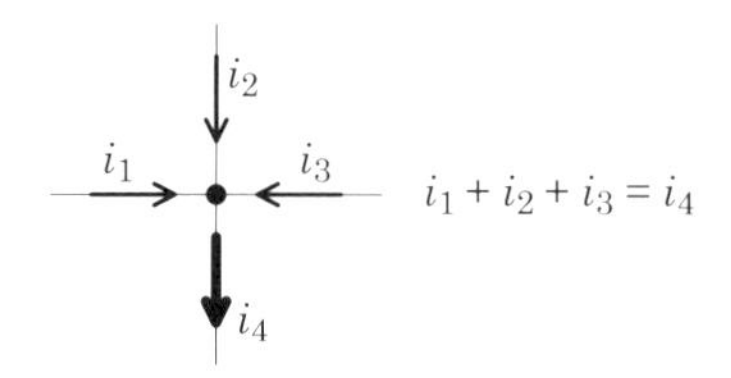

図 9-2 キルヒホッフの電流の法則（第 1 法則）. Kirchhoff's current law (KCL).

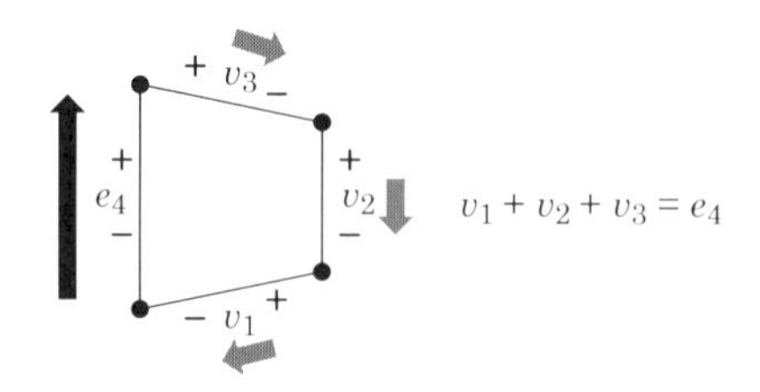

図 9-3 キルヒホッフの電圧の法則（第 2 法則）. Kirchhoff's voltage law (KVL).

ラフ（graph）という．これから説明する電気回路の閉路電流法や節点電位法はこのグラフの理論に基づいているが，グラフ理論そのものは電気回路学というよりは純粋数学であるので，詳細は割愛する．

9.2 キルヒホッフの法則

キルヒホッフの法則とは以下の二つの法則である．

- 電流の法則（第 1 法則）（Kirchhoff's current law, KCL）
  節点に流入する電流の和はそこから流出する電流の和と等しい.
- 電圧の法則（第 2 法則）（Kirchhoff's current law, KVL）
  閉路上の起電力の和は電圧降下の和と等しい.

これから述べる二種類の回路方程式の立て方は，すべて上記の二つの法則に基づいている．

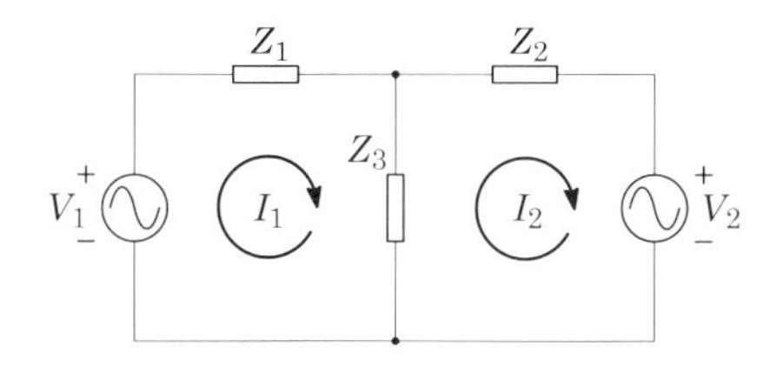

図 9-4 閉路電流法の例題回路.

9.3 閉路電流法

閉路電流法とは，以下のような理屈と手順により，複雑な回路の中の各閉路の電流を求める方法である.

- 各閉路の電流が求めるべき未知数となる
- 各閉路で KVL の式を作る
- 閉路の数だけ連立 KVL 方程式ができる
- 方程式の数と未知数の数が同じであるから，この連立方程式を解けば未知数であった各閉路の電流が求められる

以下では，**図 9-4** に示すような具体的な回路への閉路電流法の適用例を示す.

9.3.1 閉路電流を割り振る

まず，閉路を同図のように決め，各閉路に閉路電流を割り振る（閉路電流の添え字が閉路の番号としている）．ここでは，閉路 1 に I_1 が流れ，閉路 2 に I_2 が流れる，としている．なお，閉路を流れる電流の正の向きを図中の矢印のようにあらかじめ決めておく必要がある．このように矢印を描いた場合，この閉路内の電位の高低については，矢印の根元の方の方が高電位で，矢印の先の方が低電位としていることになる.

次に，閉路内に電圧源（起電力）がある場合には，その起電力を表す変数 V が正（$V > 0$）のときに電源端子のどちらが高電位なのかを決めておく必要がある（場合によっては，あらかじめ指定されているかもしれない）．図

中では，+ と − の印にて，− 印側よりも + 印側が高電位のときに正であるとしている.[*1]

9.3.2 各閉路で KVL

KVL は「閉路なら電圧は上がった分だけ下がる」という理屈であるから，各閉路内に存在する起電力の部分と電圧降下の部分について，それぞれの和を取る.

閉路 1

- **起電力（電圧上昇）の和**

  『 V_1 』
- **電圧降下の和**

  『 $Z_1 I_1 + Z_3(I_1 - I_2)$ 』
  - Z_3 における電圧降下は，注目している閉路 1 の電流 I_1 だけではなく，隣り合う閉路 2 の電流も関与していることに留意すべし．その際，閉路 2 と閉路 1 の電流の向きにも注意すべし.

閉路 2

- **起電力 (電圧上昇) の和**

  『 $-V_2$ 』
  - 閉路電流の向きと「起電力」の向きに注意すべし (脚注参照).
- **電圧降下の和**

  『 $Z_2 I_2 + Z_3(I_2 - I_1)$ 』
  - 閉路 2 と閉路 1 の電流の向きにも注意すべし.

ここで,「上昇分＝降下分」という KVL 方程式を立てれば，各閉路について以下の式が得られる.

$$\begin{aligned} V_1 &= Z_1\, I_1 + Z_3\,(I_1 - I_2), \\ -V_2 &= Z_3\,(I_2 - I_1) + Z_2\, I_2. \end{aligned}$$

[*1] 「電圧降下」と「起電力」では，その電圧を表す変数が正（> 0）のときに，そこを流れる電流が正（> 0）となる向きが異なるということに留意のこと．付録 A 参照.

得られた式の右辺を各閉路電流についてまとめる.

$$\begin{aligned} V_1 &= (Z_1+Z_3)\,I_1 + (-Z_3)\,I_2, \\ -V_2 &= (-Z_3)\,I_1 + (Z_2+Z_3)\,I_2. \end{aligned}$$

この方程式を行列とベクトルの式にする.

$$\begin{bmatrix} V_1 \\ -V_2 \end{bmatrix} = \begin{bmatrix} Z_1+Z_3 & -Z_3 \\ -Z_3 & Z_2+Z_3 \end{bmatrix} \begin{bmatrix} I_1 \\ I_2 \end{bmatrix}.$$

この式から $[I_1, I_2]$ を算出することで各閉路の電流を求めることができる.上式から,

$$\begin{bmatrix} I_1 \\ I_2 \end{bmatrix} = \begin{bmatrix} *** \\ *** \end{bmatrix}.$$

の形に変形する方法は線形代数の本に詳しく書かれているので,そちらを参考にしてほしい.

9.4 節点電位法

節点電位法とは,以下のような理屈と手順により複雑な回路の中の各節点の電位を求める方法である.

- 各節点の電位が求めるべき未知数となる
- 各節点で KCL の式を作る
- 節点の数だけ連立 KCL 方程式ができる
- 方程式の数と未知数の数が同じであるから,この連立方程式を解けば未知数であった各節点の電位が求められる

以下では,**図 9-4** に示す具体的な回路への閉路電流法の適用例を示す.

9.4.1 節点電位を割り振る

まず,どれか一つの節点を接地電位(0 V)とする.次に,残りの各節点に節点電位を割り振る.[*2]

[*2] 節点電位の添え字を節点番号としている.

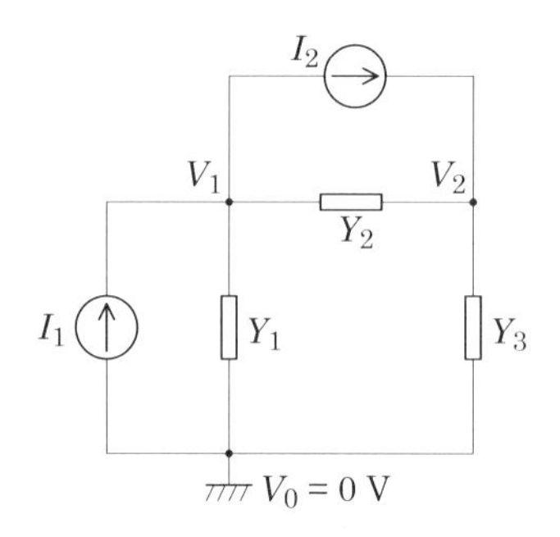

I_2
V_1
V_2
Y_2
I_1
Y_1
Y_3
$V_0 = 0$ V

図 9-5　節点電位法の例題回路.

V_a
+
I_{ab}
$V_{ab} = V_a - V_b$
−
V_b
$I_{ab} = YV_{ab}$
or
$I_{ab} = \frac{V_{ab}}{Z}$

図 9-6　節点 a からアドミタンス Y を通って b に流出する電流と各節点の電位の関係.

9.4.2　各節点で KCL，の前に

KCL は「入った分だけ出て行く（節点に溜まらない）」という理屈であるから，各節点で電流が流入している分の和と，流出している分の和が等しいという等式を作る.

ここで，電流が流入している分とは，電流源がその節点につながっている場合である．その電流源の電流の向きがその節点に対して流出になっている場合には，符号が反対の電流が流入しているとする．すなわち，流入分を表す式の中では，その電流変数の前にマイナス符号をつける．したがって,「電流が流入している分」という表現は厳密には正しくなく,「その節点の電位とは関係無く，電流の出し入れが強制的に行われている成分」というのが正しい表現である（かなりくどい言い方だが）.

一方，電流が流出している分とは，注目している節点から隣の節点へ，そ

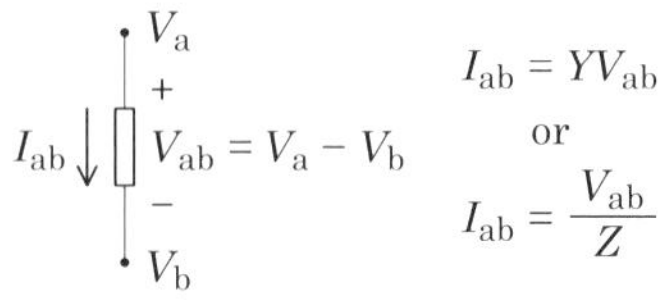

の二点間の電圧降下によって，アドミタンスを通って流れ出る電流である.[*3]
例えば，**図 9-6** に示すように，注目している節点を a（その電位を V_{a}），流出先の節点を b（その電位を V_{b}）とし，a から b に流れ出る電流を I_{ab} とする．このとき，節点 a から節点 b への電圧降下 V_{ab} は $V_{\mathrm{a}} - V_{\mathrm{b}}$ となる．節点 ab の間にあるアドミタンスが Y（インピーダンスなら $Z = 1/Y$）であれば，オームの法則により，節点 a から流れ出る電流は，

$$I_{\mathrm{ab}} = YV_{\mathrm{ab}} = Y(V_{\mathrm{a}} - V_{\mathrm{b}})$$

となる．これをインピーダンスで考えるならば，

$$I_{\mathrm{ab}} = \frac{V_{\mathrm{ab}}}{Z} = \frac{V_{\mathrm{a}} - V_{\mathrm{b}}}{Z}$$

となる．

9.4.3 各節点で KCL

以下では，**図 9-5** に示した回路の各節点に対して，上記のような手順に従い，電流流入と電流流出の成分の書き下し作業を具体的に行う．なお，節点電位法で，ある節点周りの電流の流入と流出を考えるときは，**図 9-7**(a) や**図 9-8**(a) に示すように,「注目する節点の隣まで」だけを考えればよい．極端に言えば，**図 9-7** (b) や**図 9-8** (b) のように考えればよい．

節点 1 (**図 9-7** を参照)

- **電流流入の和＝①＋②**
  『 $I_1 + (-I_2)$ 』
  - I_2 は流入する向きとは逆の電流源なので，マイナス符号を付けている．
- **電流流出の和＝③＋④**
  『 $Y_1(V_1 - V_0) + Y_2(V_1 - V_2)$ 』
  - ③の成分をわざわざ $Y_1(V_1 - V_0)$ と書いているが，$V_0 = 0$ であるあから，慣れてきたらいきなり Y_1V_1 と書いたらよい．

[*3] 逆数で考えるなら「インピーダンスを通って」でもよい．

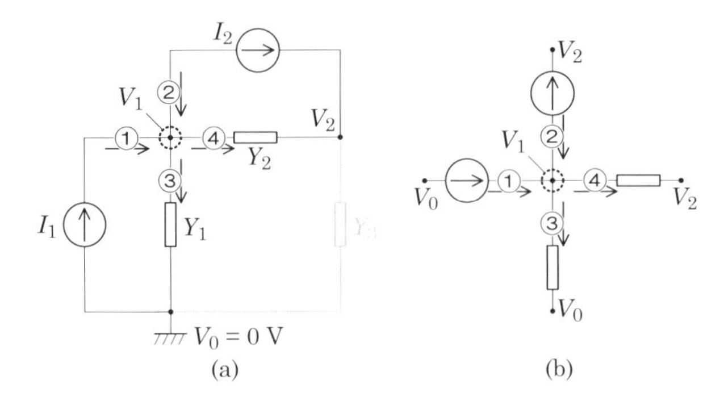

図 9-7　節点電位法例題回路（**図 9-5**）の節点 1 の周りだけを考えているときの頭の中の描像.

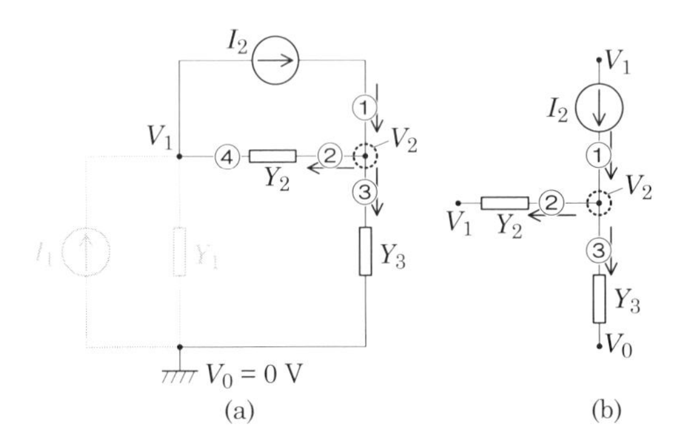

図 9-8　節点電位法例題回路（**図 9-5**）の節点 2 の周りだけを考えているときの頭の中の描像.

節点 2　(**図 9-8** を参照)

- **電流流入の和**＝①

  『 I_2 』

- **電流流出の和**＝②＋③

  『 $Y_2(V_2 - V_1)$ ＋ $Y_3(V_2 - V_0)$ 』

ここで,「流入分＝流出分」という KCL 方程式を立てれば，各閉路について以下の式が得られる．

$$\begin{array}{rcll} I_1 - I_2 &=& Y_1\,V_1 & +\; Y_2\,(V_1 - V_2), \\ I_2 &=& Y_2\,(V_2 - V_1) & +\; Y_3\,V_2. \end{array}$$

得られた式の右辺を各節点電位についてまとめる．

$$\begin{array}{rcrcr} I_1 - I_2 &=& (Y_1 + Y_2)\,V_1 &+& (-Y_2)\,V_2, \\ I_2 &=& (-Y_2)\,V_1 &+& (Y_1 + Y_2)\,V_2. \end{array}$$

この方程式を行列とベクトルの式にする．

$$\begin{bmatrix} I_1 - I_2 \\ I_2 \end{bmatrix} = \begin{bmatrix} Y_1 + Y_2 & -Y_2 \\ -Y_2 & Y_1 + Y_3 \end{bmatrix} \begin{bmatrix} V_1 \\ V_2 \end{bmatrix}.$$

この式から $[V_1, V_2]$ を算出することで各閉路の電流を求めることができる．上式から，

$$\begin{bmatrix} V_1 \\ V_2 \end{bmatrix} = \begin{bmatrix} *** \\ *** \end{bmatrix}.$$

の形に変形する方法は線形代数の本に詳しく書かれているので，そちらを参考にしてほしい．

9.5　閉路電流法の例題

図 9-9 の各閉路を流れる電流をフェーザ形式で表したものを I_1，I_2 とする．閉路電流法を用いて I_1，I_2 を求めよ．なお，解答するときのフェーザ形式の表記法としては，直交座標系でも，極座標形でもどちらでもよい．有効数字は 3 桁とする．

略解　閉路方程式は以下のようになる．

$$\begin{aligned} 40\angle 0^\circ &= \mathrm{j}10 I_1 + (-\mathrm{j}20)(I_1 - I_2), \\ -50\angle 0^\circ &= 40 I_2 + (-\mathrm{j}20)(I_2 - I_1). \end{aligned}$$

I_1，I_2 についてまとめると，以下のようになる．

$$\begin{aligned} 40 &= -\mathrm{j}10 I_1 + \mathrm{j}20 I_2, \\ -50 &= \mathrm{j}20 I_1 + (40 - \mathrm{j}20) I_2. \end{aligned}$$

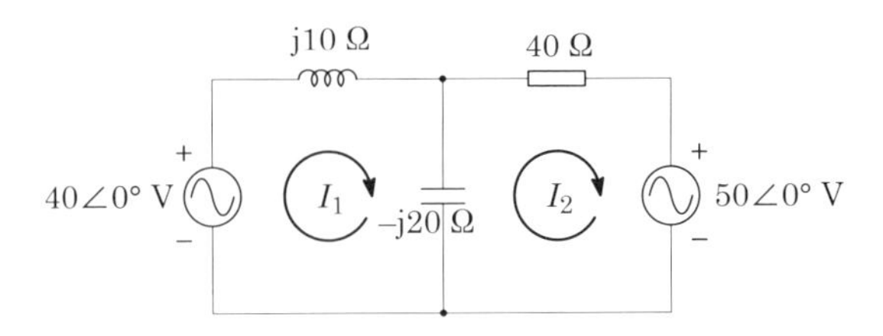

図 9-9 閉路電流法に関する問題の図.

数値を簡単化すると，以下のようになる.

$$\begin{aligned} 4 &= -\mathrm{j}I_1 + \mathrm{j}2I_2, \\ -5 &= \mathrm{j}2I_1 + (4 - \mathrm{j}2)I_2. \end{aligned}$$

これを行列形式で書けば，以下のようになる.

$$\begin{bmatrix} 4 \\ -5 \end{bmatrix} = \begin{bmatrix} -\mathrm{j} & \mathrm{j}2 \\ \mathrm{j}2 & 4 - \mathrm{j}2 \end{bmatrix} \begin{bmatrix} I_1 \\ I_2 \end{bmatrix}.$$

したがって，求めるべき $[I_1, I_2]$ は，次式で得られる.

$$\begin{bmatrix} I_1 \\ I_2 \end{bmatrix} = \begin{bmatrix} -\mathrm{j} & \mathrm{j}2 \\ \mathrm{j}2 & 4 - \mathrm{j}2 \end{bmatrix}^{-1} \begin{bmatrix} 4 \\ -5 \end{bmatrix}.$$

余因子を用いた計算をするために，行列式と余因子を求めておく.

$$\begin{aligned} \Delta &= \begin{vmatrix} -\mathrm{j} & \mathrm{j}2 \\ \mathrm{j}2 & 4 - \mathrm{j}2 \end{vmatrix} = 2 - \mathrm{j}4 = 4.472\angle - 63.43^\circ, \\ \Delta_1 &= \begin{vmatrix} 4 & \mathrm{j}2 \\ -5 & 4 - \mathrm{j}2 \end{vmatrix} = 16 + \mathrm{j}2 = 16.12\angle 7.125^\circ, \\ \Delta_2 &= \begin{vmatrix} -\mathrm{j} & 4 \\ \mathrm{j}2 & -5 \end{vmatrix} = -\mathrm{j}3 = 3\angle - 90^\circ. \end{aligned}$$

以上より，

$$\begin{aligned} I_1 &= \frac{\Delta_1}{\Delta} = \frac{16.12\angle 7.125^\circ}{4.472\angle - 63.43^\circ} = 3.605\angle 70.56^\circ, \\ I_2 &= \frac{\Delta_2}{\Delta} = \frac{3\angle - 90^\circ}{4.472\angle - 63.43^\circ} = 0.6708\angle - 26.57^\circ. \end{aligned}$$

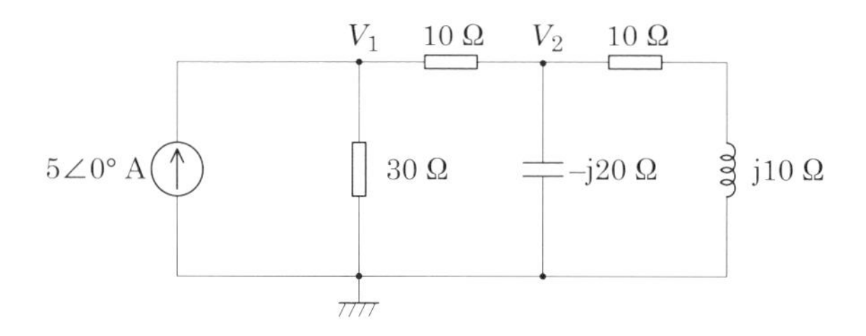

図 9-10 節点電位法に関する問題の図.

したがって，求めるべき I_1，I_2 は，

$$I_1 = (3.61\angle 70.6^\circ)\ \mathrm{A},$$
$$I_2 = (0.671\angle -26.6^\circ)\ \mathrm{A}$$

となる.

9.6 節点電位法の例題

図 9-10 の節点 1 と節点 2 の電位を V_1，V_2 とする．節点電位法を用いて V_1，V_2 を求めよ．なお，解答するときのフェーザ形式の表記法としては直交座標系でも，極座標形でもどちらでもよい．有効数字は 3 桁とする.

略解 節点方程式をつくると以下のようになる.

$$5 = \frac{V_1 - 0}{30} + \frac{V_1 - V_2}{10},$$
$$0 = \frac{V_2 - V_1}{10} + \frac{V_2 - 0}{-\mathrm{j}20} + \frac{V_2 - 0}{10 + \mathrm{j}10}.$$

これを整理すると，以下のようになる.

$$150 = 4V_1 - 3V_2,$$
$$0 = -2V_1 + 3V_2.$$

これは，行列計算などをしなくても簡単に解けて，

$$V_1 = 75.0\ \mathrm{V}, \qquad V_2 = 50.0\ \mathrm{V} \tag{9-1}$$

となる.

事前基盤知識確認事項

課題 1. キルヒホッフの電流の法則

キルヒホッフの電流の法則とは.

略解 「一つの節点に流入する電流の和は，そこから流出する電流の和と等しい」である．要するに,「入った分だけ出て行く」「そこに溜まらない」という理屈である.

課題 2. キルヒホッフの電圧の法則

キルヒホッフの電圧の法則とは.

略解 「一つの閉路上の起電力の和は，電圧降下の和と等しい」である．要するに，ループを構成していれば，そのループ上に電位の高低があっても，一周すればもとの電位と同じところに戻る，という理屈である.

課題 3. 方程式の解

連立方程式が解ける条件を述べよ.

略解 未知数と同じ個数の独立した方程式があること.

課題 4. 余因子展開

本章では，行列式の計算を多用する．クラメルの公式でもよいが，3×3 だけにしか通用しない．どのような行列でも対応できる余因子展開の学習をきちっとしているかどうかを確認する．以下の行列 M の行列式 $|M|$ を余因子展開法によって計算せよ.

$$M = \begin{bmatrix} 2 & 0 & 1 & 0 \\ 0 & 1 & 0 & 1 \\ 3 & 0 & 1 & 0 \\ 0 & 1 & 0 & 1 \end{bmatrix}$$

略解

$$
\begin{aligned}
|M| &= 2\begin{vmatrix} 1 & 0 & 1 \\ 0 & 1 & 0 \\ 1 & 0 & 1 \end{vmatrix} + 3\begin{vmatrix} 0 & 1 & 0 \\ 1 & 0 & 1 \\ 1 & 0 & 1 \end{vmatrix} \\
&= 2\left\{\begin{vmatrix} 1 & 0 \\ 0 & 1 \end{vmatrix} + \begin{vmatrix} 0 & 1 \\ 1 & 0 \end{vmatrix}\right\} + 3\left\{-\begin{vmatrix} 1 & 0 \\ 0 & 1 \end{vmatrix} + \begin{vmatrix} 1 & 0 \\ 0 & 1 \end{vmatrix}\right\} \\
&= 2\{1 + (-1)\} + 3\{(-1) + 1\} \\
&= 0
\end{aligned}
$$

事後学習内容確認事項

課題　1．閉路電流法

図 9-11 の各閉路に流れる閉路電流をフェーザ形式で表したものを I_1，I_2，I_3 とする．閉路電流法を用いて I_1，I_2，I_3 の値を求めよ．なお，解答するときのフェーザ形式の表記法としては，直交座標系でも，極座標形でもどちらでもよい．有効数字は 3 桁とする．

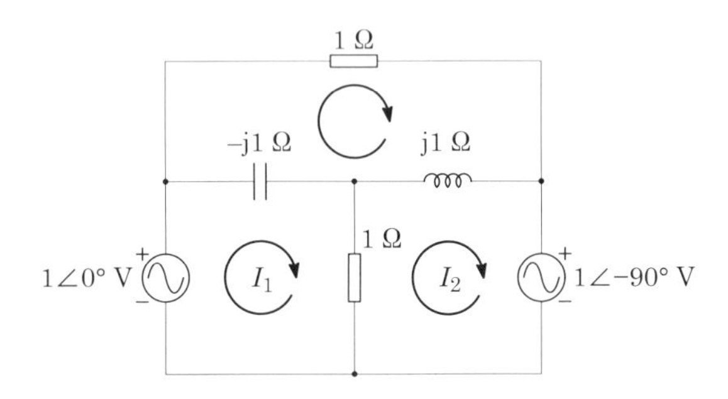

図 9-11　閉路電流法に関する問題の図．

略解　各閉路電流の向きによる符号の違いを考慮して閉路電流方程式をたてると，以下のようになる．

$$
\begin{aligned}
1\angle 0^\circ &= (1-\mathrm{j})I_1 + (-I_2) + (-\mathrm{j})(-I_3), \\
-1\angle -90^\circ &= (-I_1) + (1+\mathrm{j})I_2 + \mathrm{j}(-I_3), \\
0 &= (-\mathrm{j})(-I_1) + \mathrm{j}(-I_2) + (1+\mathrm{j}-\mathrm{j})I_3.
\end{aligned}
$$

書き直すと次のようになる．

$$
\begin{aligned}
1 &= (1-\mathrm{j})I_1 - I_2 + \mathrm{j}I_3, \\
\mathrm{j} &= -I_1 + (1+\mathrm{j})I_2 - \mathrm{j}I_3, \\
0 &= \mathrm{j}I_1 - \mathrm{j}I_2 + I_3.
\end{aligned}
$$

行列形式で書くと，次のようになる．

$$\begin{bmatrix} 1 \\ \mathrm{j} \\ 0 \end{bmatrix} = \begin{bmatrix} 1-\mathrm{j} & -1 & \mathrm{j} \\ -1 & 1+\mathrm{j} & -\mathrm{j} \\ \mathrm{j} & -\mathrm{j} & 1 \end{bmatrix} \begin{bmatrix} I_1 \\ I_2 \\ I_3 \end{bmatrix}.$$

次に，I_1, I_2, I_3 を求めるために行列式 $\Delta, \Delta_1, \Delta_2, \Delta_3$ を計算しておく．

$$\Delta = \begin{vmatrix} 1-\mathrm{j} & -1 & \mathrm{j} \\ -1 & 1+\mathrm{j} & -\mathrm{j} \\ \mathrm{j} & -\mathrm{j} & 1 \end{vmatrix} = 1,$$

$$\Delta_1 = \begin{vmatrix} 1 & -1 & \mathrm{j} \\ \mathrm{j} & 1+\mathrm{j} & -\mathrm{j} \\ 0 & -\mathrm{j} & 1 \end{vmatrix} = 2+\mathrm{j}3,$$

$$\Delta_2 = \begin{vmatrix} 1-\mathrm{j} & 1 & \mathrm{j} \\ -1 & \mathrm{j} & -\mathrm{j} \\ \mathrm{j} & 0 & 1 \end{vmatrix} = 3+\mathrm{j}2,$$

$$\Delta_3 = \begin{vmatrix} 1-\mathrm{j} & -1 & 1 \\ -1 & 1+\mathrm{j} & \mathrm{j} \\ \mathrm{j} & -\mathrm{j} & 0 \end{vmatrix} = 1+\mathrm{j}.$$

これらより，求めるべき閉路電流は以下のとおりとなる．

$$I_1 = \frac{\Delta_1}{\Delta} = (2.00+\mathrm{j}3.00)\ \mathrm{A},$$

$$I_2 = \frac{\Delta_2}{\Delta} = (3.00+\mathrm{j}2.00)\ \mathrm{A},$$

$$I_3 = \frac{\Delta_3}{\Delta} = (1.00+\mathrm{j}1.00)\ \mathrm{A}.$$

課題 2. 接点電位法

図 9-12 の回路は，**図 9-11** の回路と同じである．今度は，この回路の閉路電流を節点電圧法を用いた次の要領で求めよう．この場合も，解答するときのフェーザ形式の表記法としては，直交座標系でも極座標形でもどちらでもよい．有効数字は 3 桁とする．

問 2.1 節点 1 から節点 2 に向かって流れる電流を I_{12}, 節点 2 から節点 3 に向かって流れる電流を I_{23}, 節点 1 から節点 3 に向かって流れる電流を I_{13} とするとき，I_{12}, I_{23}, I_{13} を I_1, I_2, I_3 を用いて表せ．

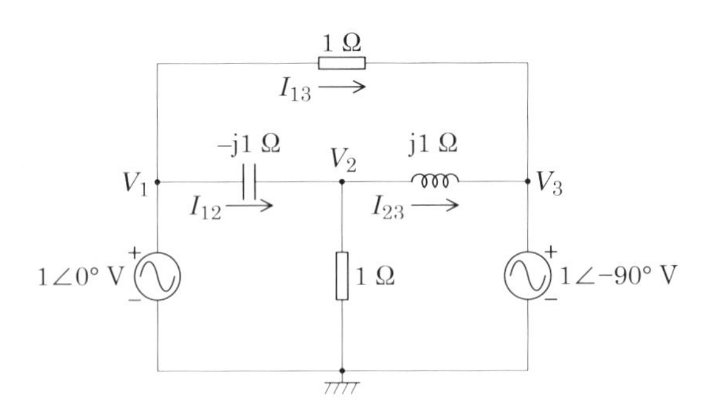

図 9-12 節点電圧法に関する問題の図.

問 2.2 上の問 1 で定義した I_{12}, I_{23}, I_{13} と V_1, V_2, V_3 との間に成り立つ関係式（オームの法則）を書け.

問 2.3 V_1, V_2, V_3 を節点電圧法で求めよ.

問 2.4 問 1, 問 2, 問 3 の結果から，I_1, I_2, I_3 を求めよ.

略解 (問 1) 節点間の電流は，各閉路で定義した閉路電流の向きを考慮した和であるから，以下のようになる.

$$I_{12} = I_1 - I_3, \tag{9-2}$$

$$I_{23} = I_2 - I_3, \tag{9-3}$$

$$I_{13} = I_3. \tag{9-4}$$

略解 (問 2) （節点間の電位差）=（節点間のインピーダンス）×（節点間電流）というオームの法則より，求める式は以下のとおりとなる.

$$I_{12} = \frac{V_1 - V_2}{-\mathrm{j}}, \tag{9-5}$$

$$I_{23} = \frac{V_2 - V_3}{\mathrm{j}}, \tag{9-6}$$

$$I_{13} = \frac{V_1 - V_3}{1}. \tag{9-7}$$

略解 (問 3) 節点 1 と節点 3 については，接地電位となる接点との間に電圧の判っている電圧源がつながっているだけなので，次式がすぐに得られる．

$$V_1 = 1, \tag{9-8}$$

$$V_3 = -\mathrm{j}. \tag{9-9}$$

節点 2 については，電流源がつながっていないので，すべて流れ出ると仮定した電流の総和がゼロという以下のような方程式を立てることになる．

$$0 = \frac{V_2 - V_1}{-\mathrm{j}} + \frac{V_2}{1} + \frac{V_2 - V_3}{\mathrm{j}}.$$

これを書き直すと，以下のようになる．[*4]

$$0 = -\mathrm{j}V_1 + V_2 + \mathrm{j}V_3. \tag{9-10}$$

式 (9-8) と式 (9-9) の関係を用いて，式 (9-10) の V_1, V_3 を消去すると以下のようになる．

$$\begin{aligned} 0 &= -\mathrm{j}1 + V_2 + \mathrm{j}(-\mathrm{j}), \\ &= -\mathrm{j} + V_2 + 1. \end{aligned}$$

よって，V_2 は以下のようになる．

$$V_2 = \mathrm{j} - 1.$$

まとめると，求めるべき節点電圧は以下のとおりとなる．

$$V_1 = 1.00\ \mathrm{V}, \qquad V_2 = (-1.00 + \mathrm{j}1.00)\ \mathrm{V}, \qquad V_3 = -\mathrm{j}1.00\ \mathrm{V}.$$

略解 (問 4) 得られた各節点電圧を式 (9-5)，式 (9-6)，式 (9-7) に代入すると次式を得る．

$$\begin{aligned} I_{12} &= \frac{V_1 - V_2}{-\mathrm{j}} = \frac{1 - (\mathrm{j} - 1)}{-\mathrm{j}} = \frac{2 - \mathrm{j}}{-\mathrm{j}} = 1 + \mathrm{j}2, \\ I_{23} &= \frac{V_2 - V_3}{\mathrm{j}} = \frac{(\mathrm{j} - 1) - (-\mathrm{j})}{\mathrm{j}} = \frac{\mathrm{j}2 - 1}{\mathrm{j}} = 2 + \mathrm{j}, \\ I_{13} &= \frac{V_1 - V_3}{1} = \frac{1 - (-\mathrm{j})}{1} = 1 + \mathrm{j}. \end{aligned}$$

[*4] 左辺がゼロなので，右辺を定数倍した等価な式が無数に存在することに注意せよ．例えば，式変形の仕方が異なると $0 = V_1 + \mathrm{j}V_2 - V_3$ という形にもなる．

式 (9-2，式 (9-3)，式 (9-4) を用いると次式を得る．

$$I_1 - I_3 = 1 + \mathrm{j}2, \tag{9-11}$$
$$I_2 - I_3 = 2 + \mathrm{j}, \tag{9-12}$$
$$I_3 = 1 + \mathrm{j}. \tag{9-13}$$

式 (9-11) と式 (9-13) より，

$$I_1 = 1 + \mathrm{j}2 + I_3 = 1 + \mathrm{j}2 + 1 + \mathrm{j} = 2 + \mathrm{j}3.$$

式 (9-12) と式 (9-13) より，

$$I_2 = 2 + \mathrm{j} + I_3 = 2 + \mathrm{j} + 1 + \mathrm{j} = 3 + \mathrm{j}2.$$

まとめると，

$$I_1 = (2.00 + \mathrm{j}3.00)\ \mathrm{A}, \quad I_2 = (3.00 + \mathrm{j}2.00)\ \mathrm{A}, \quad I_3 = (1.00 + \mathrm{j}1.00)\ \mathrm{A}$$

となり，確かに前問で閉路電流法を用いて求めた I_1, I_2, I_3 と同じになっていることが確認できる．

第10章

回路に関する諸定理

本章では，以下の回路に関する諸定理を学習する．

- **テブナンの定理**
  電源回路は1個の電圧源と1個のインピーダンスの直列接続で等価的に表すことができる．
- **ノートンの定理**
  電源回路は1個の電流源と1個のアドミタンスの並列接続で等価的に表すことができる．
- **最大電力供給の定理**
  電源の内部インピーダンスと負荷インピーダンスが複素共役のときに最大電力が供給される．

その他の定理（重ね合わせ，双対性，相反定理，補償定理）については付録Jを参照されたし．

10.1 テブナンの定理

図 10-1(a) に示す線形2端子回路について，

- **開放電圧が $\boldsymbol{V}_{\mathrm{o}}$**（**図 10-1**(c)），
- **内部インピーダンスが Z_{i}**（**図 10-1**(d)）

であるとき，その回路は**起電力 $\boldsymbol{V}_{\mathrm{o}}$ の電圧源とインピーダンス Z_{i} の直列回路と等価**である（**図 10-1**(b)）．これを**テブナン（Thevnin）の定理**という．定理の証明については付録Jを参照されたし．

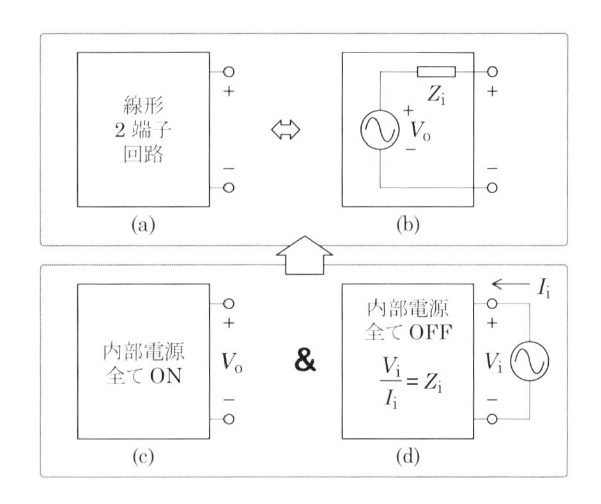

図 10-1　テブナンの定理の概念図．線形 2 端子回路 (a) は回路 (b) と等価である．ただし，(c) 開放電圧が V_o であり，(d) 内部インピーダンスが Z_i であるとする．

10.1.1　テブナンの定理の例題

テブナンの定理を用いて，**図 10-2**(a) に示した回路を**図 10-2**(b) に示した回路に変換してみよう．まず，内部インピーダンスを求める．この問題では，簡単のために抵抗しかない回路を想定しているが，一般のインピーダンスの場合も計算が複素計算になるだけであり，原理原則は同じである．内部インピーダンスを求めるときは，電源回路内の純粋電源はすべて OFF とする．即ち，電圧源は短絡とし，電流源は開放とする．このときの電源端子 cd から電源側を見たときのインピーダンスが内部インピーダンスである．

電源をすべて OFF にした回路を描くと，**図 10-3** のようになる．この回路の合成インピーダンス（この場合は合成抵抗）を求めれば，それが内部インピーダンスとなる．計算は省略するが，

$$R_i = 4\ \Omega \tag{10-1}$$

となる．

次に，開放電圧 V_o を求める．開放電圧を求めるときは，内部電源はすべ

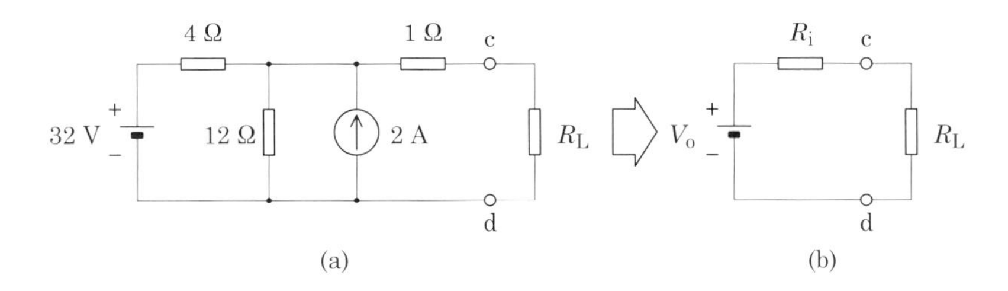

図 10-2 テブナンの定理の例題.

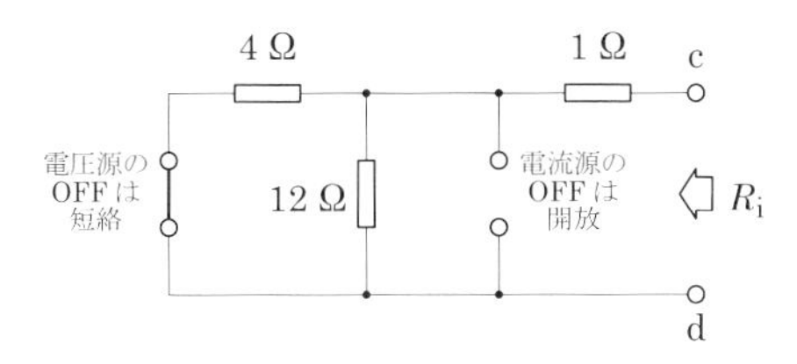

図 10-3 テブナンの定理の例題において，内部の電源をすべてOFFして，内部インピーダンスを求めるときの回路の状態.

てONにして，電源端子には負荷を接続しない（即ち，端子から電流が出たり，入ったりしない）という状態で端子cd間の電圧を求める．この状態の回路図を描くと**図 10-4** のようになる．このとき注意しなければならない点は1 Ωの抵抗の両端の電圧である．この抵抗の右側の端子cは，どこにも接続されていないので，この端子cにおける電流の流入や流出は無い．したがって，端子cの左側の抵抗にも電流は流れない．ならば，オームの法則によって，この抵抗の両端には電位差は生じないことになる．即ち，この抵抗の右側と左側は同電位となるという点を理解するように．また，同じ理由により，この1 Ωの抵抗の左側の節点に流れ込む2 Aの電流が右側の1 Ωの抵抗側に分岐することはない[*1].

以上の点を理解した上で，節点電位法などを用いて端子cdの電圧 V_{cd} を求めれば，それが開放電圧 V_{o} となる．先ほどの復習であるが，1 Ωの抵抗

[*1] これまでの経験にて多くの学生が正しく理解していないので，くどいようだが但し書きを書いた.

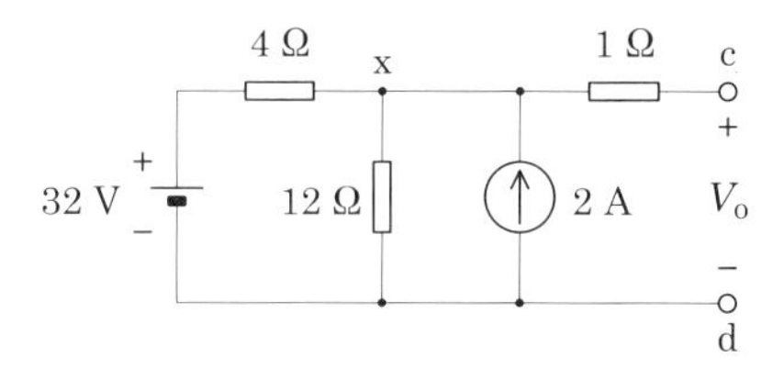

図 10-4　テブナンの定理の例題において，内部の電源をすべて ON して，開放電圧を求めるときの回路の状態．端子 cd が開放の場合，端子 c に接続されている 1 Ω の抵抗には電流が流れない（電圧降下がない）ことに留意すること．

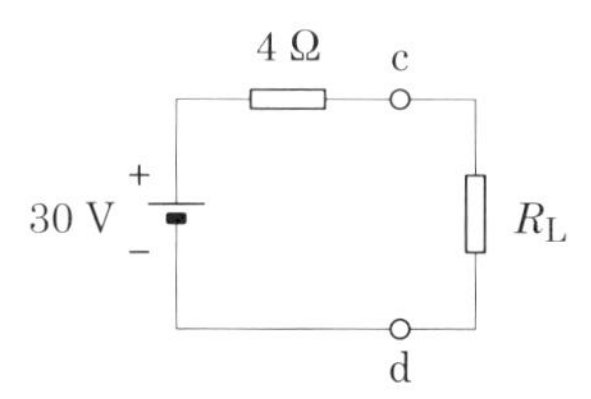

図 10-5　テブナンの定理の例題の等価回路．

の両端が同電位ならば，V_{cd} は V_{xd} と等しい．したがって，開放電圧 V_o を求めたければ節点電位法で V_{xd} を求めるのが得策だろう．

まず，基準節点を d とする．即ち，節点 d の電位 V_d を 0 V とする．端子 xd 間の電位差は $V_{xd} = V_x - V_d = V_x$ であるから，V_x を求めればよいことになる．節点 x において「流入 = 流出」という節点方程式を（多少くどい形で）書けば以下のようになる．

$$2 = \frac{V_x - 32}{4} + \frac{V_x - V_d}{12}. \tag{10-2}$$

$V_d = 0$ であることを用いれば，容易に

$$V_x = 30 \text{ V} \tag{10-3}$$

と求められる．この値が求めるべき V_o の値である．したがって，**図 10-2** のテブナン等価回路は**図 10-5** のようになる．

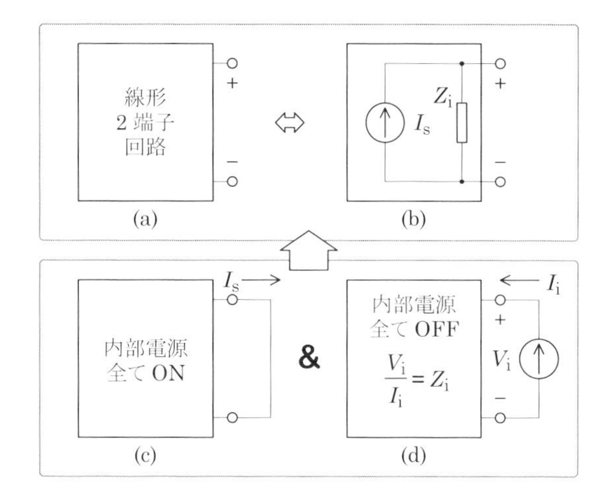

図 10-6 ノートンの定理の概念図．線形二端子回路 (a) は回路 (b) と等価である．ただし，(c) 短絡電流が I_s であり，(d) 内部アドミタンスが Y_i であるとする．

10.2 ノートンの定理

図 10-6(a) に示す線形 2 端子回路について，

- **短絡電流が $\boldsymbol{I_s}$**（**図 10-6**(c)），
- **内部アドミタンスが $\boldsymbol{Y_i}$**（**図 10-6**(d)）

であるとき，その回路は**出力電流が $\boldsymbol{I_s}$ の電流源とアドミタンス $\boldsymbol{Y_i}$ の並列回路と等価**である（**図 10-6**(b)）．これを**ノートン（Norton）の定理**という．定理の証明については付録 J を参照されたし．

10.2.1 ノートンの定理の例題

ノートンの定理を用いて，**図 10-7** (a) に示した回路を**図 10-7** (b) に示した回路に変換してみよう．まず，内部アドミタンスを求める．内部アドミタンスを求めるときは，電源回路内の純粋電源はすべて OFF とする．すなわち，電圧源は短絡とし，電流源は開放とする．このときの，電源端子 cd

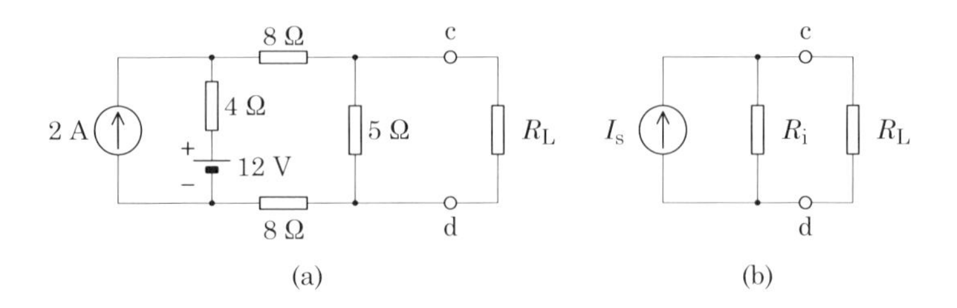

図 10-7 ノートンの定理の例題.

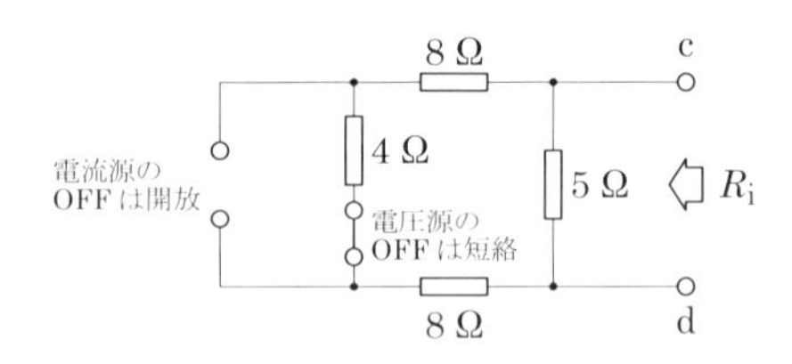

図 10-8 ノートンの定理の例題において，内部の電源をすべて OFF して，内部インピーダンスを求めるときの回路の状態.

から電源側を見たときのアドミタンスが内部アドミタンスである．アドミタンスはインピーダンスの逆数であるから，インピーダンスを求めても問題ない.

電源をすべて OFF にした回路を描くと**図 10-8** のようになる．この場合，アドミタンスで考えるメリットがあまり無いので，合成インピーダンス（合成抵抗）を求めることにする．計算は省略するが，

$$R_i = 4\ \Omega \tag{10-4}$$

となる.

次に短絡電流 I_s を求める．短絡電流を求めるときは，端子間を短絡し，内部電源をすべて ON にしたときの端子間の電流を求める．この状態の回路図を描くと**図 10-9** のようになる．このとき注意しなければならない点は，端子と直結している 5 Ω の抵抗の電圧である．端子間が短絡されているので，この抵抗には電圧がかからない．したがって，この抵抗には電流が流れない，すなわち，抵抗が無いのと同じであるという点を理解するように.

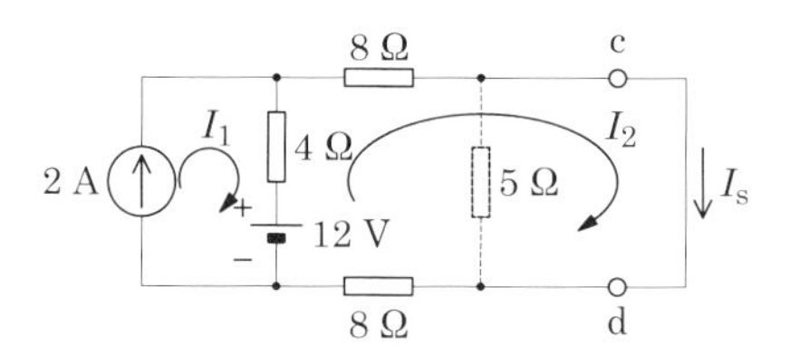

図 10-9　ノートンの定理の例題において，内部の電源をすべて ON して，短絡電流を求めるときの回路の状態.

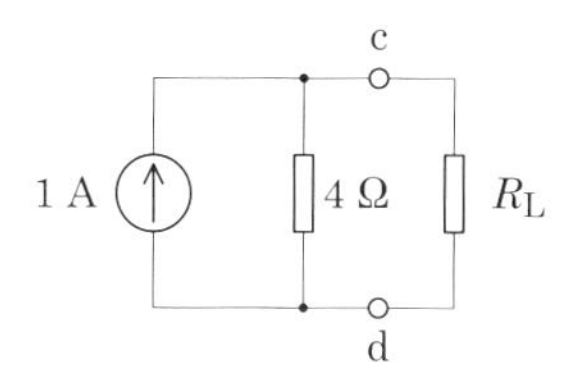

図 10-10　ノートンの定理の例題の等価回路.

以上の点を理解した上で，閉路電流法を用いて端子間に流れる電流 I_{cd}（c から d に向かって流れる電流）を求めれば，それが短絡電流 I_s となる．5 Ω の抵抗には電流が流れないから，閉路としては，**図 10-9** に示した閉路を想定すればよい．このように閉路を想定すれば，閉路 2 の電流 I_2 が求めるべき I_s に相当することになる.

閉路 1 については，2 A の電流源が閉路上にある．ということは，その閉路の電流は如何なることがあろうと 2 A である．すなわち，自動的に $I_1 = 2$ A となる．次に，閉路 2 の方程式を書くと，

$$12 = 4(I_2 - I_1) + 8I_2 + 8I_2 \tag{10-5}$$

となる．$I_1 = 2$ A を利用すれば I_2 は容易に求められ，以下のようになる.

$$I_2 = 1 \text{ A} \tag{10-6}$$

したがって，ノートンの定理によって等価回路を描けば**図 10-10** のようになる.

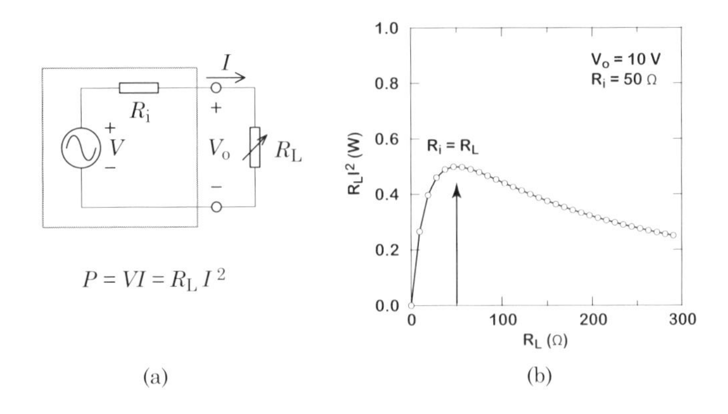

図 10-11　(a) 内部抵抗 R_{i} を有する電源と抵抗負荷 R_{L} の回路．(b) $R_{\mathrm{i}} = 50\ \Omega$ の電源を用いたときの，負荷抵抗における消費電力の負荷抵抗値依存性．$R_{\mathrm{i}} = R_{\mathrm{L}}$ のときに最大となっている．

10.3　最大電力供給の定理

電源に内部インピーダンスがある場合には，その電源から負荷に供給できる（負荷で消費される）電力が最大となる最適な負荷インピーダンスが存在する．これが最大供給電力（maximum power transfer）の定理である．このようにインピーダンスが最適値になっている状態を**インピーダンス整合**（**インピーダンス・マッチング; impedance matching**）がなされた状態と表現する．最大電力が得られるようにインピーダンスを調整する作業ことを**インピーダンス整合をとる**，あるいは単に「整合をとる（マッチングをとる）」と表現する．

10.3.1　抵抗の場合

図 10-11(a) に示すように，電源の内部インピーダンスが抵抗だけであり（R_{i} とする），負荷も抵抗だけの場合（R_{L} とする），その抵抗負荷に最大電力が供給される条件，すなわちその抵抗負荷での消費電力が最大となる条件は以下のとおりである．

$$R_{\mathrm{i}} = R_{\mathrm{L}} \tag{10-7}$$

すなわち，電源の内部抵抗値と負荷の抵抗値が一致しているときに，最大電力が供給される（負荷での消費電力が最大となる）．

実際に $R_{\mathrm{i}} = 50\ \Omega$ の内部抵抗をもつ電源に抵抗負荷 R_{L} を接続し，R_{L} を $0\ \Omega$ から $300\ \Omega$ まで変化させたときの負荷抵抗での消費電力の R_{L} 依存性を図示すると**図 10-11**(b) のようになり，$R_{\mathrm{L}} = R_{\mathrm{i}}$ で最大電力となっていることが確認できる．数学的証明については付録 J を参照されたし．

10.3.2　一般のインピーダンスの場合

ここでは，電源の内部インピーダンス Z_{i} と負荷インピーダンス Z_{L} が**図 10-12** に示すように，C や L によるリアクタンス成分を含む一般的なインピーダンスの場合のインピーダンス整合について述べる．Z_{i} と Z_{L} を

$$Z_{\mathrm{i}} = R_{\mathrm{i}} + \mathrm{j}X_{\mathrm{i}}, \tag{10-8}$$

$$Z_{\mathrm{L}} = R_{\mathrm{L}} + \mathrm{j}X_{\mathrm{L}} \tag{10-9}$$

とすると，負荷に最大電力（最大の有効電力）が供給される条件，すなわち，負荷での消費電力（有効電力）が最大となる条件は以下のとおりとなる．

$$\boldsymbol{Z_{\mathrm{i}} = Z_{\mathrm{L}}^{*}} \tag{10-10}$$

負荷インピーダンスと内部インピーダンスが複素共役である

実部と虚部に分けて書けば以下のとおりである．

$$\boldsymbol{R_{\mathrm{i}} = R_{\mathrm{L}}} \ \text{かつ}\ \boldsymbol{X_{\mathrm{i}} = -X_{\mathrm{L}}}. \tag{10-11}$$

すなわち，電源の内部インピーダンスの虚部の符号が逆になった負荷を接続すればインピーダンス整合するのである．数学的証明については付録 J を参照されたし．

10.3.3　インピーダンス整合器

インピーダンス整合を満たそうとすると，電源の内部インピーダンス

$$Z_{\mathrm{i}} = R_{\mathrm{i}} + \mathrm{j}X_{\mathrm{i}} \tag{10-12}$$

に対して，負荷のインピーダンスが

$$Z_{\mathrm{L}} = R_{\mathrm{i}} - \mathrm{j}X_{\mathrm{i}} \tag{10-13}$$

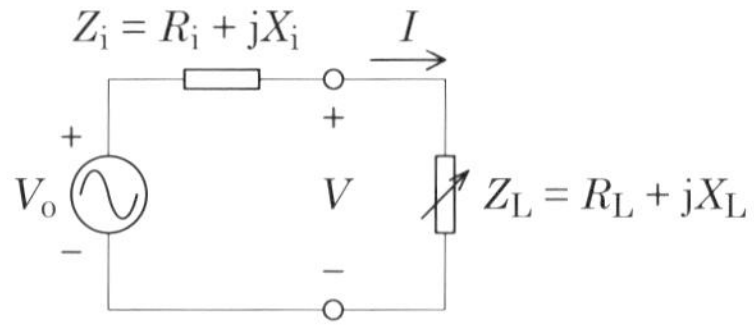

図 10-12　電源の内部のインピーダンスと負荷インピーダンスが一般的なインピーダンスになった場合のインピーダンス整合は $Z_{\mathrm{i}} = Z_{\mathrm{L}}^*$ のときに成立する．すなわち，負荷インピーダンスと内部インピーダンスが複素共役の関係のときにインピーダンス整合する．

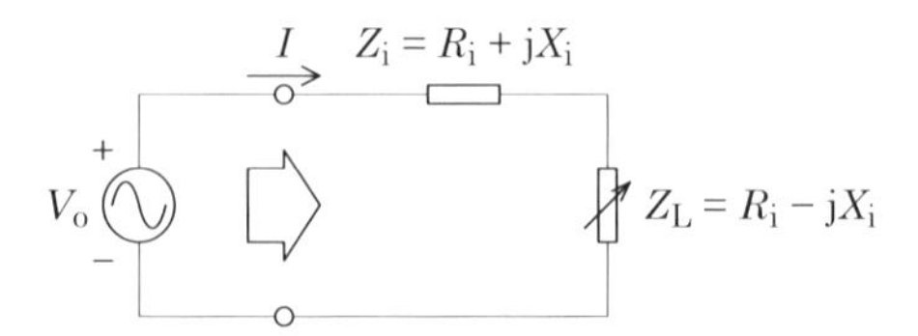

図 10-13　インピーダンス整合が成り立っているとき，電源の起電力成分から見た内部抵抗と負荷抵抗の合成インピーダンスは，純粋な抵抗成分だけの $2R_{\mathrm{i}}$ となり，力率が 100% となる．

になっていればよい．これは，電源内の純粋な起電力成分 V_{o} から見たときに，内部インピーダンスも含めた負荷が**図 10-13** に示すように，

$$Z_{\mathrm{i}} + Z_{\mathrm{L}} = 2R_{\mathrm{i}} \tag{10-14}$$

となり，虚数部分が無くなるようにしていることに相当する．すなわち，複素電力の章で学習した「力率」を 100% にしていること相当する．力率は負荷に電力を供給したときに実際に消費される電力の割合を表す．それが 100% ではないという状態は電力の一部が反射していることを意味する．したがって，

インピーダンス整合とは，電力の反射が無くなる状態

なのである．なお，この電力の反射の概念については付録 J を参照されたし．

負荷インピーダンスは対象によって様々であるから，負荷のインピーダンスに合わせて電源の内部インピーダンスを調節する必要がある．通常は，電

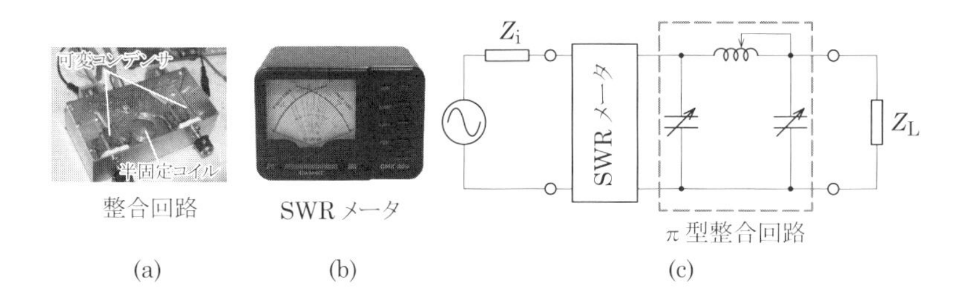

図 10-14 整合回路の例（SWR メータはコメット株式会社製 CMX-200）.（写真提供：コメット株式会社）

源内部にそうした内部インピーダンス調節機構をもたずに，電源と負荷の間にそのような機能をもつ回路を設ける．そのような回路をインピーダンス整合器という（インピーダンス・マッチャー，マッチングボックスともいう）．

アンテナに給電するときに電源とアンテナの間に入れるインピーダンス整合器の回路の例を**図 10-14**(a) に示す．回路図では，**図 10-14**(c) の破線で囲まれた部分に相当し，π 型回路と呼ばれるものである．コイルのインダクタンスとコンデンサのキャパシタンスを調整し，負荷のインピーダンスも合わせたときの全体の虚数部分が極力小さくなるように調整する．

コイルとコンデンサを比較すると，コンデンサの方が可変機構を容易に導入できるため，一般にはコイルを半固定式にして，コンデンサに可変機構をもたせている．整合をとるときには，主としてコンデンサのキャパシタンスを可変する操作を行うことになるが，キャパシタンスを操作するつまみを回したときに，反射が増えたのか，減ったのかをモニターしなければ，どちら向きに回すと整合性が良くなったのかがわからない．そのため，入射電力と反射電力を計測する計測器を負荷と整合回路の間に設ける．この計測器を SWR メータといい，**図 10-14**(b) のようなものである．SWR とは Standing Wave Ratio（定在波比）の略である．実際の作業としては，この SWR メータの反射電力/入射電力の比が最も小さくなるようにキャパシタンスのつまみを回して整合をとる．理論的な詳細については，電磁気学の電磁波の入射と反射，もしくは，分布定数回路の入射と反射などの項目で述べられているはずなので，興味のある人は調べてみるとよい．

事前基盤知識確認事項

課題　1．微分によって極値を求める（その 1）

次式で示される関数 P は，$R_\mathrm{L} = R_\mathrm{i}$ のときに極大となることを示せ．V_o，R_i は定数とする．

$$P(R_\mathrm{L}) = R_\mathrm{L}\left(\frac{V_\mathrm{o}}{R_\mathrm{i} + R_\mathrm{L}}\right)^2.$$

略解　付録 J を参照されたし．

課題　2．微分によって極値を求める（その 2）

次式で示される二変数の関数 P は，$R_\mathrm{L} = R_\mathrm{i}$ かつ $X_\mathrm{L} = X_\mathrm{i}$ のときに極大となることを示せ．V_o，R_i，X_i は定数とする．

$$P(R_\mathrm{L}, X_\mathrm{L}) = R_\mathrm{L}\left(\frac{|V_\mathrm{o}|^2}{(R_\mathrm{i} + R_\mathrm{L})^2 + (X_\mathrm{i} + X_\mathrm{L})^2}\right).$$

略解　付録 J を参照されたし．

事後学習内容確認事項

課題 1. テブナンの定理（テブナン等価回路）

問 1.1 テブナン等価回路

図 10-15 の回路のテブナン等価回路を求めよ.

問 1.2 最大電力を与える負荷抵抗値

最大電力を供給するための R_L を求め，その最大電力を求めよ.

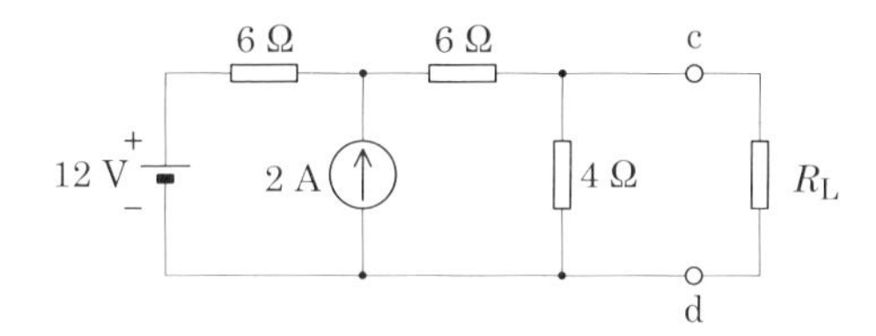

図 10-15　テブナン等価回路問題の図.

略解 1.1 テブナン等価回路

● R_i を求める.

まず，テブナンの等価回路における内部インピーダンス（この場合は抵抗成分のみであるので内部抵抗）R_i を求める．この R_i は，負荷が接続されている端子 cd の電源側（左側）のすべての電源を OFF にした場合に，端子 cd から電源側（左側）を見たときの抵抗である.

電圧源の OFF とは電圧源を短絡にすることであり，電流源の OFF とは電流源を開放にすることであるから，R_i を求めるための回路図は，**図 10-16** のようになる．R_i は 4 Ω と 6 + 6 = 12 Ω の抵抗を並列接続したものとなるから，

$$R_i = 1 \Bigg/ \left(\frac{1}{4} + \frac{1}{12} \right) = 3\ \Omega.$$

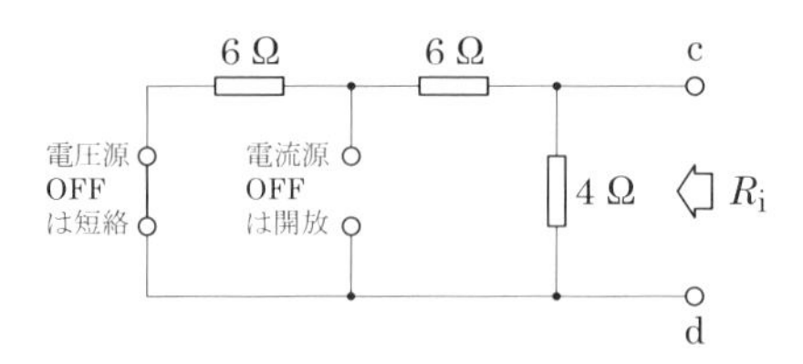

図 10-16 テブナン等価回路の R_i を求めるための図.

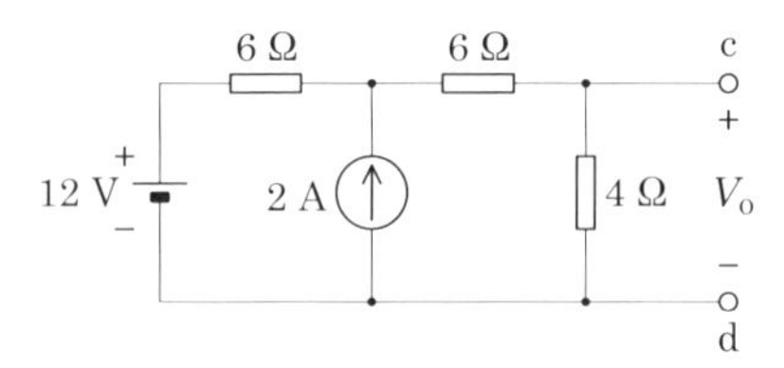

図 10-17 テブナン等価回路の V_o を求めるための図.

●V_o を求める.

次にテブナン等価回路の電圧源の電圧 V_o を求める. テブナン等価回路の電圧源の電圧は, 端子 cd に負荷を接続しないときの開放電圧であり, **図 10-17** における V_o となる.

図 10-17 のように V_1, V_2 を設定し, 節点電圧法を適用すると,

$$2 = \frac{V_1 - 12}{6} + \frac{V_1 - V_2}{6},$$
$$0 = \frac{V_2 - V_1}{6} + \frac{V_2 - 0}{4}.$$

これを書き直すと,

$$24 = 2V_1 - V_2, \tag{10-15}$$
$$0 = -2V_1 + 5V_2. \tag{10-16}$$

上式から V_1 を消去して V_2 (すなわち V_o) を求めよう. 式 (10-15) と式 (10-16) の和より,

$$24 = 4V_2 \quad よって \quad V_2 = V_\mathrm{o} = 6\ \mathrm{V}.$$

以上よりテブナン等価回路は, **図 10-18** のようになる.

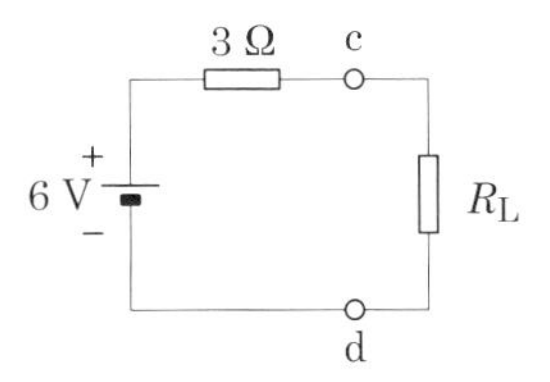

図 10-18　図 10-15 のテブナン等価回路.

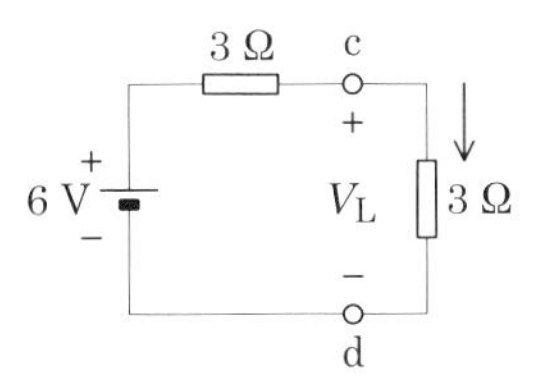

図 10-19　テブナン等価回路において負荷に最大電力を供給する負荷抵抗を接続した回路.

略解　1.2 最大電力を与える負荷抵抗値

図 10-18 より，最大電力を与える負荷抵抗の値は

$$R_{\mathrm{L}} = 3\ \Omega.$$

このときの回路は，**図 10-19** のようになる．負荷にかかる電圧を V_{L}，負荷に流れる電流を I_{L} とすると，最大電力は，

$$P_{\mathrm{Max}} = V_{\mathrm{L}} I_{\mathrm{L}} = \frac{V_{\mathrm{L}}^2}{R_{\mathrm{L}}}$$

である．負荷に掛かる電圧 V_{L} は電源の電圧を二つの 3 Ω の抵抗で分割した電圧となるから，

$$V_{\mathrm{L}} = \frac{3}{3+3} \times 6 = 3\ \mathrm{V}.$$

したがって，

$$P_{\mathrm{Max}} = \frac{V_{\mathrm{L}}^2}{R_{\mathrm{L}}} = \frac{3^2}{3} = 3\ \mathrm{W}$$

となる.

課題 2. ノートンの定理（ノートン等価回路）

問 2.1 ノートン等価回路

図 10-20 の回路のノートン等価回路を求めよ.

問 2.2 最大電力を与える負荷抵抗値

最大電力を供給するための R_L を求め，その最大電力を求めよ.

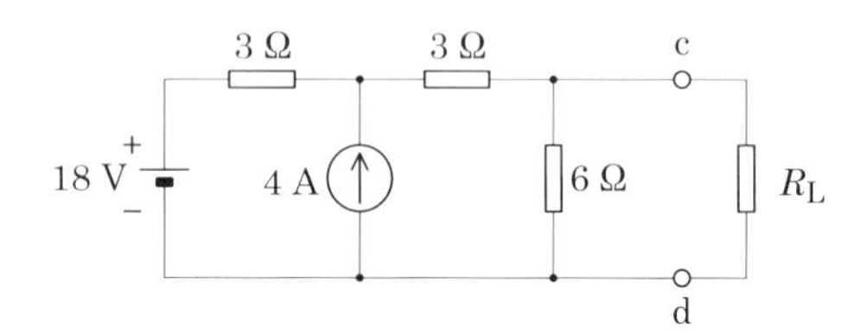

図 10-20　ノートン等価回路問題の図.

略解 2.1 ノートン等価回路

●R_i を求める.

まず，ノートンの等価回路における内部インピーダンス（この場合は，抵抗成分のみであるので内部抵抗）R_i を求める．この R_i は，負荷が接続されている端子 cd の電源側（左側）のすべての電源を OFF にした場合に，端子 cd から電源側（左側）を見たときの抵抗である.

電圧源の OFF とは電圧源を短絡（ショート）にすることであり，電流源の OFF とは電流源を開放（オープン）にすることであるから，R_i を求めるための回路図は**図 10-21** のようになる．すなわち，R_i は，6 Ω と $3+3=6$ Ω の抵抗を並列接続したものとなる．したがって，

$$R_\mathrm{i} = 1 \Bigg/ \left(\frac{1}{6}+\frac{1}{6}\right) = 3\ \Omega$$

となる.

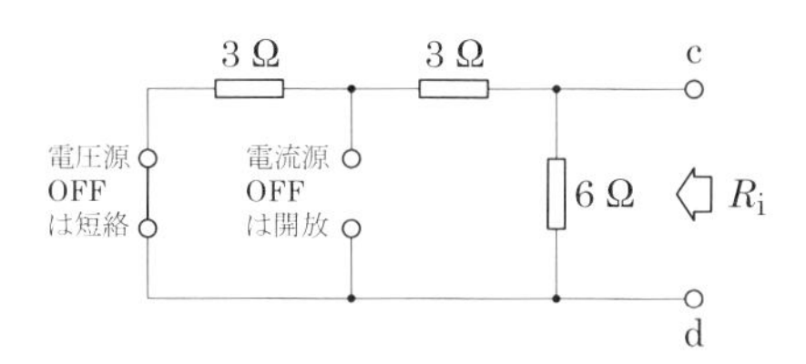

図 10-21　ノートン等価回路の R_i を求めるための図.

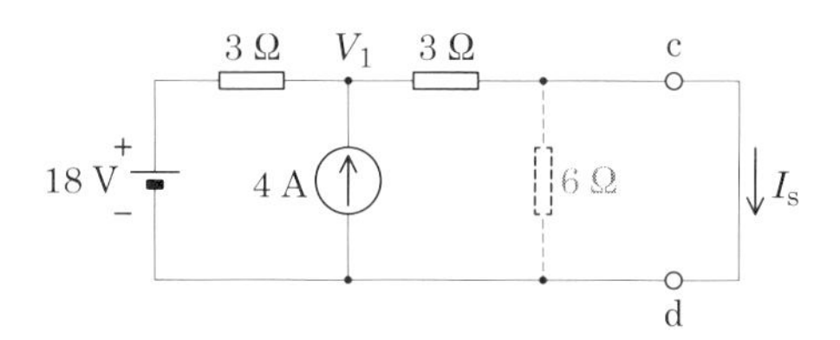

図 10-22　ノートン等価回路の I_s を求めるための図.

●I_s を求める.

次に，ノートン等価回路の電流源の電流 I_s を求める．ノートン等価回路の電流源の電流は，端子 cd を短絡したときの短絡電流であり，**図 10-22** における I_s となる．このとき，端子 cd が短絡されてるため，短絡経路と並列につながっている 6 Ω の抵抗には電流が流れなくなる．したがって，I_s を求めるための**図 10-22** の回路は 6 Ω の抵抗を削除しても変わらない.

図 10-22 のように V_1 を設定すると，V_1 と端子 c の間の 3 Ω の抵抗を流れる電流が I_s となるので，V_1 がわかればオームの法則 $I_\mathrm{s} = V_1/3$ により I_s を求めることができる．そこで，V_1 を求めるために節点電位法を適用すると，

$$4 = \frac{V_1 - 18}{3} + \frac{V_1 - 0}{3}$$

となる．これより，

$$V_1 = 15\ \mathrm{V}$$

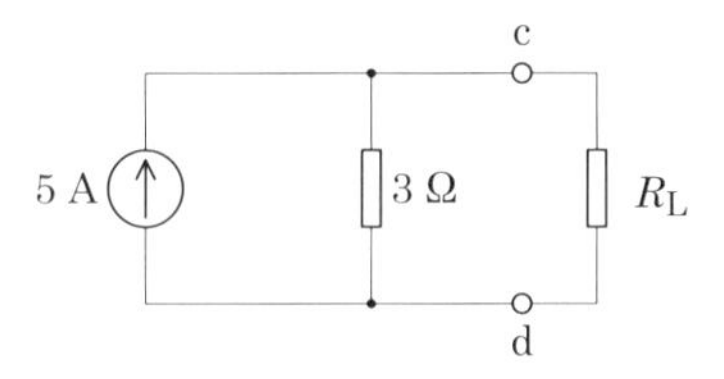

図 10-23　**図 10-20** のノートン等価回路.

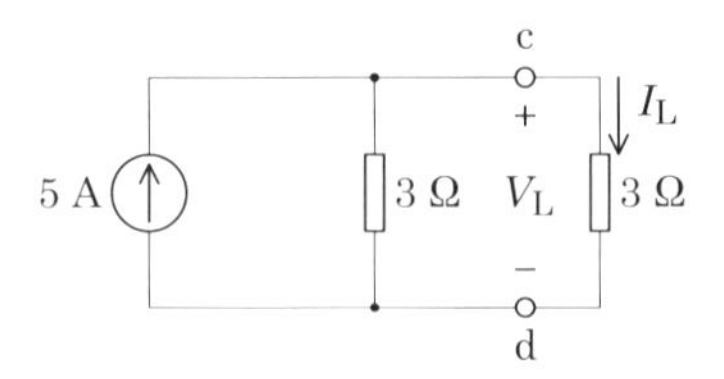

図 10-24　ノートン等価回路において最大電力を供給する回路.

となる．これより，cd 間を流れる電流 I_s は，

$$I_s = \frac{V_1}{3} = \frac{15}{3} = 5 \text{ A}$$

となる．以上より，ノートン等価回路は**図 10-23** のようになる．

略解　2.2 最大電力を与える負荷抵抗値

最大電力を供給する負荷は，前問の結果より $R_L = 3\ \Omega$ である．このときの回路は，**図 10-24** のようになる．負荷に流れる電流 I_L は，電流源の電流 5 A を二つの 3 Ω の抵抗で分割した電流である．したがって，

$$I_L = \frac{3}{3+3} \times 5 = 2.5 \text{ A}.$$

したがって，このときの負荷での消費電力は，

$$P_{\text{Max}} = R_L I_L^2 = 3 \times 2.5^2 = 3 \times 6.25 = 18.75 = 18.8 \text{ W}$$

となる．

別解　I_s を求めるときに閉路電流法を用いた場合．

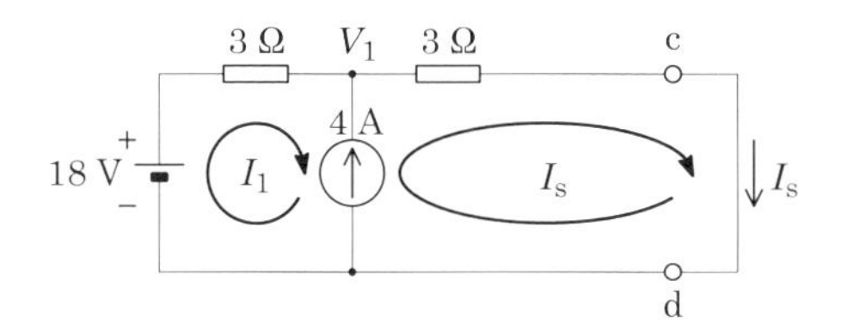

図 10-25 閉路電流法を用いて短絡電流を求める.

図 10-25 のように閉路電流をとると，I_1 を設定した閉路の方程式は,

$$18 = 3I_1 + V_1$$

となるが，4 A の電流源の電圧 V_1 はまだわからない．しかし，I_s を設定した閉路については，先の解答でも述べたように，V_1 の接点と端子 c の間にある 3 Ω の抵抗においてオームの法則 $V_1 = 3I_s$ が成り立つので，以下の二つの式が得られることになる.

$$18 = 3I_1 + V_1,$$
$$V_1 = 3I_s.$$

となる．しかし，このままでは，未知数が 3 個に対して方程式が 2 個であるから，方程式を解くことは不可能である.

回路をよく見ると，これらに加えてもう一つ式が加わることがわかる．すなわち，電流源の経路に流れる電流値が 4 A であると既に与えられている点である．電流源には I_s に加えて逆向きの I_1 が流れていると設定しているから，向きを考慮したそれらの和が 4 A になる．したがって,

$$I_s - I_1 = 4.$$

という式が得られる．これにより，未知数 3 個に対して 3 個の方程式が得られ，その 3 個の方程式を解けば同じ結果が得られる.[*2]

[*2] 閉路電流法や節点電位法を適用しているときに，この別解のように電流源の電圧や電圧源の電流が必要になることがたまにある．これらはそのままではすぐにわからない.「およっ!? どうすんの，これ？」と思ったら，未知の電圧，もしくは電流を仮定してみるとよい．未知のものを 1 つ仮定したから，もう一つ式が必要になるが，それは今回のようにケースバイケースで見つかることになる.

第11章

二端子対網の行列表現

本章では，異なる機能を有する複数の回路網を連結して所望の機能を実現する際に利用される二端子対網の行列表現について学習する．

11.1 二端子対網とは

これまでに扱ってきた回路網は**図 11-1** (a) に示すような回路が主であった．これを一端子対網という．これに対し，入力側と出力側 (一次側と二次側という言い方もする) に，それぞれ二端子を有する**図 11-1** (b) のような回路を二端子対網という．このような回路は，異なる機能を有する複数の回路網を連結して所望の機能を実現する際に利用されることが多い．

入力側の電圧と電流は，出力側の電圧と電流との間に，□で表された電気回路の特性に依存するなんらかの関係を有する．このような関係を表す方法として，行列演算の手法が適用できるであろう，ということは容易に想像ができる．本章では，二端子対網の入力側と出力側を関連づける各種の行列について紹介する．

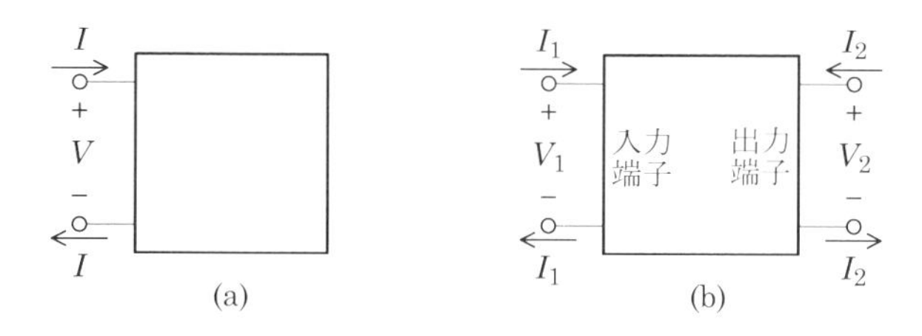

図 11-1　(a)1 端子対網と (b) 二端子対網．

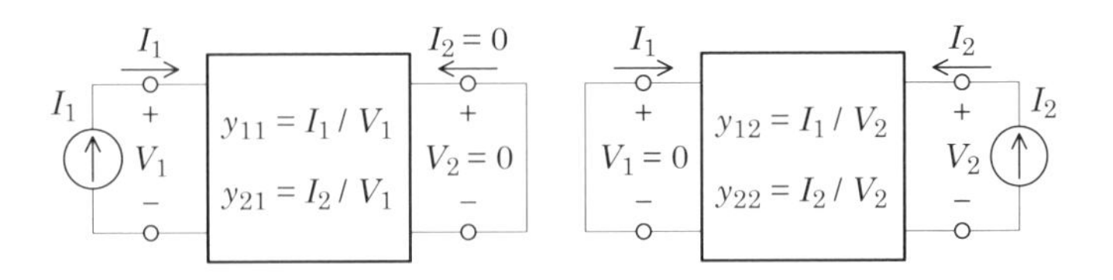

図 11-2　Y 行列の要素を決定するための接続方法.

11.2　アドミタンス行列：*Y* 行列

図 11-1 (b) のような二端子対網があるとき，アドミタンス行列は，次式で定義される.

$$I_1 = y_{11}V_1 + y_{12}V_2,$$
$$I_2 = y_{21}V_1 + y_{22}V_2.$$

これを行列形式で書けば，次式のようになる.

$$\begin{bmatrix} I_1 \\ I_2 \end{bmatrix} = \begin{bmatrix} y_{11} & y_{12} \\ y_{21} & y_{22} \end{bmatrix} \begin{bmatrix} V_1 \\ V_2 \end{bmatrix} = Y \begin{bmatrix} V_1 \\ V_2 \end{bmatrix}.$$

各種の行列表現がある中で，この形式の利点は，二端子対網を並列接続するときに便利である，という点である.

11.2.1　*Y* 行列：要素決定法

未知の二端子対網の□の中を Y 行列で表そうとするとき，その行列の要素の値を知る必要がある．そのためには，**図 11-2** に示すような接続をして，得られた電圧と電流を用いて以下のような計算をすればよい.

$$y_{11} = \left.\frac{I_1}{V_1}\right|_{V_2=0}, \quad y_{21} = \left.\frac{I_2}{V_1}\right|_{V_2=0},$$
$$y_{12} = \left.\frac{I_1}{V_2}\right|_{V_1=0}, \quad y_{22} = \left.\frac{I_2}{V_2}\right|_{V_1=0}.$$

11.2.2　*Y* 行列：等価回路

Y 行列で表されるような電流と電圧の関係になるような回路を等価回路で表すと，**図 11-3** (a) のようになる．**図 11-3** (b) のようにも表すことは

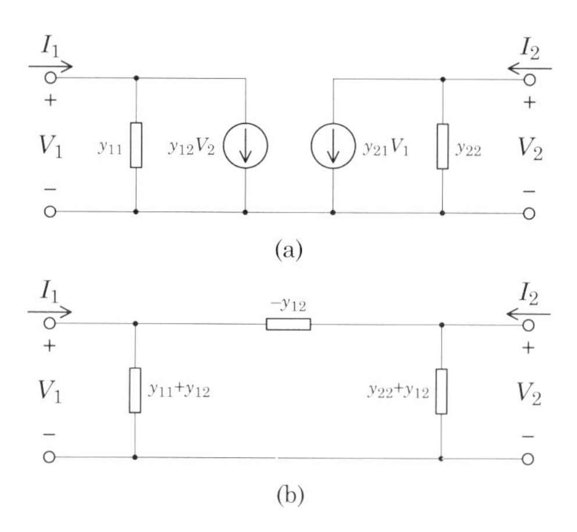

図 11-3　Y 行列の等価回路.

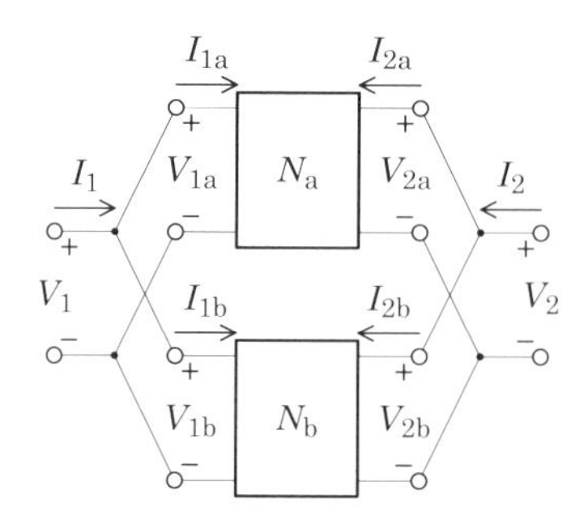

図 11-4　Y 行列で表された二つの二端子対網の並列回路.

できるが，負の回路定数をもつ回路素子を必要とするため，物理的には実現不可能な回路である.

11.2.3　$\boldsymbol{Y}$ 行列：並列接続

Y 行列で表される二端子対網は，**図 11-4** に示すように N_a，N_b で表される**二つの二端子対網を並列接続したときに，全体の $\boldsymbol{Y}$ 行列が以下のように簡便に計算できる.**

$$Y = N_a + N_b. \tag{11-1}$$

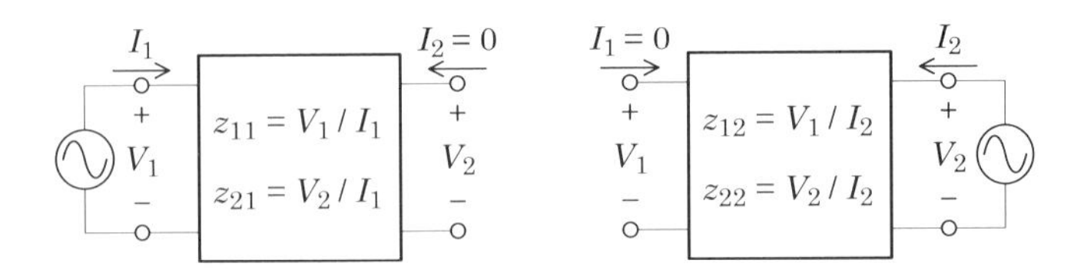

図 11-5 Z 行列の要素を決定するための接続方法.

11.3 インピーダンス行列：Z 行列

図 11-1 (b) のような二端子対網があるとき，インピーダンス行列は，次式で定義される.

$$\begin{aligned} V_1 &= z_{11} I_1 + z_{12} I_2, \\ V_2 &= z_{21} I_1 + z_{22} I_2. \end{aligned}$$

これを行列形式で書けば，次式のようになる.

$$\begin{bmatrix} V_1 \\ V_2 \end{bmatrix} = \begin{bmatrix} z_{11} & z_{12} \\ z_{21} & z_{22} \end{bmatrix} \begin{bmatrix} I_1 \\ I_2 \end{bmatrix} = Z \begin{bmatrix} I_1 \\ I_2 \end{bmatrix}.$$

各種の行列表現がある中で，この形式の利点は，二端子対網を直列接続するときに便利である，という点である.

11.3.1 Z 行列：要素決定法

未知の二端子対網の□の中を Z 行列で表そうとするとき，その行列の要素の値を知る必要がある．そのためには，**図 11-5** に示すような接続をして，得られた電圧と電流を用いて以下のような計算をすればよい.

$$z_{11} = \left. \frac{V_1}{I_1} \right|_{I_2=0}, \quad z_{21} = \left. \frac{V_2}{I_1} \right|_{I_2=0},$$
$$z_{12} = \left. \frac{V_1}{I_2} \right|_{I_1=0}, \quad z_{22} = \left. \frac{V_2}{I_2} \right|_{I_1=0}.$$

11.3.2 Z 行列：等価回路

z 行列で表されるような電流と電圧の関係になるような回路を等価回路で表すと，**図 11-6** (a) のようになる．**図 11-6** (b) のようにも表すことがで

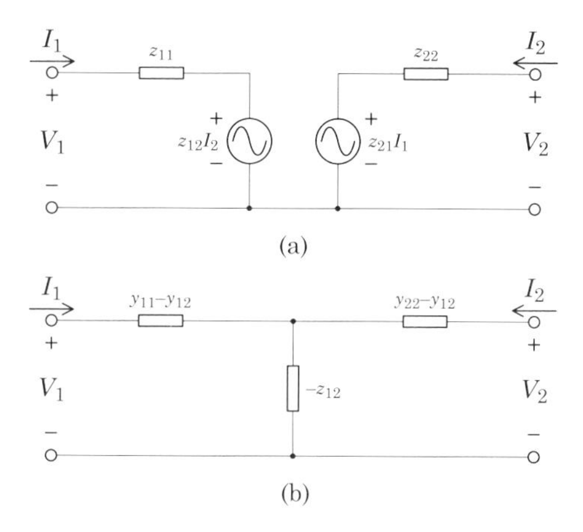

図 11-6　Z 行列の等価回路.

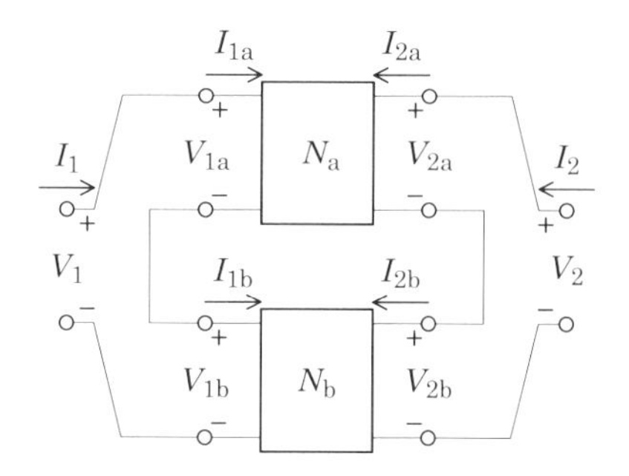

図 11-7　Z 行列で表された二つの二端子対網の直列回路.

きる.

11.3.3　Z 行列：直列接続

Z 行列で表される二端子対網は，**図 11-7** に示すように N_a，N_b で表される二つの二端子対網を直列接続したときに，全体の Z 行列が以下のように簡便に計算できる.

$$Z = N_a + N_b. \tag{11-2}$$

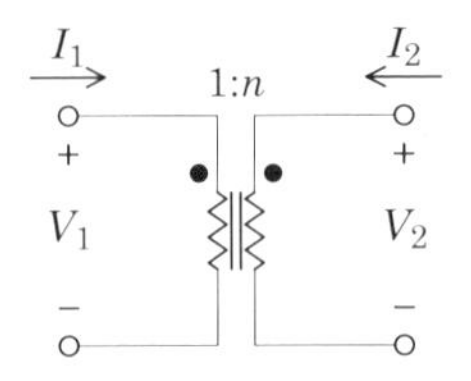

図 11-8 理想トランス．

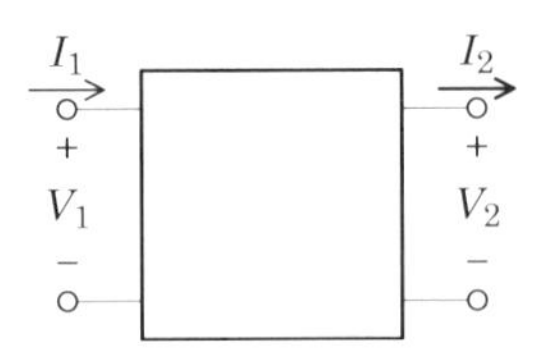

図 11-9 K 行列で表そうとする二端子対網．出力側の電流の向きに注意！

11.3.4 Z 行列では表せない回路

二端子対網の行列表現は，如何なる回路でも表現できるわけではない．例えば，**図 11-8** に示す理想トランスについては，入力側と出力側の電圧と電流の関係が以下のようになっている．

$$V_1 = \frac{1}{n}V_2,$$
$$I_1 = -nI_2.$$

この関係式は，Z 行列で表すことができないことがわかる．

11.4 縦続行列：$\boldsymbol{K}$ 行列

図 11-9 のような二端子対網があるとき，縦続行列は，次式で定義される．

$$V_1 = AV_2 + BI_2,$$
$$I_1 = CV_2 + DI_2.$$

ここで，注意しなければならない点がある．**図 11-9 で示した回路の出力側の電流の向きは，図 11-1 (b) で示した回路の出力側の電流の向きとは逆である**，という点である．このようにするのは，この二端子対網を縦続接続す

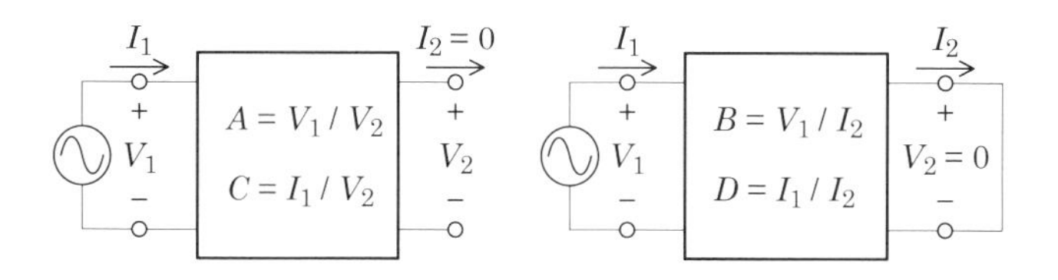

図 11-10 K 行列の要素を決定するための接続方法.

るときに，一段目の電流と二段目の電流の向きが同じになるようにするためである.

これを行列形式で書けば，次式のようになる.

$$\begin{bmatrix} V_1 \\ I_1 \end{bmatrix} = \begin{bmatrix} A & B \\ C & D \end{bmatrix} \begin{bmatrix} V_2 \\ I_2 \end{bmatrix} = K \begin{bmatrix} V_2 \\ I_2 \end{bmatrix}.$$

各種の行列表現がある中で，この形式の利点は，二端子対網を縦続接続するときに便利である，という点である.

11.4.1 *K* 行列：要素決定法

未知の二端子対網の□の中を K 行列で表そうとするとき，その行列の要素の値を知る必要がある．そのためには，**図 11-10** に示すような接続をして，得られた電圧と電流を用いて以下のような計算をすればよい.

$$A = \left.\frac{V_1}{V_2}\right|_{I_2=0}, \quad B = \left.\frac{V_1}{I_2}\right|_{V_2=0},$$
$$C = \left.\frac{I_1}{V_2}\right|_{I_2=0}, \quad D = \left.\frac{I_1}{I_2}\right|_{V_2=0}.$$

11.4.2 *K* 行列：縦続接続

K 行列で表される二端子対網は，**図 11-11** に示すように

$$N_{\mathrm{a}} = \begin{bmatrix} A_{\mathrm{a}} & B_{\mathrm{a}} \\ C_{\mathrm{a}} & D_{\mathrm{a}} \end{bmatrix}, \quad N_{\mathrm{b}} = \begin{bmatrix} A_{\mathrm{b}} & B_{\mathrm{b}} \\ C_{\mathrm{b}} & D_{\mathrm{b}} \end{bmatrix}$$

で表される**二つの二端子対網を縦続接続したときに，全体の K 行列が以下のように簡便に計算できる**という特徴を有する.

$$K = N_{\mathrm{a}} N_{\mathrm{b}} = \begin{bmatrix} A_{\mathrm{a}} & B_{\mathrm{a}} \\ C_{\mathrm{a}} & D_{\mathrm{a}} \end{bmatrix} \begin{bmatrix} A_{\mathrm{b}} & B_{\mathrm{b}} \\ C_{\mathrm{b}} & D_{\mathrm{b}} \end{bmatrix}.$$

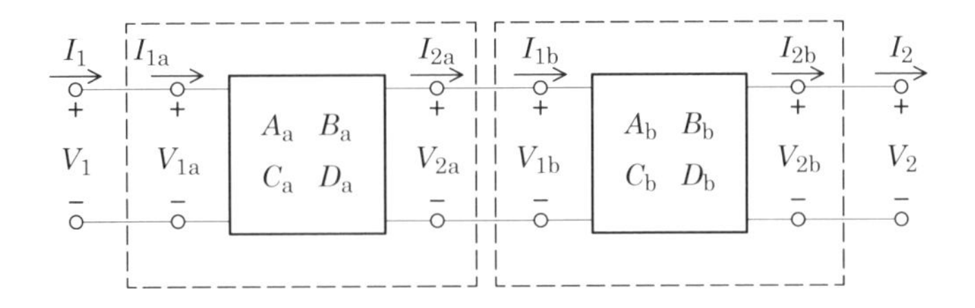

図 11-11　K 行列で表された二つの二端子対網の縦続接続回路.

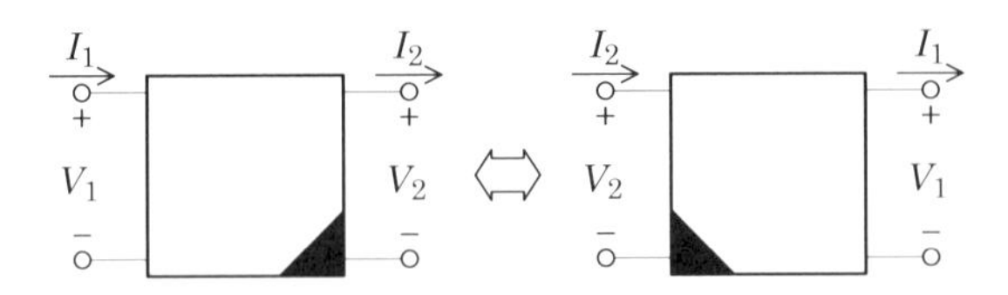

図 11-12　K 行列回路の入出力逆転.

11.4.3　K 行列：入出力入替

K 行列で表される二端子対網は，伝送路などを表すときに用いられる．このとき，入射信号に対して，反射信号も扱うことになる．したがって，**図 11-12** に示すように，K 行列で表される回路の入力と出力を逆転した場合も取り扱うことになる．入力と出力を逆転した二端子対網に対しても，何らかの K 行列が定まるが，相反定理を満たす場合と，満たさない場合で，行列の要素が異なってくることに注意する必要がある．この節では，その点について述べる．

相反定理を満たさない場合

相反定理を満たさない場合，というのは，後述の相反定理を満たす場合も含む，より一般的な条件である．このとき，

$$\begin{bmatrix} V_1 \\ I_1 \end{bmatrix} = \begin{bmatrix} A & B \\ C & D \end{bmatrix} \begin{bmatrix} V_2 \\ I_2 \end{bmatrix} = K \begin{bmatrix} V_2 \\ I_2 \end{bmatrix}$$

であるとすると，入出力逆転版の方程式は，以下のようになる．

$$\begin{bmatrix} V_2 \\ I_2 \end{bmatrix} = \frac{1}{|K|} \begin{bmatrix} D & B \\ C & A \end{bmatrix} \begin{bmatrix} V_1 \\ I_1 \end{bmatrix}.$$

相反定理を満たす場合

相反定理を満たす場合は，前節の「満たさない場合」において，$|K| = 1$ となる場合である．すなわち，以下のように，D と A を入れ替えればよいだけ，となる．

$$\begin{bmatrix} V_2 \\ I_2 \end{bmatrix} = \begin{bmatrix} D & B \\ C & A \end{bmatrix} \begin{bmatrix} V_1 \\ I_1 \end{bmatrix}.$$

11.5 ハイブリッド行列 (その 1) : $\boldsymbol{H}$ 行列

図 11-1(b) のような二端子対網があるとき，ハイブリッド行列は，次式で定義される．

$$V_1 = h_{11}I_1 + h_{12}V_2,$$
$$I_2 = h_{21}I_1 + h_{22}V_2.$$

これを行列形式で書けば，次式のようになる．

$$\begin{bmatrix} V_1 \\ I_2 \end{bmatrix} = \begin{bmatrix} h_{11} & h_{12} \\ h_{21} & h_{22} \end{bmatrix} \begin{bmatrix} I_1 \\ V_2 \end{bmatrix} = H \begin{bmatrix} I_1 \\ V_2 \end{bmatrix}.$$

ハイブリッド行列は，ベクトル成分に一次側と二次側の情報が含まれているので，特異な行列表現と思われるかもしれない．しかし，この表現方法は，トランジスタの小信号等価回路を表すための重要な表現方法なのである．詳しくは付録 K を参照されたし．

11.5.1 $\boldsymbol{H}$ 行列 : 要素決定法

未知の二端子対網の□の中を H 行列で表そうとするとき，その行列の要素の値を知る必要がある．そのためには，**図 11-13** に示すような接続をして，得られた電圧と電流を用いて以下のような計算をすればよい．

$$h_{11} = \left.\frac{V_1}{I_1}\right|_{V_2=0}, \quad h_{21} = \left.\frac{I_2}{I_1}\right|_{V_2=0},$$
$$h_{12} = \left.\frac{V_1}{V_2}\right|_{I_1=0}, \quad h_{22} = \left.\frac{I_2}{V_2}\right|_{I_1=0}.$$

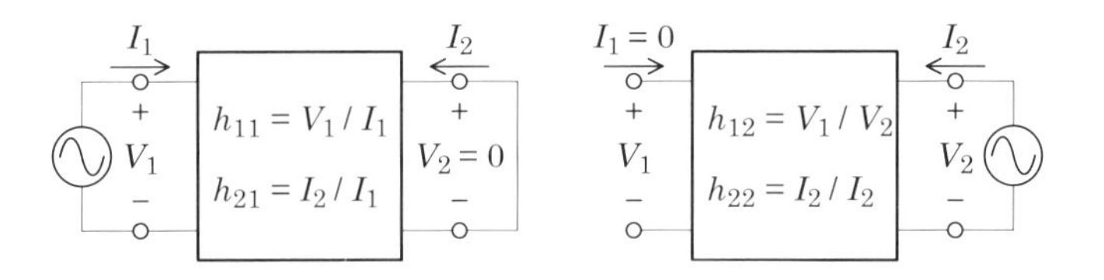

図 11-13　H 行列の要素を決定するための接続方法.

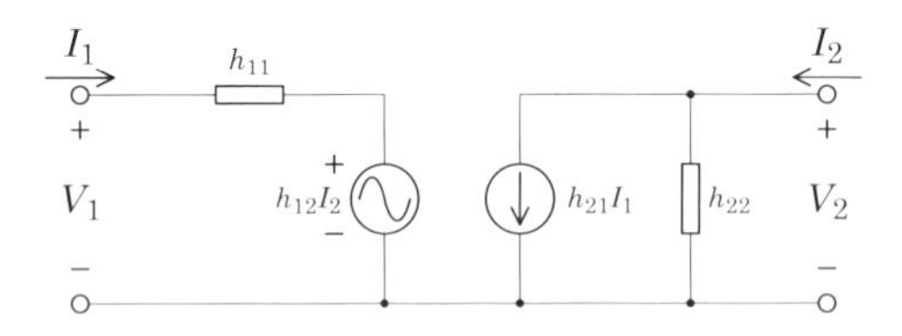

図 11-14　H 行列の等価回路.

11.5.2　$\boldsymbol{H}$ 行列：等価回路

H 行列で表されるような電流と電圧の関係になるような回路を等価回路で表すと，**図 11-14** のようになる.

11.6　ハイブリッド行列（その 2）：$\boldsymbol{G}$ 行列

図 11-1(b) のような二端子対網があるとき，G 行列は，次式で定義される.

$$I_1 = g_{11}V_1 + g_{12}I_2,$$
$$V_2 = g_{21}V_1 + g_{22}I_2$$

これを行列形式で書けば，次式のようになる.

$$\begin{bmatrix} I_1 \\ V_2 \end{bmatrix} = \begin{bmatrix} g_{11} & g_{12} \\ g_{21} & g_{22} \end{bmatrix} \begin{bmatrix} V_1 \\ I_2 \end{bmatrix} = G \begin{bmatrix} V_1 \\ I_2 \end{bmatrix}.$$

11.6.1　G 行列：要素決定法

未知の二端子対網の□の中を G 行列で表そうとするとき，その行列の要素の値を知る必要がある．そのためには，**図 11-15** に示すような接続をし

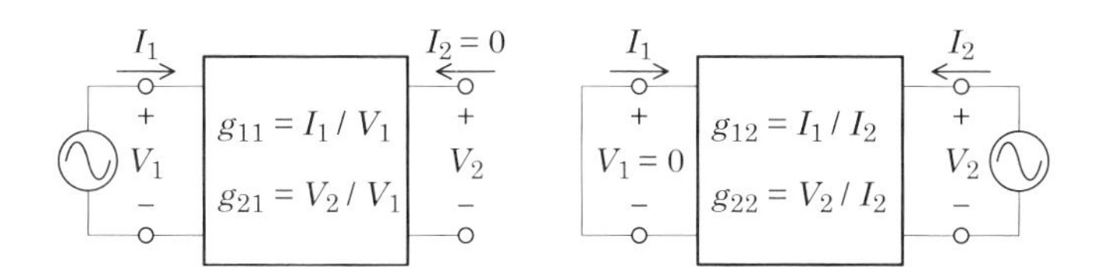

図 11-15 G 行列の要素を決定するための接続方法.

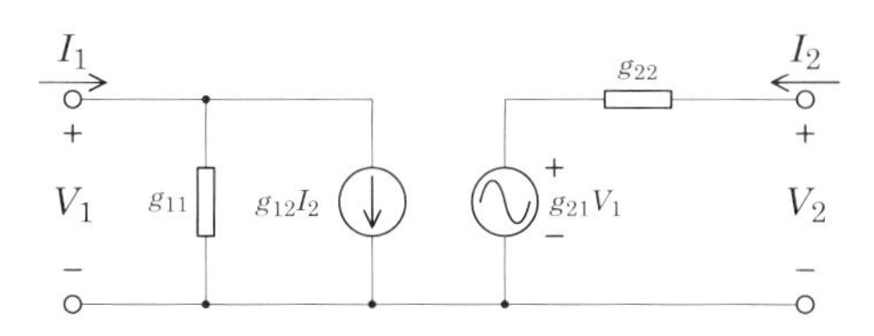

図 11-16 G 行列の等価回路.

て，得られた電圧と電流を用いて以下のような計算をすればよい.

$$g_{11} = \left.\frac{I_1}{V_1}\right|_{I_2=0}, \quad g_{21} = \left.\frac{V_2}{V_1}\right|_{I_2=0},$$
$$g_{12} = \left.\frac{I_1}{I_2}\right|_{V_1=0}, \quad g_{22} = \left.\frac{V_2}{I_2}\right|_{V_1=0}.$$

11.6.2 G 行列：等価回路

G 行列で表されるような電流と電圧の関係になるような回路を等価回路で表すと，**図 11-16** のようになる.

事前基盤知識確認事項

課題　1. 回路を表す行列の要素を求める（$\boldsymbol{Y}$ 行列）.

一次側と二次側の電圧と電流の関係式が次式となる**図 11-17** に示すような回路があるとする.

$$I_1 = y_{11}V_1 + y_{12}V_2,$$
$$I_2 = y_{21}V_1 + y_{22}V_2.$$

このとき，二次側を短絡 $(V_2 = 0)$ にした状態で一次側に I_1 なる既知の電流を流し，そのときの一次側の電圧 V_1 と二次側の電流 I_2 を計測することにより，y_{11} と y_{21} が決定できることを示せ．また，一次側を短絡 $(V_1 = 0)$ にした状態で二次側に I_2 なる既知の電流を流し，そのときの二次側の電圧 V_2 と一次側の電流 I_1 を計測することにより，y_{12} と y_{22} が決定できることを示せ.

略解　二次側を短絡した場合．すなわち，$V_2 = 0$ とした場合，与式は以下のようになる.

$$I_1 = y_{11}V_1,$$
$$I_2 = y_{21}V_1.$$

I_1 は既知であり，V_1 と I_2 は計測により明らかになることから，次式によっ

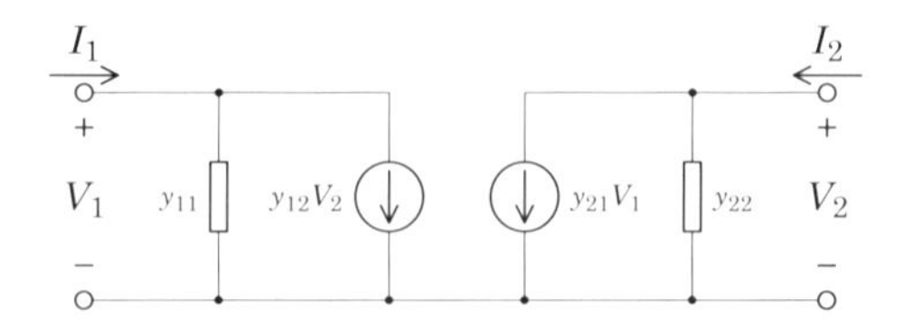

図 11-17　Y 行列の形式で表すことのできる回路.

て，y_{11} と y_{21} を決定することができる．

$$y_{11} = \frac{I_1}{V_1}, \qquad y_{21} = \frac{I_2}{V_1}.$$

一次側を短絡した場合．すなわち，$V_1 = 0$ とした場合，与式は以下のようになる．

$$\begin{aligned} I_1 &= y_{12}V_2, \\ I_2 &= y_{22}V_2. \end{aligned}$$

I_2 は既知であり，V_2 と I_1 は計測により明らかになることから，次式によって，y_{12} と y_{22} を決定することができる．

$$y_{12} = \frac{I_1}{V_2}, \qquad y_{22} = \frac{I_2}{V_2}.$$

課題 2．方程式が示す等価回路を描く（*H* 行列）．

一次側と二次側の電圧と電流の関係式が次式となる回路を描け．

$$\begin{aligned} V_1 &= h_{11}I_1 + h_{12}V_2, \\ I_2 &= h_{21}I_1 + h_{22}V_2. \end{aligned}$$

略解 第一式より，一次側の電圧 V_1 が $h_{11}I_1$ と $h_{12}V_2$ の和となっていることから，一次側の等価回路はそれぞれの電圧が現れる回路素子の直列接続と考えることができる．それぞれの電圧は以下のように解釈できる．

- $h_{11}I_1$ の電圧成分
  一次側の電流 I_1 が抵抗 h_{11} に流れたことによる電圧降下．
- $h_{12}V_2$ の電圧成分
  二次側の電圧 V_2 に比例した電圧を出す電圧源．比例定数が h_{12}．

以上より，一次側の等価回路は**図 11-18** の一次側のような回路となる．

第二式より，二次側の電流 I_2 が $h_{21}I_1$ と $h_{22}V_2$ の和となっていることから，二次側の等価回路はそれぞれの電流が流れる回路素子の並列接続と考えることができる．それぞれの電流は以下のように解釈できる．

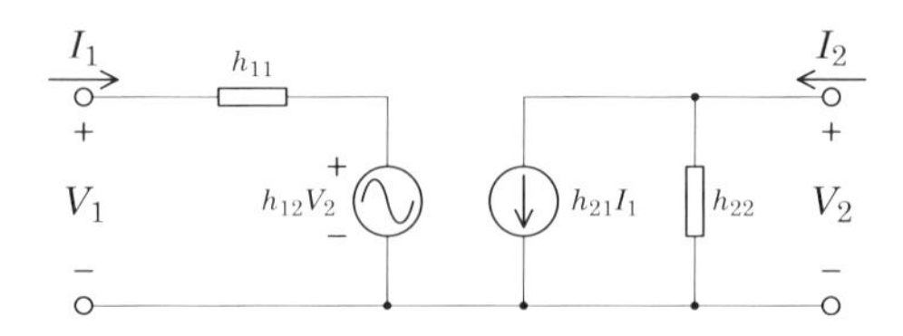

図 11-18　H 行列表現に相当する方程式が表す等価回路.

- $h_{21}I_1$ の電流成分
  一次側の電流 I_1 に比例した電流を流す電流源．比例定数が h_{21}.
- $h_{22}V_2$ の電流成分
  二次側の電圧 V_2 がコンダクタンス h_{22} に印加されることによって流れる電流.

以上より，二次側の等価回路は**図 11-18** の二次側のような回路となる.

事後学習内容確認事項

課題 1. 行列要素を用いた計算

図 11-19 の回路において，I_1, I_2 を求めよ．なお，二端子対網の z 行列要素は次のとおりとする．

$$\begin{bmatrix} 40\ \Omega & \mathrm{j}20\ \Omega \\ \mathrm{j}30\ \Omega & 50\ \Omega \end{bmatrix}$$

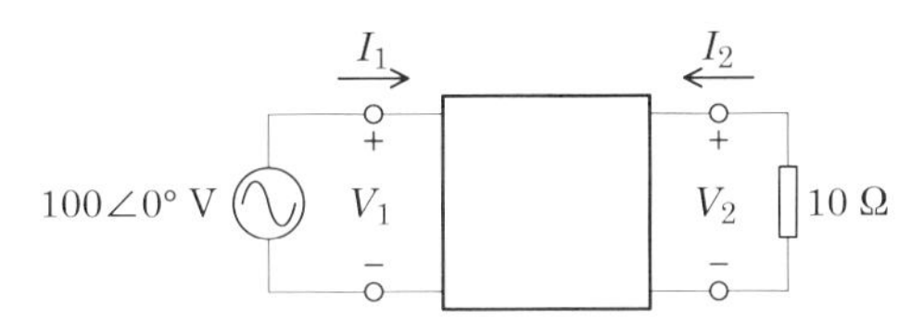

図 11-19 行列要素を用いた計算の図．

略解 $z_{12} \neq z_{21}$ であるから，**この回路は相反ではない**ことに注意のこと．

マトリクスを用いて電圧と電流の関係を直接書き下すと，

$$V_1 = 40I_1 + \mathrm{j}20I_2,$$
$$V_2 = \mathrm{j}30I_1 + 50I_2.$$

与えられた回路から (I_2 の電流の向きに注意して)，

$$V_1 = 100,$$
$$V_2 = -10I_2.$$

であるから，

$$100 = 40I_1 + \mathrm{j}20I_2, \tag{11-3}$$
$$-10I_2 = \mathrm{j}30I_1 + 50I_2. \tag{11-4}$$

式 (11-4) より,

$$I_1 = \mathrm{j}2\ I_2. \tag{11-5}$$

これを式 (11-3) に代入すると I_2 が以下のように得られる.

$$I_2 = -\mathrm{j}.$$

これを式 (11-5) に代入すると I_1 が以下のように得られる.

$$I_1 = 2.$$

これらをまとめると,

$$I_1 = (2\angle 0^\circ)\ \mathrm{A}, \qquad I_2 = (1\angle -90^\circ)\ \mathrm{A}.$$

課題 2. 行列要素を求める計算

図 11-20 の回路の y 行列を求めよ.

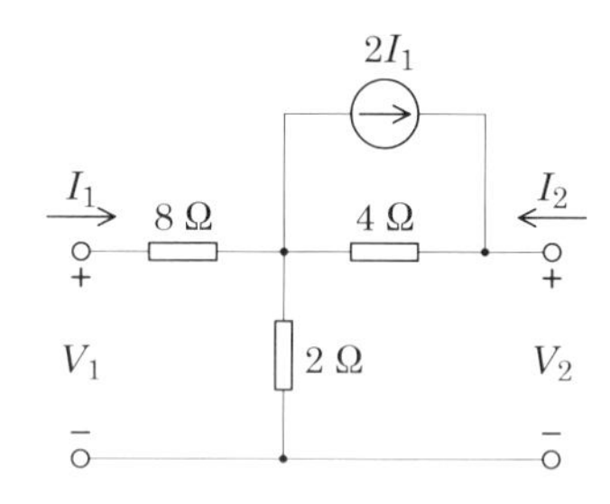

図 11-20 行列要素を求める計算の図.

略解 まず,

$$y_{11} = \frac{I_1}{V_1} \quad と \quad y_{21} = \frac{I_2}{V_1}$$

を求める回路として,**図 11-21** のような回路を考える.節点 1 の電位を V_0 と設定すると,I_1, I_2, V_1, V_2 が V_0 の定数倍として表されるはずであり,そ

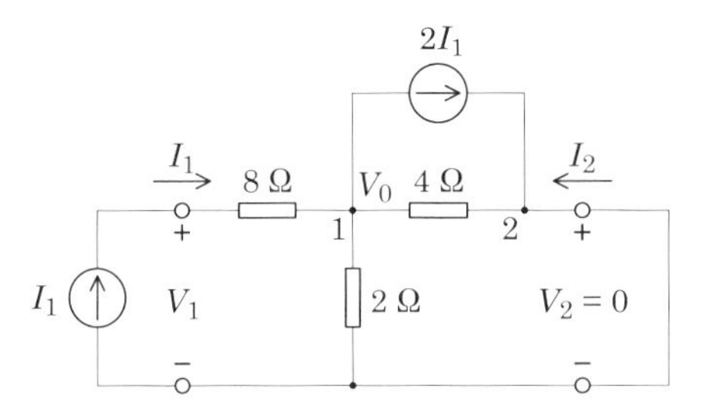

図 11-21　y_{11} と y_{21} を求めるための図.

れを利用すれば，わり算して y_{ij} を求めるときに，V_0 が消えてくれるはずである.

節点 1 の KCL を考えよう．I_1 が 8 Ω を通して流れ込む成分と，$2I_1$ として流れ出る成分が電流源関係であり，それ以外は，抵抗を通して流れ出る，と設定すると，

$$I_1 - 2I_1 = \frac{V_0 - 0}{4} + \frac{V_0 - 0}{2}. \tag{11-6}$$

ここで，8 Ω を流れる電流 I_1 については，向きに注意して，次のようにも書ける (普通のオームの法則).

$$I_1 = \frac{V_1 - V_0}{8}. \tag{11-7}$$

したがって，この式 (11-7) の I_1 を式 (11-6) に代入すれば，V_1 を V_0 で表すことができる．すなわち，

$$V_1 = -5V_0 \tag{11-8}$$

となる．また，この式 (11-8) の V_1 を式 (11-7) に代入すれば，以下のように I_1 を V_0 で表すことができる.

$$I_1 = \frac{-5V_0 - V_0}{8} = -0.75V_0. \tag{11-9}$$

式 (11-9) と式 (11-8) とから，y_{11} を以下のように求めることができる.

$$y_{11} = \frac{I_1}{V_1} = \frac{-0.75V_0}{-5V_0} = 0.15\ \text{S}.$$

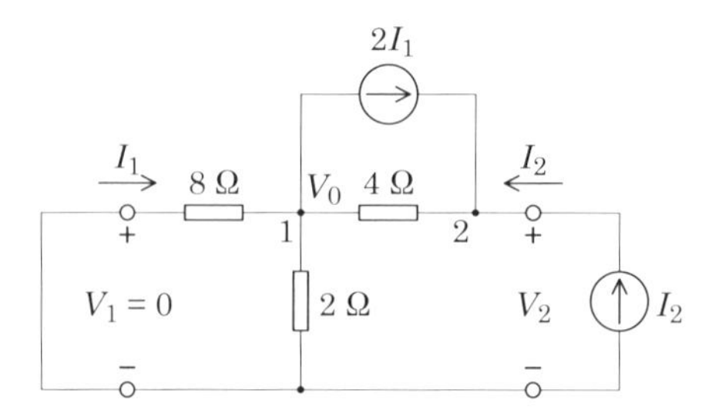

図 11-22　y_{12} と y_{22} を求めるための図.

次に，節点 2 の KCL を考えると，以下のようになる.

$$I_2 + 2I_1 = \frac{0 - V_0}{4}. \tag{11-10}$$

式 (11-9) を用いて式 (11-10) の I_1 を V_0 で表せば，以下のように I_2 を V_0 で表すことができる.

$$I_2 = 1.25V_0.$$

したがって，y_{21} が以下のように求められる.

$$y_{21} = \frac{I_2}{V_1} = \frac{1.25V_0}{-5V_0} = -0.25 \text{ S}.$$

次に，

$$y_{12} = \frac{I_1}{V_2} \quad \text{と} \quad y_{22} = \frac{I_2}{V_2}$$

を求める回路として，**図 11-22** のような回路を考える．このとき，節点 1 の KCL は以下のようになる.

$$-2I_1 = \frac{V_0 - 0}{8} + \frac{V_0 - V_2}{4} + \frac{V_0 - 0}{2}. \tag{11-11}$$

ここで，8 Ω の抵抗の部分に注目すると，

$$I_1 = -\frac{V_0}{8} \tag{11-12}$$

となり，I_1 を V_0 を用いて表すことができている．この式 (11-12) の I_1 を式 (11-11) に代入すれば，V_2 を V_0 で表すことができる．すなわち，

$$V_2 = 2.5V_0. \tag{11-13}$$

となる．したがって，y_{12} が以下のように求められる．

$$y_{12} = \frac{I_1}{V_2} = \frac{-V_0\ /\ 8}{2.5V_0} = -0.05\ \mathrm{S}.$$

次に，節点 2 の KCL をつくると，

$$I_2 + 2I_1 = \frac{V_2 - V_0}{4}. \tag{11-14}$$

式 (11-11) と式 (11-13) を用いて，上式 (11-14) の I_1 と V_2 を V_0 で表せば，I_2 と V_0 の関係が判り，

$$I_2 = 0.625V_0.$$

となる．したがって，

$$y_{22} = \frac{I_2}{V_2} = \frac{0.625V_0}{2.5V_0} = 0.25\ \mathrm{S}.$$

以上の結果をまとめると，以下のようになる．

$$\begin{aligned} y_{11} &= 0.15\ \mathrm{S}, & y_{12} &= -0.05\ \mathrm{S}, \\ y_{21} &= -0.25\ \mathrm{S}, & y_{22} &= 0.25\ \mathrm{S}. \end{aligned}$$

なお，$y_{12} \neq y_{21}$ となっていることから，この回路が相反回路ではないことがわかる．

第12章

過渡現象の基礎

これまでの章では，電気回路の交流電源を ON してから十分に時間が経過した後の定常状態について学んだ．ここでは，電気回路の電源を ON してから定常状態に至るまでの過渡状態について学ぶ．過渡現象は直流・交流の如何に関わらず存在するが，本章では，簡単化のために直流に限定し，最も簡単な RL 直列回路と RC 直列回路の過渡応答について学習する．

12.1　回路素子の特性の復習

過渡現象を扱う場合には，定常的な正弦波交流の電圧と電流だけを対象として導入したフェーザの概念を使うことはできない．したがって，抵抗 R，コイル L，コンデンサ C の電流と電圧の関係式として以下のような一般形を使う．

$$v(t) = Ri(t), \qquad v(t) = L\frac{\mathrm{d}i(t)}{\mathrm{d}t}, \qquad v(t) = \frac{1}{C}\int i(t)\ \mathrm{d}t.$$

12.2　RL 直列回路の過渡現象

本節では，**図 12-1** の RL 直列回路において，時刻 $t = 0$ でスイッチ S を閉じたときに回路に流れる電流 $i(t) = i_{\mathrm{R}}(t) = i_{\mathrm{L}}(t)$，抵抗 R にかかる電圧 $v_{\mathrm{R}}(t)$，コイル L にかかる電圧 $v_{\mathrm{L}}(t)$ を求める．なお，$t = 0$ におけるコイルの電流はゼロとする．

抵抗 R とコイル L に関しては，次式が成り立つ．

$$v_{\mathrm{R}}(t) = Ri(t), \qquad v_{\mathrm{L}}(t) = L\frac{\mathrm{d}i(t)}{\mathrm{d}t}. \tag{12-1}$$

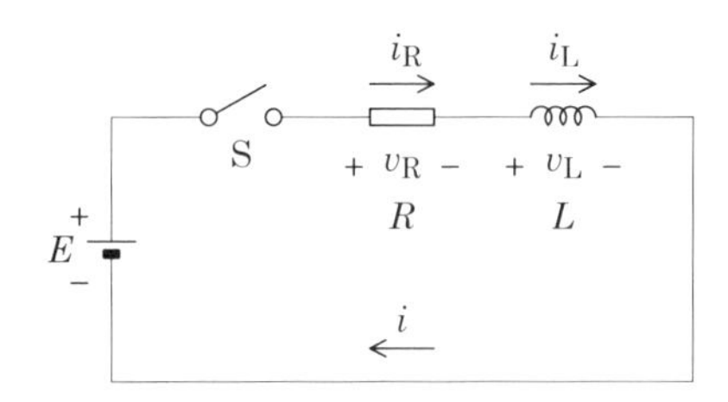

図 12-1 RL 直列回路の過渡現象を考えるための回路.

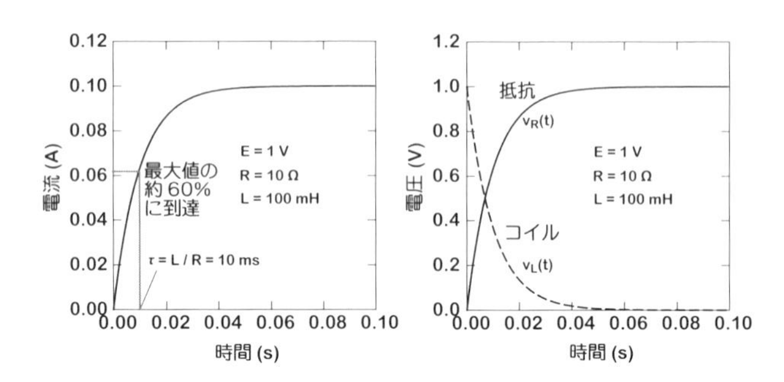

図 12-2 RL 直列回路の過渡応答.

キルヒホッフの電圧と電流の法則から,

$$v_{\mathrm{R}}(t) + v_{\mathrm{L}}(t) = E, \qquad i_{\mathrm{R}}(t) = i_{\mathrm{L}}(t) = i(t). \tag{12-2}$$

となる. したがって, 次式が得られる.

$$L\frac{\mathrm{d}i(t)}{\mathrm{d}t} + Ri(t) = E. \tag{12-3}$$

この微分方程式を解いて $i(t)$ を求めると,

$$i(t) = \frac{E}{R}\left(1 - \mathrm{e}^{-t/\tau}\right) \tag{12-4}$$

となる. ここで, $\tau = L/R$ である. したがって, 抵抗 R とコイル L にかかる電圧は, それぞれ以下のようになる.

$$v_{\mathrm{R}}(t) = Ri(t) = E\left(1 - \mathrm{e}^{-t/\tau}\right), \tag{12-5}$$

$$v_{\mathrm{L}}(t) = L\frac{\mathrm{d}i(t)}{\mathrm{d}t} = E\mathrm{e}^{-t/\tau}. \tag{12-6}$$

以上の結果を用いて電流と電圧の挙動を図示すると，**図 12-2** のようになる．時定数 τ は，コイルに流れる電流が最大値の $(1-\mathrm{e}^{-1})$ $(=0.63=63\%)$ に到達する時間である．以上の結果から，以下のことがわかる．

RL 直列回路に電圧を印加しても，
コイルにはすぐに電流が流れない．

時定数 $\tau = L/R$ は，このときの遅延時間の指標となる．

12.3　RC 直列回路の過渡現象

本節では，**図 12-3** の RC 直列回路において，時刻 $t=0$ でスイッチ S を閉じたときの電流 $i(t)$，抵抗 R にかかる電圧 $v_{\mathrm{R}}(t)$，コンデンサ C にかかる電圧 $v_{\mathrm{C}}(t)$ を求める．なお，$t=0$ でコンデンサに蓄積されている電荷はゼロとする．

抵抗 R とコンデンサ C に関しては，次式が成り立つ．

$$v_{\mathrm{R}}(t) = Ri(t), \qquad v_{\mathrm{C}}(t) = \frac{1}{C}\int i(t)\ \mathrm{d}t. \tag{12-7}$$

キルヒホッフの電圧と電流の法則から，

$$v_{\mathrm{R}}(t) + v_{\mathrm{C}}(t) = E, \qquad i_{\mathrm{R}}(t) = i_{\mathrm{C}}(t) = i(t). \tag{12-8}$$

となる．したがって，次式が得られる．

$$\frac{1}{C}\int i(t)\ \mathrm{d}t + Ri(t) = E. \tag{12-9}$$

この積分方程式を解くと，

$$i(t) = \frac{E}{R}\mathrm{e}^{-t/\tau} \tag{12-10}$$

となる．ここで，$\tau = RC$ である．

したがって，抵抗 R とコンデンサ C にかかる電圧は，それぞれ以下のようになる．

$$v_{\mathrm{R}}(t) = Ri(t) = E\mathrm{e}^{-t/\tau}, \tag{12-11}$$

$$v_{\mathrm{C}}(t) = \frac{1}{C}\int i(t)\ \mathrm{d}t = E\left(1-\mathrm{e}^{-t/\tau}\right). \tag{12-12}$$

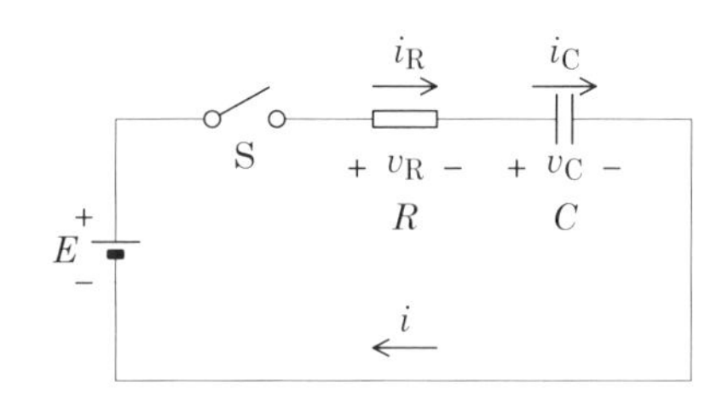

図 12-3 RC 直列回路の過渡現象を考えるための回路.

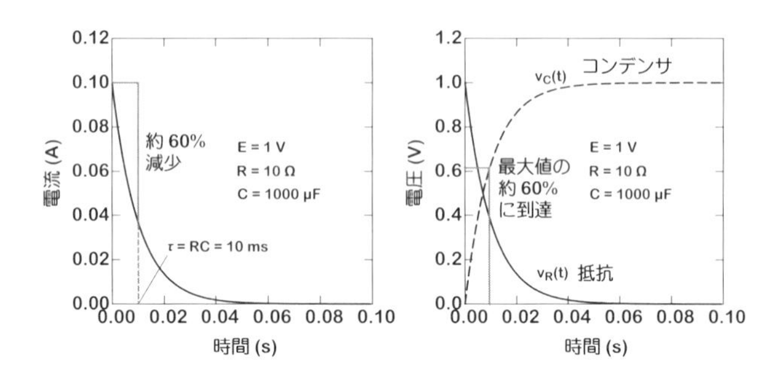

図 12-4 RC 直列回路の過渡応答.

以上の結果を用いて電流と電圧の挙動を図示すると，**図 12-4** のようになる．時定数 τ は，コンデンサの電圧 $v_C(t)$ が最大値の $(1-\mathrm{e}^{-1})$ $(=0.63=63\%)$ に到達する時間である．以上の結果から，以下のことがわかる．

> **RC 直列回路に電圧を印加しても，**
> **コンデンサにはすぐに電圧がかからない．**

時定数 $\tau = RC$ は，このときの遅延時間の指標となる．

12.4 過渡現象における回路素子の特徴

本章のこれまでの説明では，微分方程式を解くことで電気回路の過渡応答の理解や予測が可能であることを示した．しかし，微分方程式を解くという作業は，電気回路を学習した人でなくてもできる．電気回路（の特に過渡応答）を学習したのであれば，回路をぱっと見ただけでおおよその過渡応答を

表 12-1 通常の交流，急激な変化を伴う過渡状態，及び直流定常状態における回路素子の振る舞い．

	通常の交流の場合	$\dfrac{\mathrm{d}i}{\mathrm{d}t}$ または $\dfrac{\mathrm{d}v}{\mathrm{d}t}$ が極めて大きい	$\dfrac{\mathrm{d}i}{\mathrm{d}t}$ または $\dfrac{\mathrm{d}v}{\mathrm{d}t}$ が極めて小さい
L	○—ℓℓℓ—○	○—○　○—○	○—○—○—○
C	○—||—○	○—○—○—○	○—○　○—○
R	○—▭—○	○—▭—○	○—▭—○

頭に描いたり，波形をぱっと見ただけで何が原因であるかを推測できた方が望ましい．本節では，そのために必要な素養として，過渡応答に限定した場合に L，C，R が**表 12.4** に示すように近似されることを学ぶ．

12.4.1 コイル L

コイル L の電流電圧特性は，もともと電流の変化に対する逆起電力が起源となっている．したがって，スイッチを入れた瞬間やスイッチを切った瞬間という極めて大きな変化を伴うときには，大きな逆起電力が L にかかることになる．究極の場合を考えると，その電圧によって L に電流が流れなくなる（本章で学習した RL 直列回路の $t = 0$ の状況に相当）．そのため，

- **過渡状態の概略を頭に描く際には L を開放（open）とみなす．**

一方，十分に時間が経過した後は時間変化の無い直流状態であるから，L は単なる導線となる．すなわち，

- **直流定常状態の概略を頭に描く際には L を短絡（short）とみなす．**

12.4.2 コンデンサ C

コンデンサ C は二つの電極が向かい合ったものである．これに電流が流れ込むと，蓄積された電荷の量に比例した電圧が発生する．抵抗が直列に接続されている場合には，本章で学習したように，C の電圧が印加電圧と同じ

になるまでに時間を要する．これは有限の速度で電荷が蓄積されるからである．一方，抵抗が無い C だけを考えた場合には，所要時間ゼロでその電圧になる．これは，見方を変えると，電荷が無限の速度で移動することを意味し，抵抗が 0 であることに相当する．そのため，

- **過渡状態の概略を頭に描く際には C を短絡（short）とみなす．**

一方，十分に時間が経過した後は時間変化の無い直流状態であるから，コンデンサは単なる離れた電極となる．すなわち，

- **直流定常状態の概略を頭に描く際には C を開放（open）とみなす．**

12.4.3 抵抗 R

抵抗における電圧と電流の関係は単純な比例式（オームの法則）である．したがって，抵抗については過渡応答に特有の視点というものはない．ただし，現実の抵抗は，有形の物質で構成されているために生じる寄生成分（L 成分や C 成分）が少なからず内在しており，過渡現象を扱う場合にはその影響が顕在化する場合がある．[*1]

通常は寄生成分が無視できる値となるように製造されているが，無視できるのはメーカーが提示している「通常の使用条件下」に限られる（例えば，スイッチを入れてから十分に時間が経過した後など）．通常でない条件下（例えば，スイッチを入れた瞬間や，パルス電圧が印加された瞬間）については，メーカーの保証範囲外となる．寄生 L 成分は，過渡現象を扱う回路で大きな問題となるため，L 成分を極力減らした抵抗（無誘導抵抗）が市販されている．一方，寄生 C 成分については，抵抗の自身が問題になることはあまりない．[*2] むしろ複数の回路素子や導線が向かい合った構造をしているときの C 成分の方が過渡現象に大きな影響を及ぼす．[*3]

[*1] リード線がついた通常の抵抗では $L=$ 数十〜数百 nH，$C=$ 数百 fF．

[*2] リード線のついた通常の抵抗では $C=$ 数百 fF．

[*3] 後述の第 12.5.4 節（集積回路の多層配線）を参照されたし．

12.4.4　インピーダンスの式による理解

コイルやコンデンサに対する前節のような見方は，以下に示すように，本書で学習したインピーダンスを表す式からでも理解することができる．なお，以下の説明にて ω は交流の周波数である．

●コイル

コイル L のインピーダンスの式 $\mathrm{j}\omega L$ から以下のことがわかる．

- **時間変化が激しい場合**（ω が大きい高周波に対応）
  $\mathrm{j}\omega L$ が大きくなる．$\mathrm{j}\omega L \to \infty$ $(\omega \to \infty)$ であるから，

  L は開放（open）

  と近似できる．
- **時間変化が緩やかな場合**（ω が小さい低周波に対応）
  $\mathrm{j}\omega L$ が小さくなる．$\mathrm{j}\omega L \to 0$ $(\omega \to 0)$ であるから，

  L は短絡（short）

  と近似できる．

●コンデンサ

コンデンサ C のインピーダンスの式 $\dfrac{1}{\mathrm{j}\omega C}$ から以下のことがわかる．

- **時間変化が激しい場合**（ω が大きい高周波に対応）
  $\dfrac{1}{\mathrm{j}\omega C}$ が大きくなる．$\dfrac{1}{\mathrm{j}\omega C} \to 0$ $(\omega \to \infty)$ であるから，

  C は短絡（short）

  と近似できる．
- **時間変化が緩やかな場合**（ω が小さい低周波に対応）
  $\dfrac{1}{\mathrm{j}\omega C}$ が小さくなる．$\dfrac{1}{\mathrm{j}\omega C} \to \infty$ $(\omega \to 0)$ であるから，

  C は開放（open）

  と近似できる．

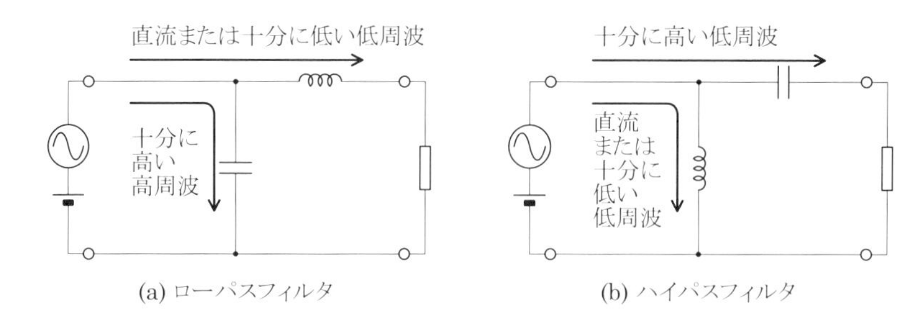

図 12-5 (a) コイルとコンデンサによるローパスフィルタ. (b) コイルとコンデンサによるハイパスフィルタ.

12.5 過渡応答の応用回路

周波数の異なる信号に対してコイルとコンデンサが前節のような特徴を示すことを利用すると，複数の周波数成分を有する信号から，低周波だけを通過させる回路（ローパスフィルタ）や高周波だけを通過させる回路（ハイパスフィルタ）ができる.[*4] もっともシンプルな例は，**図 12.5**(a) と (b) に示したローパスフィルタとハイパスフィルタである. どちらもコイルとコンデンサが以下の特性をもつことを利用している.

高周波に対してコイルは開放だがコンデンサは短絡.
低周波に対してコイルは短絡だがコンデンサは開放.

こうしたフィルタ回路以外にも，周波数領域によってコイルやコンデンサを開放や短絡に近似できることを利用した応用例が多数あり，利用目的に応じて以下のような特別な名称が付けられている.

- **チョークコイル**
  ある端子の信号を別の端子に伝達するとき，交流成分をカットして，直流成分だけを伝達したい場合に，端子間の接続素子として使う.[*5]

[*4] 見方によっては共振回路の性質を利用した回路とみることもできる.
[*5] choke は「詰まらす」などの意味の動詞，もしくは,「詰まらすもの」という意味の名詞.

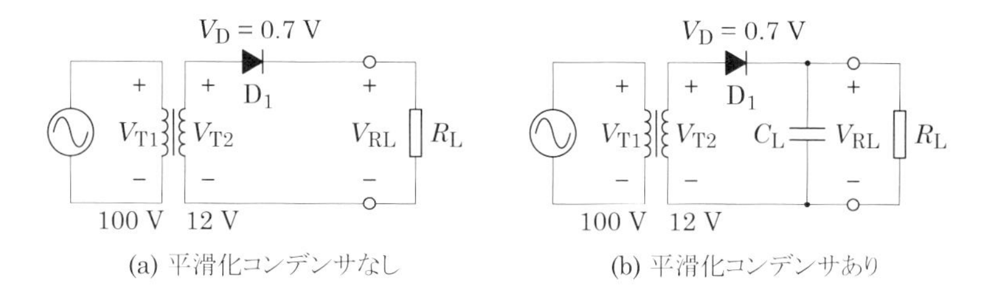

図 12-6 半波整流回路. (a) 平滑化コンデンサ無し. (b) 平滑化コンデンサ有り.

- **カップリングコンデンサ**
  ある端子の信号を別の端子に伝達するとき，直流成分をカットして，交流成分だけを伝達したい場合に，端子間の接続素子として使う.
- **バイパスコンデンサ**
  抵抗に流れる電流のうち，交流成分だけは抵抗をバイパスするようにして流れてほしい場合に，抵抗と並列に接続して使う.
- **平滑化コンデンサ**
  ある二端子間の交流電圧の脈動を抑制するために，そのに端子間をまたぐように接続して使う.[*6]

次節では，より実践的な理解のためにいくつかの典型的な事例を示し，これらがどのような状況で必要になるのかを学習する.

12.5.1 平滑化コンデンサ

コンセントから直接給電できるのは正弦波交流であるが，電気・電子デバイスの多くは直流で駆動される．そのため，交流を直流に変換する回路が必要となる．**図 12-6** はそのような回路の一例である．**図 12-7** は，**図 12-6** におけるコンデンサ C_{L} の有無が，負荷抵抗 R_{L} の電圧 V_{RL} に与える影響を示したものである.

英語では，a choke coil, a choking coil, もしくは a choke という.

[*6] この用途では，コンデンサが周波数によって「短絡」や「開放」になるという性質が利用されている，というよりも，蓄積された電荷によって電圧を維持できるという性質が利用されている，と見た方が理解しやすい.

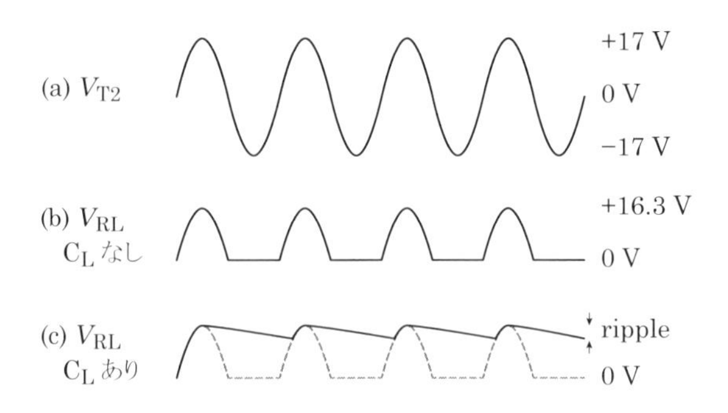

図 12-7 平滑化コンデンサの有無による半波整流回路の各部の電圧波形の違い.

この回路では，まず第 8 章で学んだ変圧器によって実効値 100 V の正弦波電圧（コンセントからの電圧）を必要な低電圧（実効値 12 V とする）まで小さくする．次に，ダイオードの整流作用を利用して，**図 12-7**(b) に示すようにプラスの成分だけにする．正弦波に含まれるマイナス成分を捨ててプラス成分だけをとることを**半波整流**といい，そのような作用をもつ回路を**半波整流回路**という．なお，ダイオードにおける電圧降下が約 0.7 V あるため，半波整流された波形の振幅は**図 12-7**(a) に示した整流前の波形の振幅よりも約 0.7 V 程度小さくなる.[*7]

半波整流によって得られた**図 12-7**(b) の波形はまだ脈動しており，直流とはいえない波形である．このような脈動電圧を平滑化して直流電圧に近づけるために，電荷蓄積によって電圧を維持することが可能なコンデンサを並列に接続するのである．こうした目的で接続されるコンデンサのことを**平滑化コンデンサ**と呼ぶ．**図 12-6**(b) に示すようにコンデンサ C_L を接続すると，負荷に印加される電圧の波形は**図 12-7**(c) のようになる．負荷に印加される電圧の脈動はコンデンサへの電荷蓄積によって抑制される．

しかしその抑制は完璧ではなく，コンデンサから電荷が（負荷抵抗を通して）放出される時間帯では電圧が時間とともに減少する.[*8] この電圧の目減

[*7] ダイオードの種類によって電圧降下の大きさは異なる．0.7 V はシリコンダイオードの場合における電圧降下の典型値である．

[*8] 本章で学習したコンデンサと抵抗の直列接続の場合に近い状況である．

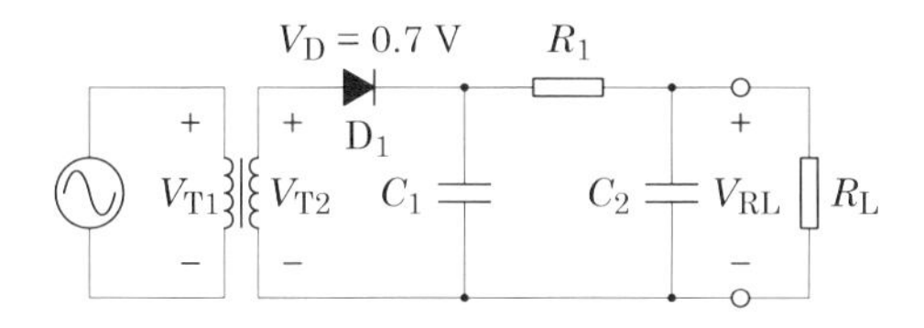

図 12-8 RC 平滑化フィルタ付半波整流回路.

りを**リップル (ripple)** という. リップルによる電圧降下 ΔV は近似的には次式で与えられる.[*9]

$$\Delta V = \frac{V_{\mathrm{m}}}{fC_1R_{\mathrm{L}}} \tag{12-13}$$

ここで, f は元の波形の周波数, V_{m} は元の波形の振幅である. **図 12-7**(b) では, $V_{\mathrm{m}} = 16.3$ V である. このとき, 例えば, $f = 60$ Hz, $R_{\mathrm{L}} = 10$ kΩ, $C_1 = 4700$ μF とすると, $\Delta V = 5.8$ mV となる. 上記の近似式はかなり粗い近似式であるため正確ではないが, コンデンサの挿入によってかなり脈動が抑制されることがわかる.

上記のリップルを更に抑制するためには, コンデンサの容量を大きくするか, 負荷抵抗を大きくする必要がある. 負荷抵抗はその回路の仕様で事前に決まっている場合が多いので勝手に変えるわけにはいかない. したがって, コンデンサの容量を大きくする方策がとられる. といっても, 面積を必要とするコンデンサを大きくすれば, それだけ実装回路の中に占めるコンデンサの占有面積も増える. コンパクトにまとめるためには別の方策をとる必要がある. その一例が, **図 12-8** に示した RC 平滑化フィルタ付半波整流回路である. R_1 と C_2 がローパスフィルタとしての役割を果たし, リップルを抑制する. 見方を変えると, R_1 と C_2 は電圧分割回路のような役割を果たす. リップルによる電圧降下を ΔV とすると, このフィルタを通した後の電圧降下 $\Delta V'$ は,

$$\Delta V' = \Delta V \frac{X_{\mathrm{C2}}}{\sqrt{R_1^2 + X_{\mathrm{C2}}^2}} \tag{12-14}$$

[*9] この導出に関しては付録 L を参照されたし.

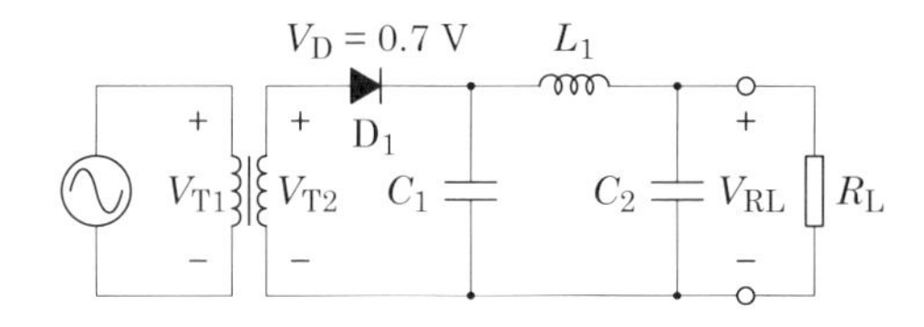

図 12-9 LC 平滑化フィルタ付半波整流回路.

となる．ここで，

$$X_{C2} = \frac{1}{\omega C_2} \tag{12-15}$$

である．先述の $\Delta V = 5.8$ mV のリップル電圧があったとき，$R_1 = 100$ Ω，$C_2 = 1000$ μF なる抵抗とコンデンサを接続すると，リップル電圧は $\Delta V' = 1.5$ mV まで抑制される．

上記の方法により，V_{RL} に重畳する脈動は抑制されるが，R_1 における電圧降下が直流成分に対しても発生する．そのため，V_{RL} 全体の大きさが低下することになる．このような電圧の目減りを抑制しつつ，脈動も抑制する方法として，**図 12-9** に示したように，R_1 の代わりにコイルを用いる方法がある．この方式では，電流変動が大きいときにコイルが大きな抵抗として振る舞い，変動が小さいときにはコイルは単なる導線として振る舞うという後述の**チョークコイル**としての性質を用いている．したがって，先ほどの抵抗を用いた場合のように，交流と直流の両方に対して電圧の目減りが起こるのではなく，交流（すなわち，リップル）に対してだけ電圧の目減りが起こる．先ほどの例題で，$L_1 = 10$ H とし，R_1 の代わりに ωL_1 とすれば，LC 回路を用いた場合のリップルは，$\Delta V' = 4$ μV まで抑制される．しかも，直流成分の電圧の目減りは無い．

ただし，良いことずくめではない．コイルがコイルとして機能するためには，電圧ではなく電流が必要である．これはコイルの基本式 $v(t) = L\,\mathrm{d}i(t)/\mathrm{d}t$ からわかると思う．このとき，負荷抵抗 R_L が極めて大きくてほとんど電流が流れない場合には，電流の大きさが小さいために $\mathrm{d}i(t)/\mathrm{d}t$ の大きさも小さいものとなる．すなわち，それなりの電流が流れてくれなければ，仮にチョークコイルを用いたとしても，あまり大きな効能は期待できな

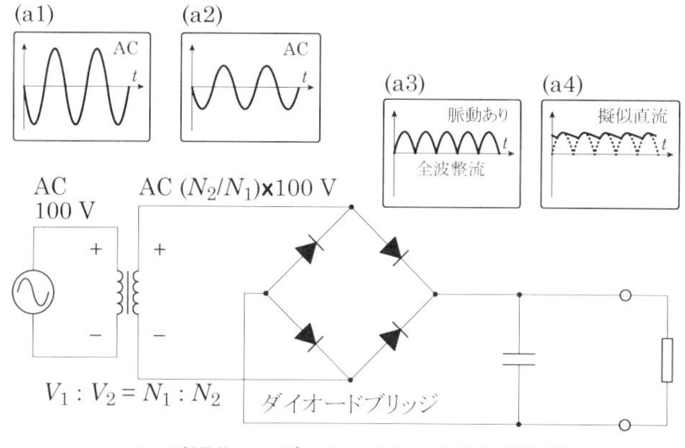

(a) 平滑化コンデンサつけた AC-DC 変換器

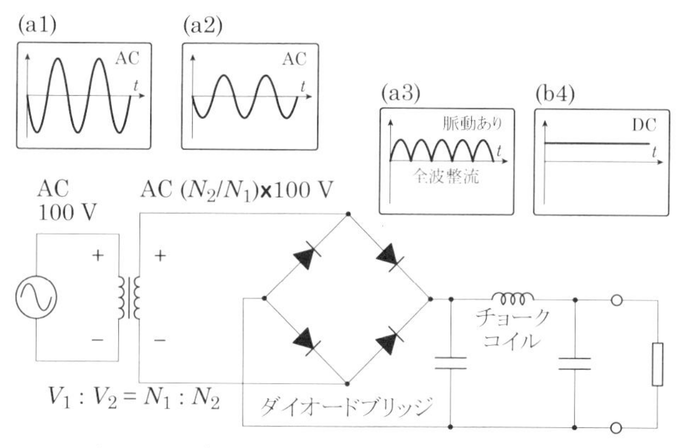

(a) 平滑化コンデンサとチョークコイルをつけた AC-DC 変換器

図 12-10 (a) 全波整流回路（平滑化コンデンサのみ）. (b) 全波整流回路（LC フィルタ付）.

いのである.

上記の半波整流回路は，ダイオードを 1 個だけ用いた簡単な整流回路であるため，正弦波交流のマイナス分を捨てていた．**図 12-10**(a) に示すように，ダイオードを 4 個用いると，捨てていたマイナスの成分も使うことができる．このように 4 個のダイオードを用いた四角の回路部分を**ダイオードブリッジ**と呼んでいる．また，半波整流回路が正弦波の半分を使うのに対し，この図の回路は正弦波を全部使うので**全波整流回路**と呼ばれている.[*10] このような全波整流回路は交流を直流に変換するときに広く用いられており,代表的な例がスマホの充電などに利用されている AC アダプタである.この場合にも,**図 12-10**(b) に示すように,先述の LC フィルタを用いたリップル抑制措置を利用することが可能であり,一般によく用いられている.

12.5.2 カップリングコンデンサとバイパスコンデンサ

トランジスタは本書の範囲外である電子回路学での学習項目であるが,トランジスタを正しく動作させるための周辺回路素子として,電気回路学で学習した抵抗,コンデンサ,コイルが利用されている.本節では,そうした周辺回路素子の中でも最も頻出する**カップリングコンデンサ**と**バイパスコンデンサ**について説明する.なお,本節ではトランジスタの詳細を説明することができないので,電子回路学を正式に学習した後に再び本節を見直してほしい.

図 12-11 は電子回路学にて学習することになるエミッタ接地トランジスタ増幅回路の一例であり,入力した微小信号 v_{in} を増幅して v_{out} として出力する回路である.[*11] トランジスタについて学習するとわかるのだが,増幅素子としての所望の動作をトランジスタにさせるためには,微小信号を入力するベース端子 B に適当な直流バイアス電圧が印加されていなければならない.すなわち,ベース端子 B に入力すべき電圧は,直流バイアス電圧と微小信号が重畳した電圧でなければならないのである.

図 12-11 では,その直流バイアス電圧をベース端子 B に与えるために,$V_{\mathrm{CC}} = +10$ V の電池から供給される直流電圧を抵抗 R_1 と R_2 で分割して

[*10] ダイオードブリッジ単独でも全波整流回路と呼ばれる場合がある.

[*11] トランジスタ(厳密にはバイポーラトランジスタ)は電流増幅素子なので,本来は,電圧が増幅されるという見方はよろしくない.くどい言い方になるが,より厳密には,「ベースに印加された微小交流電圧による微小ベース交流電流を h_{FE} 倍したものがコレクタ側の交流電流として流れ,それが負荷抵抗を流れることによって,負荷側にベース側の微小交流電圧を増倍したような交流電圧が発生する」,という言い方になる.ここでは,交流が重畳しているときの「電圧」(バイアス電圧)のかけ方について説明しているので,あえて電流ではなく電圧を主人公のようにして述べているが,バイポーラトランジスタの本当の主人公は電流である.

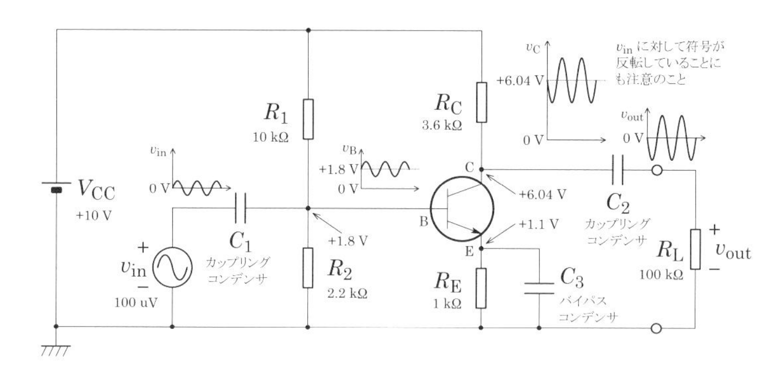

図 12-11 電圧分割バイアス式増幅回路の例.

与えている（+1.8 V になる）．この電圧に，増幅したい微小信号電圧 v_{in} を重畳させたいのだが，v_{in} をベース端子 B に直結するとマズイことが起こる．なぜなら，v_{in} が 0 V を中心に振動しているので，v_{in} をベース端子 B に直結すると，ベース端子 B の平均的な直流バイアス電圧が 0 V になってしまうからである（せっかくバイアス電圧を印加しようとしたのに）．

このとき，ベース端子 B のバイアス電圧をかき乱すことなく v_{in} を加えるために用いられるのが**カップリングコンデンサ**である．図中の C_1 がそれである．適切な容量のカップリングコンデンサ C_1 を介して v_{in} をベース端子 B に接続すると，直流成分にとっては，C_1 が「開放」と同等となるので，v_{in} が接続されていないのと同等となる．すなわち，ベース端子 B の直流バイアス電圧を乱すことがない．一方，交流成分である微小信号にとっては，カップリングコンデンサ C_1 の部分は「短絡」（直結）と同等になるため，ベース端子 B にその微小信号 v_{in} が伝達される．これにより，ベース端子 B の電圧は，バイアス電圧 (+1.8 V) と微小信号 v_{in} が重畳した所望の電圧となる．どれくらいの容量のコンデンサを接続すればよいかについては付録 L に記したので参照されたし．

このようなカップリングコンデンサは，増幅回路の出力段にも存在する．図中の C_2 がそれである．トランジスタについて学習するとわかるのだが，コレクタ端子 C の電圧（増幅された電圧）には，直流バイアスが重畳している．これに対し，一般には，負荷抵抗 R_L に印加する電圧は，0 V を中心にして振動していることが望まれる．したがって，コレクタ端子 C の電圧を負荷抵抗 R_L に直結すると，望みの状態にはならないのである．

望みの状態にするためには，同図のようにカップリングコンデンサ C_2 を介してコレクタ端子 C と負荷抵抗を接続すればよい．直流成分にとっては，カップリングコンデンサは「開放」と同等であるから，コレクタ端子 C と負荷抵抗 R_L は接続されていないのと同等となる．一方，交流成分（増幅された信号）にとっては，カップリングコンデンサは「短絡」と同等であるから，増幅された信号だけは，ちゃんと負荷抵抗 R_L に伝達される．これにより，負荷抵抗の電圧は 0 V を中心として振動する電圧となる．

なお，**図 12-11** には，もう一つのコンデンサ C_3 があり，トランジスタのエミッタ端子 E に接続された抵抗 R_E と並列に接続されている．これが，**バイパスコンデンサ**と呼ばれているものである．R_E は，トランジスタを増幅素子として機能させるために必須の抵抗ではないのだが，トランジスタの直流バイアス電圧が安定するという効能があるために接続されている．[*12] ただし，この R_E だけをエミッタ端子 E に接続すると，マズイことが生じる．なぜなら，この R_E だけがエミッタ端子に直列接続されると，増幅回路の入力端子であるベース端子 B から右側を見たときの入力抵抗が R_E だけ増えることになるため，ベース端子 B からエミッタ端子 E に流れる交流電流（増幅したい信号の電流）が，大幅に減少してしまうからである．[*13] これにより，実効的な増幅率が下がってしまうことになる．バイパスコンデンサ C_3 は，この問題を回避するために接続される．適切な容量のバイパスコンデンサを接続すると，直流成分にとっては，コンデンサは「開放」と同等であるから，接続していないのと同等となる．一方，交流成分にとっては，コ

[*12] トランジスタの直流バイアス電圧は，いくつかの要因によりシフトしてしまう可能性を有している．R_E を入れると，ベース・エミッタ間に印加される電圧が減ることになるが，負帰還が働くことによって，バイアス電圧のシフトを抑制してくれる．詳しくは，電子回路学で学習されたし．

[*13] ベース・エミッタ間に印加される直流バイアス電圧も減少するが，これについては，予め設計時に減少分を考慮して電圧をかければよい．しかし，どんな信号がくるかわからない入力信号については，予め措置することができないため問題となる．なお，R_E によるベース・エミッタ間の電圧減少については，付録 L でものべているので，そちらも参照されたし．

図 12-12 ノイズが機器に侵入することを防ぐ工夫が施された交流電源レセプタブル（TDK ラムダ株式会社製 RPE-2003）．このレセプタブルは，ノーマルモードノイズとコモンモードノイズの両方を抑制する工夫がなされている．(写真提供：TDK ラムダ株式会社，株式会社秋月電子通商)

ンデンサは「短絡」と同等であるから，R_{E} の両端を導線で接続したのと同等となる．すなわち，交流成分にとっては，エミッタ端子 E が R_{E} を介さずに接地されているのと同等となる．これにより，直流バイアスに関係する成分は R_{E} の効能を享受し，かつ，交流成分にとっては R_{E} が無いような状態を実現しているのである．これについても，どれくらいの容量のコンデンサを接続すればよいのか，については付録 L に記したので参照されたし．

12.5.3 チョークコイル

電気製品を駆動する場合，一般にはコンセントから電源をとる．このとき，製品側は単純な正弦波の電圧が印加されることを期待している．しかし，雷などの原因によってノイズ（急峻に変化する電圧や電流）が重畳することがある．その重畳電圧や電流の大きさが大きいと，電気製品が破損する場合がある．[*14] このようなノイズを電気製品側に伝達しないようにするために，コイルが用いられている．**図 12-12** はそうしたノイズ除去のための製品の一例であり，コンセントから給電する機器側に取り付けられるノイズ除去機能をもったレセプタブルである．この中にノイズ除去のためのコイルが内蔵されている．

ノイズには以下に述べるノーマルモードノイズとコモンモードノイズという二種類があり，それぞれに応じてコイルの使い方が異なる．

[*14] 例えば，電流の絶対値が小さくても，その変化が激しいと $\mathrm{d}i/\mathrm{d}t$ が大きくなる．L 成分が内在する回路があると，その箇所で想定外の大電圧が発生する可能性がある．

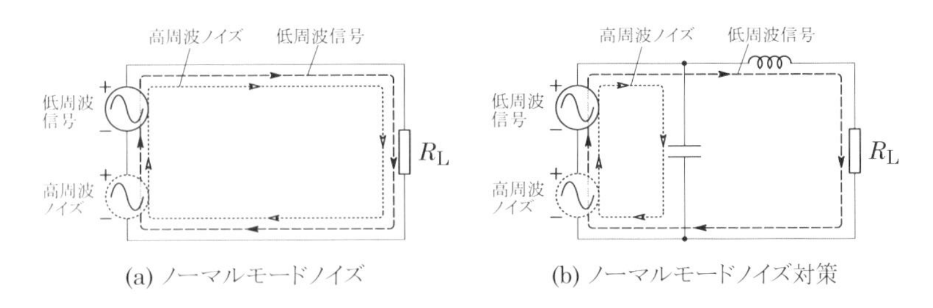

図 12-13 (a) ノーマルモードノイズの概念図. (b) ノーマルモードノイズ対策の概念図.

- **ノーマルモードノイズ（normal-mode noise）**
  図 12-13(a) に示すように回路のどこかにノイズ源があり，それが導線を通して伝達される場合に生じる．この場合，往路も復路も信号とノイズの向きが同じとなる．**ディファレンシャル（差動）モードノイズ（differential-mode noise）**とも呼ばれる．

- **コモンモードノイズ（common-mode noise）**
  図 12-14(a) に示すように，往路と復路の両方が同じようにノイズの影響を受ける場合に生じる．この場合，往路と復路では信号とノイズの向きが逆になる．

一般に，ノイズは本来回路に流れるべき信号よりも高周波である場合が多い．そのため，上記のようなノイズに対する対策としては，回路の中にある高周波成分を負荷に伝達しないいようにするという方法がとられる．以下ではその具体例を説明する．

●ノーマルモードノイズ対策

ノーマルモードノイズを除去したい場合には，**図 12-13**(b) に示すように RL フィルタを電源と負荷の間に設ける．本章で学習したように，高周波にとってのコンデンサは「短絡」に近いのに対し，コイルは「開放」に近い．一方，低周波にとってのコンデンサは「開放」に近いのに対し，コイルは

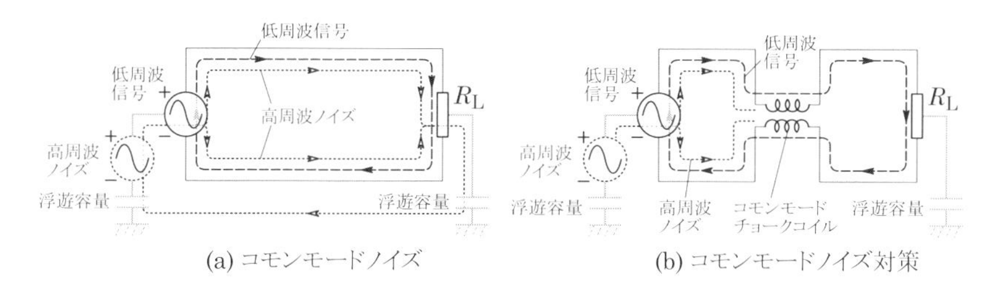

図 12-14 (a) コモンモードノイズの概念図. (b) コモンモードノイズ対策の概念図.

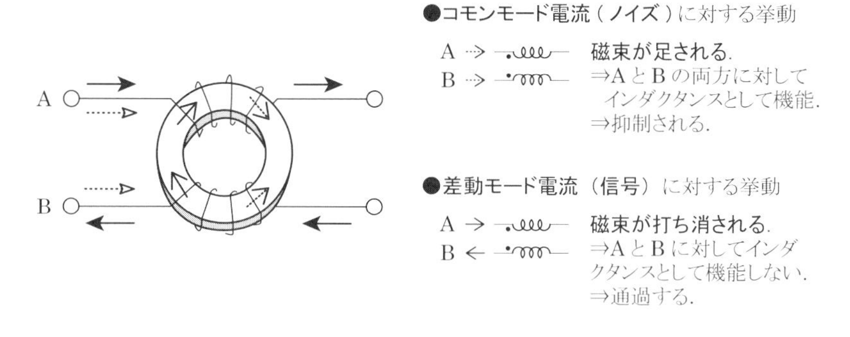

図 12-15 コモンモードチョークコイルの作用.

「短絡」に近い．したがって，高周波のノイズは，**図 12-13**(b) のように，コンデンサ側の回路を通り，コイル側（負荷側）の回路を通らない．一方，低周波の信号は，コンデンサ側の回路は通らず，コイル側（負荷側）の回路をちゃんと通る．これにより，負荷 R_{L} には，本来の信号である低周波成分だけが伝達されることになる．

●コモンモードノイズ対策

コモンモードノイズの場合には，**図 12-14**(b) に示すように，コモンモードチョークコイルと呼ばれるコイルを用いる．コモンモードチョークコイルとは，本書で学習したトランスの一種であるが，使い方（つなぎ方）が異なる．このように接続すると，**図 12-15** に示すように，往路と復路で流れる向きが同じコモンモードノイズに対してはコイルとして機能し，高周波成分

図 12-16 CPU（Intel 社製 Core i7）の外観．外観だけ見ても単なるパッケージである．

のノイズをカットする役割を果たす．一方，往路と復路で流れる向きが反対の信号に対しては，磁束が打ち消しあうためにコイルとしては機能せず，単なる導線として働く．したがって，信号に影響を与えることなくコモンモードノイズを除去できる．

12.5.4 集積回路の多層配線

計算機に内蔵されている**図 12-16** のような CPU（central processing unit）が，膨大な数のトランジスタを 組み込んだ超大規模集積回路（ultra large scale integrated circuits; ULSI）の一種であるということは，本書を手に取る意欲のある人なら知っていると思う．

この CPU の動作速度が速いほど，単位時間当たりに処理できる情報量が多くなる．かつては静止画像を扱うのが精一杯であったものが，今や動画や三次元画像も画面に描画できるようになったのは，CPU の処理速度の向上や，新たに画像処理専用に用いられるようになった GPU（graphics processing unit）の処理速度の向上による．

集積回路の信号処理の速さは,「0」と「1」のディジタル情報を単位時間当たりにどれだけ多く処理できるか，という CPU のクロック周波数によって決まる．したがって，パソコンなどを選ぶときには，CPU のクロック周波数が高いものほど処理速度が速くそれだけ価格も高額となっている．

「0」と「1」の切り替え速度は，**図 12-17** に示した信号処理の心臓部であるトランジスタ（metal oxide semiconductor field effect transistor; MOS FET）の ON と OFF の切り替え速度によって決まる．MOS FET では，ゲートに印加する電圧を制御することによってチャネルに電流を流す・流さ

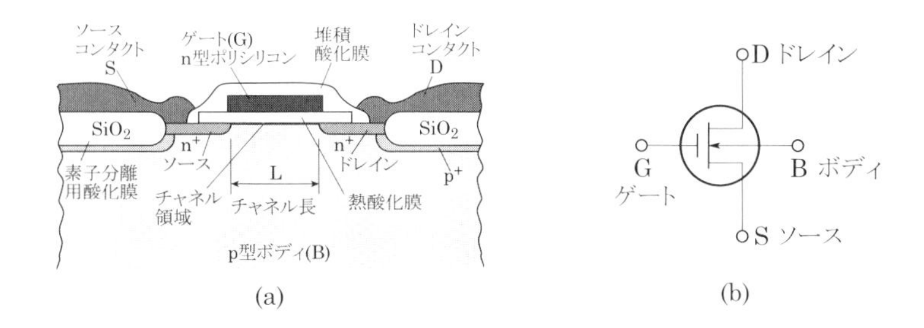

図 12-17 MOS FET の (a) 断面図と (b) 回路記号.

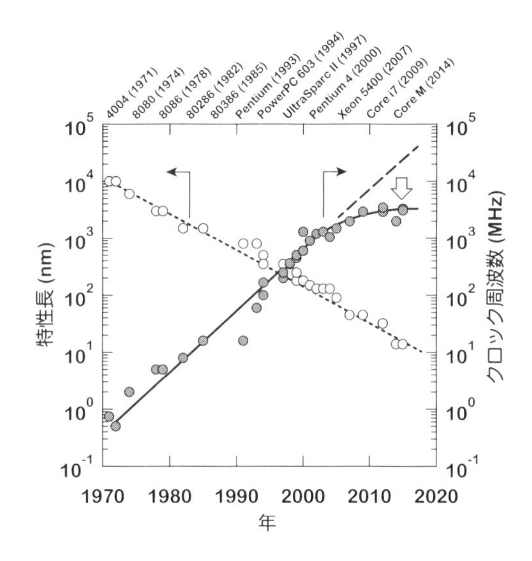

図 12-18 CPU のトランジスタの微細化とクロック周波数の変遷.

ないを制御する．この切り替え時間は電流の担い手であるキャリア（電子や正孔）が MOS FET のゲート電極直下のチャネル部を通過する時間（ゲート遅延時間）で決まる．したがって，チャネル部の長さを短くすれば切り替え時間が速くなる．すなわち，信号処理の高速化は，トランジスタの微細化によって達成されてきた．

図 12-18 は，年ごとに微細化してきた MOS FET の特性長（~ チャネル長）とクロック周波数の変遷を示したものである．微細化は年々順調に進

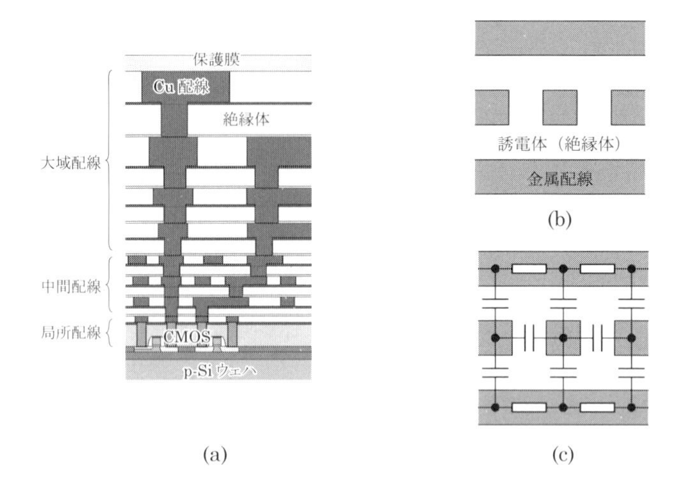

図 12-19　(a) ULSI 多層配線断面の概念図．(b) 簡単化した多層配線断面の模式図．(c) 簡単化した多層配線の等価回路．

んでいのがわかる．一方，クロック周波数についてはある時点から頭打ちになっていることがわかる．ここでは，なぜこのような頭打ちになってしまったのかを本章で学習した過渡現象と関連付けて説明する．

CPU を適切に動作させるためには，トランジスタを適切に配線しなければならないが，極めて多数のトランジスタを限られた面積の中で配線する必要がある．そのため，**図 12-19**(a) に示すような多層配線が施されている．これを電気回路で扱うために簡単化すると同図 (b) のような模式図となり，その等価回路は同図 (c) のようになる．すなわち，上下左右に隣り合った配線はコンデンサの構造を形成している．また，配線自身にも抵抗があるため，集積回路の配線を電気回路として扱うときには，抵抗とコンデンサが入り交じった回路として扱うことになる．ただし，**図 12-19** に示した回路のままでは解析が困難であるから，上下で隣り合った二つの配線だけに注目する．すると，**図 12-20** のような本章で学習した RC 直列回路となる．

CPU は「0」と「1」の情報をやりとりすることで情報処理を行うが，具体的には，トランジスタの ON/OFF によって変化する電圧信号を他のトランジスタなどに伝達することによってこの情報処理を行う．このとき，既

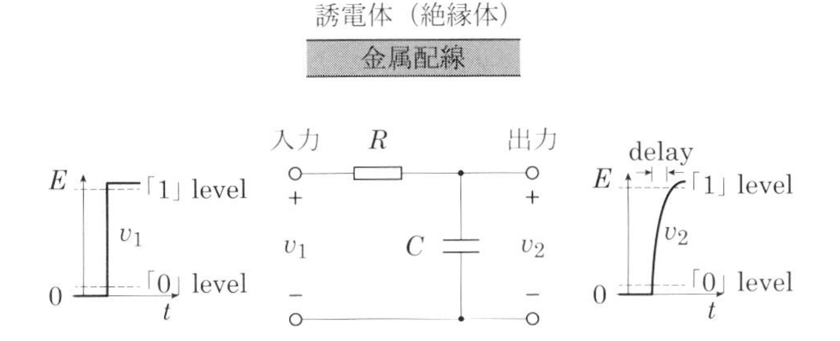

図 12-20　多層配線の RC 回路近似とそのステップ入力に対する応答の概念図

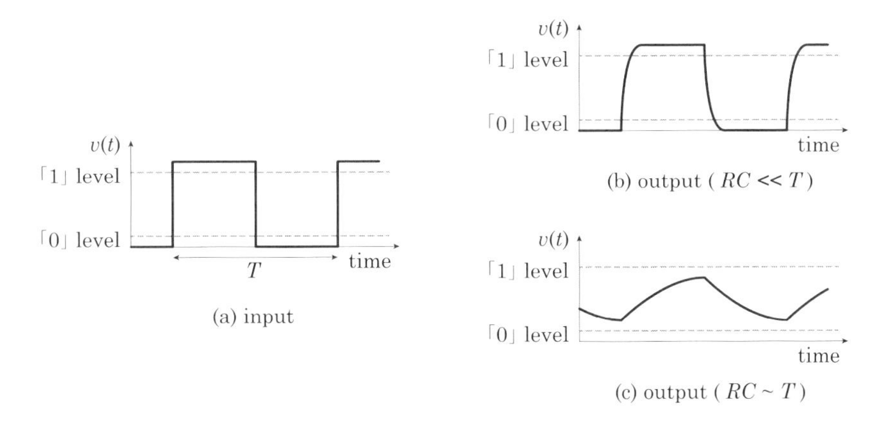

図 12-21　配線間容量による信号遅延がディジタル情報伝達に及ぼす影響.

に示したように，信号伝達用の配線は必ず**図 12-20** に示した構造になる．$t = 0$ でこの回路の入力端子の電圧が 0 から E に変化した場合，入力端子側では $t = 0$ で論理値が「0」から「1」に変化したことになる．しかし本章で学習したように，この回路において入力側の電圧が 0 から E に変化したとしても，出力側の端子間の電圧はすぐには E に到達せず，次式のように変化する．

$$v_2(t) = E\left(1 - \mathrm{e}^{-t/\tau}\right). \tag{12-16}$$

ここで，$\tau = RC$ である．すなわち，入力端子側の信号の変化が出力端子側に反映されるのに遅延時間が伴う．このような遅延のことを **RC 遅延**と呼んでいる．

上記のような RC 遅延時間を伴う信号伝達回路の場合であっても，クロック周波数の周期 T が $\tau = RC$ よりも十分に大きい（$RC \ll T$）場合には，**図 12-21**(b) に示すように多少の遅れ時間を伴うが，出力側でも正常に「0」と「1」の切り替えがなされる．しかし，高周波数化によって T が RC に近づくと，**図 12-21**(c) に示すように入力側の変化が出力に反映されなくなる．すなわち，情報処理デバイスとして機能しなくなる．これが CPU のクロック周波数の頭打ちの原因である．こうした頭打ちを打開するために各種の施策が実施された．その中で，現在の CPU に採用されている施策内容を付録 L で紹介したので参照されたし．

事前基盤知識確認事項

課題 1．微分方程式

次の微分方程式を解き，$i(t)$ を求めよ．

$$L\frac{\mathrm{d}i(t)}{\mathrm{d}t} + Ri(t) = E. \tag{12-17}$$

ただし，$t = 0$ で $i(t) = 0$ とし，R，L，E は t に依存しない定数 $(\neq 0)$ とする．

略解 与式は以下のように書ける．

$$-\frac{1}{Ri - E}\ \mathrm{d}i = \frac{1}{L}\ \mathrm{d}t. \tag{12-18}$$

これを t で 1 回積分すると次式を得る．

$$-\frac{1}{R}\int \frac{R}{Ri - E}\ \mathrm{d}i = \frac{1}{L}\int\ \mathrm{d}t. \tag{12-19}$$

この積分を実行すれば次式を得る．

$$-\frac{1}{R}\ln(Ri - E) = \frac{1}{L}t + \ln K. \tag{12-20}$$

ここで K は積分定数である．したがって，

$$Ri - E = K\mathrm{e}^{-\frac{R}{L}t} \tag{12-21}$$

となる．次に初期条件から積分定数を求める．$t = 0$ で $i(t) = 0$ であるから，$-E = K$ となる．

以上より，求めるべき $i(t)$ は次式のようになる．

$$i(t) = \frac{E}{R}\left(1 - \mathrm{e}^{-\frac{R}{L}t}\right). \tag{12-22}$$

課題　2. 積分方程式

$i(t) = \mathrm{d}q(t)/\mathrm{d}t$ なる関係があるとき，次の積分方程式を解き，$i(t)$ を求めよ．

$$Ri(t) + \frac{1}{C}\int i(t)\ \mathrm{d}t = E. \tag{12-23}$$

ただし，$t = 0$ で $q(t) = 0$ とし，R，C，E は t に依存しない定数 $(\neq 0)$ とする．

略解　与式を $q(t)$ で表すと次式を得る．

$$R\frac{\mathrm{d}q(t)}{\mathrm{d}t} + \frac{q(t)}{C} = E. \tag{12-24}$$

これは以下のように書ける．

$$-\frac{1}{\dfrac{q}{C} - E}\ \mathrm{d}q = \frac{1}{R}\ \mathrm{d}t. \tag{12-25}$$

これを t で一回積分すると次式を得る．

$$-C\int \frac{\dfrac{1}{C}}{\dfrac{q}{C} - E}\ \mathrm{d}q = \frac{1}{R}\int\ \mathrm{d}t. \tag{12-26}$$

この積分を実行すれば次式を得る．

$$-C\ln\left(\frac{q}{C} - E\right) = \frac{1}{R}t + \ln K. \tag{12-27}$$

ここで，K は積分定数である．したがって，

$$\frac{q}{C} - E = K\mathrm{e}^{-\frac{t}{RC}} \tag{12-28}$$

となる．次に，初期条件から積分定数を求める．$t = 0$ で $q(t) = 0$ であるから，$-E = K$ となる．

以上より $q(t)$ は次式のようになる．

$$q(t) = CE\left(1 - \mathrm{e}^{-\frac{t}{RC}}\right). \tag{12-29}$$

$i(t) = \mathrm{d}q(t)/\mathrm{d}t$ であったから，求めるべき $i(t)$ は次式のようになる．

$$i(t) = \frac{E}{R}\mathrm{e}^{-\frac{t}{RC}}. \tag{12-30}$$

付録 A

第 1 章の補足

A.1 回路図での「無くす」の意味

第 1 章において現実の電源には内部抵抗があり，それが理想電源からのズレの原因になることに触れた．ならば，最初から内部抵抗という余分なものは無い方がよい．このとき,「無い」という言葉が原因となって初学者が混乱することがある．この混乱の原因は，**図 A-1** に示すように,「無い（もしくは無くす）」の意味が，直列回路と並列回路で異なることに加えて，無くす手段にも短絡と開放の二種類があることによる．

直列接続された複数の抵抗からある抵抗を除く場合，その抵抗が「無い」という状態は，**図 A-1**(a) における $R_2 = 0$ の状態（短絡）を指すのが一般的である．$R_2 = \infty$ の状態（開放）も「無い」という状態の一つであるが，こちらを指すことはあまりない．その理由は，$R_2 = \infty$ にしてしまうと，R_2 が無くなるだけではなく，他の抵抗も存在意義が無くなってしまうからであろう．

一方，並列接続された複数の抵抗からある抵抗を除く場合，その抵抗が「無い」と

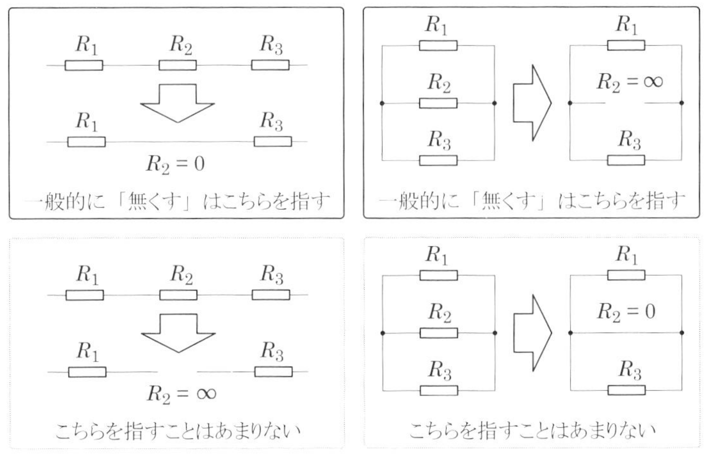

図 A-1 回路図で「無い（もしくは無くす)」の意味は？

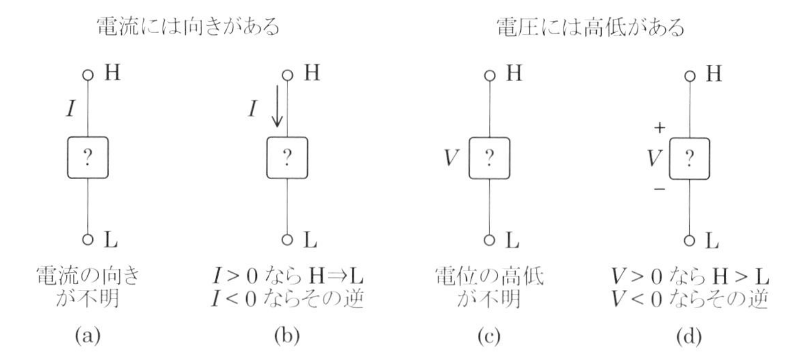

図 A-2 回路図で電流の向きと電圧の高低を明示しなければならない理由.

いう状態は，**図 A-1**(b) における $R_2 = \infty$ の状態（開放）を指すのが一般的である．$R_2 = 0$ の状態（短絡）も「無い」という状態の一つであるが，こちらを指すことはあまりない．その理由は，先ほどと同様に，$R_2 = 0$ にしてしまうと，R_2 が無くなるだけではなく，他の抵抗の存在意義が無くなってしまうからであろう．

明確な定義を見たことはまだないが，電気回路で「無い」という言葉が意味するところは，上記のような暗黙の了解があるようなので，電気回路学を学習する人は留意されたし．

A.2 回路図における電流の向きと変数の符号

図 A-2(a) に示したある回路素子について，その素子に流れる電流を変数 I で表すとき，$I > 0$ の意味するところが，

H から L に向かって流れることなのか，それとも，
L から H に向かって流れることなのか，

が判らなければ I の数値が判っても意味がない．そのため本書では，ある素子に流れる電流を I と表す際には，**図 A-2**(b) に示すように，その回路素子のそばに矢印を描き，その方向に流れるときが $I > 0$ であるということを明示する．計算などで得た I の数値が $I < 0$ であれば，実際には矢印とは逆向きの電流が流れることを意味する．

A.3 回路図における電圧の向きと変数の符号

図 A-2(c) に示したある回路素子について，その素子の両端の電圧を変数 V で表すとき，$V > 0$ の意味するところが，

- H の方が L よりも電位が高いことなのか，それとも，
- L の方が H よりも電位が高いことなのか，

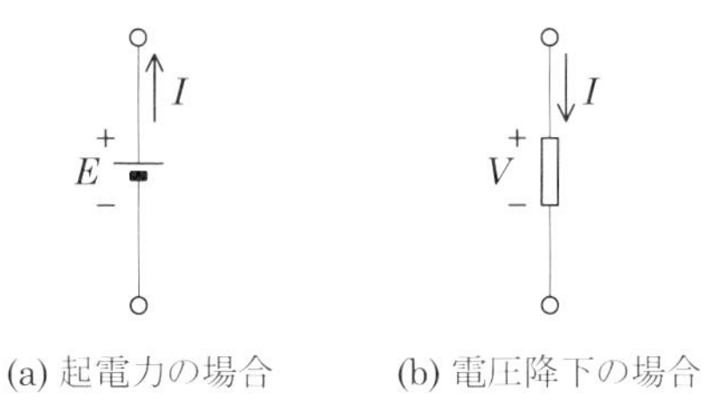

図 A-3　能動素子と受動素子における電圧と電流の向きの自然な組み合わせの違い．

が判らなければ，V の数値が判っても意味がない．そのため本書では，ある素子の端子間の電圧を V と表す際には，**図 A-2**(d) に示すように，端子の片方に + 印を，もう片方に − 印を付けている．例えば，H 側に + 印を，L 側に − 印を付けて，その素子のそばに V と書いた場合，$V > 0$ は「H の方が L よりも電位が高い」ことを意味する．逆に，$V < 0$ であれば，H の方が L よりも $|V|$ だけ電位が低い，もしくは L の方が H よりも $|V|$ だけ電位が高いことを意味する．この流儀は米国の教科書で多く見かける．日本の教科書の場合には，電位の高低を表す際にも電流と同じ矢印を使っているものがほとんどである．本書では，筆者が判りやすいと考える前者の方式を採用している．

A.4　起電力と電圧降下

起電力と**電圧降下**はどちらも同じ電圧（電位差）であるが，**図 A-3** に示すように，以下の違いがある．

- **起電力（電源などの能動素子の場合）**
  普通は電流が低電位側から高電位側に流れる．
- **電圧降下（抵抗などの受動素子の場合）**
  普通は電流が高電位側から低電位側に流れる．

回路素子の電圧や電流を変数で表す場合，回路図にその高低や向きを明示する記号をつけなければ意味が無いことは既に述べたとおりである．電源などの能動素子と抵抗などの受動素子では，上述のように電圧の高低と電流の向きの自然な組み合わせがあることから，あまのじゃくの組み合わせを採用すると，無用な混乱を招くので注意されたし．実際，上記の認識をおろそかにすると，後述の誘導起電力を扱うときに変数の前に + をつけるのか，− をつけるのかが判らなくなる．もちろん，状況によっては「普通ではない」組み合わせも登場するが一般的ではない．なお，電圧を表す記号は一般には V や v であるが，このような起電力と電圧降下の区別が必要であるため,「ここの電圧は電圧降下ではなくて起電力ですよ」ということを明示するために，変数として E や e を使って注意喚起する場合もある．

付録 B

第 2 章の補足

B.1　sin と cos の定義

もしも三角関数を三角形の辺の比率であるという定義で習った場合には，その定義の仕方は捨ててほしい．本来，sin, cos は半径 1 の円周を**図 B-1** のように所定の角度だけ回転したときの座標の x 軸と y 軸の値なのである．ここから派生的に三角形の辺の比率となっているにすぎない．電気回路では，上記の定義の方が位相の遅れや進みを理解し易いと思う．

sin 関数を微分すると以下のように cos になる．

$$\frac{\mathrm{d}}{\mathrm{d}\theta}\sin\theta=\cos\theta=\sin\left(\theta+\frac{\pi}{2}\right)=\sin\left(\theta+90^\circ\right). \tag{B-1}$$

これは，位相が 90° 進むことに相当する．

sin 関数を積分すると以下のように − cos になる．

$$\int\sin\theta\ \mathrm{d}\theta=-\cos\theta=\sin\left(\theta-\frac{\pi}{2}\right)=\sin\left(\theta-90^\circ\right). \tag{B-2}$$

これは，位相が 90° 遅れることに相当する．

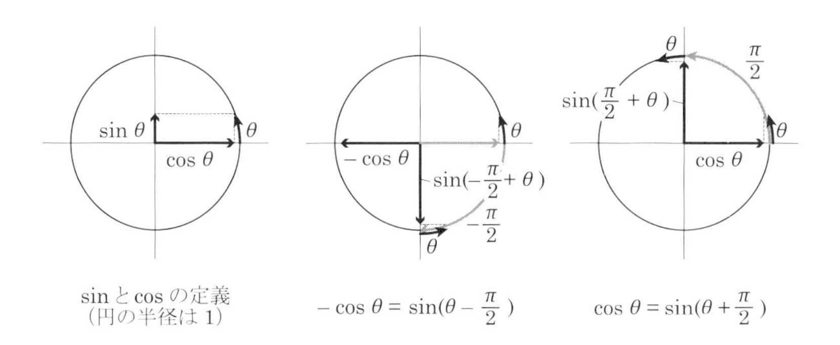

図 B-1　cos は sin の 90° 位相が進んだ関数である．

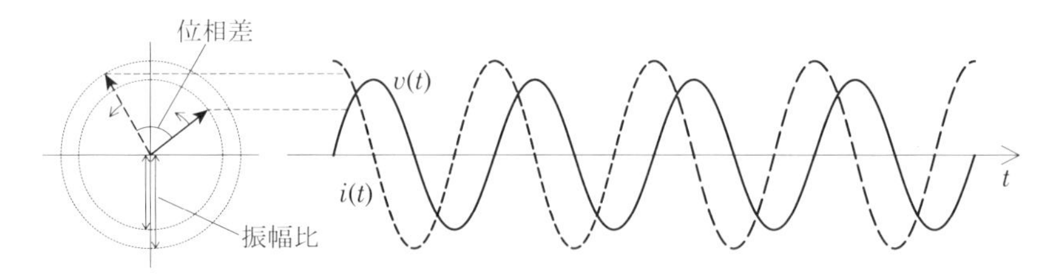

波形の相対的な関係（振幅比と位相差）はどこを $t = 0$ にするかによらない

図 B-2　初期位相に頓着することの無意味さを示す図.

B.2　正弦波の初期位相

ここでは，正弦波を表す式の $t = 0$ の意味について述べる．例えば，電圧波形や電流波形が**図 B-2** のようになっており，それらを

$$v(t) = V_{\mathrm{m}} \sin(\omega t + \theta), \tag{B-3}$$

$$i(t) = I_{\mathrm{m}} \sin(\omega t + \phi) \tag{B-4}$$

と書いた場合，θ や ϕ のことを初期位相という．しかし，

定常状態を議論するとき，
初期位相や $t = 0$ という状態は意味がない．

なぜなら，定常状態の正弦波交流だけを扱う電気回路の場合には，無限の昔から無限の未来まで正弦波が続いていると想定しているからである．波形を式で表す際に，便宜上 $t = 0$ なる時刻を想定せざるを得ないが，定常状態を考えているときに何時が $t = 0$ だったのかに頓着してもナンセンスである．定常状態の電気回路において重要なのは，複数の波形の間の相対的な関係（振幅比と位相差）であることを認識されたし．

なお，第 12 章で扱う過渡現象の場合には，その名称からもわかるように $t = 0$ の状態に十分な注意を払う必要がある．

付録 C

第 3 章の補足

C.1　三角関数から指数関数への変換

- sin に統一しようとするときに cos が混じっていた場合には，cos が sin の 90° 位相が進んだ関数であることを利用して，cos を sin 表記に変換しておいてから exp に変換する．

$$\cos\omega t = \sin\left(\omega t + \frac{\pi}{2}\right) \quad \Leftrightarrow \quad \mathrm{e}^{\mathrm{j}\left(\omega t + \frac{\pi}{2}\right)} = \mathrm{e}^{\mathrm{j}\omega t}\mathrm{e}^{\mathrm{j}\frac{\pi}{2}} = \mathrm{j}\mathrm{e}^{\mathrm{j}\omega t}.$$

- cos に統一しようとするときに sin が混じっていた場合には，sin が cos の 90° 位相が遅れた関数であることを利用して sin を cos 表記に変換しておいてから exp に変換する．

$$\sin(\omega t) = \cos\left(\omega t - \frac{\pi}{2}\right) \quad \Leftrightarrow \quad \mathrm{e}^{\mathrm{j}\left(\omega t - \frac{\pi}{2}\right)} = \mathrm{e}^{\mathrm{j}\omega t}\mathrm{e}^{-\mathrm{j}\frac{\pi}{2}} = -\mathrm{j}\mathrm{e}^{\mathrm{j}\omega t}.$$

C.1.1　sin の指数関数への置き換え具体例

$i(t) = A\sin(\omega t + \theta)$ なる電流がコイルに流れたときのコイルの電圧 $v(t)$ を sin の表記のままで求める方式と，exp の表記に直して求める方式とを比較してみよう．コイルの電圧 $v(t)$ は，

$$v(t) = L\frac{\mathrm{d}i(t)}{\mathrm{d}t}$$

で与えられるから，sin のままで $v(t)$ を求めると以下のようになる．

$$v(t) = \omega LA\cos(\omega t + \theta).$$

一方，exp を用いると，

$$i(t) = A\mathrm{e}^{\mathrm{j}(\omega t + \theta)}$$

と表され，これをコイルの式に代入すると，

$$v(t) = \mathrm{j}\omega LA\mathrm{e}^{\mathrm{j}(\omega t + \theta)}$$

となる．sin を exp に置き換えた場合は，最終結果の虚部を見ればよい．exp を用いて得られた結果を，その実部と虚部がわかるように書くと，

$$v(t) = \mathrm{j}\omega LA\cos(\omega t + \theta) - \omega LA\sin(\omega t + \theta)$$

となる．確かに exp で計算した結果の虚部は sin のままで計算した結果と同じになっていることが確認できる．

C.1.2 cos の指数関数への置き換え具体例

$i(t) = A\cos(\omega t + \theta)$ なる電流がコイルに流れたときのコイルの電圧 $v(t)$ を cos の表記のままで求める方式と，exp の表記に直して求める方式とを比較してみよう．コイルの電圧 $v(t)$ は，

$$v(t) = L\frac{\mathrm{d}i(t)}{\mathrm{d}t}$$

で与えられるから，cos のままで $v(t)$ を求めると以下のようになる．

$$v(t) = -\omega LA\sin(\omega t + \theta).$$

一方，exp を用いると，

$$i(t) = A\mathrm{e}^{\mathrm{j}(\omega t+\theta)}$$

と表され，これをコイルの式に代入すると，

$$v(t) = \mathrm{j}\omega LA\mathrm{e}^{\mathrm{j}(\omega t+\theta)}$$

となる．cos を exp に置き換えた場合は，最終結果の実部を見ればよい．exp を用いて得られた結果を，その実部と虚部がわかるように書くと，

$$v(t) = \mathrm{j}\omega LA\cos(\omega t + \theta) - \omega LA\sin(\omega t + \theta)$$

となる．確かに exp で計算した結果の実部は cos のままで計算した結果と同じになっていることが確認できる．

C.1.3 三角関数から指数関数への置き換え：ダメな例

ここでは，上記のような置き換えをしてはダメな例を示す．即ち，置き換えが許される線形微分方程式では「無い」場合である．$i(t) = A\sin(\omega t + \theta)$ なる $i(t)$ に対して，

$$w(t) = K\left(L\frac{\mathrm{d}i(t)}{\mathrm{d}t}\right)^2$$

なる非線形微分方程式を想定してみる．sin のままで計算すると，

$$w(t) = K(\omega LA)^2\cos^2(\omega t + \theta) = K(\omega LA)^2\frac{1 - \cos[2(\omega t + \theta)]}{2}$$

となる．一方，exp に置き換えた場合には，

$$\begin{aligned} w(t) &= K(\mathrm{j}\omega LA)^2\exp[2\mathrm{j}(\omega t + \theta)] \\ &= -K(\omega LA)^2\cos[2(\omega t + \theta)] - \mathrm{j}K(\omega LA)^2\sin[2(\omega t + \theta)] \end{aligned}$$

となる．sin の場合は，虚部を見ればよいはずであるが，この虚部が sin のままで計算した結果とは一致していないことがわかる．

C.2 「j を掛ける」「j で割る」の物理的意味

フェーザ形式を導入すると式の中に「j を掛ける」「j で割る」という形が出てくる．それぞれの物理的意味はそれぞれ以下のような意味をもつ．

- j を掛ける：　位相を $\pi/2$（即ち 90°）だけ進ませる．
- j で割る：　位相を $\pi/2$（即ち 90°）だけ遅らせる．

これらについて以下に説明する．

まず，$\mathrm{j}\omega L$ という式の中にある「j を掛け算する」ということの物理的意味を考えてみよう．j は exp 形式で書けば

$$\mathrm{j} = \mathrm{e}^{\mathrm{j}\frac{\pi}{2}} = \exp\left(\mathrm{j}\frac{\pi}{2}\right)$$

である．したがって，j を乗じるということは，

$$v(t) = \mathrm{j}\omega L\ i(t) = \mathrm{e}^{\mathrm{j}\frac{\pi}{2}}\omega L\ I_{\mathrm{m}}\mathrm{e}^{\mathrm{j}\omega t} = \omega L\ I_{\mathrm{m}}\mathrm{e}^{\mathrm{j}\left(\omega t+\frac{\pi}{2}\right)}$$

という式からわかるように，掛け算する前の物理量の位相を $\pi/2$ だけ進ませることに相当する．

次に，$1/(\mathrm{j}\omega C)$ のという式の中の j による割り算の物理的意味を考えよう．この場合は，

$$\frac{1}{\mathrm{j}} = \mathrm{e}^{-\mathrm{j}\frac{\pi}{2}} = \exp\left(-\mathrm{j}\frac{\pi}{2}\right)$$

からわかるように，割り算する前の物理量の位相を $\pi/2$ だけ遅らせることに相当する．

以上のことを理解していれば，$\sin(\omega t+\pi/2)$ や $\sin(\omega t-\pi/2)$ という風にわざわざ書き直さなくても，j による掛け算・割り算の状況をを見るだけで，$\pi/2$（即ち 90°）の位相の進み・遅れを把握することができる．

C.3 実効値と電力計算

本章の前半の説明では，フェーザ形式の電流電圧の大きさ（絶対値をとったもの）は，実関数に戻したときの「振幅」としていた．しかし，3.5 節で但し書きを書いたように，フェーザ形式の電流電圧の大きさは，振幅ではなく「実効値」なるものにする，というルールを紹介し，実効値が振幅を $\sqrt{2}$ で割ったものである，ということを述べた．その時点では，なぜ，$\sqrt{2}$ で割ったものを「実効値」などという特別な名前を付けて定義するのか，また，振幅の変わりになぜ実効値を使うのか，については何も言及しなかった．本節では，以上の二つの「なぜ」にたいする回答に相当する説明をする．

実効値なるものを定義する必要があるのは，それを定義しておかないと，電力計算のときに，おかしなことが起こるからである．抵抗 R に電圧 V を印加して電流 I が流れたときの，直流の場合の電力 P の計算式は，

$$P = VI = RI^2$$

であるが，交流ではどのようになるであろうか？

抵抗 R に電圧 $v(t) = V_{\mathrm{m}} \sin \omega t$ を印加して電流 $i(t) = I_{\mathrm{m}} \sin \omega t$ が流れたときの，電力 $p(t)$ の計算式は，

$$p(t) = v(t)i(t)$$

である．これは瞬時値であるが，一周期 (周期 $T = 2\pi/\omega$) で平均化した平均電力 P を見てみると (各自で以下の積分をやってみること)，

$$P = \frac{1}{T}\int_0^T v(t)i(t)\ \mathrm{d}t = V_{\mathrm{m}} I_{\mathrm{m}} \frac{1}{T}\int_0^T \sin^2 \omega t\ \mathrm{d}t = V_{\mathrm{m}} I_{\mathrm{m}} \frac{1}{2}$$

となる．即ち，直流の場合は単純に電圧と電流を掛け算したらよかったのだが，

> **交流の場合の電力を求めるときには，電圧と電流の振幅を単純に掛け算したらダメで，1/2 という係数がつく，**

ということがわかる．そこで，

> **交流のときも，直流のときのように電圧と電流を表すものを単純に掛け算したらよい**

という風にしよう，という目的で使用されるのが実効値である．

即ち，電圧と電流の振幅をそれぞれ $\sqrt{2}$ で割ったものを振幅「のように」扱えば，電力計算のときに 1/2 を掛ける，などということはせずに，直流のときのように電圧と電流の振幅のようなもの（それが実効値）を単にかければよい，ということになる．以上の理屈により，フェーザ形式の電圧と電流の絶対値 (= 実効値) を単純に掛け算すれば電力の大きさが出てくることになる．

しかし，フェーザは大きさしかもたない実数ではなく，大きさと偏角をもつ複素数である．複素数のままで掛け算するとどうなるのであろうか？これについては複素電力の章で学ぶ．

C.4 自乗平均値

波形が正弦波のときは，振幅を $\sqrt{2}$ で割った電圧と電流を掛け算したらよい，というルールで電力計算は OK であった．では，正弦波で無かったらどうか？例えば矩形波とか三角波とかではどうか？

この場合は，瞬時電力の一周期分の平均に立ち戻って考える必要がある．電圧波形が $v(t) = V_{\mathrm{m}} f(t)$ で表されるものとし，電流波形が $i(t) = I_{\mathrm{m}} g(t)$ で表されるものとする．ここで，$f(t)$ と $g(t)$ は，任意の周期関数である．ただし，周期はどちらも

T とする．このときの電圧波形と電流波形から計算される電力の平均値は，次式のようになる．

$$P = \frac{1}{T}\int_0^T v(t)i(t)\ \mathrm{d}t = V_\mathrm{m} I_\mathrm{m} \frac{1}{T}\int_0^T f(t)g(t)\ \mathrm{d}t.$$

したがって，正弦波の場合に

$$V_\mathrm{e} = V_\mathrm{m}/\sqrt{2}, \qquad I_\mathrm{e} = I_\mathrm{m}/\sqrt{2}$$

という関係式になっていたところが，任意の周期関数の場合には，

$$V_\mathrm{e} = V_\mathrm{m}\sqrt{\frac{1}{T}\int_0^T f(t)g(t)\ \mathrm{d}t}, \qquad I_\mathrm{e} = I_\mathrm{m}\sqrt{\frac{1}{T}\int_0^T f(t)g(t)\ \mathrm{d}t}$$

ということになる．

抵抗 R の両端に正弦波交流が印加された場合のように，$f(t) = g(t)$ である場合には，

$$V_\mathrm{e} = V_\mathrm{m}\sqrt{\frac{1}{T}\int_0^T f(t)^2\ \mathrm{d}t}, \qquad I_\mathrm{e} = I_\mathrm{m}\sqrt{\frac{1}{T}\int_0^T g(t)^2\ \mathrm{d}t}$$

と書くことができる．したがって，この場合には，

$$V_\mathrm{e} = \sqrt{\frac{1}{T}\int_0^T v(t)^2\ \mathrm{d}t}, \qquad I_\mathrm{e} = \sqrt{\frac{1}{T}\int_0^T i(t)^2\ \mathrm{d}t}$$

となる．すなわち，電圧や電流の二乗の平均値が実効値となる．このような二乗 (自乗ともいう) の平均値のことを**自乗平均値 (root-mean-square: rms)** や **RMS 値**と言っている．

大まかに言うと，RMS 値とは，時間変動する量の平均的な変動の度合いを表したものということができる．正弦波のように振幅というものがわかる波形の場合には，振幅がその変動の度合いを表すことになるが，任意の波形の場合には，振幅はわからない．かといって，単純に平均値を計算すると，正と負の変動幅が同じであれば，平均値はゼロになってしまい変動の度合いを表していることにならない．何か良い方法はないかな，と考えてみると，二乗したものを平均すればこのゼロになってしまうということを避けることができることに気づく．二乗しているので，次元としては，もとの物理量とは異なってしまうが，それのルートをとればもとの物理量と同じ次元になる．RMS 値を初めて考えた人の発想はこうではないだろうか．

最近では交流波形の諸量を測定できるテスターも安く入手できるようになっており，振幅や RMS 値を自動的に表示してくれる．このような計測器を扱うとき，電気回路学を学んだ人は，交流電圧や交流電流を計測するときに，計測器が示している値が RMS 値を示しているのか，それとも，振幅を示しているのか，ということを常に意識するように心がけてほしい．そうでないと，波形を再現するときに困る．また，電力を計算するときにも，以下のように困ったことになる．

- 「おい，この電圧と電流は単純に掛け算して電力を計算してもええんか？計測器が実効値を示してたんか，振幅を示してたんか，ちゃんと記録してたか？」
- 「何？ 記録してへんかったやと !?」
- 「ほな電力がわからんやないか！」
- 「電気回路，習たんちゃうんか !? もっぺん測ってこい！」

ということになる．

付録 D
第 4 章の補足

D.1 インピーダンスの単位と次元解析

本文で述べたように，インピーダンスの単位は Ω である．抵抗 R の単位が Ω であることはすぐにわかるが，コイルの ωL やコンデンサの $\dfrac{1}{\omega C}$ はどうだろうか？これを調べるには以下のような**次元解析**が必要となる．

R の単位である Ω の次元は，$V = RI$ から $[\Omega] = [\mathrm{V}]/[\mathrm{I}]$ となる．この次元とコイルやコンデンサのインピーダンスの次元が一致すれば，これらの単位が Ω であるといえる．

ω の単位は rad/s であるが，rad（ラジアン）は無次元量であるから，ω の次元は [1/s] である．インダクタンス L の単位は H（ヘンリー）であり，$v = L\dfrac{\mathrm{d}i}{\mathrm{d}t}$ から，その次元は以下のようになる．

$$[\mathrm{V}] = [\mathrm{H}]\frac{[\mathrm{A}]}{[\mathrm{s}]} \qquad \Longrightarrow \qquad [\mathrm{H}] = \frac{[\mathrm{V}][\mathrm{s}]}{[\mathrm{A}]}.$$

したがって，ωL の次元は，

$$\frac{1}{[\mathrm{s}]}[\mathrm{H}] = \frac{1}{[\mathrm{s}]}\frac{[\mathrm{V}][\mathrm{s}]}{[\mathrm{A}]} = \frac{[\mathrm{V}]}{[\mathrm{A}]} = [\Omega]$$

となる．これより，ωL 単位が Ω（もしくは V/A）であることがわかる．

一方，キャパシタンス C の単位は F（ファラッド）であり，$v = \dfrac{1}{C}\displaystyle\int i\ \mathrm{d}t$ から，その次元は以下のようになる．

$$[\mathrm{V}] = \frac{1}{[\mathrm{F}]}[\mathrm{A}][\mathrm{s}] \qquad \Longrightarrow \qquad [\mathrm{F}] = \frac{[\mathrm{A}][\mathrm{s}]}{[\mathrm{V}]}.$$

したがって，$\dfrac{1}{\omega C}$ の次元は，

$$\frac{1}{[\mathrm{s}]}\frac{[\mathrm{A}][\mathrm{s}]}{[\mathrm{V}]} = \frac{[\mathrm{V}]}{[\mathrm{A}]} = [\Omega]$$

となり，$\dfrac{1}{\omega C}$ も単位が Ω（もしくは V/A）であることがわかる．

D.2　物理量と単位の表記

例えば，抵抗の値を表すときに「抵抗 $R = 10$」と書いたとする.「抵抗」と書かれているので，基本単位は Ω であると推測することはできるが，読み手が推測しなければならないような表現はよくないであろう．また，その単位が Ω なのか kΩ なのか，はたまた MΩ なのかということも，この表記ではわからない．もしも「抵抗」という明記さえもなければ，抵抗でよく使う R という記号を使ってはいるが，もしかしたら電流や電圧かもしれない．したがって，物理量を数値で表す場合には，必ずその物理量が何であるかを明示し，かつ単位を付ける必要がある（0 や ∞ の場合は単位を省略する場合が多いが）．その表記方法は様々であり，10 Ω という抵抗値を表す際にも，

$$10\ \Omega, \qquad 10\ (\Omega), \qquad 10\ [\Omega]$$

など様々である．本書では，() や [] などの括弧を用いず，10 Ω のように単位を記している．これは，物理量を数値と単位の掛け算として認識するのがよいと考えているからである．単位の接頭辞である n（ナノ, 10^{-9}），μ（マイクロ，10^{-6}），m（ミリ，10^{-3}），k（キロ, 10^{3}），M（メガ，10^{6}），G（ギガ，10^{9}）なども，無意識に掛け算と考えているはずである.

フェーザやインピーダンスを数値で表す場合，○○ + j ○○ や ○○∠○○° というように一つの数値ではなく，二つの数値の組み合わせで表される．本書では，このような数値を物理量として表す際に，○○ + j ○○ (Ω) とは書いていない．多少異質に見えるかもしれないが，(○○ + j ○○) Ω のように数値側に () を付けて書いている．その理由は，実部と虚部の両方がその単位をもつこと，ならびに，数値と単位の掛け算結果が物理量となるという視点を持っているからである．一方，極座標形式の場合には，絶対値の単位と偏角の単位が異なるので，○○Ω∠○○° と書くべきかもしれないが，本書では ∠○○° が指数関数に対応する無次元量と解釈し，全体をまとめて (○○∠○○°) Ω と書いている.

なお,「物理量には必ず単位を付けよ」と学生に言うと，何も考えずになんでもかんでも単位をつける人がいる．例えば，数値だけではなく変数や式にも単位を付けて「Z (Ω)」と書く人がいる．これは，特定の意図がなければ，ナンセンスであることに留意されたし．なぜなら，変数 Z をインピーダンスを表すものと決めた時点で，Z の中身は Ω の次元を持つ物理量であることになっており，その単位は Ω だけではなく，kΩ にも MΩ にもなるからである．当然であるが，同じ Z を表すときに単位の接頭辞が k や M に変われば，Z の数値は，接頭辞も込みで掛け算した結果が同じになるように 10^{-3} 倍や 10^{-6} 倍した数値で表されることになる.

変数に対して () 付で単位を書くことに意味があるのは，実用公式や図の縦軸・横軸などのように，使う単位を強制的に限定していることを見る人に明示する意図があるときだけである.

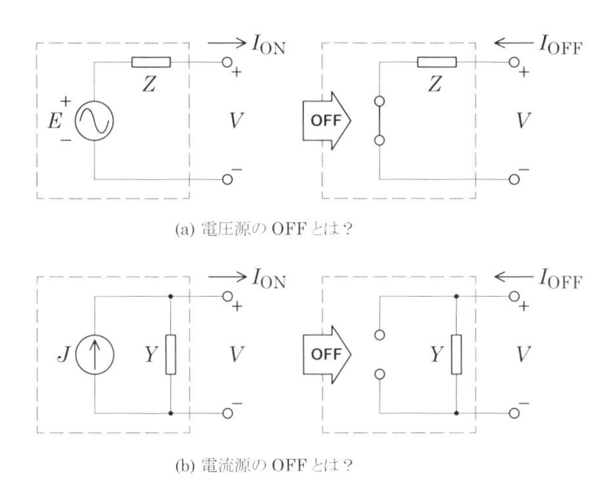

図 D-1　電源を OFF する，ということの意味．(a) 電圧源の場合は短絡（ショート）であり，(b) 電流源の場合は開放（オープン）である．

D.3　電源の OFF とは

電圧源と電流源では，OFF というコトバが意味する状況が異なる．**図 D-1**(a), (b) に示すように，以下のようになることに留意されたし．

- **電圧源：電圧源の部分が短絡**（電圧がかからない ⇒ $E = 0$ V）
- **電流源：電流源の部分が開放**（電流が流れない ⇒ $J = 0$ A）

本書の後半では，電源を OFF した状態で電源の内部インピーダンスや内部アドミタンスを計算するという手順が必要になることがある．このとき，上記のことを正しく理解していないと，誤った結果を得ることになる．もしくは，どちらであるかの判断がつかないために，そもそも問題に取り組むことができないということになる．

D.4　等価の概念

ある電流電圧特性を示す回路は一つだけではない．同じ $V = ZI$ なる電流電圧の関係になる回路をお互いに**等価**であるという．また，ある回路に対して等価な回路のことを，その「ある回路」の**等価回路**という．

例えば，電源回路の場合には，第 4 章の**図 4-4** に示したように，

- 電圧源を用いて表す方式
- 電流源を用いて表す方式

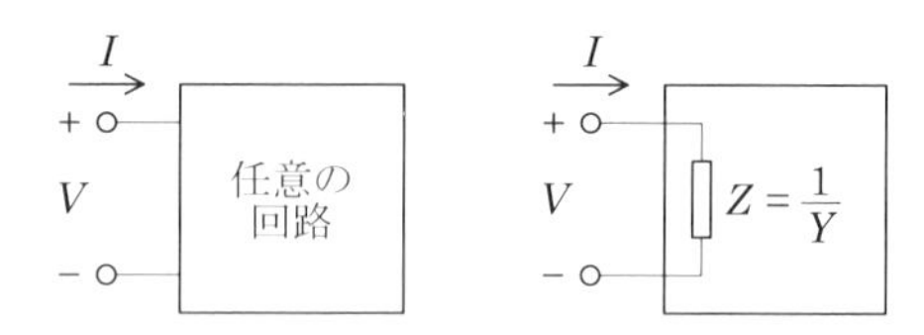

図 D-2　複雑回路の入力インピーダンス，入力アドミタンス．

の二通りがある．これらの電源のパラメータが，

$$E = ZJ, \qquad Y = \frac{1}{Z} \tag{D-1}$$

なる関係を満たせば，両者はお互いに等価回路となる．すなわち，電源端子側から電源側を見たときに，どちらも同じ電流電圧特性を示す．

D.5　複雑回路の入力インピーダンス

電源部を含む回路を，端子側から電源側に見込んだときに存在するインピーダンスを内部インピーダンスと称した．これに対して，電源部を含まない受動回路だけで構成されている回路を，端子側から回路側に見込んだときのインピーダンスやアドミタンスを**入力インピーダンス**，**入力アドミタンス**と称する．端子から回路を見たときに，電流と電圧の間に

$$V = ZI, \ \text{あるいは} \ I = YV \tag{D-2}$$

なる関係があるとき，Z が入力インピーダンス，Y が入力アドミタンスである．対象となる回路が電源回路の場合には，内部インピーダンス，内部アドミタンスと呼ばれるが，これらは言い方が違うだけで，入力インピーダンス，入力アドミタンスと同じことである．

付録 E

第 5 章の補足

E.1 複素平面上で図示するときの注意

フェーザやインピーダンスは大きさと偏角をもつ複素数であるため，複素平面上に矢印を描いて表現することが多い．このとき，しばしば放念してしまうのが以下の留意点である．

- **単位の異なる物理量の大小比較は無意味**
- **偏角については共通単位なので比較可能**

例えば，一つの複素平面上においてフェーザ電圧とフェーザ電流を矢印で描いた場合を考える．電圧と電流は，それぞれ V と A という異なる単位をもつ物理量であるから，それらの矢印の長さを比較するのは無意味である（矢印を描くときにその長さを電圧と電流の大きさの比にすることも無意味である）．ただし，偏角については共通の角度という物理量（次元は無次元だが）になっているので，相互の比較が可能である．また，同じ電流どうしや電圧どうしの長さの比較には意味がある．

インピーダンスとフェーザを描くときには，上記の違いに加えて，それぞれがもつ意味が以下のように全く異なるということにも留意してほしい．

- **フェーザ：正弦波の振幅と位相の情報をもつ複素数**
- **インピーダンス：位相差を含めた電圧／電流の比例係数**

フェーザは，電流と電圧という違いはあっても，正弦波の表現方法の一つである．これに対し，インピーダンスはそうではない．そのため本書では，異なる単位のフェーザを同じ複素平面に同居するのは許しても，インピーダンスとフェーザは同居しないようにしている．

E.2 ホイートストンブリッジとブリッジ回路の意義

実際に売られているホイートストンブリッジの実物写真を**図 E-1** に示す．$R_1 = \mathrm{A.BCD} \times 10^{\mathrm{E}}\ \Omega$ とした場合，四つのダイヤルが R_1 の有効数字部分を決定するダイヤルであり，$R_2 = \mathrm{A.BCD}$ の桁の 1 桁目 A，2 桁目 B，3 桁目 C，4 桁目 D を設定するつまみと考えればよい．左上のつまみは，R_3/R_4 の設定つまみに相当し，R_1 を上のように表したときの E を設定することに相当する．これにより，抵抗 R_1 の値を，有効数字 4 桁の $R_1 = \mathrm{A.BCD} \times 10^{\mathrm{E}}\ \Omega$ という形で計測することができるのである．左下のメーターは，**図 5-10** の節点 B と C の間に電流が流れない（すなわち，同電位の）状態になっているかどうかを見るための検流計である．

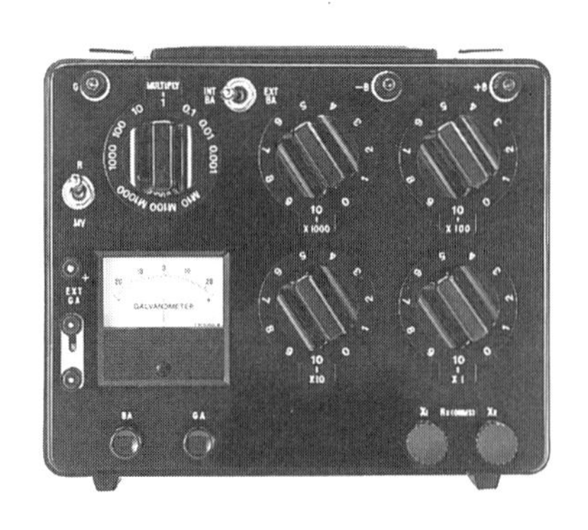

図 E-1　横河計測株式会社製 275597 携帯用ホイートストンブリッジ．1 Ω〜10 MΩ までの広範囲を測定可能（有効数字 4 桁）.（写真提供：横河計測株式会社）

なお,「電流が流れていないということを計測する」という点も，ブリッジ回路による計測を高精度化する要因の一つとなっている．通常のテスターで抵抗を計測する場合には，計測対象の抵抗にかかった電圧と電流から求めている．すなわち，実質的には電圧計と電流計（どちらも基は検流計）を使って，オームの法則から抵抗の値を出している．

電圧計や電流計にも内部抵抗が存在するため，内部で電流が流れると，計測される電圧が計測したい電圧よりも増えたり（内部抵抗での電圧降下による誤差），計測される電流が計測したい電流よりも増えたりする（内部抵抗での分流による誤差）．

しかし，もしも電圧計や電流計に電流が流れなければ，こうした問題は回避できる．ブリッジの場合には，抵抗を計測するために必要な検流計が一つだけでよい，というメリットもあるが，検流計に電流が流れない状態で計ることによる誤差の抑制も重要なメリットとなっている．これについては次節を参考にされたし．

E.3　抵抗測定の落とし穴

前節で抵抗測定に用いるホイートストンブリッジについて説明し，計測器に電流が流れないことがメリットであると述べた．ここでは，そのメリットに関する理解を深めるために，計測器に電流が流れてしまうとどのような問題が発生するのかを簡単な抵抗測定を例にとって説明する．

抵抗の両端の電圧と抵抗を流れる電流を同時に計測すれば，オームの法則から抵抗を算出できるはずである．そのためには電源を用意して，抵抗に電圧計と電流計を接続しなければならない．このとき，接続方法として**図 E-2** の (a-1) と (b-1) に示すような二つの接続方法が考えられ，それぞれ低抵抗用と高抵抗用の接続方法となっている．電圧計の内部抵抗が無限大であり，電流計の内部抵抗がゼロであれば，両者を使い分ける必要は全くない．しかし，現実の電圧計は内部抵抗が無限大ではなく，

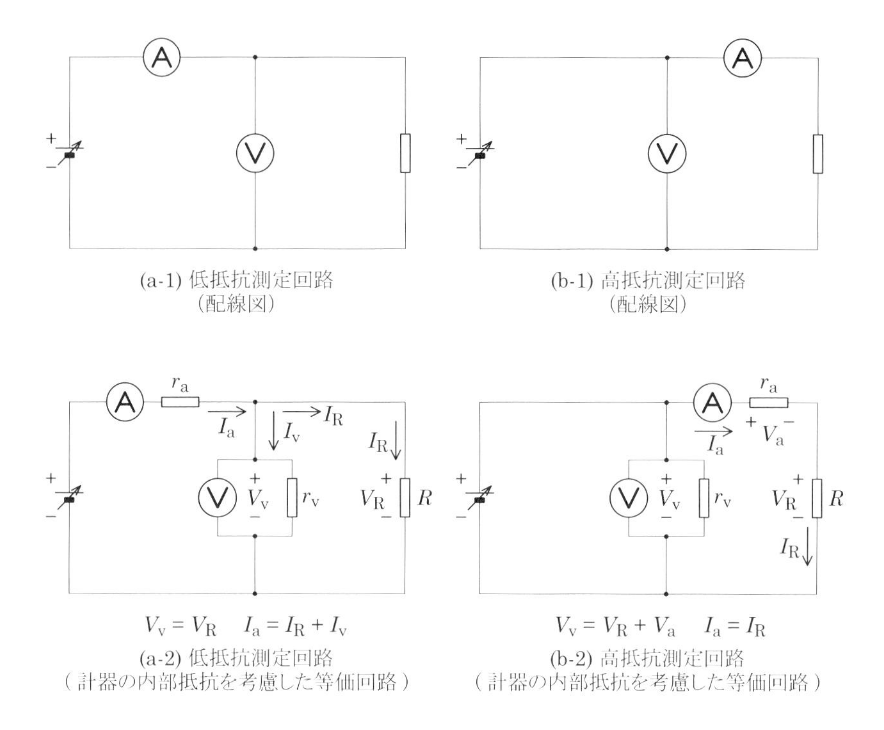

図 E-2　抵抗測定のための電流計と電圧計の接続例．(a) 低抵抗用．(b) 高抵抗用．

電流計も内部抵抗がゼロではない．そのため，実際には同図の (a-2) と (b-2) に示したような等価回路となり，以下に述べるように低抵抗の場合と高抵抗の場合で接続方法を使い分ける必要が出てくる．なお，同図中の電圧計と電流計の記号は，理想電圧計（内部抵抗が無限大）と理想電流計（内部抵抗がゼロ）を表すものとする．

E.3.1　低抵抗用の接続

図 E-2(a) のように接続した場合，電圧計が抵抗の両端に直結されているため，電圧計が計測している電圧 V_v は確かに抵抗の両端の電圧 V_R であり，

$$V_v = V_R$$

といえる．しかし，電流計が計測している電流 I_a は，厳密には抵抗に流れる電流 I_R だけではない．その一部は電圧計を流れる電流 I_v として分岐しているので，

$$I_a = I_R + I_v$$

となる．このとき，電圧計に流れる電流が十分小さく，

$$I_R \gg I_v$$

であれば，電流計の計測値は抵抗に流れる電流に近似され，

$$I_{\rm a} \approx I_{\rm R}$$

となる．電圧計に流れる電流 $I_{\rm v}$ と計測対象の抵抗に流れる電流 $I_{\rm R}$ は，それぞれ

$$I_{\rm v} = \frac{V_{\rm R}}{r_{\rm v}}, \qquad I_{\rm R} = \frac{V_{\rm R}}{R}$$

と表されるから，

$$R \ll r_{\rm v}$$

であればよい．したがって，この回路は，測定対象の抵抗が電圧計の内部抵抗よりも十分に小さいときに抵抗測定回路として機能するということがわかる．逆に，測定対象の抵抗の方が電圧計の内部抵抗よりも大きいと，電圧計の内部抵抗を計測していることになってしまうのである．

E.3.2　高抵抗用の接続

図 E-2(b) のように接続した場合，電流計が計測している電流 $I_{\rm a}$ はどこにも分岐することなく計測対象の抵抗に流れる電流 $I_{\rm R}$ となっており，

$$I_{\rm a} = I_{\rm R}$$

といえる．しかし，電圧計が計測している電圧 $V_{\rm v}$ は，厳密には抵抗の両端の電圧 $V_{\rm R}$ ではない．電流計と測定対象の抵抗の直列接続回路の電圧を計測していることになるので，

$$V_{\rm v} = V_{\rm R} + V_{\rm a}$$

となる．このとき，電流計の内部抵抗による電圧が十分に小さく，

$$V_{\rm R} \gg V_{\rm a}$$

であれば，電圧計の計測値は抵抗にかかる電圧に近似され，

$$V_{\rm v} \approx V_{\rm R}$$

となる．電流計の内部抵抗にかかる電圧 $V_{\rm a}$ と計測対象の抵抗にかかる電圧 $V_{\rm R}$ は，それぞれ

$$V_{\rm a} = r_{\rm a} I_{\rm R}, \qquad V_{\rm R} = R I_{\rm R}$$

と表されるから，

$$R \gg r_{\rm a}$$

であればよい．したがって，この回路は，測定対象の抵抗が電流計の内部抵抗よりも十分に大きいときに抵抗測定回路として機能するということがわかる．逆に，測定対象の抵抗の方が電流計の内部抵抗よりも小さいと，電流計の内部抵抗を計測していることになってしまうのである．

E.4　学術論文における字体のルール

学術論文（特に工学系）や厳格なテキストでは，字体について以下のような厳格なルールがある．

- **斜体，イタリック**
  物理量，変数，変関数を表す場合
  例：電流 I，電圧 V，電力 P，ボルツマン定数 k_{B}，$f(x)$，...
- **立体，ローマン**
  モノ，コト，既定関数，演算子，単位，数値
  例：$I_{\mathrm{m}} = 1\ \mathrm{A}$，$V_{\mathrm{e}} = 1\ \mathrm{V}$，$\sin\theta$，$\mathrm{d}x$，...
  I_{m} の下付の m は最大というコトを表すので I_m とは書かない．V_{e} の下付の e も実効値であるというコトを表すので V_e とは書かない．虚数単位の j(或いは，数学の場合には i) も，変数ではないので，j，i とは書かない．指数関数の $\mathrm{e}^{\mathrm{j}\theta}$ の e も変数ではないので，$e^{\mathrm{j}\theta}$ とは書かない．k_{B} の下付の B も，Botlzmann という人の名前の頭文字であるから，k_B とは書かない．微分記号も以下のようになる．

$$\bigcirc\ \frac{\mathrm{d}i}{\mathrm{d}t} \quad \times\ \frac{di}{dt}$$

したがって，本書のような電気回路の場合には，厳密に判定すると，以下のようになる．

× 「抵抗 R を接続すると...」
◯ 「抵抗 R を接続すると...」
◯ 「抵抗値 R が増加すると...」
× 「抵抗値 R が増加すると...」

本書では，「抵抗 R」のような書き方もしているが，厳格に書くと極めて冗長になるので，以下のように省略したものと思ってほしい．

- 厳密版：抵抗値が R の抵抗 R
  省略版：抵抗 R，あるいは単に R
- 厳密版：インダクタンスが L のコイル L
  省略版：コイル L，あるいは単に L
- 厳密版：キャパシタンスが C のコンデンサ C
  省略版：コンデンサ C，あるいは単に C

付録 F

第 6 章の補足

F.1 古典電気計測

永久磁石による一定磁場の中に置かれたコイルに電流を流すと，電流と磁束密度の積に比例した力がコイルに作用する．**図 F-1**(a) は，こうした電磁気学的な作用を利用した昔ながらの可動コイル型の電流計である (電圧計にもなる)．

ただし，可動コイル型を交流に適用すると困ったことになる．コイルが追従できるほどの低周波であれば，針はその電流の振動に対応して左右に振動するであろう．しかし，周波数が高くなると，コイルは平均電流に対応した動きをするようになる．正弦波交流の平均値はゼロであるから，針はゼロを指したままとなり，意味がない．

交流電流や電圧は，平均すればゼロであるから，計測して意味があるのは，振幅に関する情報である．これを計測してくれるのが，**図 F-1**(b) に示した可動鉄片型と呼ばれるタイプである．このタイプでは，コイルに電流が流れることによって磁場が発生し，針に取り付けられた鉄片が磁化される．このときコイルと鉄片の間に働く引力が電流の二乗に比例した力となる．なぜなら，磁束密度は電流に比例し，電磁力は磁束密度と電流の積に比例するからである．電流が正弦波交流のときには，

$$\text{力} \propto (I_\mathrm{m} \sin \omega t)^2 = \frac{1}{2} I_\mathrm{m}^2 (1 - \cos 2\omega t)$$

となる．鉄片の動きが周波数に追従できない場合には，平均的な力がかかる．$\cos 2\omega t$ は平均するとゼロであるから，

$$\langle \text{力} \rangle \propto I_\mathrm{m}^2$$

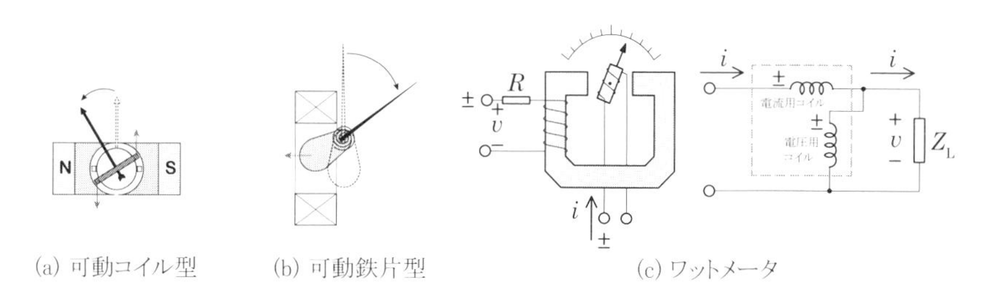

図 F-1　古典的な電流・電圧・電力計測デバイス．(a) 可動コイル型，(b) 可動鉄片型，(c) ワットメータ．

となり，針の動きは，電流の振幅の二乗に比例したものとなる．目盛が等間隔ではなくなるが，鉄片の構造を工夫すると，電流の大きさに対する針の動きを線形にすることができる．

古典的な方法で交流電流や電圧を計測しようとすると，可動コイル型ではなく，可動鉄片型にする必要があるが，電力に関しては，可動コイル型が活躍する．可動コイル型の永久磁石の代わりに電磁石を用いると電力計となるのである．**図 F-1**(c) に示したように，電力を計りたい部分の電圧 v に比例した電流 v/R が電磁石の励磁用に流れるようにしておき，可動コイルには電力を計りたい部分を流れた（あるいは流れる）電流 i を流す．すると，磁束密度が電圧 v に比例することとなり，コイルに作用する力は，v と i の積となる．可動コイルの動きが追従できない周波数であれば，計測される針の振れは，v と i の積の時間平均値に比例することになる．これにより，電力が計測される．

現在は，このようなアナログ回路はほぼ皆無であり，ほとんどデジタルサンプリングした電圧と電流を演算回路で処理した結果が表示されている．

このような古いデバイスを付録としてわざわざ登場させたのは，かつては，電磁気学と電気回路をうまく組み合わせたデバイスが存在していたことを知ってもらうためである．

F.2　皮相電力と無効電力の重要性

皮相電力や無効電力という名前は，有効電力と比較するとあまり重要ではないように見える．皮相電力は「見かけの電力」なので，「見かけなのだから，大して注目しなくてよい」のだろうか．無効電力も「無効なのだから，無視してよい」のだろうか．以下では，そうではないことを以下の例を挙げて示す．

- 電力会社の電源容量は皮相電力できまる
- 電線での電圧降下は無効電力で調整する

F.2.1　電力会社の電源容量は皮相電力できまる

電力を供給する場合には，当然であるが，電源（発電機を含む）が必要である．付録 M でも述べているが，現実の電源は出せる電圧や電流に上限がある．電源を利用できる上限を電源容量という.「電源容量」の具体的意味は，多くの場合，ある規格の電圧が決まっており，その電圧を出す電源がどれだけ電流をだせるかという「電流容量」のことを意味する場合が多い．ここでは，この電流容量を決めているのが有効電力ではなく皮相電力であるということを述べる．

負荷として抵抗 R のみが接続される場合には，その負荷での消費電力は有効電力のみである．その値は，フェーザ形式の電圧を E とし，フェーザ形式の電流を I_{R} とすれば，

$$I_{\mathrm{R}} = \frac{E}{R}$$

である．したがって，電源側の電流容量としては，**図 F-2**(a) に示すように，交流電

流瞬時値の最大値，すなわち，以下に示す振幅

$$\sqrt{2}|I_{\mathrm{R}}| = \frac{\sqrt{2}|E|}{R}$$

をまかなうだけの電流容量があればよいことになる．

一方，この抵抗に無効電力の源であるコイル（又はコンデンサ，以下省略）が並列に接続されたらどうなるであろうか．抵抗には上記と同じ電流が流れる．コイルには電圧に対して 90° 位相がずれた電流が流れる．この電流は，既に確認したように電圧と掛け算して時間平均値をとるとゼロになる．そのため，無効電力なる名前が付いている．しかし，電力がゼロでも電流はゼロではない．抵抗だけのときと比較すると余分な電流が流れる．したがって，電力会社としては，当たり前だが，この余分に流れる無効電力の分も考慮した電流容量をもつ電源を準備しなければならない．

では，具体的にはどれだけの電流容量を確保する必要があるのだろうか．位相がずれた電流を足し合わせると，単純に振幅を足し合わせた正弦波とはならない．位相のずれ具合も考慮して足し合わせた電流の最大振幅が確保すべき電流容量となる．この位相のずれも考慮して足し算した電流の最大振幅に関係するのが皮相電力であるため，皮相電力が電源容量確保の指標となっている．そのことを以下に示す．

図 F-2(b) に示すように，抵抗 R に対して並列に接続されたリアクタンス $\mathrm{j}X$ がある場合を考える．抵抗 R に流れる電流に加えて $\mathrm{j}X$ にも電流が流れる．すると，負荷を流れる電流の合計 I_{L} をフェーザ形式で計算すれば，

$$I_{\mathrm{L}} = I_{\mathrm{R}} + \mathrm{j}I_{\mathrm{X}}$$

となる．この I_{L} の大きさの $\sqrt{2}$ 倍，すなわち，

$$\sqrt{2}|I_{\mathrm{L}}| = \sqrt{2(|I_{\mathrm{R}}|^2 + |I_{\mathrm{X}}|^2)}$$

が電流の振幅となる．これが確保すべき最低限の電流容量となる．一方，皮相電力

$$|EI| = |E||I_{\mathrm{L}}|$$

は $|E|$ とこの $|I_{\mathrm{L}}|$ の掛け算である．一般に，電圧の大きさ $|E|$ は先に決まっている場合が多いので，皮相電力が判れば $|I_{\mathrm{L}}|$ が決まる．したがって，

電源側に要求される電流容量は皮相電力で決まる．

と言うことができるのである．

一般に，皮相電力は有効有効よりも大きく，無効電力が大きいほど皮相電力は大きくなる．したがって，電源側（電力会社側）としては，有効電力ではなく皮相電力を考慮した電流容量の電源を消費者に対して準備しておく必要がある．一般に電源の電流容量が大きくなると，大規模化のために高額になる．したがって，電力会社側としては，電力を消費する側の人達に対して以下のように言いたくなるのである．

- 「なるべく無効電力を小さくしてね」
- 「無効電力の大きい負荷をつなげたら，追加料金をもらいますよ」
- 「無効電力の小さい負荷をつなげたら割引しますよ」

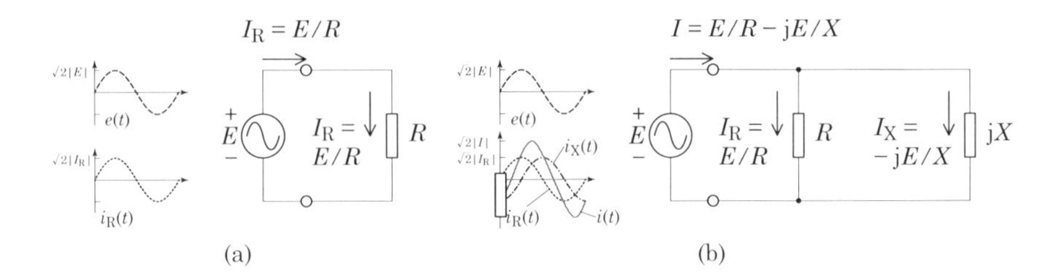

図 F-2　(a) 負荷が抵抗 R だけの場合，すなわち，有効電力しかない場合の電源電圧と電源電流．(b) 抵抗 R にリアクタンス jX が並列に接続された場合の電源電圧と電源電流．

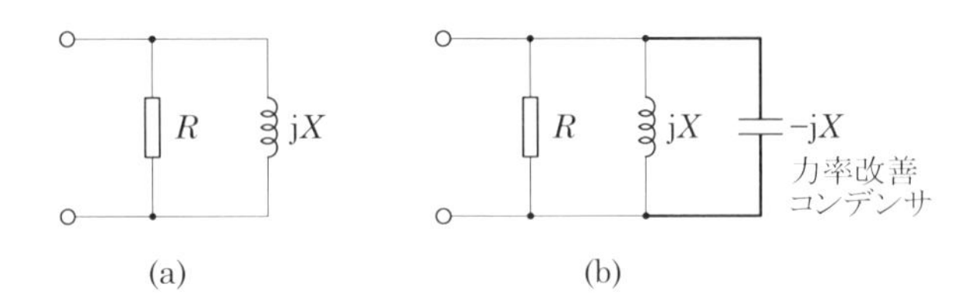

図 F-3　(a) 力率改善コンデンサ（その 1）の課題の回路図．(b) 力率改善コンデンサを接続した回路図．

これらを本書で学んだ「力率」という用語を使って表現すれば以下のようになる．

- 「なるべく力率を大きくしてね（最大は 1 だけど）」
- 「力率の小さい負荷をつなげたら，追加料金をもらいますよ」
- 「力率の大きい負荷をつなげたら，割引しますよ」

上記の割引は**力率割引**と称されており，実際に実施されている．興味があれば各自でネット検索してみるとよい．

課題　力率改善コンデンサ（その 1）

上記のように力率を 1 に近づけることは，電気料金も割引なることから，一般には「良いこと」とされている．したがって，力率を 1 に近づけることを**力率改善**と表現する．**図 F-3**(a) に示したように，抵抗と正のリアクタンスが並列接続された負荷の場合に力率改善をするためにはどうすればよいか．

略解　**図 F-3**(b) のように符号が反対で，大きさが同じリアクタンスを更に並列に接続すればよい．そうすれば，合成インピーダンスの虚部はゼロとなり，力率は 1 となる．一般に，非抵抗型の電力利用事業の多くはモーターを利用した事業である．したがって，負荷に含まれるリアクタンス成分は正である．そのような負荷の力率改善を行う場合には，コンデンサが用いられることになる．このとき用いるコンデンサの

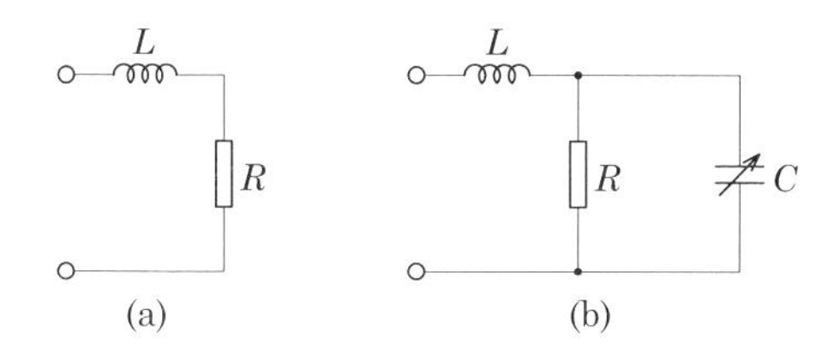

図 F-4 力率改善コンデンサ（その 2）の課題の回路図.

ことを**力率改善コンデンサ**と称している.

課題 力率改善コンデンサ（その 2）

上記の問題の場合，力率を最適値である 1 にすることが可能であるが，そうでない場合もある．例えば，**図 F-4** に示すように，リアクタンスと抵抗が直列接続された負荷に対して力率改善コンデンサを抵抗の両端にしか接続できない場合を想定してみよう．この場合，力率を 1 にすることは可能なのだが，どんな R と ωL でも可能というわけではなく，$R \geq 2\omega L$ でなければ，力率 1 を達成することはできない．そのことを示せ.

略解 コンデンサを接続した場合の端子間のインピーダンス Z は次式で与えられる.

$$Z = \mathrm{j}\omega L + \frac{1}{1/R + \mathrm{j}\omega C} = \frac{R}{1 + \omega^2 C^2 R^2} + \mathrm{j}\omega \left(L - \frac{CR^2}{1 + \omega^2 C^2 R^2} \right).$$

力率が 1 であるとは，Z の虚部がゼロということである．したがって，力率を 1 にするためには次式が成り立つような C を用いればよい.

$$L - \frac{CR^2}{1 + \omega^2 C^2 R^2} = 0.$$

これを変形すれば，以下のような C に関する二次方程式が得られる.

$$(\omega^2 R^2 L)\ C^2 - R^2\ C + L = 0.$$

二次方程式の解の公式を当てはめると，これを満たす C は次式のようになる.

$$C = \frac{R^2 \pm R\sqrt{(R + 2\omega L)(R - 2\omega L)}}{2(\omega^2 R^2 L)}.$$

このとき，ルートの中の $(R - 2\omega L)$ が負になった場合には，コンデンサの容量 C が複素数になるため実現不可能となる．したがって，R と ωL の間には以下の関係が成り立っている必要がある.

$$R \geq 2\omega L.$$

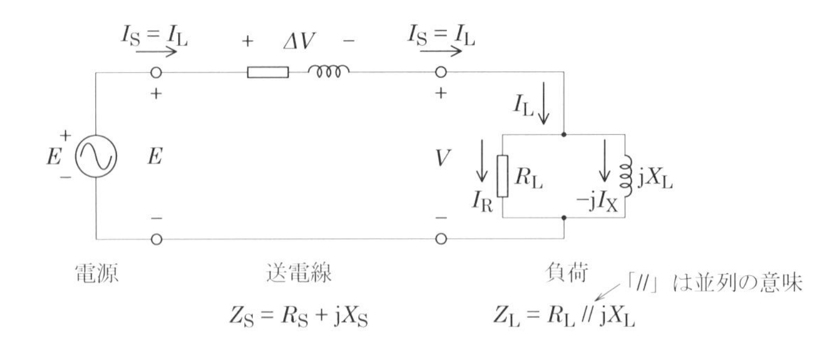

図 F-5　電線の抵抗成分とリアクタンス成分を考慮した負荷への給電回路.

F.2.2　電線での電圧降下は無効電力で調整する

電源から負荷への電力供給は送電経路を通じて行われる．その際，送電経路は電線や変圧器で構成されており，それらはインピーダンスを有する（後述）．したがって，送電経路に電流が流れれば必ず送電経路に電圧が発生するため，電源電圧と負荷電圧の大きさや位相に差が生じる．言い換えれば，電源電圧を一定に保っていても，負荷の有効電力や無効電力が変われば負荷に印加される電圧が変わる．このとき，負荷に無効電力をうまく追加することにより，負荷電圧の大きさだけは変わらないようにすることができる．電源電圧に対する負荷電圧の位相は変わってしまうのだが，負荷電圧の大きさが変わらないことから，負荷での有効電力は変わらないという特徴を有する．当然であるが，無効電力は変わる．しかし，後述のように無効電力が小さくなる方向（すなわち，力率が大きくなる方向）に変わると，一石二鳥となる．このような措置を**無効電力補償**という [Miller (1982)].

F.2.3　無効電力補償のメカニズム

電源 E と負荷インピーダンスの間に存在する送電経路のインピーダンス Z_S を抵抗 R_S とリアクタンス jX_S の直列接続で表すと，**図 F-5** のようになる．ここで，負荷として抵抗 R_L とコイル jX の並列接続を想定する．

送電経路に流れる電流を I_S とすると，送電経路に発生する電圧，すなわち，電源電圧 E と負荷電圧 V の差 $\Delta V = E - V$ は，

$$\Delta V = (R_S + jX_S)\ I_S$$

となる．一方，負荷に流れる電流を I_L とすると，**図 F-5** の回路構成の場合には，

$$I_S = I_L$$

である．したがって，電源電圧 E と負荷電圧 V の差 ΔV は，負荷電流 I を用いて

$$\Delta V = (R_S + jX_S)\ I_L$$

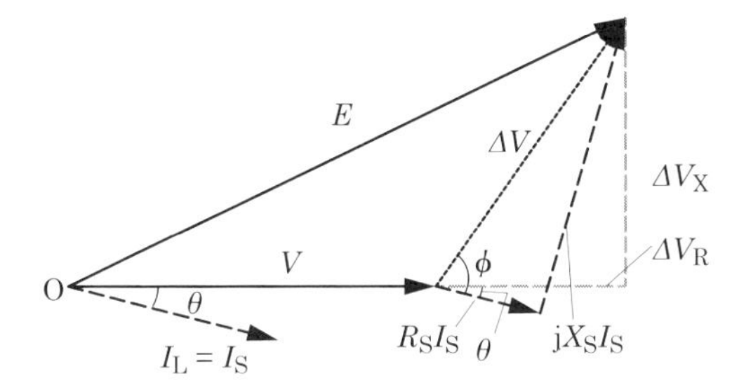

図 F-6　電線の抵抗成分とリアクタンス成分を考慮した負荷への給電回路に関するフェーザ・ダイヤグラム.

と表すことができる．抵抗 R_{L} に流れる電流を I_{R}，コイル $\mathrm{j}X$ に流れる電流を $-\mathrm{j}I_{\mathrm{X}}$ とすると，負荷電流 I は，

$$I_{\mathrm{L}} = I_{\mathrm{R}} - \mathrm{j}I_{\mathrm{X}}$$

と表されるので，

$$\begin{aligned}\Delta V = (R_{\mathrm{S}} + \mathrm{j}X_{\mathrm{S}})\,(I_{\mathrm{R}} - \mathrm{j}I_{\mathrm{X}}) &= (R_{\mathrm{S}}I_{\mathrm{R}} + X_{\mathrm{S}}I_{\mathrm{X}}) + \mathrm{j}\,(X_{\mathrm{S}}I_{\mathrm{R}} - R_{\mathrm{S}}I_{\mathrm{X}}) \\ &= \Delta V_{\mathrm{R}} + \mathrm{j}\Delta V_{\mathrm{X}}\end{aligned}$$

となる．ここで，

$$\Delta V_{\mathrm{R}} = R_{\mathrm{S}}I_{\mathrm{R}} + X_{\mathrm{S}}I_{\mathrm{X}}, \qquad \Delta V_{\mathrm{X}} = X_{\mathrm{S}}I_{\mathrm{R}} - R_{\mathrm{S}}I_{\mathrm{X}}$$

とした．このとき，負荷の有効電力を P，無効電力を $-\mathrm{j}Q$ とすれば，

$$P = |V|I_{\mathrm{R}}, \qquad Q = |V|I_{\mathrm{X}}$$

であるから，ΔV_{R} と ΔV_{X} は，有効電力 P と無効電力 Q を用いて以下のように表される．

$$\Delta V_{\mathrm{R}} = \frac{R_{\mathrm{S}}P + X_{\mathrm{S}}Q}{|V|}, \qquad \Delta V_{\mathrm{X}} = \frac{X_{\mathrm{S}}P - R_{\mathrm{S}}Q}{|V|}.$$

したがって，

> 電源電圧と負荷電圧の差 ΔV は負荷の有効電力 P と無効電力 Q によって変わる

ということがわかる．この状況をフェーザ・ダイヤグラムで描くと，**図 F-6** のようになる．ここで，後述の計算を楽にするために V の偏角がゼロになるように描いてある．

上述の ΔV はフェーザで表したときの E と V の差 $E-V$ であるが，今問題にしているのは，電源電圧の大きさ $|E|$ と負荷電圧の大きさ $|V|$ の差であるから，$|E|-|V|$ を求める必要がある．フェーザ・ダイヤグラムから

$$\Delta V = E - V = \Delta V_{\mathrm{R}} + \mathrm{j}\Delta V_{\mathrm{X}}$$

であるが，V を実部しかもたないようにフェーザ・ダイヤグラムを描いたので

$$V = |V|$$

となる．したがって，

$$E = |V| + \Delta V_{\mathrm{R}} + \mathrm{j}\Delta V_{\mathrm{X}}$$

より

$$|E|^2 = (|V| + \Delta V_{\mathrm{R}})^2 + \Delta V_{\mathrm{X}}^2$$

となる．電源電圧の大きさと負荷電圧の大きさの差を知りたいのであれば，この式を解いて得られる $|V|$ と $|E|$ の違いを調べればよい．

式を簡単化するために

$$A = R_{\mathrm{S}}P + X_{\mathrm{S}}Q, \tag{F-1}$$

$$B = X_{\mathrm{S}}P - R_{\mathrm{S}}Q \tag{F-2}$$

とおくと，

$$|E|^2 = \left\{|V| + \frac{A}{|V|}\right\}^2 + \left\{\frac{B}{|V|}\right\}^2 \tag{F-3}$$

となる．これは，$W = |V|^2$ に関する以下のような二次方程式となる．

$$W^2 + (2A - |E|^2)W + (A^2 + B^2) = 0.$$

これを解いて W を求めれば $|V|$ が得られる．

$$a = 1, \qquad b = 2A - |E|^2, \qquad c = A^2 + B^2$$

とすれば，

$$|V|^2 = W = \frac{-b \pm \sqrt{b^2 - 4ac}}{2a}$$

より

$$|V| = \sqrt{W} = \sqrt{\frac{-b \pm \sqrt{b^2 - 4ac}}{2a}}$$

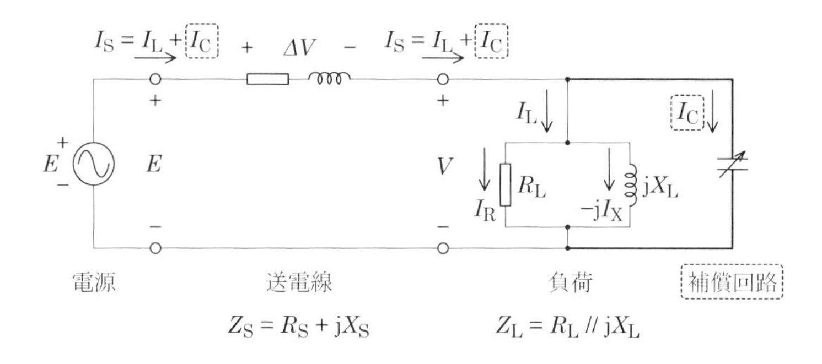

図 F-7　$|E| = |V|$ を満たすために新たな無効電力のもとになる補償素子を接続した回路.

となる．ここで，二次方程式の解の公式の中の符号 ± のどちらをとるかは，想定している問題に応じて選択する必要がある．後述の課題では，無効電力が 0 から徐々に大きくなり，負荷の電圧が $|E|$ から徐々に下がった場合を想定しているので，電源電圧の大きさに近い方を採用している．

次に,「負荷での電圧を一定に保つには」について考える．満たすべき条件式は以下のとおりである．

$$|E| = |V|.$$

上式を満たす手段として，**図 F-7** に示すように負荷と並列に新たな無効電力 Q_C のもとになる回路を接続し，

$$Q' = Q + Q_C$$

とする.[*1] すると，

$$|E|^2 = \left\{|V| + \frac{R_S P + X_S Q'}{|V|}\right\}^2 + \left\{\frac{X_S P - R_S Q'}{|V|}\right\}^2 \qquad \text{(F-4)}$$

となる．目的とすることは $|E|^2 = |V|^2$ となるようにすることであるから，それを満たすような Q' を求めればよい．式 (F-4) において $|E|^2 = |V|^2$ とすると，以下に示すような Q' に関する二次方程式が得られる．

$$a{Q'}^2 + bQ' + c = 0.$$

[*1] 接続すべき素子として既にコンデンサが描かれている．解答のこの時点ではまだ何を接続したらよいのかは判っていないので，コンデンサを描いてしまうのはマズイのだが，答えとしてはコンデンサとなる．実際に「進相コンデンサ」の名称で販売されている．

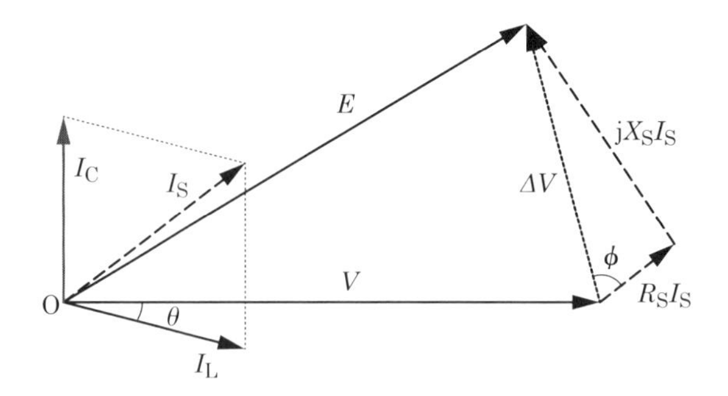

図 F-8　補償無効電力を追加し，電源電圧と負荷電圧の大きさが等しくなるようにしたときのフェーザ・ダイヤグラム.

ここで，a，b，c は以下のとおりである.

$$a = R_S^2 + X_S^2, \tag{F-5}$$

$$b = 2|V|^2 X_S, \tag{F-6}$$

$$c = (|V|^2 + R_S P)^2 + X_S^2 P^2 - |V|^4. \tag{F-7}$$

したがって，Q' が以下のような値になるような無効電力を負荷と並列に接続すれば $|E| = |V|$ が実現できる.

$$Q' = \frac{-b \pm \sqrt{b^2 - 4ac}}{2a}. \tag{F-8}$$

このとき，符号 $\pm$ のどちらを採用するかは「負荷電圧の大きさを電源電圧の大きさと等しくする」ということ以外の要件できまる．例えば，力率が著しく下がったりしないか，などである．後述の課題にて具体的な検討例を示したので，詳しくはそちらを参考にしてほしい.

上記の Q'，もしくは追加された Q_C を数式で書くと極めて複雑で見通しの悪いものとなる．一方，フェーザ・ダイヤグラムで描くと**図 F-8** のようになり，以下のことが読み取れる．電線での電圧 ΔV が発生するのは避けられないが，負荷とは独立した無効電力 Q_C （を担う電流 I_C）を追加することによって電線の電流 I_S の位相を調整し，破線で描かれた三角形の大きさと角度を変えることで $|E| = |V|$ を実現しているのである.

具体的な数値を用いた計算をすると（後述），新たに接続すべき無効電力の担い手はコンデンサ（電圧に対して電流の位相が進む素子）となることがわかる．既に学んだように，コンデンサの並列接続は，力率改善の働きもある．しかし，任意の負荷に対して力率 1 と $|E| = |V|$ を両方一度に実現することは残念ながらできない．一般には力率を改善すれば同時に電圧も回復する（不完全だが）．そのため力率改善の方を優先する場合が多い.

F.2.4　負荷の電圧変動とその補償

電源電圧は $E = 10$ kV，負荷の有効電力は $P = 25$ MW，無効電力は $Q = +50$ MVar とする．これらの有効電力と無効電力の値から，力率は $25/\sqrt{25^2 + 50^2} = 0.4472$ となる．$Q > 0$ であるから，電圧に対して電流が遅れる「遅れ力率」である．すなわち，負荷は抵抗とコイルの並列接続負荷である．送電経路の抵抗とリアクタンスはそれぞれ，$R_{\mathrm{S}} = 0.0784\ \Omega$，$X_{\mathrm{S}} = 0.3922\ \Omega$ とする．このときの負荷電圧の大きさを求めよ（電源電圧の大きさよりも小さくなる）．次に，負荷電圧の大きさと電源電圧の大きさを等しくするための進相コンデンサの無効電力の値を求めよ．また，もともとの負荷と進相コンデンサを合わせた負荷の力率を求めよ．

略解　まず $|V|$ を求めよう．$|V|$ を求める際の係数 A と B は式 (F-1)，式 (F-2) より

$$A = R_{\mathrm{S}}P + X_{\mathrm{S}}Q = 21.57\ \mathrm{kV}^2,$$
$$B = X_{\mathrm{S}}P - R_{\mathrm{S}}Q = 5.885\ \mathrm{kV}^2$$

である．これらの係数と $|E| = 10$ kV であることを用いて式 (F-3) を解けば $|V|$ が得られる．二次方程式の解の公式の符号として $+$ をとるか $-$ をとるかによって以下の二つの解が得られる．

$$|V|^2 = 45.59\ \mathrm{kV}^2 \quad \rightarrow \quad |V| = 6.782\ \mathrm{kV} \quad (+\ \text{の場合})$$
又は
$$|V|^2 = 10.87\ \mathrm{kV}^2 \quad \rightarrow \quad |V| = 3.297\ \mathrm{kV} \quad (-\text{の場合})$$

となる．どちらも解であるが，ここでは無効電力が 0 から徐々に 50 Mvar に増えていった場合を考える．無効電力が 0 のときには負荷電圧の大きさは $|E|$ と同じである．そこから徐々に減少するので，最初に解として合致するのは絶対値の大きい方である．そこで，電源電圧の大きさである 10 kV に近い方が現実的な解であると考えられる．以上より，電線に電流が流れたことによって，負荷の電圧の大きさは電源電圧の大きさの 10 kV よりも約 3.2 kV 小さい $|V| = 6.78$ kV となると結論される．

次に，負荷電圧と電源電圧の位相差を求めておこう．A，B を用いれば，位相を含めた電圧の差 ΔV は

$$\Delta V = \frac{A}{|V|} + \mathrm{j}\frac{B}{|V|} = (3.181 + \mathrm{j}0.8678)\ \mathrm{kV}$$

となる．問題設定の際には，E の大きさが $|E| = 10$ kV であるという情報だけが与えられており，V との位相差は未知であった．この ΔV が既知となることで，V に対する E の位相差が以下のように求められる．E をフェーザで書けば，

$$E = V + \Delta V = (9.963 + \mathrm{j}0.8678)\ \mathrm{kV} = (10.00\angle 4.978^\circ)\ \mathrm{kV}$$

となるので，負荷電圧 V に対して電源電圧が約 5° 進んでいることになる．見方を変えれば，電源電圧 E に対して負荷電圧 V が約 5° 遅れているともいえる．

なお，このときの負荷電流 I_L は，

$$I_\mathrm{L} = \frac{P - \mathrm{j}Q}{|V|} = (3.686 - \mathrm{j}7.373)\ \mathrm{kA} = (8.243\angle - 63.43^\circ)\ \mathrm{kA}$$

となることから，負荷の力率 PF は（既に判っていることであるが），

$$\mathrm{PF} = \cos(-63.43^\circ) = 0.447\ (\text{遅れ})$$

となる．参考までに，これらを考慮してフェーザ・ダイヤグラムを描くと**図 F-9**(a) のようになる．

次に，負荷電圧の大きさ $|V|$ を $|E|$ と同じ 10 kV にするために必要な補償用の無効電力 Q_C として如何なる値のものを付けたらよいのかを計算してみよう．そのために，式 (F-8) の Q' を算出しよう．式 (F-5)～ (F-7) の係数は以下のようになる．

$$a = 0.160\ \Omega^2, \quad b = 7.844 \times 10^7\ \mathrm{V}^2\Omega, \quad c = 4.920 \times 10^{14}\ \mathrm{V}^4.$$

これらを式 (F-8) に代入して二次方程式の解の公式を適用すると，符号の + をとるか − をとるかによって以下の二つの解が得られる．

$$Q' = -6.354\ \mathrm{Mvar}\ \ (+\ \text{の場合}),$$
$$\text{又は}$$
$$= -483.9\ \mathrm{Mvar}\ \ (-\text{の場合}).$$

よって追加すべき無効電力は

$$Q_\mathrm{C} = Q' - Q = -6.534 - 50 = -56.35\ \mathrm{Mvar}\ \ (+\ \text{の場合})$$
$$\text{又は}$$
$$= -483.9 - 50 = -534.0\ \mathrm{Mvar}\ \ (-\text{の場合})$$

となる．無効電力が負であるから，どちらの場合も進み力率となるコンデンサを接続すればよいことがわかる．後述の補足説明にあるように，後者の Q'（− 符号を採用した場合）を採用すると力率が著しく悪くなる．したがって，前者の Q'（+ 符号を採用した場合）を採用することにする．すなわち，結論としては，

$$Q_\mathrm{C} = -56.4\ \mathrm{Mvar}$$

なる無効電力を付け加えることによって，負荷電圧の大きさを電源電圧の大きさと同じにすることができるといえる．

次に，このコンデンサも含めた負荷の力率がどのようになるのかを見てみよう．コンデンサを含めた負荷に流れる電流は，元々の負荷に流れる電流 I_L と新たに付け加えたコンデンサに流れる電流 I_C の和として求められる．コンデンサに流れる電流 I_C は，

$$I_\mathrm{C} = \frac{-\mathrm{j}Q_\mathrm{C}}{|V|} = \mathrm{j}\frac{56.35\ \mathrm{Mvar}}{10\ \mathrm{kV}} = \mathrm{j}5.635\ \mathrm{kA}$$

(a)

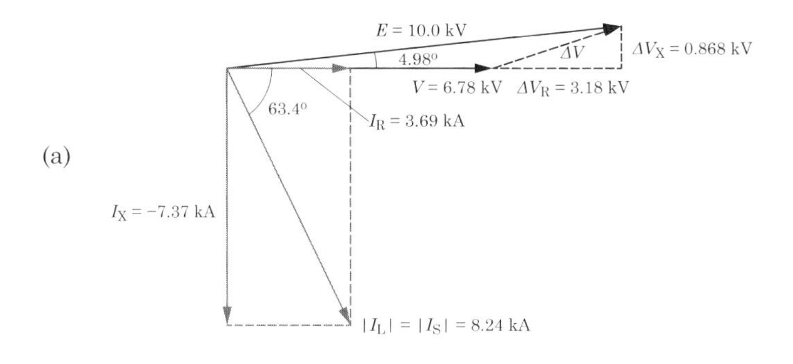

(b)

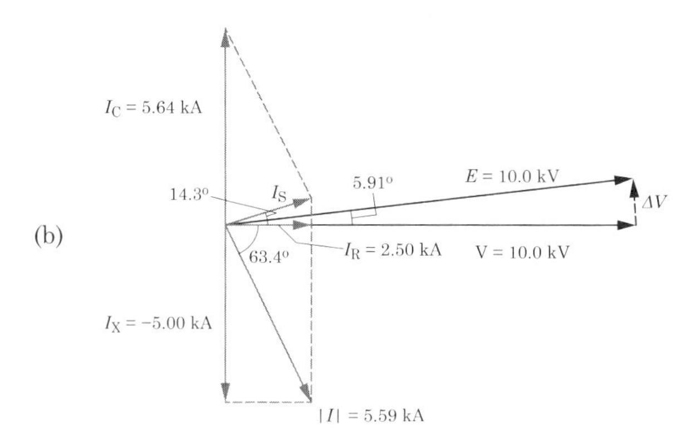

(c)

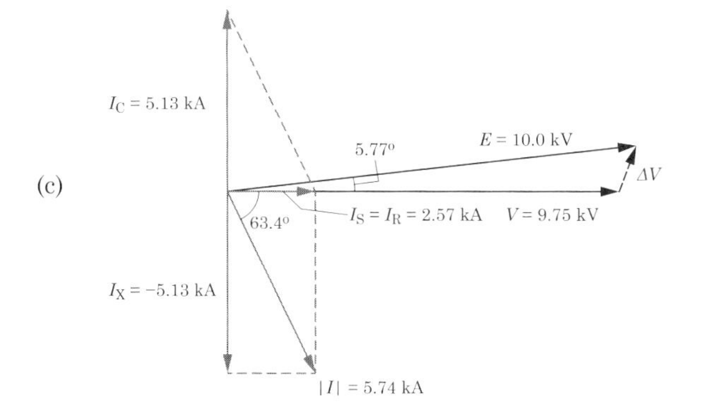

図 F-9　(a) 補償無効電力がない場合の電源電圧，負荷電圧，電流のフェーザ・ダイヤグラム．(b) 負荷電圧の大きさを電源と同じにすることを優先した補償無効電力がある場合の電源電圧，負荷電圧，電流のフェーザ・ダイヤグラム．(b) 力率を 1 にすることを優先した補償無効電力がある場合の電源電圧，負荷電圧，電流のフェーザ・ダイヤグラム．

となる．一方，もともとの負荷に流れる電流 I_{L} は，電圧が $V = 10$ kV となったことにより

$$I_{\mathrm{L}} = \frac{P - \mathrm{j}Q}{|V|} = (2.500 - \mathrm{j}5.000)\ \mathrm{kA} = (5.590\angle-63.43^\circ)\ \mathrm{kA}$$

となる．I_{L} と I_{C} の和（すなわち，電線を流れる電流 I_{S}）は

$$I_{\mathrm{S}} = I_{\mathrm{L}} + I_{\mathrm{C}} = (2.500 + \mathrm{j}0.635)\ \mathrm{kA} = (2.579\angle 14.25^\circ)\ \mathrm{kA}$$

となる．したがって，コンデンサを含めた負荷の力率は，

$$\mathrm{PF} = \cos 14.25^\circ = 0.969\ (\text{進み})$$

となる．あるいは以下のように計算しても同じである．

$$\mathrm{PF} = \frac{P}{\sqrt{P^2 + Q_0^2}} = \frac{25}{\sqrt{25^2 + (-6.354)^2}} = 0.969.$$

無効電力補償の措置を講じる前の力率が 0.447 であったのに対し，措置を講じた後の力率が 0.969 となっている．すなわち，無効電力補償の措置を講じることによって，負荷電圧の大きさが電源のそれと同じになると同時に力率も改善されていることがわかる．

ちなみに，このときの ΔV を求めてみると以下のようになる．

$$A = R_{\mathrm{S}}P + X_{\mathrm{S}}Q_0 = -0.5322\ \mathrm{kV}^2$$
$$B = X_{\mathrm{S}}P - R_{\mathrm{S}}Q_0 = 10.30\ \mathrm{kV}^2$$

より，

$$\begin{aligned}\Delta V &= \frac{A}{|V|} + \mathrm{j}\frac{B}{|V|} = \frac{-0.5322}{10} + \mathrm{j}\frac{10.30}{10} \\ &= (-0.05322 + \mathrm{j}1.030)\ \mathrm{kV} = (1.031\angle 92.96^\circ)\ \mathrm{kV}\end{aligned}$$

となる．したがって，電源電圧 E をフェーザで書くと

$$E = V + \Delta V = (9.947 + \mathrm{j}1.030)\ \mathrm{kV} = (10.00\angle 5.912^\circ)\ \mathrm{kV}$$

となる．上の結果から，コンデンサを付け加えて電源電圧の大きさと負荷電圧の大きさを同じにした場合には，負荷電圧 V に対して電源電圧 E の位相が約 6° 進むことがわかる．逆に言えば，電源電圧 E に対する負荷電圧の位相が 6° 遅れることになる．これらを考慮してフェーザ・ダイヤグラムを描くと，**図 F-9**(b) のようになる．

もう一つの Q' を選択するとどうなるか

Q' を求めるための二次方程式の解として出てきたもう一つの解，

$$Q' = -483.9 \text{ Mvar}$$

を採用するとどうなるのかをここで検証する．この場合，

$$Q_{\text{C}} = Q' - Q = -534.0 \text{ Mvar}$$

となる．この無効電力もコンデンサで実現できるものであるが，そこに流れる電流 I_{C} は

$$I_{\text{C}} = -\text{j}\frac{Q_{\text{C}}}{|V|} = \text{j}\frac{534.0 \text{ Mvar}}{10 \text{ kV}} = \text{j}53.40 \text{ kA}$$

となる．この値は先ほどの解で出てきた I_{C} の大きさよりも 10 倍ほど大きい値となっている．したがって，無効電力用の電流として先ほどの解よりも大きい電流が流れることになる．これが電力会社にとって嫌なことであるということは既に述べたとおりである．したがって，もしも I_{C} が小さい解が別にあるなら，そちらを採用した方が電力会社としては有り難いのである．

これを力率という観点で見てみよう．もともとの負荷に流れる電流 I_{L} は，V が同じであるから，Q_{C} の有無によって変わらず，

$$I_{\text{L}} = (2.500 - \text{j}5.000) \text{ kA} = (5.590\angle -63.43^\circ) \text{ kA}$$

となる．したがって，電線を流れる電流 I_{S} は，

$$I_{\text{S}} = I_{\text{L}} + I_{\text{C}} = (2.500 + \text{j}48.40) \text{ kA} = (48.46\angle 87.04^\circ) \text{ kA}$$

となる．この電流がコンデンサを含めた負荷に流れるので，コンデンサを含めた負荷の力率は

$$\text{PF} = \cos 87.04^\circ = 0.0516$$

となり，かなり小さい値となることが確認できる．

次に，E と V の位相差を見てみよう．このときの ΔV を求めてみると，

$$A = R_{\text{S}}P + X_{\text{S}}Q_0 = -187.9 \text{ kV}^2$$
$$B = X_{\text{S}}P - R_{\text{S}}Q_0 = 47.75 \text{ kV}^2$$

より，

$$\Delta V = \frac{A}{|V|} + \text{j}\frac{B}{|V|} = \frac{-187.9}{10} + \text{j}\frac{47.75}{10}$$
$$= (-18.79 + \text{j}4.775) \text{ kV} = (19.38\angle 165.7^\circ) \text{ kV}$$

となる．これらを用いて E をフェーザ形式でもとめてみると，

$$E = V + \Delta V = (-8.79 + \mathrm{j}4.775)\ \mathrm{kV} = (10.00\angle 151.5^\circ)\ \mathrm{kV}$$

となり，E と V の位相差が先ほどの解よりも著しく大きくなっていることがわかる．

力率=100% を優先したらどうなるか

前節の計算練習では，負荷の電圧の大きさを電源の電圧の大きさと同じにするような措置を講じると，完璧ではないが力率も改善されることを確認した．では，力率を 1 にすることを優先したら，負荷の電圧の大きさと電源の電圧の大きさの違いはどのようになるだろうか．

略解 $Q_\mathrm{C} = -Q$，すなわち，$Q_0 = 0$ とすれば自動的に力率は $1(= 100\%)$ になる．したがって，このときの負荷電圧の大きさ $|V|$ を求めればよい．式 (F-1)，式 (F-2) より，

$$A = R_\mathrm{S}P = 1.960\ \mathrm{kV}^2, \qquad B = X_\mathrm{S}P = 9.805\ \mathrm{kV}^2$$

である．これらと $|E| = 10$ kV を用いて式 (F-3) を解くと，

$$|V|^2 = 95.03\ \mathrm{kV}^2 \quad \Rightarrow \quad |V| = 9.748\ \mathrm{kV}$$

となる．電源 $|E| = 10$ kV と比較すると約 0.252 kV の電圧降下となり，もとの 10 kV に対して 2.5% の電圧降下となる．

したがって，もしも 2.5% 程度の電圧降下ならば負荷が適切に動作する許容範囲内であるというのであれば，負荷電圧の大きさを電源と同じにすることを優先するよりは，むしろ力率を 1 にする方を優先した方がよいということになる．

ちなみに，このときの ΔV を求めてみると以下のようになる．

$$\Delta V_\mathrm{R} = 0.2010\ \mathrm{kV}, \qquad \Delta V_\mathrm{X} = 1.006\ \mathrm{kV}$$

より，

$$\Delta V = (0.2010 + \mathrm{j}1.006)\ \mathrm{kV} = (1.026\angle 78.70^\circ)\ \mathrm{kV}.$$

したがって，電源 E をフェーザで書けば，

$$E = V + \Delta V = (9.949 + \mathrm{j}1.006)\ \mathrm{kV} = (10.00\angle 5.773^\circ)\ \mathrm{kV}$$

となる．また，このときの負荷に流れる電流 I_L は，$V = 9.748$ kV であるから，

$$I_\mathrm{L} = \frac{P - \mathrm{j}Q}{|V|} = (2.565 - \mathrm{j}5.129)\ \mathrm{kA} = (5.735\angle 63.43^\circ)\ \mathrm{kA}$$

となる．追加されたコンデンサに流れる電流は，$Q_\mathrm{C} = -Q$ としているので，この電流の虚数部の符号が反対になった電流となる．すなわち，

$$I_\mathrm{C} = +\mathrm{j}5.129\ \mathrm{kA}$$

となる．これらを考慮してフェーザ・ダイヤグラムを描けば，**図 F-9**(c) のようになる．

F.2.5　送電線のインピーダンス

送電線は単なる電線であり，理想的な電線は抵抗ゼロである．しかし，そんなものは実存しない．したがって，電線には必ず抵抗成分がある．電線の材料をアルミ（抵抗率 $\rho = 2.82 \times 10^{-8}\ \Omega\mathrm{m}$）とし，電線断面積を $S = 20\ \mathrm{mm}^2$（半径 $a = 2.54$ mm）とすると，単位長さ（1 m）当たりの抵抗 R_S は

$$R_{\mathrm{S(1\ m)}} = \rho\frac{1}{S} = 1.39 \times 10^{-3}\ \Omega/\mathrm{m}$$

となる．

さらに，電磁気学的には,「大地を帰路とする電線」は単位長さ（1 m）当たりに以下のインダクタンスを有する．

$$L_{\mathrm{S(1\ m)}} = \frac{\mu_0}{2\pi}\left\{\log\left(\frac{2h}{a}\right) + \frac{\mu_\mathrm{S}}{4}\right\}. \tag{F-9}$$

ここで，log は自然対数，h は大地との距離，a は電線の半径，μ_S は電線の比透磁率（アルミの場合，$\mu_\mathrm{S} = 1$），μ_0 は真空の透磁率（$\mu_0 = 4\pi \times 10^{-7}$ H/m）である．例えば，電線の材料がアルミで，電線の大地からの高さを $h = 30$ m，電線の半径を先ほどと同様に $a = 2.54$ mm とすると，

$$L_{\mathrm{S(1m)}} = 2.04 \times 10^{-5}\ \mathrm{H/m}$$

となる．一般に，電線業界では 1 km 当たりの抵抗やインダクタンスで表すので，

$$R_{\mathrm{S(1\ km)}} = 1.39\ \Omega/\mathrm{km}, \qquad L_{\mathrm{S(1\ km)}} = 0.0204\ \mathrm{H/km}$$

となる．周波数が 60 Hz の関西の場合，$\omega = 2\pi f = 377$ rad/s であるから，上の値を抵抗とリアクタンスに直せば，

$$R_{\mathrm{S(1\ km)}} = 1.39\ \Omega/\mathrm{km}, \qquad X_{\mathrm{S(1\ km)}} = 7.68\ \Omega/\mathrm{km} \tag{F-10}$$

となる．

付録 G

第 7 章の補足

G.1 RLC 直列共振回路の Q と R, L, C の関係導出

回路全体のアドミタンスの大きさが，共振周波数 ω_0 における極大値（最大値でもある）に対して $1/\sqrt{2}$ となる周波数（角周波数）ω_1 と ω_2 を求め，Q 値の定義式 (7-11) 代入すればよい．

RLC 直列共振回路のインピーダンスの絶対値は次式で与えられる．

$$|Z_\mathrm{s}| = \sqrt{R^2 + \left(\omega L - \frac{1}{\omega C}\right)^2}$$

したがって，アドミタンスの絶対値は以下のようになる．

$$|Y_\mathrm{s}| = \frac{1}{|Z_\mathrm{s}|} = \frac{1}{\sqrt{R^2 + \left(\omega L - \frac{1}{\omega C}\right)^2}}.$$

共振周波数 ω_0 のときに

$$\omega_0 L - \frac{1}{\omega_0 C} = 0$$

となり，$|Y_\mathrm{s}|$ が極大値（最大値）をとる．その大きさは

$$|Y_\mathrm{s0}| = \frac{1}{R}$$

となる．一方，Q の定義から，$\omega = \omega_1$ 又は $\omega = \omega_2$ のとき

$$\frac{|Y_\mathrm{s}|}{|Y_\mathrm{s0}|} = \frac{1}{\sqrt{2}}$$

であるから，これを満たす ω_1 と ω_2 （$\omega_1 < \omega_2$）を求めて Q の定義式に代入すればよい．

$|Y_\mathrm{s}|/|Y_\mathrm{s0}|$ を計算すると，

$$\frac{|Y_\mathrm{s}|}{|Y_\mathrm{s0}|} = \frac{R}{\sqrt{R^2 + \left(\omega L - \frac{1}{\omega C}\right)^2}} = \frac{1}{\sqrt{1 + \left(\frac{\omega L}{R} - \frac{1}{\omega C R}\right)^2}}$$

であるから，以下のようになる ω を求めればよい．

$$\frac{\omega L}{R} - \frac{1}{\omega CR} = \pm 1.$$

まず最初に，

$$\frac{\omega L}{R} - \frac{1}{\omega CR} = +1$$

となる ω を求めてみよう．上式を変形すると，

$$\omega^2 - \frac{R}{L}\omega - \frac{1}{LC} = 0$$

となる．この二次方程式の解を求めると，

$$\omega = \frac{1}{2}\left\{\frac{R}{L} \pm \sqrt{\left(\frac{R}{L}\right)^2 + \frac{4}{LC}}\right\}$$

となる．ω が負の解は物理的には意味が無いので，ω が正となる解を選ぶ．上の解のうち ω が正となるのは $\pm$ の符号が $+$ のときである．したがって，上記の二次方程式の解のうち，物理的に意味のある解は以下の一つとなる．

$$\omega = \frac{1}{2}\left\{\frac{R}{L} + \sqrt{\left(\frac{R}{L}\right)^2 + \frac{4}{LC}}\right\}.$$

ここで，この ω が Q 値の定義式における ω_1 なのか，ω_2 なのかを判定しておく必要がある．そのためには，上式で表される ω が式 (7-4) で与えられる直列共振周波数 $\omega_0 = 1/\sqrt{LC}$ よりも大きいか小さいかを判定する必要がある．上式の $4/LC$ の 4 をルートの外に出すと，$1/\sqrt{LC}$ という式が現れるため，その判定がし易い．即ち，

$$\omega = \frac{1}{2}\frac{R}{L} + \sqrt{\left(\frac{1}{2}\frac{R}{L}\right)^2 + \frac{1}{LC}}$$

となるので，この ω は $\omega_0 = 1/\sqrt{LC}$ よりも大きいことがわかる．したがって，この ω は，Q 値の定義における ω_2 の方である．即ち，

$$\omega_2 = \frac{1}{2}\left\{\frac{R}{L} + \sqrt{\left(\frac{R}{L}\right)^2 + \frac{4}{LC}}\right\}$$

となる．

次に，

$$\frac{\omega L}{R} - \frac{1}{\omega CR} = -1$$

となる ω を求めてみよう（これが ω_1 になるはず）．先ほどと同様に上式を変形すれば，次式が得られる．

$$\omega^2 + \frac{R}{L}\omega - \frac{1}{LC} = 0.$$

この二次方程式の解は次式のとおりである．

$$\omega = \frac{1}{2}\left\{-\frac{R}{L} \pm \sqrt{\left(\frac{R}{L}\right)^2 + \frac{4}{LC}}\right\}.$$

先ほどと同様に，物理的に意味のある正の ω 選ぶ．この式では $\pm$ 符号の $+$ のときに正の ω になる．したがって，物理的に意味のある解は以下のとおりとなる．

$$\omega = \frac{1}{2}\left\{-\frac{R}{L} + \sqrt{\left(\frac{R}{L}\right)^2 + \frac{4}{LC}}\right\}.$$

既に $\omega_2(> \omega_0)$ の方が求められているので，上式の ω が $\omega_1(< \omega_0)$ であろうということは容易に推測されるが，きちっと確かめてみよう．少しだけ式変形をすると，

$$\omega = -\frac{1}{2}\frac{R}{L} + \sqrt{\left(\frac{1}{2}\frac{R}{L}\right)^2 + \frac{1}{LC}}$$

となる．これより，この ω が $1/\sqrt{LC}$ よりも小さいことがわかる．即ち，この ω は Q 値の定義式の中の ω_1 であり，

$$\omega_1 = \frac{1}{2}\left\{-\frac{R}{L} + \sqrt{\left(\frac{R}{L}\right)^2 + \frac{4}{LC}}\right\}$$

となる．

以上の計算で得られた ω_1 と ω_2 を用いて $\omega_2 - \omega_1$ を計算すると，

$$\omega_2 - \omega_1 = \frac{R}{L}$$

となる．したがって，これを Q 値の定義式 (7-11) に代入すれば，

$$Q = \frac{\omega_0}{\omega_2 - \omega_1} = \frac{\omega_0 L}{R}$$

となる．ここで，ω が共振周波数 ω_0 の場合に

$$\omega_0 L = \frac{1}{\omega_0 C}$$

であることを利用すると，以下のようにも書くことができる．

$$Q = \frac{\omega_0 L}{R} = \frac{1}{\omega_0 CR}.$$

また，式 (7-4) で示したように $\omega_0 = 1/\sqrt{LC}$ であることを利用すれば，以下のように書くこともできる．

$$Q = \frac{\omega_0 L}{R} = \frac{1}{R}\sqrt{\frac{L}{C}}.$$

G.2　RLC 並列共振回路の Q と R，L，C の関係導出

RLC 並列共振回路のアドミタンスの絶対値は次式で与えられる．

$$|Y_{\mathrm{p}}| = \sqrt{\frac{1}{R^2} + \left(\omega C - \frac{1}{\omega L}\right)^2}$$

したがって，インピーダンスの絶対値は以下のようになる．

$$|Z_{\mathrm{p}}| = \frac{1}{|Y_{\mathrm{p}}|} = \frac{1}{\sqrt{\frac{1}{R^2} + \left(\omega C - \frac{1}{\omega L}\right)^2}}.$$

共振周波数 ω_0 のときに

$$\omega_0 C - \frac{1}{\omega_0 L} = 0$$

となり，$|Z_{\mathrm{p}}|$ が極大値（最大値）をとる．その大きさは

$$|Z_{\mathrm{p}0}| = R$$

となる．一方，Q の定義から，$\omega = \omega_1$ 又は $\omega = \omega_2$ のとき，

$$\frac{|Z_{\mathrm{p}}|}{|Z_{\mathrm{p}0}|} = \frac{1}{\sqrt{2}}$$

であるから，これを満たす ω_1 と ω_2 （$\omega_1 < \omega_2$）を求めて Q の定義式に代入すればよい．

$|Z_{\mathrm{p}}|/|Z_{\mathrm{p}0}|$ を計算すると，

$$\frac{|Z_{\mathrm{p}}|}{|Z_{\mathrm{p}0}|} = \frac{1}{R\sqrt{\frac{1}{R^2} + \left(\omega C - \frac{1}{\omega L}\right)^2}} = \frac{1}{\sqrt{1 + \left(\omega C - \frac{1}{\omega L}\right)^2 R^2}}$$

であるから，以下のようになる ω を求めればよい．

$$R\left(\omega C-\frac{1}{\omega L}\right)=\pm 1.$$

まず最初に，

$$R\left(\omega C-\frac{1}{\omega L}\right)=+1$$

となる ω を求めよう．上式を変形すると，

$$\omega^2 LCR-\omega L-R=0$$

となる．この二次方程式の解を求めると，

$$\omega=\frac{1}{2LCR}\left\{L\pm\sqrt{L^2+4LCR^2}\right\}$$

となる．ω が負の解は物理的には意味が無いので，ω が正となる解を選ぶ．上の解のうち ω が正となるのは $\pm$ の符号が $+$ のときである．したがって，上記の二次方程式の解のうち，物理的に意味のある解は以下の一つとなる．

$$\omega=\frac{1}{2LCR}\left\{L+\sqrt{L^2+4LCR^2}\right\}.$$

ここで，この ω が Q 値の定義式における ω_1 なのか，ω_2 なのかを判定しておく必要がある．そのためには，上式で表される ω が式 (7-9) で与えられる並列共振周波数 $\omega_0=1/\sqrt{LC}$ よりも大きいか小さいかを判定する必要がある．上式の $4/LC$ の 4 をルートの外に出すと，$1/\sqrt{LC}$ という式が現れるため，その判定がし易い．即ち，

$$\omega=\frac{1}{2CR}+\sqrt{\left(\frac{1}{2CR}\right)^2+\frac{1}{LC}}$$

となるので，この ω が $\omega_0=1/\sqrt{LC}$ よりも大きいことがわかる．したがって，この ω は，Q 値の定義における ω_2 の方である．即ち，

$$\omega_2=\frac{1}{2LCR}\left\{L+\sqrt{L^2+4LCR^2}\right\}$$

となる．

次に，

$$R\left(\omega C-\frac{1}{\omega L}\right)=-1$$

となる ω を求めよう（これが ω_1 になるはず）．先ほどと同様に上式を変形すれば，次式が得られる．

$$\omega^2 LCR+\omega L-R=0.$$

この二次方程式の解は次式のとおりである．

$$\omega = \frac{1}{2LCR}\left\{-L \pm \sqrt{L^2 + 4LCR^2}\right\}.$$

先ほどと同様に，物理的に意味のある正の ω 選ぶ．この式では $\pm$ 符号の $+$ のときに正の ω になる．したがって，物理的に意味のある解は以下のとおりとなる．

$$\omega = \frac{1}{2LCR}\left\{-L + \sqrt{L^2 + 4LCR^2}\right\}.$$

既に $\omega_2(> \omega_0)$ の方が求められているので，上式の ω が $\omega_1(< \omega_0)$ であろうということは容易に推測されるが，きちっと確かめてみよう．少しだけ式変形をすると，

$$\omega = -\frac{1}{2CR} + \sqrt{\left(\frac{1}{2CR}\right)^2 + \frac{1}{LC}}$$

となる．これより，この ω が $\omega_0 = 1/\sqrt{LC}$ よりも小さいことがわかる．即ち，この ω が Q 値の定義式の中の ω_1 であり，

$$\omega_1 = \frac{1}{2LCR}\left\{-L + \sqrt{L^2 + 4LCR^2}\right\}$$

となる．

以上の計算で得られた ω_1 と ω_2 を用いて $\omega_2 - \omega_1$ を計算すると，

$$\omega_2 - \omega_1 = \frac{1}{CR}$$

となる．したがって，これを Q 値の定義式 (7-11) に代入すれば，

$$Q = \frac{\omega_0}{\omega_2 - \omega_1} = \omega_0 CR$$

となる．ここで，ω が共振周波数 ω_0 の場合に

$$\omega_0 L = \frac{1}{\omega_0 C}$$

であることを利用すると，以下のようにも書くことができる．

$$Q = \omega_0 CR = \frac{R}{\omega_0 L}.$$

また，式 (7-9) で示したように $\omega_0 = 1/\sqrt{LC}$ であることを利用すれば，以下のようにも書くことができる．

$$Q = \omega_0 CR = R\sqrt{\frac{C}{L}}.$$

G.3 現実のコイルとコンデンサのより詳細な等価回路

コイルにおける非純粋インダクタンスの主たる成分は，第 7 章で述べたように直列抵抗成分である．しかし，より詳しい等価回路で表すと，**図 G-1** に示すように，直列抵抗成分 R や R' に加えて，キャパシタンス C や C' が関与した等価回路となる．コイルにキャパシタンス成分が含まれるのは，電線をコイル状に巻いたときに必ず電線が向かい合うことや，コイルと周辺の物品もお互いに向かい合っているのが原因である．付録 L の式 (L-21) で示されているように，コンデンサのキャパシタンス C は，向かい合った電極の距離に反比例するため，巻き線のピッチや周辺物品との距離が小さくなると寄生キャパシタンスが大きくなる．

また，等価回路が L と C の並列接続回路になっていることから，現実のコイルは，それ一つだけで並列共振回路となっている．したがって，低周波数領域では ωL が小さくなり，$1/(\omega C)$ が大きくなるため，コイルのインピーダンスを ωL だけで表すことが不適切となることに留意する必要がある．

一方，コンデンサの場合の非純粋キャパシタンス成分を考慮した詳しい等価回路は**図 G-2** のようになる．この等価回路において，C はコンデンサの純粋キャパシタンス，r は第 7 章で触れた並列抵抗成分である．[*1] R は，電解コンデンサの電解液，電極箔，端子などが原因となって生じる直列抵抗成分であり，等価直列抵抗（equivalent series R; ESR）と呼ばれている．L は，リード線の存在などが原因となって生じる寄生インダクタンス成分であり，等価直列インダクタンス（equivalent series L; ESL）と呼ばれている．

コイルの場合には，並列共振回路がコイル自身に組み込まれていたが，コンデンサの場合には，**図 G-2** に示すように，直列共振回路がコンデンサ自身に組み込まれている．したがって，周波数が低いときには ωL が小さいため ESL を無視できるが，周波数が大きくなってくると ωL が無視できなくなり，コンデンサのインピーダンス

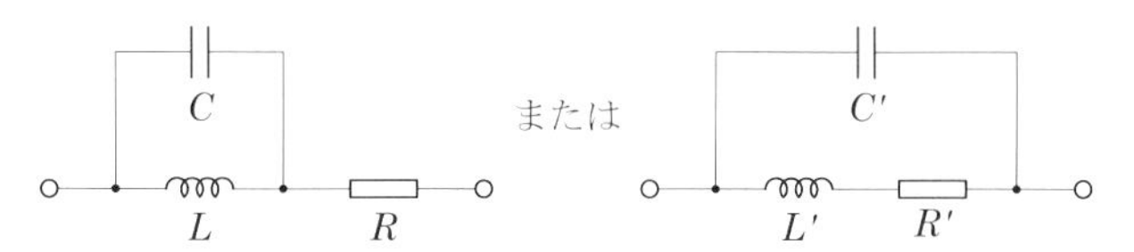

C, C' ： 寄生キャパシタンス成分
R, R' ： 直列抵抗成分
L, L' ： インダクタンス成分

図 G-1 現実のコイルの詳しい等価回路．

[*1] 並列抵抗成分は，アルミ電解コンデンサのときに顕在化するが，フィルムコンデンサやセラミックコンデンサでは無視できるので，小文字の r で書かれている．しかし，小文字の r だからといって，抵抗が小さいことを意味するのではないことに注意のこと．並列接続で「無視」「無い」と等価なのは，それが極めて大きい抵抗（もしくは，インピーダンス）をもつときである（付録 A を参照されたし）．

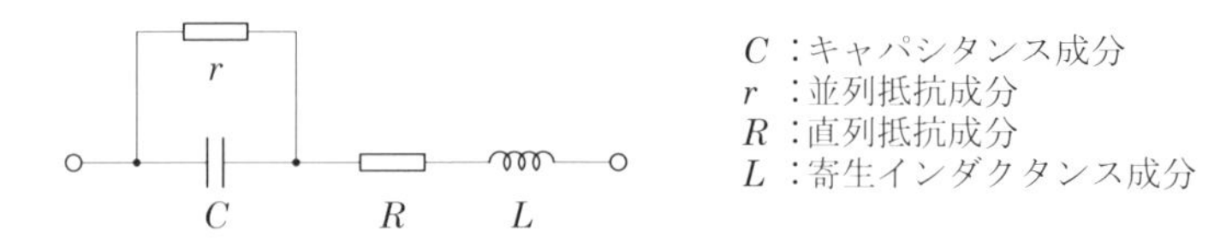

図 G-2 現実のコンデンサの詳しい等価回路.

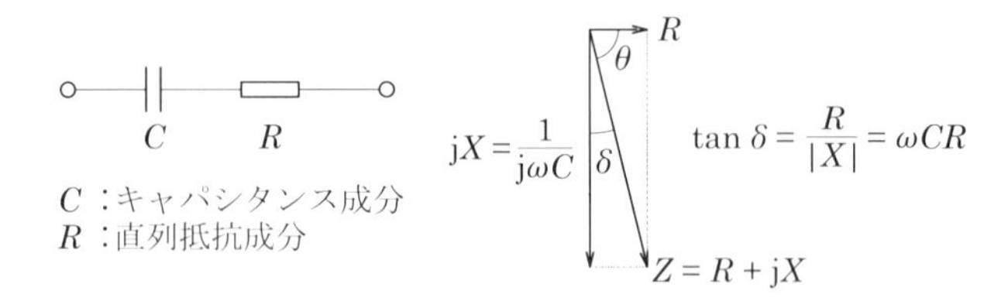

図 G-3 現実のコンデンサの詳しい等価回路（低周波版）と $\tan\delta$ の定義.

を $1/(\omega C)$ で表すことができなくなるということに留意する必要がある.

一方，R で表された ESR は周波数によらず問題となる．即ち，ωL や r に対して $1/(\omega C)$ が十分大きい低周波のときでも問題となる．低周波のときの状況を近似等価回路で表すと，**図 G-3** のようになる．r や L は無視できるが，R は無視できないため残っている．このとき，消費電力がゼロであるはずのコンデンサが，R の存在によって有限の消費電力をもつことになる．これにより，望まない発熱などが起こる．こうした無用な発熱は小さい方がよいので，その指標を表すパラメータ（R の寄与率を表すための特別なパラメータ）として，リアクタンス X に対する抵抗 R の比である $d = R/|X|$ が用いられており，**損失率**（又は，単に**損失**）と呼ばれている．損失率は，**図 G-3** の右側に示したように，jX と Z のなす角を δ とすると，

$$d = \frac{R}{|X|} = \tan\delta \tag{G-1}$$

と書くことができるので，右辺を棒読みして（省略もして）「**タンデル**」とも呼ばれている.

G.4 リアクタンスの損失率と力率は同義

前節で紹介した損失率は，第 7 章の**図 7-17** に示したような抵抗成分を有するリアクタンス（即ち，損失のあるリアクタンス）全般について定義されている.

$$\tan\delta = \frac{1}{Q_\mathrm{X}}$$

ここでは，Q_X が十分に大きいときには，損失率 $\tan\delta$ が近似的に第 6 章で学んだ力率と同義であるということを示す.

図 7-17(a) に注目すると，このインピーダンスで消費される電力の力率は次式で与えられる．

$$\cos\theta = \frac{R}{\sqrt{R^2+X^2}}$$

ここで，$R=|X|/Q_X$ とした．これを計算すると，

$$\cos\theta = \frac{1}{\sqrt{1+\dfrac{X^2}{R^2}}} = \frac{1}{\sqrt{1+Q_X^2\left(\dfrac{X}{|X|}\right)^2}} = \frac{1}{\sqrt{1+Q_X^2}}$$

ここで，$Q_X \gg 1$ であるから以下のような近似ができる．

$$\cos\theta \simeq \frac{1}{\sqrt{Q_X^2}} = \frac{1}{Q_X} = \tan\delta$$

G.5　ピークの鋭さ：なぜ半値幅ではなく $1/\sqrt{2}$ 値幅なのか

共振特性のピークの幅を定義するときに，なぜ「$1/\sqrt{2}$ になるところ」にするのであろうか．ピークの鋭さを表す指標を定義するとき，一般には「1/2 になるところ」を使い，**半値幅**（**full width at half maximum: FWHM**）と呼ばれている．電気回路では，電流，電圧，インピーダンス，アドミタンスなどが 1/2 になるところではなく，$1/\sqrt{2}$ になるところを使う．その理由は以下のとおりである．

> 電気信号の FWHM を定義するときは，電圧や電流が 1/2 になる周波数を使って計算するよりも，電力が 1/2 になる周波数を使って計算した方が意味があるから．

「電力が 1/2 になる周波数の方が意味がある」とはどういうことだろうか．電気信号によってある場所からある場所に情報伝送する場合を考えてみよう．このとき，情報伝送を担っている「ある物理量」が伝送されるが，その伝送される「ある物理量」は電圧や電流ではなく，それらの積で表される電力なのである．[*2] したがって，Q 値を議論するときに対象となる物理量が電力の場合には，

$$Q = \frac{\omega_0}{\omega_2-\omega_1}$$

における分母は，一般的な物理量の Q 値を計算するときと同様に，半値幅が使われる（ω_1 と ω_2 は対象とする電力が 1/2 になる周波数）．

一方，対象とする物理量が電圧，電流，インピーダンス，アドミタンスの場合，これらは電圧と電流の積で決まる電力という物理量の片方だけ（即ち電流だけ，もしくは電圧だけ）にしか対応していない．このためその共振特性は，情報伝送を担っている物理量（即ち，電力）の共振特性を正確に表したものにはならない．しかし，電

[*2] これについて説明すると長くなるので他の書物などで確認してほしい．

力は電圧と電流の掛け算であるから，電力が 1/2 になるときには，掛け算する前の V と I はそれぞれ $1/\sqrt{2}$ になる．したがって，広がりの幅を計算するときの条件を「1/2 だけ下がるところ」ではなく，「$1/\sqrt{2}$ だけ下がるところ」に置き換えれば，電圧か電流のどちらかの共振特性だけからでも電力の共振特性の Q 値と同じものを得ることができる．以上のような背景により，電圧や電流，インピーダンスやアドミタンスの周波数特性の Q 値を計算するときには，計算式の分母（共振特性の広がり）を「○○が 1/2 になる周波数」を用いて計算するのではなく，「○○が $1/\sqrt{2}$ になる周波数」を用いて計算すべきであるという考え方になっている．

G.6　フーリエ級数展開

任意の周期関数は，異なる周波数の三角関数の無限級数で表すことができる．このような級数展開のことをフーリエ（Fourier）級数展開という [春日 (1993)].

$$f(t) = a_0 + \sum_{n=1}^{\infty} \{\, a_n \cos(n\omega_0 t) + b_n \sin(n\omega_0 t) \,\}.$$

あるいは，等価な式として以下のような表し方もある．

$$f(t) = a_0 + \sum_{n=1}^{\infty} A_n \cos(n\omega_0 t + \phi_n).$$

ただし，

$$A_n = \sqrt{a_n^2 + b_n^2}, \qquad \phi_n = -\tan^{-1}\left(\frac{b_n}{a_n}\right).$$

また，複素数を指数部にもつ指数関数で表す方式もある．

$$f(t) = \sum_{n=-\infty}^{\infty} c_n \mathrm{e}^{\mathrm{j}n\omega_0 t}.$$

ただし，

$$c_n = \frac{a_n - \mathrm{j}b_n}{2} = |c_n|\angle\phi_n, \qquad |c_n| = \frac{A_n}{2} = \frac{\sqrt{a_n^2 + b_n^2}}{2},$$
$$\phi_n = -\tan^{-1}\left(\frac{b_n}{a_n}\right).$$

例えば，**図 G-4** に示すような矩形波は次式で与えられる．

$$\begin{aligned} f(t) &= \frac{1}{2} + \frac{2}{\pi}\sum_{n=1}^{\infty}\frac{1}{2n-1}\sin\left[(2n-1)\pi t\right] \\ &= \frac{1}{2} + \frac{2}{\pi}\sin(\pi t) + \frac{2}{3\pi}\sin(3\pi t) + \frac{2}{5\pi}\sin(5\pi t) + \cdots \end{aligned}$$

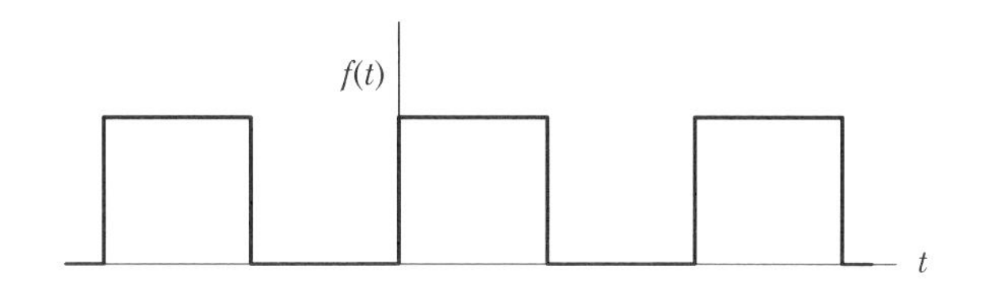

図 G-4　矩形波の例.

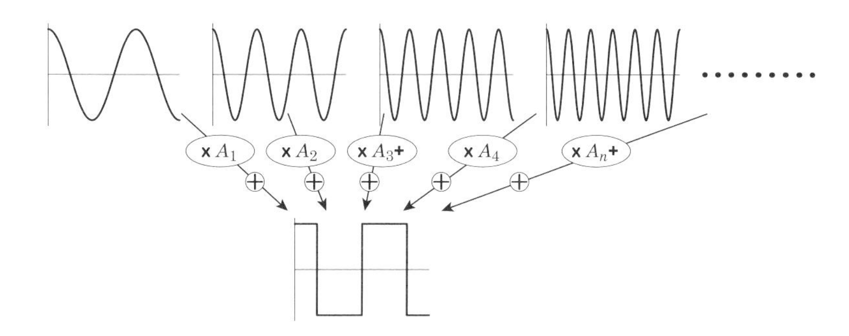

図 G-5　異なる周波数の sin 関数の足し合わせによる矩形波の合成の概念図.

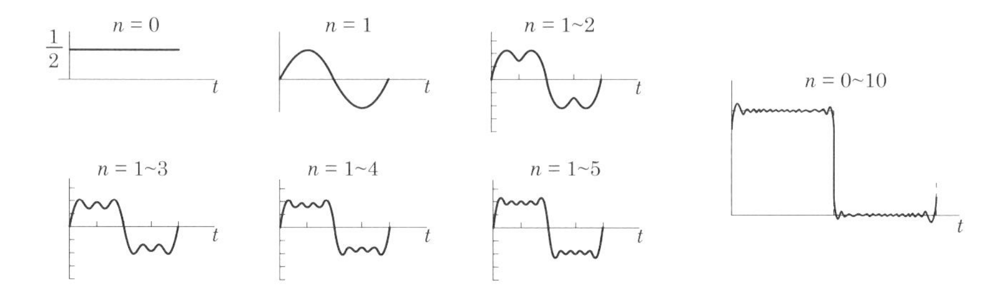

図 G-6　$n = 0$ と，$n = 1$ から $n = 5$ まで sin 関数の足し合わせをした計算結果．並びに $n = 10$ まで sin 関数の足し合わせをした計算結果.

図 G-5 は，上式を概念的に表したものである．実際に足し算した結果を**図 G-6** に示す．足し合わせの上限が大きくなるに従って，矩形波に近づいていることがわかる．$n = 10$ まで足し合わせれば，ほぼ矩形波を再現していることがわかる．

以上の例は，フーリエ級数展開の一例でしかない．フーリエ級数展開の理論を学べば，任意の周期的波形を異なる周波数の正弦波の級数和として表すことができる，ということを知ることになる．こうしたことを知ると，波形の特徴を表す方法として，横軸に時間を，縦軸にその波形が表す物理量をプロットした波形そのもので表す従来

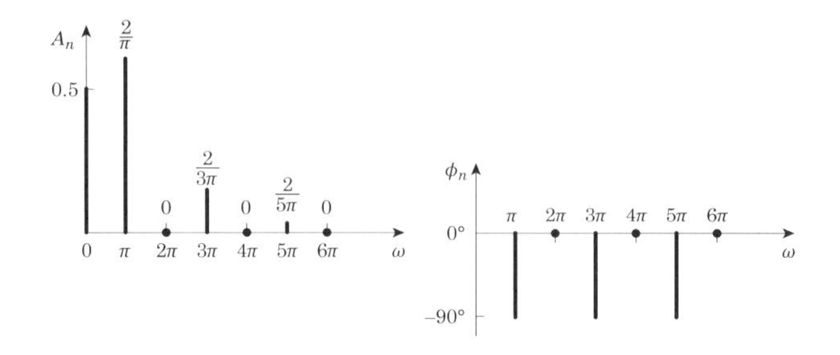

図 G-7　矩形波のスペクトル.

の方法以外の方法があるということに気づくことになる．即ち，級数和をとっている各周波数成分の大きさや，位相を用いて表す方法である．先に示した矩形波の例を用いて説明してみよう．矩形波のフーリエ級数展開は，式で書けば以下のようになる．

$$
\begin{aligned}
f(t) &= \frac{1}{2} + \frac{2}{\pi}\sum_{n=1}\infty\frac{1}{2n-1}\sin[(2n-1)\pi t] \\
&= a_0 + \sum_{n=1}^{\infty} A_n\cos(n\omega_0 t + \phi_n)
\end{aligned}
$$

$$
\begin{aligned}
A_n &= \sqrt{a_n^2 + b_n^2} = |b_n| \\
&= \begin{cases} 2/(n\pi) & (n = \text{奇数}) \\ 0 & (n = \text{偶数}) \end{cases}
\end{aligned}
$$

$$
\begin{aligned}
\phi_n &= -\tan^{-1}\left(\frac{b_n}{a_n}\right) \\
&= \begin{cases} -90^\circ & (n = \text{奇数}) \\ 0^\circ & (n = \text{偶数}) \end{cases}
\end{aligned}
$$

ここで，横軸に $\omega(= n\omega_0)$ をとり，縦軸に A_n と ϕ_n をとって A_n と ϕ_n をプロットすると，**図 G-7** のようになる．この図は，矩形波の形そのものを表すものではないが，矩形波の中に

どのような周波数成分がどれくらいの割合で含まれているか

ということを表す特性図になっており，矩形波という波形を別の側面で見たときの特徴を表したものとなっている．[*3] このような特性図をスペクトル（spectrum）という．任意の波形からスペクトル取得する専用の装置もあり，それをスペクトルアナライザー（spectrum analyzer）という．

[*3] 横軸を時間にした特性を「時間領域の特性」，横軸を周波数にした特性を「周波数領域の特性」という．

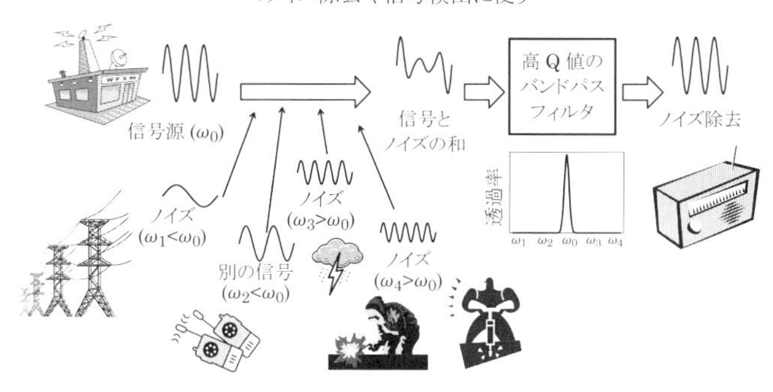

図 G-8　電波受信時のフィルタ回路の効能.

G.7　フィルタ回路

フィルタ回路が最も活躍しているのは電波通信の分野であろう. **図 G-8** に示すように, 放送局からある特定の周波数で信号が発振され, それを受信しようとするときには, 様々なノイズが重畳した状態で受信される. フィルタ回路はノイズが重畳した受信信号から放送局からの信号だけを抽出するために使われる. そのとき, 根本原理となるのが, フーリエ級数展開の論理に基づく以下の原理と本書で学習した共振回路の理論である.

> 異なる周波数の波形の和を取ると複雑な波形になるが, その複雑な波形から特定の周波数成分だけを抽出することができる.

これは次のような利点も含んでいる. 即ち, 複数の放送局から電波を発信する場合, 各放送局が異なる周波数で発信すれば, 受信時にそれらが和となって受信されたとしても, 必要な放送局の周波数成分だけを抽出できるのである.*4

「必要な周波数成分だけを抽出する」ということを, **図 G-9** を用いてもう少し具体的に説明しよう. まず受信信号を電源（例えば電流源）とする. その受信信号には, 同図の左側に示すように, 500 rad/s, 1,000 rad/s, 1,500 rad/s の三つの周波数成分が含まれているとし, 必要とする周波数成分は 1,000 rad/s の成分であるとする. 受信信号そのものの波形は, これら三つの周波数成分の和となっており, 同図の左下のような波形になっている. このような波形の電流源を並列共振回路につなげたとしよう（すなわち, この受信信号を並列共振回路に入力したということに相当）. なお, この共振回路は, 共振周波数が必要とする成分の周波数（1,000 rad/s）

*4 同じ周波数の信号の和を取ってしまった場合には, もとの信号に復元することは不可能である.

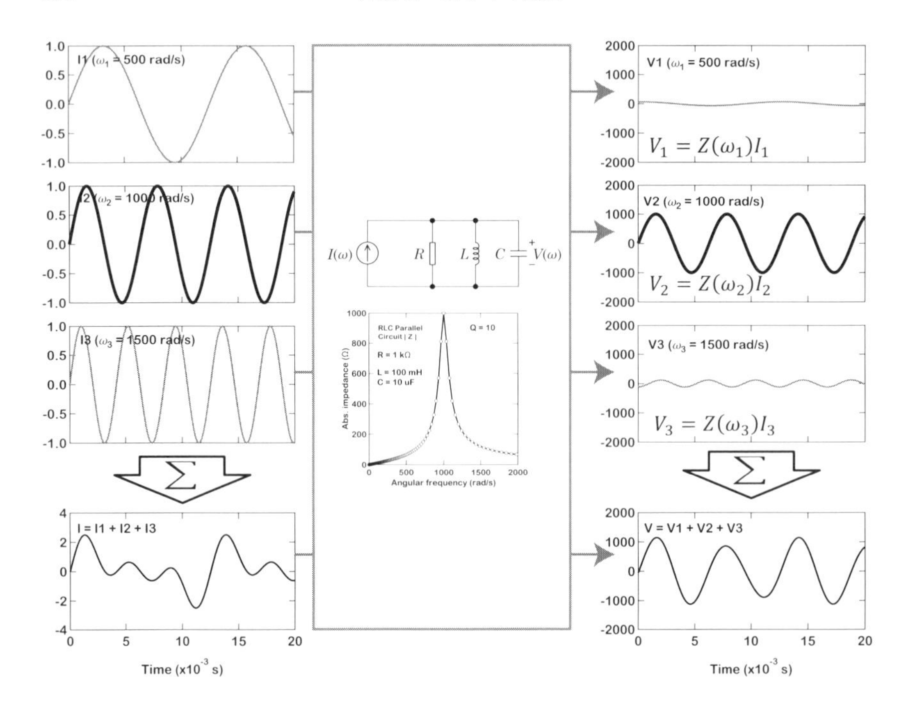

図 G-9　並列共振回路を用いて特定の周波数成分を抽出することを説明するための概念図.

となるように回路素子を選んであるものとする.

このとき，共振回路の端子間電圧は各周波数の電流についてオームの法則を適用して得られる電圧の和となる．ただし，同図の中心に描いてあるように，共振回路のインピーダンスの値は各周波数毎に異なる．したがって，同図右側に示したように，インピーダンスが小さい周波数の場合にはその周波数成分の電圧は小さくなり，インピーダンスが大きい周波数の場合にはその周波数成分の電圧は大きくなる．実際に計測される端子間電圧は周波数の異なる三つの電圧の和であるが，上記のように今回必要とする周波数の成分のみが大きな値をもつため，その和の波形は今回必要とする周波数の成分とほぼ似た波形となる．実際に計算すれば，同図の右下のような波形になる．もとの 1,000 rad/s の電流波形の形と完璧に一致しないのは，共振特性の Q 値が無限大でないからである．そのため，他の周波数成分も若干含まれてしまい，もとの 1,000 rad/s の波形とは若干異なる．しかし，AM 放送の音声を聞く程度の用途であれば，これぐらいで十分なのである.[*5]

[*5] 音声信号をこの 1,000 rad/s の電波にのせて送信する場合には，この 1,000 rad/s の正弦波の振幅を音声信号で振幅変調必要がある．また，受信時には復調という操作も必要となる．詳しくは「電波工学」を学習されたし.

付録 H

第 8 章の補足

H.1　自己誘導の起電力の符号

電磁気学の教科書を見ると，自己誘導による起電力と電流の関係は

$$e = -L\frac{\mathrm{d}i}{\mathrm{d}t} \tag{H-1}$$

となっている．ここで，i はコイルに流れる電流，L は自己インダクタンス，e は自己誘導による誘導起電力である（より厳密に言えば，誘導「逆起電力」である）．式 (H-1) にマイナスが付いているのは，電磁誘導によって発生する起電力が**図 H-1** に示すような「逆起電力」になるからである．これに対し，電気回路のコイルの電圧と電流の関係式では，マイナスが無くなって

$$v = L\frac{\mathrm{d}i}{\mathrm{d}t} \tag{H-2}$$

となっている．マイナスが付いたり，付かなかったりするのはなぜなのだろうか．この違いが発生するのは，コイルの両端の電圧の電圧の捉え方に以下のような二通りがあるからである．

- 電磁誘導の物理に従って「起電力」と捉える
- 電気回路的に「電圧降下」と捉える

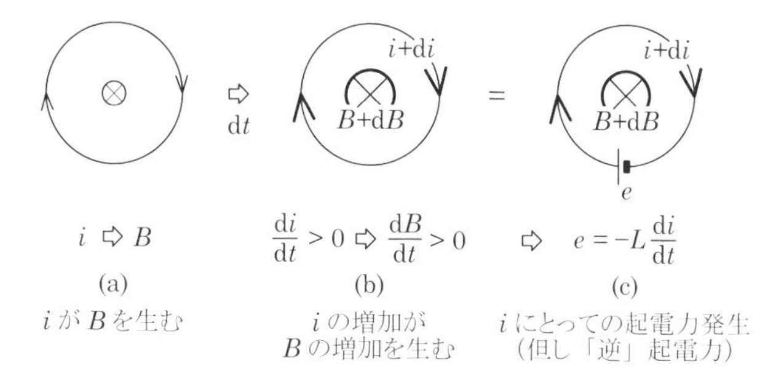

図 H-1　自己誘導起電力．

誘導起電力を「起電力」と考えるとき，電流 i の矢印に対する自然な「起電力」の向きになるように電位の高低を左図のように設定.

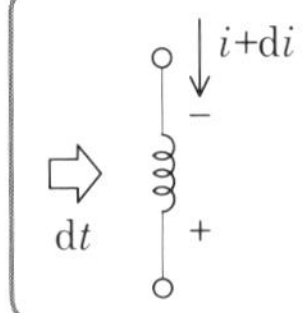

i が $\mathrm{d}i$ だけ増えたことにより磁場が変化し，電流増加を阻止しようとする誘導起電力 e が発生．さて，e の式はどう書くべきか？

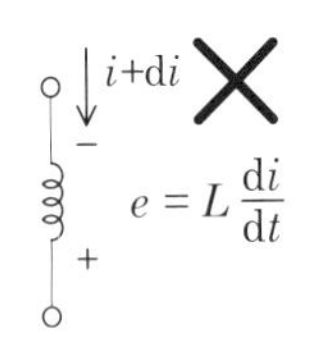

$\mathrm{d}i > 0$ より $e > 0$ である．設定した電圧の高低と電流の矢印の向きに従うと，この式ではもとの電流の矢印の向きに電流が増える起電力となる．逆起電力じゃないぞ．ダメだ.

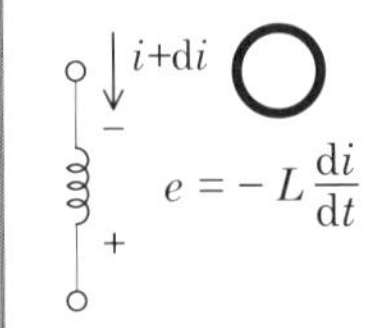

$\mathrm{d}i > 0$ より $e < 0$ である．設定した電圧の高低と電流の矢印の向きに従うと，この式ならもとの電流の矢印とは逆の電流を流そうとする起電力になり OK だ.

図 H-2　自己誘導による「起電力」の正の向きの設定と，起電力を表す式の前に − 符号を付ける論理.

H.1.1　電磁気学では自己誘導の起電力を起電力として扱う

まずは，電磁誘導の物理に従った場合にマイナスがついている理由を**図 H-2** を使って説明しよう．**図 H-2**(a) のようにコイルに電流 i が流れ，$\mathrm{d}t$ 時間後に，$\mathrm{d}i$ だけ電流が増えたとする．そうすると，その電流の増加を阻止する方向に「起電力」が発生するというのが自己誘導現象である.

現れる電圧を「起電力」として扱う以上は，電圧の正の向きを決めるときには,「起電力」のルールに従う必要がある．今回の場合，電流は上から下に流れる．したがって，起電力として電圧がアップする方向は，この図では上から下ということになる．そのため，＋ と − の印は**図 H-2**(b) のように付けている.

次に，この起電力を e という変数で表すとすると，どのように表すのが適当であるかを考える．**図 H-2**(c) のように表してしまうと，どうなるであろうか．電流が $\mathrm{d}i$ だけ増えたときに，このように書いた e は正になる．この場合，もともとの電流 i を更に増やす方向にこの e が働くことになる．これは自己誘導現象と逆である．一方，**図 H-2**(d) のように表すと，もともとの電流 i とは逆の方向の電流を出す起電力として e が働くことになり，自己誘導現象を正しく表していることになる.

かなりくどい説明ではあるが，これが自己誘導の起電力を表す式に − が付いている理由である.

H.1.2　電気回路では自己誘導の起電力を電圧降下と解釈する

次に，電気回路的に「電圧降下」として捉えた場合について説明する．コイルの自己誘導現象で現れる電圧は物理的には「起電力」である．しかし，この起電力は外部から交流電流が流れ込んだ場合にのみ現れる．したがって，外部の状況の如何に関わらず同じ電圧を出し続ける電源の起電力と比較すると，電気回路的に見たその挙動は，むしろ受動素子のそれに近い．そのため，電気回路では，コイルの自己誘導で現

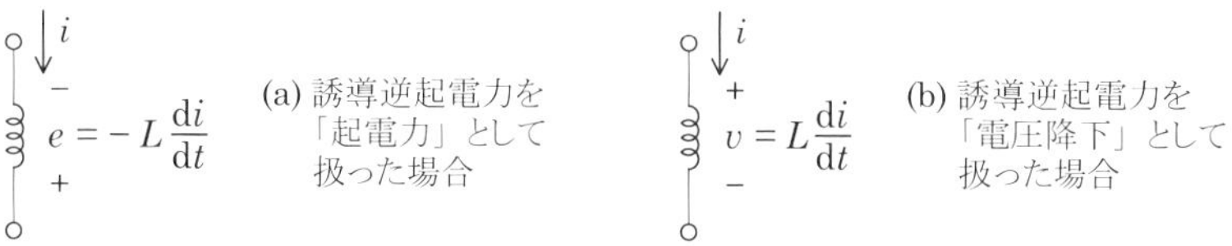

i ↓ − $e = -L\dfrac{\mathrm{d}i}{\mathrm{d}t}$ ＋　(a) 誘導逆起電力を「起電力」として扱った場合

i ↓ ＋ $v = L\dfrac{\mathrm{d}i}{\mathrm{d}t}$ −　(b) 誘導逆起電力を「電圧降下」として扱った場合

図 H-3　電気回路では自己誘導の起電力を電圧降下と解釈して扱うので，マイナスが無くなる．

れる電圧を「起電力」とは解釈せずに，無理矢理「電圧降下」と解釈するのである．

コイルに発生する電位差を物理に従って「起電力」と解釈する場合には，**図 H-3**(a) のようになり，

$$e = -L\frac{\mathrm{d}i}{\mathrm{d}t}$$

となる．これに対し，その同じ電位差を電気回路的に「電圧降下」と解釈する場合には，**図 H-3**(b) に示すように，同じ電位差がそこに発生していたとしても，電圧の正の向きの取り方が反対になるため，そこの電位差を表す式の符号が反転し，

$$v = L\frac{\mathrm{d}i}{\mathrm{d}t}$$

となるのである．

ただし，上記の論理は，回路図上で設定した電圧と電流の正の向きが能動素子あるいは受動素子にとって自然な向きに設定されていることを前提としている（普通はそのように設定する）．もしも，あまのじゃくの設定をした場合には，上記の符号に関する論理と逆になる．あまのじゃくの設定とは，以下のような設定である．

× 電圧降下の場合のあまのじゃく設定
電流の矢印の向きを低電位と設定した側から高電位と設定した側にする

× 起電力の場合のあまのじゃく設定
電流の矢印の向きを高電位と設定した側から低電位と設定した側にする

特殊な事情がない限り，このような設定はしない．パズル的な課題である「ドット印の読み方の練習」では，このような設定も含めている．

H.2　相互誘導起電力の符号

自己誘導起電力については，物理では「起電力」のままで扱うが，電気回路では「電圧降下」として扱い，符号が物理の場合と逆になるということを前節で述べた．では，相互誘導起電力はどうなるのだろうか？

相互誘導起電力は，相互インダクタンスを M とすると以下のように表される．

$$\text{一次側コイルに発生する相互誘導起電力}\quad \pm M\frac{\mathrm{d}i_2}{\mathrm{d}t},$$
$$\text{二次側コイルに発生する相互誘導起電力}\quad \pm M\frac{\mathrm{d}i_1}{\mathrm{d}t},$$

これらの起電力は，起電力が発生するコイル自身に流れる電流が起源ではなく，隣接する別のコイルに流れる電流が起源となっている．したがって，

相互誘導による電圧成分は，自身に流れる電流の大小に依存しない．

極端な場合を言えば，自身に電流が流れていなくても誘導起電力は生じるのである．この性質は電源のような能動素子の性質である．この理由により，相互誘導によって発生する電圧を電源と同じように「起電力」として扱う．そのため，相互誘導起電力の符号も起電力として扱ったときの符号になる．

なお，この起電力を表す式の前の符号が $+$ なのか $-$ なのかは，以下の二つの論理で決まる．まず，一次側の電流が原因となって二次側に誘導起電力が発生する場合について述べる．

相互誘導：原因が一次側電流 $\Rightarrow$ 結果が二次側電圧

1. **相互誘導の物理で起電力の向きが決まる**
   一次側の電流が正の方向に増えたとき，即ち，$\mathrm{d}i_1/\mathrm{d}t > 0$ のとき，二次側に伝達される磁束密度の増加を抑制するような向きの起電力が二次側に発生する．このとき，一次側の電流の正の向きをどちら向きに設定しているかによって二次側の起電力の向きが異なる．

2. **二次側の電圧の向きの設定で符号が決まる**
   二次側に発生した誘導起電力の向きが，二次側に設定した電圧の正の向きならば $+$ 符号をつける．逆ならば $-$ 符号をつける．

多少冗長だが，上記と逆，即ち二次側の電流が原因となって一次側に誘導起電力が発生する場合については，以下のように単純に一次側と二次側を入れ替えればよい．

相互誘導：原因が二次側電流 $\Rightarrow$ 結果が一次側電圧

1. **相互誘導の物理で起電力の向きが決まる**
   二次側の電流が正の方向に増えたとき，即ち，$\frac{\mathrm{d}i_2}{\mathrm{d}t} > 0$ のとき，一次側に伝達される磁束密度の増加を抑制するような向きの起電力が一次側に発生する．このとき，二次側の電流の正の向きをどちら向きに設定しているかによって一次側の起電力の向きが異なる．

2. **一次側の電圧の向きの設定で符号が決まる**
   一次側に発生した誘導起電力の向きが，一次側に設定した電圧の正の向きならば $+$ 符号をつける．逆ならば $-$ 符号をつける．

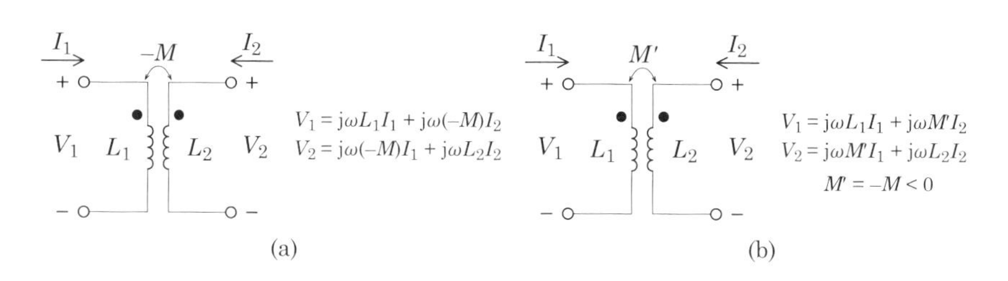

図 H-4　ドット印の読み方の練習 (5)．相互誘導係数の前にマイナス符号を付ける代わりに，相互誘導係数の値自身が負であるとする特殊な手法．

H.3　M 自身が負という考え方

本書では，相互インダクタンス M は常に正ということで話を進めてきた．したがって，想定している電位の高低とは逆の向きの電圧が発生する場合には，発生する電圧を表す相互誘導の式の前にマイナス符号を付けていた．状況によっては，上記のような場合を表現する手段として，**図 H-4** に示すように相互誘導の係数 M の値自身が負であるとして，想定している電位の高低と発生する電圧の向きが逆であることを表す場合もある．しかし，このような表記法は特殊な場合なので，本書では M はすべて正であるとしている．

H.4　理想トランスの解釈

本節では，理想トランスが，密結合トランスにおいて $\boldsymbol{L_1, L_2, M \to \infty}$ としたものに相当することを確認する．

まず，$V_2 = nV_1$ となるには？について考察する．トランスの基本式から，

$$V_1 = j\omega L_1 I_1 + j\omega M I_2, \tag{H-3}$$

$$V_2 = j\omega M I_1 + j\omega L_2 I_2 \tag{H-4}$$

となる．式 (H-3) より，

$$I_1 = \frac{V_1 - j\omega M I_2}{j\omega L_1} \tag{H-5}$$

である．これを式 (H-4) に代入すると，

$$V_2 = j\omega L_2 I_2 + \frac{M}{L_1} V_1 - \frac{j\omega M^2}{L_1} I_2 \tag{H-6}$$

となる．ここで，二つのコイルが密結合 ($M=\sqrt{L_1L_2}$) であれば，

$$
\begin{aligned}
V_2 &= \mathrm{j}\omega L_2 I_2 + \frac{\sqrt{L_1L_2}}{L_1}V_1 - \frac{\mathrm{j}\omega L_1 L_2}{L_1}I_2 \\
&= \sqrt{\frac{L_2}{L_1}}V_1 = nV_1
\end{aligned}
\tag{H-7}
$$

となる．ここで，$n=\sqrt{L_2/L_1}$ は巻数比である．[*1]

次に，$I_2=-I_1/n$ となるには？について考察する．電流については，

$$
I_1 = \frac{V_1 - \mathrm{j}\omega M I_2}{\mathrm{j}\omega L_1} \tag{H-8}
$$

より，次式が得られる．

$$
I_1 = \frac{V_1 - \mathrm{j}\omega M I_2}{\mathrm{j}\omega L_1} = \frac{V_1}{\mathrm{j}\omega L_1} - \frac{M}{L_1}I_2 \tag{H-9}
$$

二つのコイルが密結合 ($M=\sqrt{L_1L_2}$) であり，巻数比が $n=\sqrt{L_2/L_1}$ であれば，

$$
\begin{aligned}
I_1 &= \frac{V_1}{\mathrm{j}\omega L_1} - \sqrt{\frac{L_2}{L_1}}I_2 \\
&= \frac{V_1}{\mathrm{j}\omega L_1} - nI_2
\end{aligned}
\tag{H-10}
$$

となる．ここで，$L_1\to\infty$ であれば，

$$
I_1 = -nI_2 \tag{H-11}
$$

となる．ただし，$n\to 0$ とならないように，巻数比 $n=\sqrt{L_2/L_1}$ を一定に保ったままで，$L_1\to\infty$ にする必要があるため，L_2 も $L_2\to\infty$ となる．また，同時に，$M=\sqrt{L_1L_2}$ も $M\to\infty$ となる．

[*1] 電磁気学によりコイルのインダクタンスは巻数の二乗に比例する．

付録 I 第 9 章の補足

I.1 交流の「流入」「流出」って何なの

交流電流の場合,「流入」と「流出」が常に時間とともに入れ替わっているので，回路に矢印を描いてそのどちらかにするということに違和感を覚える人がいるかもしれない．至極ごもっともである．電圧の「高電位側」と「低電位側」というのもおかしな話である．

交流回路で電流の流入・流出や電位の高低に言及しているときは，ある瞬間について言及しているのだと思ってほしい．ある時刻に限定して，電流の状況をみれば,「流入」,「流出」,「流入出無し」のどれかになっており，電圧についても，二つの節点間の電位差を見れば，どちらかが「高電位側」，どちらかが「低電位側」，もしくは「両方とも同電位」のどれかになっているからである．

I.2 2×2 の行列の逆問題

未知の閉路電流が二つの閉路方程式，もしくは未知の接点電位が二つの節点方程式の場合，解くべき方程式は一般に以下のようになる．

$$\begin{bmatrix} y_1 \\ y_2 \end{bmatrix} = \begin{bmatrix} a & b \\ c & d \end{bmatrix} \begin{bmatrix} x_1 \\ x_2 \end{bmatrix}.$$

このとき，$[x_1, x_2]$ は，次式で与えられる．

$$x_1 = \frac{\Delta_1}{\Delta}, \qquad x_2 = \frac{\Delta_2}{\Delta}.$$

ここで，

$$\Delta = \begin{vmatrix} a & b \\ c & d \end{vmatrix} = ad - bc,$$

$$\Delta_1 = \begin{vmatrix} y_1 & b \\ y_2 & d \end{vmatrix}, \qquad \Delta_2 = \begin{vmatrix} a & y_1 \\ c & y_2 \end{vmatrix}$$

である．

I.3　3 × 3 の行列の逆問題

未知の閉路電流が三つの閉路方程式，未知の節点電位が三つの節点方程式の場合には，解くべき方程式は一般に以下のようになる．

$$\begin{bmatrix} y_1 \\ y_2 \\ y_3 \end{bmatrix} = \begin{bmatrix} a_{11} & a_{12} & a_{13} \\ a_{21} & a_{22} & a_{23} \\ a_{31} & a_{32} & a_{33} \end{bmatrix} \begin{bmatrix} x_1 \\ x_2 \\ x_3 \end{bmatrix}.$$

このとき，$[x_1, x_2, x_3]$ は，次式で与えられる．

$$x_1 = \frac{\Delta_1}{\Delta}, \qquad x_2 = \frac{\Delta_2}{\Delta}, \qquad x_3 = \frac{\Delta_3}{\Delta}. \tag{I-1}$$

ここで，

$$\Delta = \begin{vmatrix} a_{11} & a_{12} & a_{13} \\ a_{21} & a_{22} & a_{23} \\ a_{31} & a_{32} & a_{33} \end{vmatrix},$$

$$\Delta_1 = \begin{vmatrix} y_1 & a_{12} & a_{13} \\ y_2 & a_{22} & a_{23} \\ y_3 & a_{32} & a_{33} \end{vmatrix}, \quad \Delta_2 = \begin{vmatrix} a_{11} & y_1 & a_{13} \\ a_{21} & y_2 & a_{23} \\ a_{31} & y_3 & a_{33} \end{vmatrix}, \quad \Delta_3 = \begin{vmatrix} a_{11} & a_{12} & y_1 \\ a_{21} & a_{22} & y_2 \\ a_{31} & a_{32} & y_3 \end{vmatrix}$$

である．

以上のように，求めたい未知数を計算するためには，行列式を計算する必要がある．線形代数では，行列式を計算する方法として「たすき掛け方式」を学習すると思うが，たすき掛け方式は 4 × 4 以上の行列式には適用できないので，むしろ下記のような一般的な計算法を身につけておいた方がよいかと思う．

I.4　4 × 4 以上の行列式と余因子展開

4 × 4 以上の行列式の計算の場合には，余因子展開を使って計算した方が得策であると思われる．なお，この余因子展開を使った計算法は任意の行数・列数に対して行えるので，4 × 4 未満の行列式に対しても成り立つ．試験のときのように，手計算で行う場合，特に要素が複素数の場合には，3 × 3 であっても余因子展開を使った方が，たすき掛けを使うようりも計算間違いをする確率が低くなると思われる．強制はしないが，3 × 3 であっても余因子展開を使うことを勧める（試験のときは）．

現代では，そんなことをしなくても，MATLAB などを使えば行列式の値を出してくれる．実務段階で使うときには手計算はまずしないであろう．しかし，学習する立場にある学生は，このような計算手法があることを知識として知っており，かつ手計算でやれと言われればできるようになっておく必要がある．

余因子展開の説明の前に，まず「余因子」とは何かを説明しておく．正方行列においてある要素 a_{ij} に注目し，その要素が含まれている行と列を 取り去って作られる小行列式に $(-1)^{i+j}$ を乗じたものを (i, j)-余因子という．ここではそれを $|M|_{ij}$ で表すことにする．

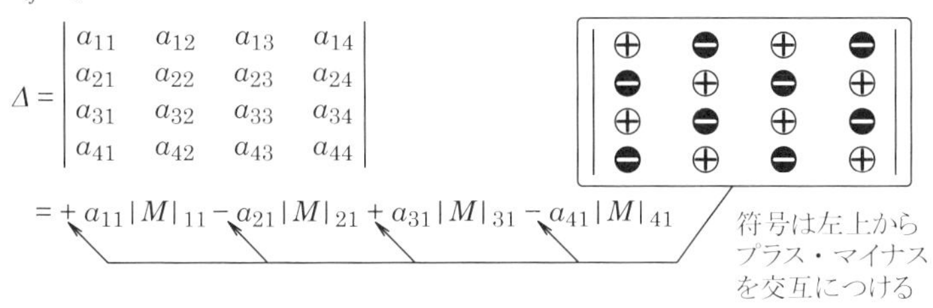

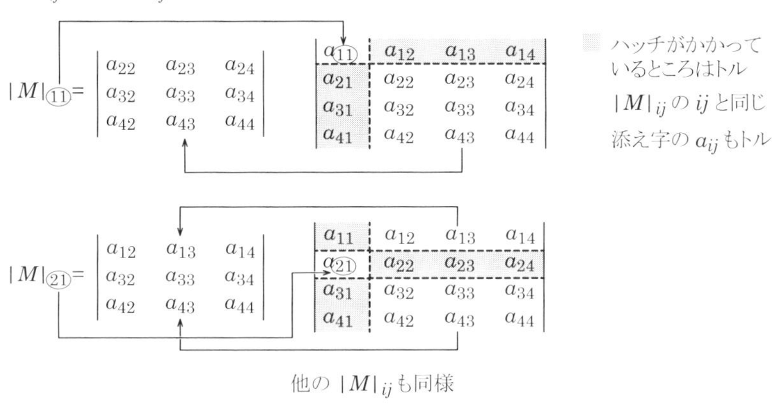

図 I-1　余因子展開の説明図.

余因子展開とは，ある正方行列 M の行列式 $|M|$ がこの余因子を使って次式で与えられるというものである.

$$|M| = a_{1j}|M|_{1j} + a_{2j}|M|_{2j} + \cdots + a_{nj}|M|_{nj}$$

もしくは,

$$|M| = a_{i1}|M|_{i1} + a_{i2}|M|_{i2} + \cdots + a_{in}|M|_{in}$$

ここで，前者は，ある j 列に関してその列の要素と余因子の積の和を取ったものを表す式である．後者は，ある i 行に関してその行の要素と余因子の積の和を取ったものを表している．$n \times n$ の場合を表すための一般式を見ても「ピン」と来ないかもしれないので，4×4 の具体例を**図 I-1** に示しておく.

付録 J

第 10 章の補足

J.1 テブナンの定理の証明

電源を有する線形 2 端子回路の端子間に別の回路を接続したときに，電流 I がながれた状況を想定する．この電流を電流源で表現すると，**図 J-1**(a) のようになる．[*1] 簡単のために，この線形 2 端子回路が以下の二つの電圧源と二つの電流源をもつと仮定する（何個でも同様）．

$$V_{S1},\ V_{S2},\qquad I_{S1},\ I_{S2}. \tag{J-1}$$

重ね合わせの理によれば，端子間の電圧は各電源が個別に動作したときの端子間の電圧の和である．したがって，端子間の電圧は以下のように表すことができるはずである．

$$V = A_0 I + A_1 V_{S1} + A_2 V_{S2} + A_3 I_{S1} + A_4 I_{S2}. \tag{J-2}$$

ここで，A_i は□内の回路素子によって決まる定数である．これを後のために以下のように書き直しておく．

$$V = A_0 I + B_0, \tag{J-3}$$

$$B_0 = A_1 V_{S1} + A_2 V_{S2} + A_3 I_{S1} + A_4 I_{S2}. \tag{J-4}$$

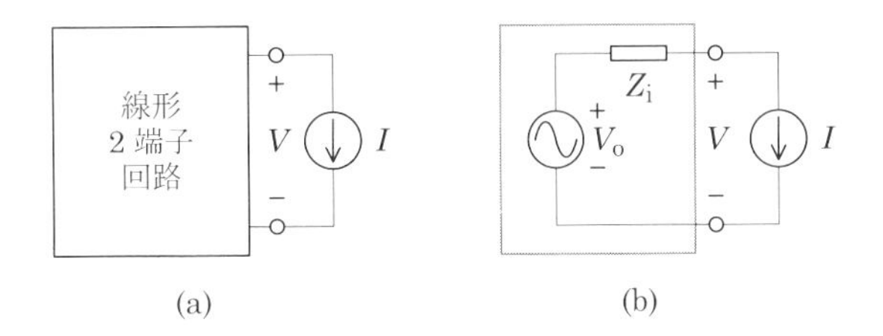

図 J-1 (a) テブナンの定理を考えるための回路．(b) テブナンの定理の証明によって得られた式が意味する回路．

[*1] 電流源は電源なので本当は矢印の先の方が高電位に設定すべきであるが，□の外側の受動回路を無理に電流源で表したため電位の設定が逆になっている．

ここで，端子間が開放になったときを考えてみる．開放であれば $I = 0$ であるから開放電圧は $V = B_0$ となる．これを以下のように書いておく．

$$V_{\mathrm{o}} = B_0. \tag{J-5}$$

次に，$I \neq 0$ で内部の電源をすべて OFF にするとどうなるであろうか．

$$V_{\mathrm{S1}} = V_{\mathrm{S2}} = I_{\mathrm{S1}} = I_{\mathrm{S2}} = 0 \tag{J-6}$$

であるから $B_0 = 0$ となり，次式が成り立つ．

$$V = A_0 I. \tag{J-7}$$

この式は A_0 が□の中の内部インピーダンスであることを意味するので，A_0 を以下のように書いてみよう．

$$A_0 = Z_{\mathrm{i}}. \tag{J-8}$$

V_{o} と Z_{i} を用いると，もともとの $V = A_0 I + B_0$ なる式は以下のように書けることになる．

$$V = Z_{\mathrm{i}} I + V_{\mathrm{o}}. \tag{J-9}$$

この式の意味するところを回路図にすると**図 J-1**(b) のようになる．即ち，**図 J-1**(a) の回路は，開放電圧が V_{o}，内部インピーダンスが Z_{i} であれば，**図 J-1**(b) と等価であるということになる．

J.2 ノートンの定理の証明

ノートンの定理の場合も，その証明方法はテブナンの定理の場合とほぼ同様であるが，今度は端子間に回路を接続したときに電圧 V が発生したとする．この状況を表現する方法として，**図 J-2**(a) に示すように電圧源を接続する．[*2] この□で囲まれた回路が，以下の二つの電圧源と二つの電流源をもつと仮定する．

$$V_{\mathrm{S1}},\ V_{\mathrm{S2}}, \qquad I_{\mathrm{S1}},\ I_{\mathrm{S2}}. \tag{J-10}$$

重ね合わせの理により，端子間を流れる電流は各電源が個別に動作したときに流れ込む電流の和である．したがって，以下のように表すことができるはずである．

$$I = C_0 V + C_1 V_{\mathrm{S1}} + C_2 V_{\mathrm{S2}} + C_3 I_{\mathrm{S1}} + C_4 I_{\mathrm{S2}}. \tag{J-11}$$

[*2] □の外側の受動回路を無理に電圧源で表しているため，電圧源の電位の高低設定に対する電流の矢印の向きが逆になっている．

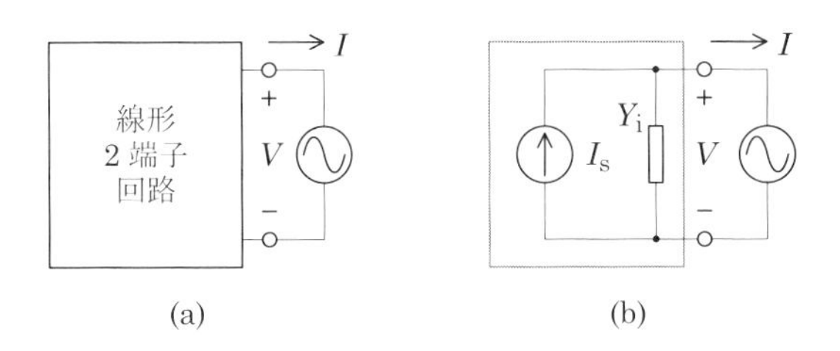

図 J-2 (a) ノートンの定理を考えるための回路．(b) ノートンの定理の証明によって得られた式が意味する回路．

ここで，C_i は□内の回路素子によって決まる定数である．後のためにこれを以下のように少し書き直しておく．

$$I = C_0V + D_0, \tag{J-12}$$

$$D_0 = C_1V_{S1} + C_2V_{S2} + C_3I_{S1} + C_4I_{S2}. \tag{J-13}$$

ここで，端子間が短絡になったときを考えてみる．短絡であれば，$V = 0$ であるから，短絡電流は $I = D_0$ となる．これを以下のように書いておく．

$$I_s = D_0. \tag{J-14}$$

次に，$V \neq 0$ で内部の電源をすべて OFF にするとどうなるであろうか．

$$V_{S1} = V_{S2} = I_{S1} = I_{S2} = 0 \tag{J-15}$$

であるから，$D_0 = 0$ となり，次式が成り立つ．

$$I = C_0V. \tag{J-16}$$

この式は D_0 が□の中の内部アドミタンスであることを意味するので，D_0 を以下のように書いてみよう．

$$D_0 = Y_i. \tag{J-17}$$

I_s と Y_i を用いると，もともとの $I = C_0V + D_0$ なる式は以下のように書けることになる．

$$I = Y_iV + I_s. \tag{J-18}$$

この式の意味するところを回路図にすると，**図 J-2**(b) のようになる．即ち，**図 J-2**(a) の回路は，短絡電流が I_s，内部アドミタンスが Y_i であれば，**図 J-2**(b) と等価であるということになる．

J.3　最大電力供給の定理の証明（抵抗のみの場合）

図 10-11(a) における電力を R_L，R_i，V_o を用いて書くと以下のようになる．

$$P = R_\mathrm{L} I^2 = R_\mathrm{L}\left(\frac{V_\mathrm{o}}{R_\mathrm{i}+R_\mathrm{L}}\right)^2. \tag{J-19}$$

P の R_L 依存性をプロットすると，一般に**図 10-11**(b) のようになり，ある R_L で P が最大値をもつ．そのとき，$R_\mathrm{L} = R_\mathrm{i}$ であるというのがこの法則である．

P が最大値をとるのは $\mathrm{d}P/\mathrm{d}R_\mathrm{L} = 0$ のときであるから，そのときに $R_\mathrm{L} = R_\mathrm{i}$ となっていることを示せばよい．P の R_L による微分を行えば次式が得られる．

$$\frac{\mathrm{d}P}{\mathrm{d}R_\mathrm{L}} = V_\mathrm{o}^2\frac{R_\mathrm{i}-R_\mathrm{L}}{(R_\mathrm{i}+R_\mathrm{L})^3}. \tag{J-20}$$

この式より，$\mathrm{d}P/\mathrm{d}R_\mathrm{L} = 0$ となるのが $R_\mathrm{L} = R_\mathrm{i}$ のときであることがわかる．

J.4　供給電力最大の法則の証明（インピーダンスの場合）

負荷が複素インピーダンスの場合，有効電力を表す式は，

$$\begin{aligned} P &= R_\mathrm{L}|I|^2 = R_\mathrm{L}\frac{|V_\mathrm{o}|^2}{|Z_\mathrm{i}+Z_\mathrm{L}|^2} \\ &= R_\mathrm{L}\frac{|V_\mathrm{o}|^2}{(R_\mathrm{i}+R_\mathrm{L})^2+(X_\mathrm{i}+X_\mathrm{L})^2} \end{aligned} \tag{J-21}$$

となる．負荷が抵抗だけの場合には，R_L に関する微分が最大になる条件だけを見出せばよかったが，負荷が複素インピーダンスの場合には，X_L に関する微分が最大になるという条件も加わる．

$$\frac{\partial P}{\partial R_\mathrm{L}} = 0,\quad \text{かつ}\quad \frac{\partial P}{\partial X_\mathrm{L}} = 0. \tag{J-22}$$

この二つの条件を満たす R_L と X_L を求めると，

$$R_\mathrm{L} = R_\mathrm{i},\quad \text{かつ}\quad X_\mathrm{L} = -X_\mathrm{i} \tag{J-23}$$

となる，というのがこの法則の証明の流れである．

まず，式 (J-21) を X_L で微分すると次式を得る．

$$\frac{\partial P}{\partial X_\mathrm{L}} = -2|V_\mathrm{o}|^2\left\{\frac{R_\mathrm{L}(X_\mathrm{i}+X_\mathrm{L})}{[(R_\mathrm{i}+R_\mathrm{L})^2+(X_\mathrm{i}+X_\mathrm{L})^2]^2}\right\} \tag{J-24}$$

この式から $\partial P/\partial X_{\mathrm{L}} = 0$ となる X_{L} の条件は R_{L} や R_{L} によらず次式で与えられる.[*3]

$$X_{\mathrm{L}} = -X_{\mathrm{i}} \tag{J-25}$$

あとはこの条件下で P が最大になる R_{L} を見出せばよい.

そこでまず, 式 (J-21) において $X_{\mathrm{L}} = -X_{\mathrm{i}}$ としておく. すると, 式 (J-21) は以下のようになる.

$$P = R_{\mathrm{L}} \frac{|V_{\mathrm{o}}|^2}{(R_{\mathrm{i}} + R_{\mathrm{L}})^2}. \tag{J-26}$$

この式は負荷が抵抗 R_{L} だけの場合の電力の式と同じである. したがって, $\partial P/\partial R_{\mathrm{L}} = 0$ となる条件は

$$R_{\mathrm{L}} = R_{\mathrm{i}} \tag{J-27}$$

となる.

以上より, 内部インピーダンスと負荷インピーダンスが一般的な複素インピーダンスの場合には, 供給電力最大の条件は以下のとおりとなる.

$$R_{\mathrm{L}} = R_{\mathrm{i}}, \quad \text{かつ} \quad X_{\mathrm{L}} = -X_{\mathrm{i}}. \tag{J-28}$$

この式の意味するところは,

$$Z_{\mathrm{L}} = Z_{\mathrm{i}}^* \tag{J-29}$$

である. 即ち, 負荷インピーダンスと電源の内部インピーダンスが複素共役の関係であれば, 最大電力供給の条件が満たされる. 言い換えれば, これが満たされるときにインピーダンス整合がなされる.

J.5 重ね合わせの理

重ね合わせの理とは,「ある物理現象がある原因で引き起こされるとき, その原因が複数あった場合に引き起こされる物理現象は, その原因が個別に引き起こす現象の和となる」というものである. 例えば, 複数の荷電粒子がある場所に作る電場は, それぞれの荷電粒子が個別につくる電場の和 (この場合はベクトル和) となるというのも重ね合わせの理の一つの例である. こうした理屈は一見すると当たり前のように思えるが, 常にまかり通るわけではなく, 現象を支配している方程式が線形であるという条件を満たす必要がある. ここでは, 本書で扱う電気回路の基礎方程式がすべて線形である (重ね合わせの理を適用できる) ということを天下り的に信じてもらう.[*4]

電気回路における「重ね合わせの理」とは, 以下のような理屈である.

[*3] $R_{\mathrm{L}} = 0$ でも $\partial P/\partial X_{\mathrm{L}} = 0$ 満たすが, これは負荷がゼロなので意味が無い.

[*4] 半導体素子などが関与すると非線形になるので注意が必要である.

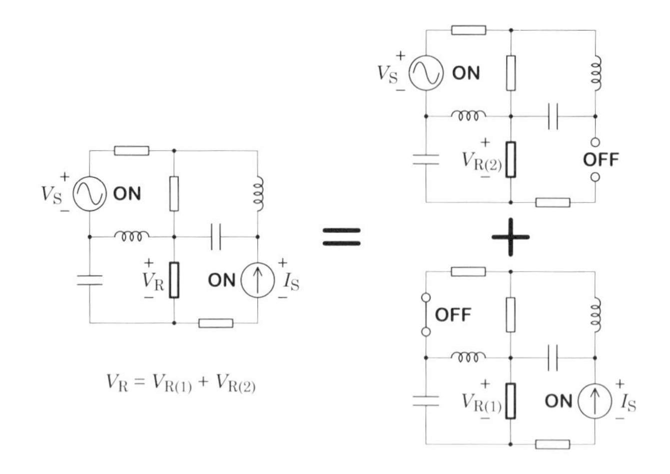

図 J-3　重ね合わせの理.

表 J-1　双対関係にあるパラメータと回路の例.

電圧	電流
インピーダンス	アドミタンス
直列	並列
短絡	開放

> 複数の電源が ON している線形回路において，ある回路素子の両端の電圧（あるいはそこを流れる電流）は，各電源を個別に ON（ON したもの以外は OFF）したときにその素子に発生する電圧（あるいはそこを流れる電流）の和となる.

なお，電圧源と電流源とでは以下のように電源 OFF の状態が異なることを忘れないでおこう.

- 電圧源の OFF は短絡.
- 電流源の OFF は開放.

J.6　回路の双対性

電気回路の理論では**表 J-1** に示すような対をなすパラメータや回路があり，これらのパラメータが「双対性をなしている」と表現する．このとき，ある電気回路の法則が**表 J-1** の片方のパラメータで記述されているとき，もう片方のパラメータで記述してもその法則は成り立つ.

例えば，テブナンの定理は，双対性をなしているパラメータで書き換えると，以下

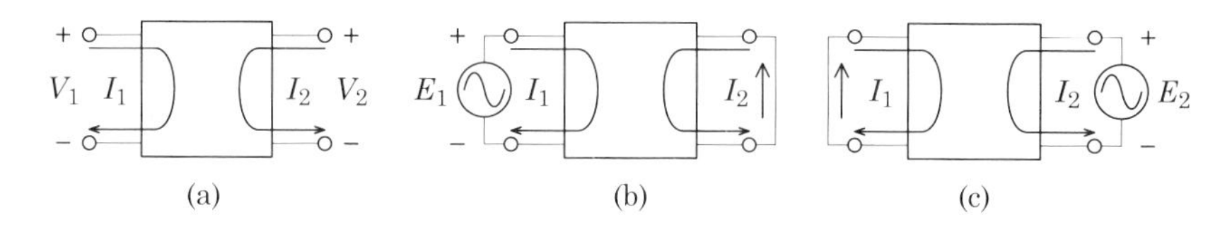

図 J-4　相反定理（可逆定理）.

のようにノートンの定理に書き換えられる.

- テブナンの定理
  線形 2 端子回路の**開放電圧**が V_o であり，内部**インピーダンス**が Z_i であるとき，その回路は，出力**電圧**が V_o の**電圧**源と**インピーダンス** Z_i の**直列**回路と等価である.
- ノートンの定理
  線形 2 端子回路の**短絡電流**が I_s であり，内部**アドミタンス**が Y_i であるとき，その回路は，出力**電流**が I_s の**電流**源と**アドミタンス** Y_i の**並列**回路と等価である.

J.7　相反定理（可逆定理）

図 J-4(a) のような 4 端子回路があるとき，一方の端子に電圧源 E_1 を接続し，他方の端子を短絡したときに，短絡した側に電流 I_2 が流れたとする．逆に，先に短絡した側の端子に電圧源 E_2 を接続し，他方の端子を短絡したときに，短絡した側に電流 I_1 が流れたとする．このとき，以下の関係が成り立つ.

$$\frac{E_1}{I_2} = \frac{E_2}{I_1}. \tag{J-30}$$

これを**相反定理（可逆定理）**といい，その意味するところは以下のとおりである.

- どちら側を入力端子にしても，入力と出力の比が等しくなる.
- どちら向きにも信号を伝達できる.

相反定理の成り立つ回路のことを**相反回路**という．電気回路学基礎で取り扱う線形回路はすべて相反回路である．しかし，電子回路で扱うトランジスタやダイオードなどの非線形回路素子を含む回路は相反回路とはならない.

課題　Y 行列の回路で相反定理が成り立つ条件

図 J-4(a) において左側と右側の電流と電圧の関係を表すと，一般的には,

$$I_1 = y_{11}V_1 + y_{12}V_2, \tag{J-31}$$

$$I_2 = y_{21}V_1 + y_{22}V_2 \tag{J-32}$$

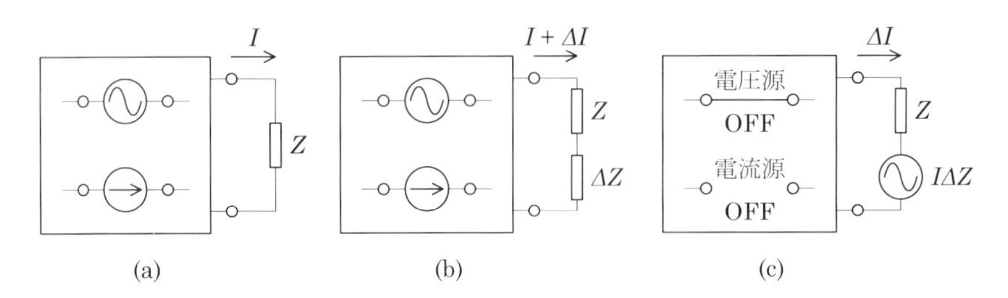

図 J-5　補償定理.

と書ける．このとき，

$$y_{12} = y_{21} \tag{J-33}$$

が成り立っているときに，この回路が相反性を有することを証明せよ．

略解　**図 J-4**(b) のように，$V_1 = E_1$，$V_2 = 0$ とすると，

$$I_2 = y_{21}E_1 \tag{J-34}$$

となる．一方，**図 J-4** (c) のように，$V_1 = 0$，$V_2 = E_2$ とすると，

$$I_1 = y_{12}E_2 \tag{J-35}$$

となる．これより，$y_{12} = y_{21}$ であれば，

$$\frac{E_1}{I_2} = \frac{E_2}{I_1} \tag{J-36}$$

となる．

J.8　補償定理

補償定理とは以下のような定理である．

- 回路のある枝に電流 I が流れているとき，
- この枝にインピーダンス ΔZ を追加したときの電流の変化 ΔI は，
- 元の回路で電源をすべて OFF し，ΔZ と直列に I を妨げる向きに電圧源 $I\Delta Z$ を加えたときに流れる電流に等しい．

J.9　固有電力（有能電力）

図 J-6 に示すように，内部インピーダンスが $Z_\mathrm{i} = R_\mathrm{i} + \mathrm{j}X_\mathrm{i}$ の電源に，インピーダンス整合した負荷 $Z_\mathrm{L} = R_\mathrm{i} - \mathrm{j}X_\mathrm{i}$ が接続されているときに得られる最大供給電力

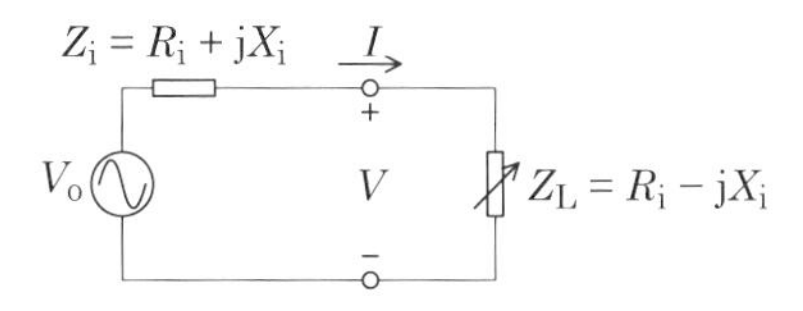

図 J-6　インピーダンス整合した負荷が接続された回路.

を**固有電力**又は**有能電力**という．固有電力 P_{max} は

$$P_{max} = R_i|I|^2 = R_i \frac{|V_o|^2}{|Z_i + Z_L|^2} = \frac{|V_o|^2}{4R_i} \tag{J-37}$$

で与えられる．この固有電力に対して，電源内部の純粋な起電力成分が出力している電力 P_o は，Z_i の R_i と Z_L の R_i における電力の和であるから，

$$P_o = 2R_i|I|^2 = 2P_{max} \tag{J-38}$$

となり，有能電力の 2 倍の電力を出力していることになる．即ち，純粋起電力から出力された電力のうち，半分が内部インピーダンスで消費され，もう半分が負荷で消費されているとみることができる．

J.10　反射係数とインピーダンス整合

負荷での消費電力は，本来は負荷のインピーダンスによって異なるものである．しかし，見方を変えると，電源から固有電力に相当する電力が供給されているが，負荷との整合がとれていないので，その一部が反射されてしまっているために負荷によって異なる，という見方もできる．ここでは，このような「**電力の反射**」に関する概念を少し説明する．

かなり天下り的になるが，インピーダンス負荷に電力を供給したときの反射係数は，次式で与えられる．

$$\rho' = \frac{Z_L - Z_i^*}{Z_L + Z_i}. \tag{J-39}$$

反射係数がゼロ，即ち $\rho' = 0$，即ち $Z_L = Z_i^*$ のとき，電源と負荷のインピーダンスが整合していることになる．

P_{max} の電力が負荷に対して入射されたときに，反射がある場合には，実際に負荷で消費される電力は，

$$P = (\text{電力の透過係数 } T) \times P_{max} \tag{J-40}$$

$$= (1 - \text{電力の反射係数 } R) \times P_{max} \tag{J-41}$$

となる．概念的には，**図 J-7** に示すようになる．ここで，反射係数は，

$$R = |\,\text{振幅反射係数}\rho'|^2 \tag{J-42}$$

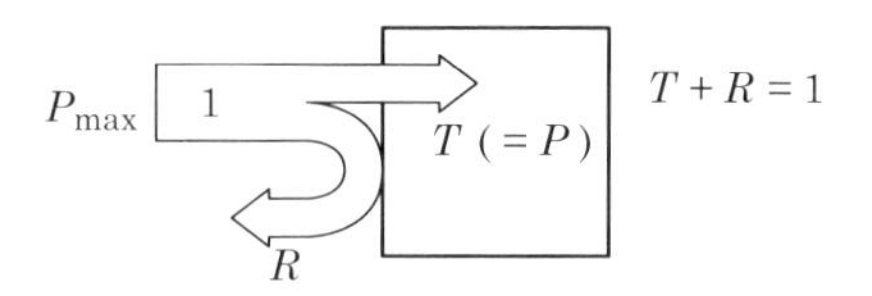

図 J-7 電力の透過と反射の概念.

で与えられる.

$T = 1 - R$ が P_{max} に対して実際に負荷で消費される電力の比率となることを確認してみよう.

$$1 - |\rho'|^2 = 1 - \rho'\rho'^* = 1 - \frac{Z_{\mathrm{L}} - Z_{\mathrm{i}}^*}{Z_{\mathrm{L}} - Z_{\mathrm{i}}} \frac{Z_{\mathrm{L}}^* + Z_{\mathrm{i}}}{Z_{\mathrm{L}}^* + Z_{\mathrm{i}}^*}$$
$$= \frac{(Z_{\mathrm{L}} + Z_{\mathrm{L}}^*)(Z_{\mathrm{i}} + Z_{\mathrm{i}}^*)}{(Z_{\mathrm{L}} + Z_{\mathrm{i}})(Z_{\mathrm{L}}^* + Z_{\mathrm{i}}^*)} = \frac{P}{P_{\mathrm{max}}} \tag{J-43}$$

となり，確かに入射した電力 P_{max} と実際に消費される電力 P の比率になっていることがわかる.

J.11 最大電力供給の定理の落とし穴

最大電力供給の定理は，電気回路学の中でも重要な定理であり，私も,「電気回路学を学んだ」というのであれば最低限知っておいてほしい知識であると思って講義をしている．しかし，多くの定理がそうであるように，**この定理はある仮定の上に成り立っている**，ということを忘れてはならない．また，**最大供給電力となることが，常に一番良いこととなるわけではない**，ということも忘れてはならない．そのようなことを頭に入れておいてもらうために，以下では次の点について述べる [高橋 (2011)].

- **電圧源 $\boldsymbol{E}$ は理想電源である**.
  (ある仮定の上に成り立っている)
- **電力最大のときに効率最大でなない**.
  (常に一番よいこととなるわけではない)
- **電力最大のときには電圧が半分になる**.
  (常に一番よいこととなるわけではない)

J.11.1 理想電源という仮定

「電圧源が理想電源である」とは，こちらが指定した電圧を印加でき，かつ，いくらでも電流を流すことができる電源のことである．電源として理想電源を想定した最大電力供給の定理においては，現実の電源が有する「流せる電流に上限がある」という電流容量（付録 M を参照されたし）は無視されている．したがって，現実の電源を用いた場合には，電力の上限が電流容量によって制限され，必ずしも最大電力供給の定理から導き出される最大電力を供給できるとは限らない．即ち，最大電力供給

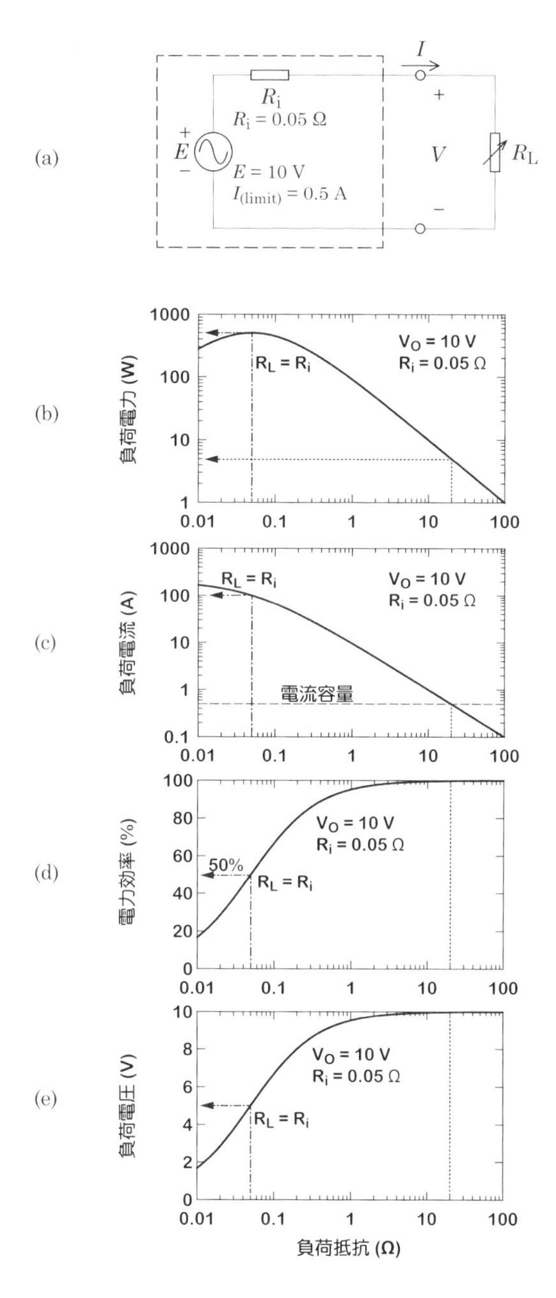

図 J-8　(a) 電流容量が明示された電圧源を含む回路と各種回路パラメータの負荷抵抗値依存性．(b) 消費電力．(c) 負荷電流．(d) 電力効率．(e) 端子間電圧．

の定理に従って最大電力を供給する負荷抵抗を接続しようとしても，そのときに流れる電流が電源の電流容量を超える場合には，実際には実現不可能となる．もしも，そのような負荷抵抗を接続したとすると，電源の許容範囲を越える電流が電源に流れるため，電源の内部抵抗成分に相当する箇所での過剰な電力消費によって発熱し，電源が損傷するか，もしくは電源の保護回路が働いて電源が OFF になる．

例えば，**図 J-8**(a) に示すような回路を想定してみよう．電源の起電力は $E = 10$ V，内部抵抗は $R_{\mathrm{i}} = 0.05\ \Omega$，電流容量は $I_{(\mathrm{limit})} = 0.5$ A とした．このとき，単純に最大電力供給定理を適用すると，$R_{\mathrm{i}} = R_{\mathrm{L}} = 0.05\ \Omega$ のときに最大電力が供給される．**図 J-8**(b) はこのことを示すためにプロットした負荷電力の負荷抵抗依存性であり，$R_{\mathrm{L}} = R_{\mathrm{i}}$ で最大値（計算すると 500 W）となっている．

このときの負荷電流 $I_{\mathrm{maxP(ideal)}}$ は，

$$I_{\mathrm{maxP(ideal)}} = \frac{E}{2R_{\mathrm{i}}} = \frac{10}{2 \times 0.05} = 100\ \mathrm{A}$$

となり，これと同じ電流が電源にも流れる．電源の電流容量が 0.5 A であるから，100 A という電流は大幅に許容範囲を超えている[*5]．即ち，**図 J-8**(a) の回路において最大電力供給定理で与えられる最大電力を供給することは実際には不可能なのである．

図 J-8(c) は電流 I の負荷抵抗依存性（実線）と電源の電流容量（破線）をプロットしたものである．**図 J-8**(b) と**図 J-8**(c) から，電源の電流容量の範囲内で電力を供給できるのは，実線の I が破線の電流容量を越えない負荷抵抗に限定され，その抵抗は最大電力供給の条件を満たす抵抗よりもずっと大きいことがわかる．この制限内で最大の電力が得られるのは，その制限内における最小の負荷抵抗を接続したときとなる．同図から，そのような負荷抵抗の値がおおよそ 20 Ω であることが読み取れる．これを計算によって求めると以下のようになる．

$$\begin{aligned} R_{\mathrm{L(limit)}} &= \frac{E}{I_{(\mathrm{limit})}} - R_{\mathrm{i}} = \frac{10}{0.5} - 0.05 \\ &= 19.95 \approx 20\ \Omega \end{aligned}$$

となる．また，このときの負荷での消費電力 $P_{\mathrm{L(limit)}}$ は

$$P_{\mathrm{L(limit)}} = R_{\mathrm{L(limit)}}\ I_{(\mathrm{limit})}^2 = 4.988 \approx 5.0\ \mathrm{W}$$

となる．この電力の値は，最大電力供給の条件を満たすときの電力の値と比較すると極めて小さい．しかし，必要とする電力がこの程度で十分である場合には、無理に最大電力供給の条件を満たす必要がないことは理解できるであろう．そのような場合には，むしろ別の要件を満たすことを優先した方がよくなる．その別の要件と

[*5] 電気回路に関する経験が豊富になってくると，どれくらいの電流が普通であり，どれくらいまで大きくなると過大なのか，という認識をもつようになる．もちろん，同じ電流値であっても，それが「普通」と認識されるか「過大」と認識されるかは，分野によって異なる．上記の，100 A という電流値は,「弱電」と呼ばれる電子機器の分野では，一般には極めて大きい電流と認識される．即ち,「電源容量の 0.5 A より大きい」ということよりも以前に，そもそも「えらくデカイ電流だな」，という認識をもつことになる．

いうのが，次に述べる「効率」や「端子間電圧の維持」である．電源の端子が家庭用のコンセントであり，負荷抵抗に相当するものがコンセントに差し込んで使う電気機器である場合には，最大電力供給の条件については頓着せず，次節で述べるように「別の要件」が優先される．

J.11.2　電力最大のときに効率最大ではない

もしも，**図 J-8**(a) の電流容量が十分に大きいとすると，負荷抵抗の値を最大電力供給の定理を満たす値まで小さくすることが可能となる．しかし，この場合においても，留意しておくべきことがある．それが効率と端子間電圧（この場合は負荷電圧と同じ）である．本節では，まず効率について述べる．ここでいう効率とは，電源 E から供給される全電力の中に占める負荷の電力の比率であり，

$$\begin{aligned}\eta &= \frac{\text{負荷の電力}}{\text{供給される全電力}} \times 100 = \frac{R_{\mathrm{L}} I^2}{(R_{\mathrm{i}} + R_{\mathrm{L}}) I^2} \times 100 \\ &= \frac{R_{\mathrm{L}}}{R_{\mathrm{i}} + R_{\mathrm{L}}} \times 100\ \%\end{aligned}$$

と表される．

図 J-8(d) は，この効率の負荷抵抗依存性をプロットしたものである．この図や上式から容易にわかると思うが，最大電力供給の定理を満たす負荷抵抗，即ち，$R_{\mathrm{L}} = R_{\mathrm{i}}$ なる負荷抵抗を接続した場合には，効率は 50% となる．即ち，最大電力供給の定理を満たす場合，電源から供給される全電力のうち，半分は電源の内部抵抗で消費され，無駄な電力を消費することになる．ここでいう「無駄な電力」は，電源の内部抵抗成分の加熱などに使われることになる．この加熱が過大になると発火などが起こる可能性がある．また，そのような事態に至らない場合であっても，無駄な電力が電源側で消費されることに変わりはない．したがって，効率を優先する場合には，最大電力供給の定理は適用されないのである．

J.11.3　電力最大のときには電圧が半分になる

次に，もう一つの留意点である端子間電圧について述べる．電源に内部抵抗があると，

$$V = E - R_{\mathrm{i}} I \tag{J-44}$$

より，電源内部において $R_{\mathrm{i}} I$ なる電圧降下が生じ，**図 J-8**(e) に示すように，端子間の電圧 V が E よりも小さくなる．この端子間電圧の減少が顕著になり，接続した負荷（電気機器など）を稼働させるために必要な電圧を下回ると，その機器はもはや機能しなくなる．そのようなことが起こらないように，電源の内部抵抗 R_{i} の大きさや，電流 I の大きさを決める負荷抵抗 R_{L} の大きさは，E に対して $R_{\mathrm{i}} I$ が無視出来るほど小さくなるように設定される．また，端子間電圧の減少が無視できるほど小さい場合の電力効率は，**図 J-8**(d) に示すように，ほぼ 100% となり，無駄な電力が電源側で消費されることもなくなる．一般に，すべての家庭用の機器類の負荷抵抗の値は端子間電圧が大きく変動しない程度となるように設計されている．これは，普段の生活において，コンセントに何かを差し込んだときに，電圧が下がるなどという不具合が生じていないことからもわかるであろう．

J.11.4 最大電力供給の定理の存在意義

以上の説明を聞くと,「最大電力供給の定理」は効率を度外視した無意味な定理に思えてくるかもしれないが,そうではない.内部抵抗での無駄な消費電力が大きくても,負荷での電力の大きさが是が非でも大きくなければならないという要件があれば,最大電力供給定理に従って負荷抵抗の値を決定することになる.

例えば,スピーカーへの電力伝送のような場合には,スピーカーの音量が大きいことが他のなによりも重要となる場合がある.そのような場合には,効率が悪くても,電力が大きいこと(音量が大きいこと)を優先して内部抵抗や負荷抵抗の値が選定される.ただし,扱う電力の大きさが極めて大きい場合には,電力を供給する側の内部抵抗成分の発熱によって,電力供給側の損傷や事故などが起こる危険性があることに留意しておく必要がある.無理にでも最大電力を実現した方が目的を達成できるという場合には,例えば発熱量を事前に計算し,発火や損傷などが起こらぬように冷却装置をつけるなどの措置を講じておく必要がある.

なお,既に述べたように,電源の内部抵抗と負荷抵抗の関係が最大電力供給の定理を満たす場合には負荷に印加される電圧 V が E の半分になる.したがって,上記のスピーカーのような場合にはそうなることを前提にして設計するのである.

以上のように,最大電力供給の定理というのは「何にもまして最大電力を!」という目的のときは役に立つのだが,目的がそれ以外のときには「いやいや,そうじゃなくて,他のことに気を配りなさい」となるので注意されたし.

付録 K

第 11 章の補足

この付録では，第 11 章で学習した二端子対網の行列表現の応用例であるトランジスタの小信号等価回路について述べる [Millman (1972); 押山等 (1983)]．詳しくは電子回路学を学習してもらう必要があるが，トランジスタを用いた回路では，第 12 章で述べているように，直流成分と交流成分が重畳した電圧と電流が関与している．直流成分は，トランジスタを正しく動作させるために必要な成分であり直流バイアスと呼ばれている．交流成分は，増幅対象となる信号や増幅された信号である．小信号等価回路の「小信号」とは，これらの内の交流成分のことを指し，小信号等価回路とは，直流成分を無視し，交流成分だけに注目したトランジスタの等価回路のことを指す．

K.1　バイポーラトランジスタの小信号等価回路

図 K-1 は，エミッタ接地にてバイポーラトランジスタを利用するときの回路である．E, B, C は，それぞれ，エミッタ，ベース，コレクタを表す．ベース電流 I_b に

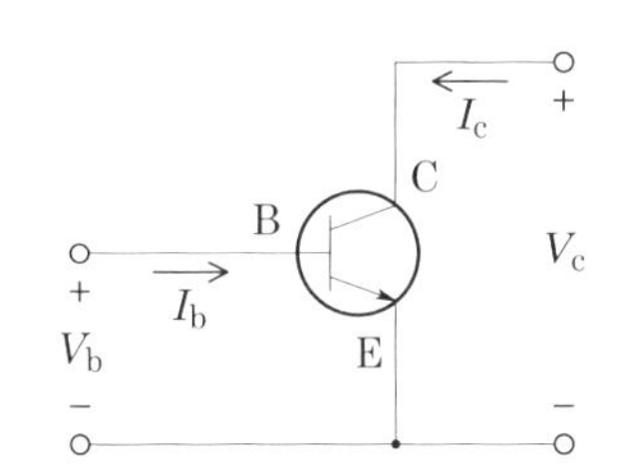

図 K-1　バイポーラトランジスタ．

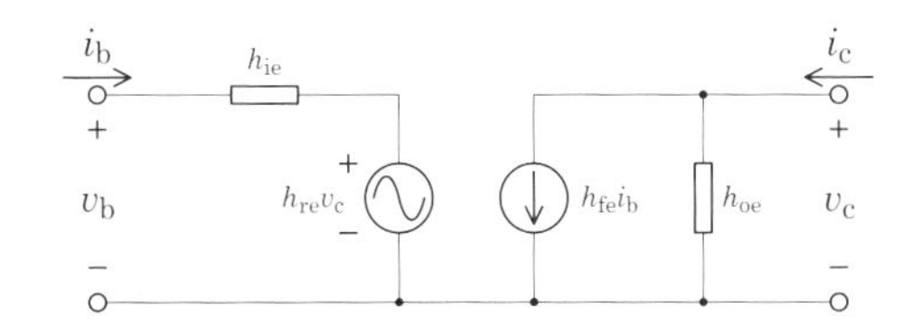

図 K-2　バイポーラトランジスタの小信号等価回路．

微弱な変動 $i_{\rm b}$（これが小信号）が加わったときに，コレクタ電流 $I_{\rm c}$ にもその変動が反映されることになる．このとき，コレクタ電流の変動はベース電流の変動の $h_{\rm fe}$ 倍となり，$i_{\rm c} = h_{\rm fe} i_{\rm b}$ となる．すなわち，ベース側に入力された小信号が $h_{\rm fe}$ 倍に増幅される．小信号等価回路は，こうした増幅作用とともに，トランジスタに内包されている入力抵抗成分や出力抵抗成分を表現した等価回路となる．

図 K-1 に示すようなバイポーラトランジスタの小信号等価回路は，**図 K-2** のように表される．すなわち，小信号に関しては，以下のような H 行列の関係式が成り立つ．

$$v_{\rm b} = h_{\rm ie} i_{\rm b} + h_{\rm re} v_{\rm c}, \tag{K-1}$$

$$i_{\rm c} = h_{\rm fe} i_{\rm b} + h_{\rm oe} v_{\rm c}. \tag{K-2}$$

ここで，h_{**} をトランジスタの h パラメータといい，それぞれ，以下のような意味合いをもっている．

- $h_{\rm ie}$: ベース入力抵抗（又はインピーダンス）（$\sim 6\ {\rm k}\Omega$）
- $h_{\rm re}$: 逆方向電圧伝達率 ($\sim 1.5 \times 10^{-4}$)
- $h_{\rm fe}$: 順方向電流伝達率 (~ 200)
- $h_{\rm oe}$: 出力コンダクタンス（又はアドミタンス）（$\sim 8\ \mu{\rm S}$）

この中でも，特に $h_{\rm fe}$ は，増幅作用に相当するパラメータであるので，順方向電流増幅率とも呼ばれている．トランジスタ回路では重要なパラメータとして位置づけられており，そのままアルファベットを発音して「エイチ・エフ・イー」と称されることも多い．[*1]

なお，**図 K-2** は，トランジスタの部分だけを等価回路にしたものである．実際のトランジスタ回路の場合には，第 12 章の**図 12-11** に示されているように，トランジスタの周囲にバイアス用の抵抗や負荷抵抗が存在する．そのため，総合的な小信号の挙動解析をする際には，こうした外部の抵抗成分も含めた等価回路を解析対象とすることになる．その際，重ね合わせの理と，バイパスコンデンサやカップリングコンデンサの特性を利用して等価回路を描くことになる．

図 K-3(a) は第 12 章の**図 12-11** を再掲したものである．これを小信号等価回路にすると，**図 K-3**(b) のようになる．このとき，電源やコンデンサの扱いに留意する必要がある．重ね合わせの理により，小信号（交流成分）だけを考える場合には直流電源を OFF にして考える．電圧源の場合の OFF は短絡を意味するので，小信号にとっては，$V_{\rm CC}$ で示されている電池の部分は短絡されることになる．すると，**図 K-3**(a) では直列に接続されているように見える R_1 と R_2 が，小信号等価回路では並列につながることになる（矢印で示したように折り返したような状況）．同様にして，$R_{\rm C}$ も負荷抵抗である $R_{\rm L}$ と並列につながる．また，小信号にとってはコンデンサがすべて短絡となるため，小信号等価回路にはコンデンサは現れない．さらに，小信号にとっては $R_{\rm E}$ がバイパスコンデンサによって短絡されているので，$R_{\rm E}$ も小信

[*1] h パラメータの最初の添え字はそれぞれ以下の意味である．i = input resistance (or impedance), r = reverse voltage transfer ratio, f = forward current transfer ratio, o = output conductance (or admitance)．最後の添え字はトランジスタの使い方がエミッタ接地であることを示す emitter common の頭文字である．

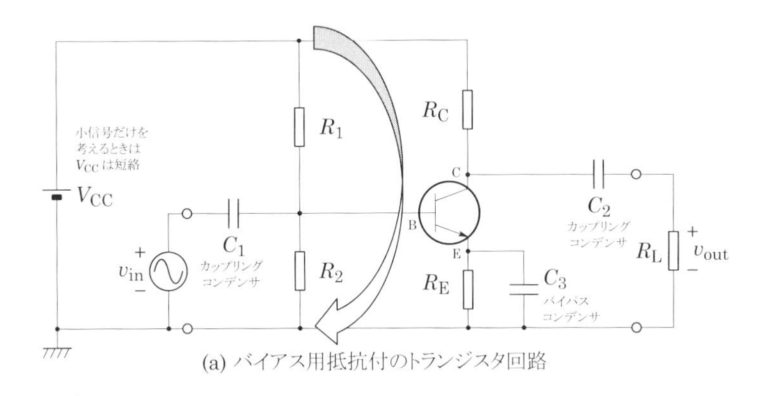

(a) バイアス用抵抗付のトランジスタ回路

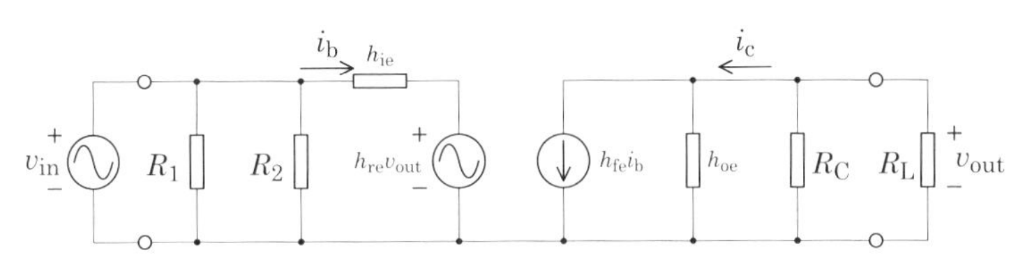

(b) バイアス用抵抗付のトランジスタ回路の小信号等価回路

図 K-3　(a) バイアス用抵抗付のトランジスタ回路．(b) バイアス用抵抗付のトランジスタ回路の小信号等価回路．

号等価回路には現れない．以上のように，小信号だけを考える際には，上記のような回路図上の変化が起こるので電子回路学を学ぶ際には注意されたし．

K.2　電界効果トランジスタの小信号等価回路

図 K-4 は，ソース接地にて電界効果トランジスタを利用するときの回路である．S, D, G は，それぞれ，ソース，ドレイン，ゲートを表す．ゲート電圧 V_g に微弱な変動 v_g が加わったときに，ドレイン電流 I_d には，g_m 倍された変動 $i_d = g_m v_g$ が現れる．これによって，ゲート側に入力された小信号を増幅するのである．

図 K-4 に示すような FET の小信号等価回路を近似を考慮して描くと，**図 K-5** のように表される．すなわち，小信号等価回路の電圧と電流には以下のような Y 行列の関係式が成り立つ．

$$i_g = 0, \tag{K-3}$$

$$i_d = g_m v_g. \tag{K-4}$$

ここで，g_m（Y 行列の y_{21} に相当）を FET の相互コンダクタンスという．このパラメータは，FET の増幅係数であり，アルファベットをそのまま発音して「ジー・

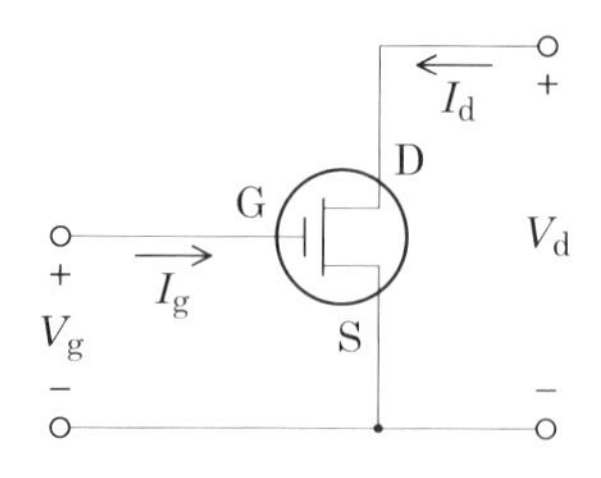

図 K-4　電界効果トランジスタ (FET).

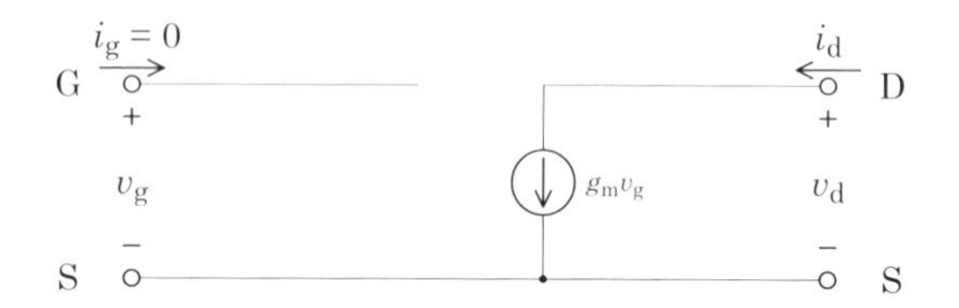

図 K-5　近似を適用した FET の小信号等価回路.

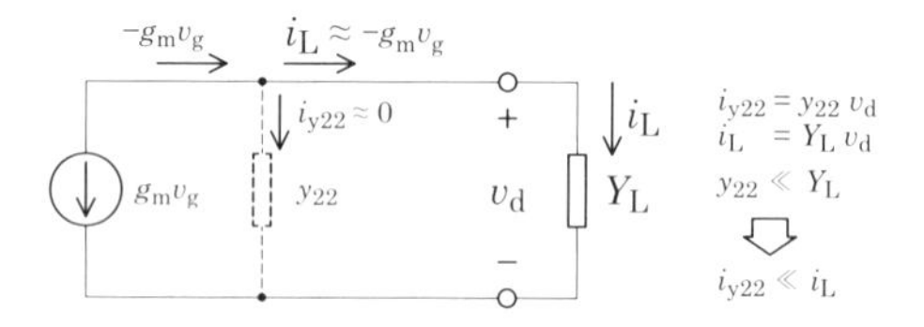

図 K-6　FET の小信号等価回路において y_{22} を省略する理由.

エム」と称されることも多い. [*2]

なお，FET は極めて高い入力インピーダンスをもつという特徴を有する．したがって，一次側については，電圧はかかるが，電流はほとんど流れないと近似される．そのため，入力インピーダンスの逆数である入力アドミタンスが $y_{11} = 0$ と近似され，電流源成分も $y_{12} = 0$ と近似される．これを回路図で描くと，何とも変な感じではあるが，**図 K-5** の一次側のようになるのである.

一方，出力側のアドミタンス y_{22} についても，出力側に接続される負荷アドミタンス（Y_L）と比較すると通常は十分小さいため（$y_{22} \ll Y_\mathrm{L}$），**図 K-6** に示すように $y_{21}V_1 = g_\mathrm{m}v_\mathrm{g}$ によって流れる電流のほとんどは負荷側に流れる．そのため，**図 K-5** の二次側では y_{22} が省略されているのである.

[*2] g_m の添え字 m は mutual conductance の m である.

付録 L

第 12 章の補足

L.1　リップルの近似式

図 L-1(a) 及び**図 L-1**(b) に示した半波整流回路と全波整流回路におけるリップルの近似式が次式で与えられる（ダイオードの電圧降下は無視してある）.

$$\text{半波整流の場合} \qquad \Delta V = \frac{V_{\rm m}}{fRC} \tag{L-1}$$

$$\text{全波整流の場合} \qquad \Delta V = \frac{V_{\rm m}}{2fRC} \tag{L-2}$$

ここで，f は整流前の波形の周波数である．この導出過程を以下に示す.

L.1.1　半波整流の場合

半波整流の場合の元の波形と整流された波形は，**図 L-2**(a) のようになる．ここで，以下のような近似を行う [Millman (1972)].

- 時刻 t_1 とそのときの電圧
  厳密には，t_1 は元の波形が極大になる時効よりも遅い（右側になる）が，元の波形が極大となる時刻であると近似する.
- 時刻 t_2
  厳密には，t_2 は元の波形が再び極大になる時刻よりも早い（左側になる）が，元の波形が再び極大となる時刻であると近似する.

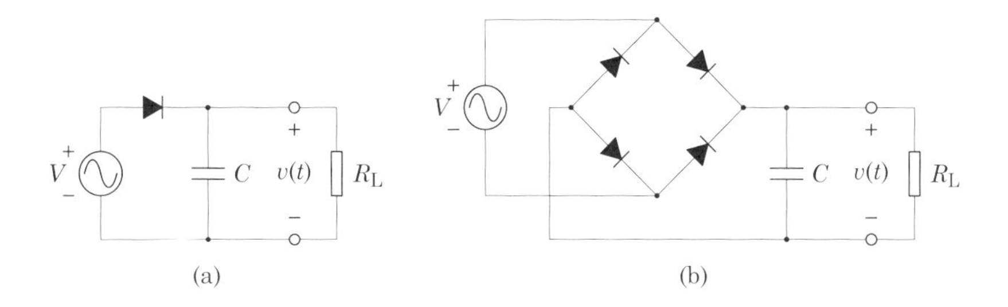

図 L-1　リップル近似式の導出のための (a) 半波整流回路と (b) 全波整流回路.

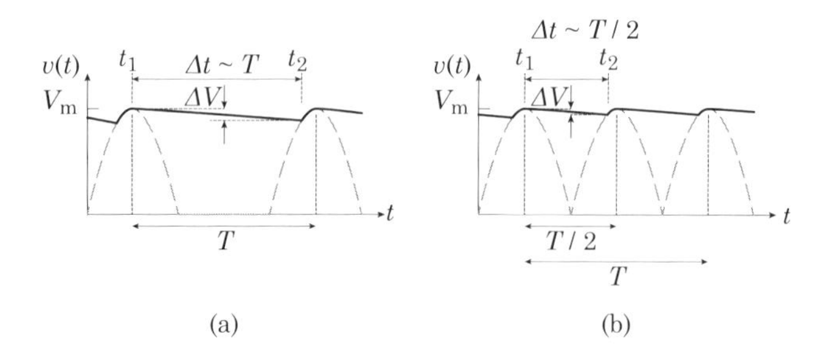

図 L-2　リップル近似式を求めるための波形．(a) 半波整流の場合．(b) 全波整流の場合．

これらの近似は，電圧の目減りがそれほど大きくない状況であれば良い近似を与える（RC 時定数が十分大きければよい）．これらの近似により，リップルによる電圧の目減りは第 12 章で学習した RC 回路の過渡現象に帰着させることができる．即ち，$t = t_1$ で $v = V_{\mathrm{m}}$ であったコンデンサの電圧が $t = t_2$ においてどれだけ低下するかを求めればよい．

$\Delta t = t - t_1$ とすると，RC 回路の過渡現象で学習したように，コンデンサの電圧は次式に従って指数関数的に減少する．

$$v(t) = V_{\mathrm{m}} \exp\left(-\frac{\Delta t}{RC}\right). \tag{L-3}$$

RC が十分に大きいことから，指数関数をテーラー展開して第 2 項までで近似すると次式のようになる．

$$v(t) = V_{\mathrm{m}}\left(1 - \frac{\Delta t}{RC} + \frac{1}{2}\left(\frac{\Delta t}{RC}\right)^2 - \cdots\right) = V_{\mathrm{m}}\left(1 - \frac{\Delta t}{RC}\right). \tag{L-4}$$

先の近似より，電圧の目減り ΔV は $t = t_1$ と $t = t_2$ のときの電圧の差であるから，

$$\Delta V = V_{\mathrm{m}}\frac{T}{RC} \tag{L-5}$$

となる．$f = 1/T$ を用いれば，以下のように求めるべき式が得られる．

$$\Delta V = \frac{V_{\mathrm{m}}}{fRC}. \tag{L-6}$$

L.1.2　全波整流の場合

全波整流の場合の元の波形と整流された波形は，**図 L-2**(b) のようになる．このときのリップルによる電圧低下を求める論理は，先ほどと同じであり，$T \to T/2$ の置き換えをするだけである．したがって，以下のようになる．

$$\Delta V = \frac{V_{\mathrm{m}}}{2fRC}. \tag{L-7}$$

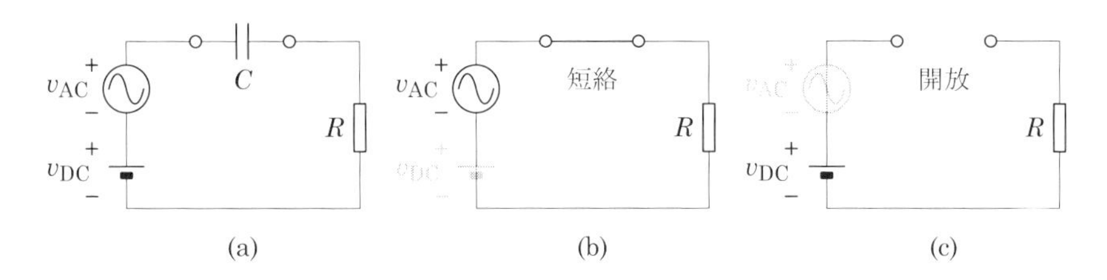

図 L-3　カップリングコンデンサ．(a) 交流と直流が重畳した電圧をコンデンサと抵抗の直列接続に印加する回路．(b) 十分に周波数の高い交流成分にとっての等価回路．(c) 直流成分にとっての等価回路．

L.2　カップリングコンデンサの適切な容量（「10:1」ルール）

図 L-3(a) に示すように，直流と交流が重畳した電圧を抵抗 R に印加する際に，コンデンサ C がカップリングコンデンサとして機能するための実用的な指標として**「10:1」ルール**というものがある [Malvino (2016)]．これは，

$$X_{\mathrm{C}} < \frac{R}{10} \tag{L-8}$$

であればよいというルールである．ここで，$X_{\mathrm{C}} = 1/(\omega C)$ はコンデンサのリアクタンスであり，ω は交流成分の角周波数である．このルールに従って C を選定すれば，それがカップリングコンデンサとしての機能を十分に果たすことを確認しよう．

「10:1」ルールに従って選定したコンデンサ C を用いると，RC 直列回路全体に印加される交流電圧のほとんどが抵抗 R に印加されるということを確認すればよい．RC 直列回路全体のインピーダンス Z の大きさは，

$$|Z| = \sqrt{R^2 + X_{\mathrm{C}}^2} \tag{L-9}$$

である．ここで,「10:1」ルールから，

$$X_{\mathrm{C}} = \frac{R}{10} = 0.1R \tag{L-10}$$

であるとすると，

$$|Z| = \sqrt{R^2 + (0.1R)^2} = 1.005R \tag{L-11}$$

となる．したがって，抵抗 R に印加される交流電圧の比率は，直列接続時の電圧分割の関係を使って以下のように求められる．

$$\frac{R}{|Z|} = \frac{1}{1.005} = 0.995 = 99.5\%. \tag{L-12}$$

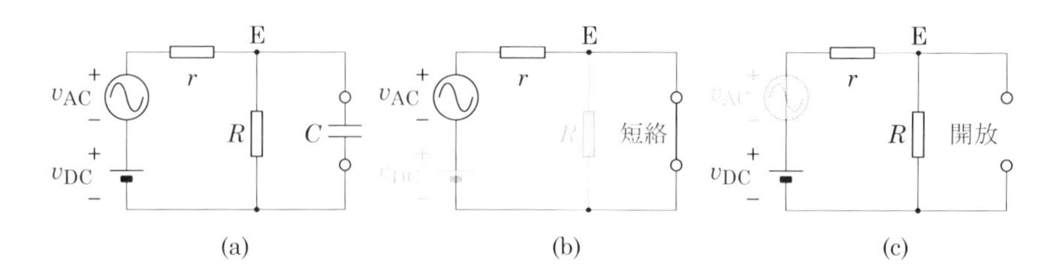

図 L-4　バイパスコンデンサ．(a) 交流と直流が重畳した電圧をコンデンサと抵抗の並列接続に印加する回路．(b) 十分に周波数の高い交流成分にとっての等価回路．(c) 直流成分にとっての等価回路．

この結果から，交流成分については，Z に印加された電圧のほとんどが抵抗 R に印加されることがわかる．即ち,「10:1」ルールが満たされていれば，交流にとっては，**図 L-3**(b) に示したように，コンデンサが無いのと同等となる．

例えば，周波数 $f = 20$ Hz（$\omega = 126$ rad/s）の交流を想定し，$R = 2$ kΩ とすると，カップリングコンデンサの C の値としては，おおよそ，

$$C > 40\ \mu\text{F} \tag{L-13}$$

であればよいということになる．

L.3　バイパスコンデンサの適切な容量（「10:1」ルール）

図 L-4(a) に示すように，直流と交流が重畳した電圧を抵抗 R に印加する際に，コンデンサ C がバイパスコンデンサとして機能するための実用的な指標として，前節と同様の**「10:1」ルール**というものがある．これは，

$$X_{\text{C}} < \frac{R}{10} \tag{L-14}$$

であればよい，というルールである．ここで，$X_{\text{C}} = 1/(\omega C)$ はコンデンサのリアクタンスであり，ω は交流成分の角周波数である．このルールに従って C を選定すれば，それがバイパスコンデンサとしての機能を十分に果たすことを確認しよう．なお，r は電源側の内部抵抗である．**図 L-4** の節点 E をトランジスタのエミッタ端子と考えると，r はベース・エミッタ間（の抵抗）に相当する．

「10:1」ルールに従って選定したコンデンサ C を用いると，RC 並列回路全体に流れる交流電流のほとんどがコンデンサ C に流れる，ということを確認すればよい．RC 並列回路全体のアドミタンス Y の大きさは，

$$|Y| = \sqrt{\frac{1}{R^2} + \frac{1}{X_{\text{C}}^2}} \tag{L-15}$$

である．ここで,「10:1」ルールから，

$$X_C = \frac{R}{10} \tag{L-16}$$

とすると，

$$|Y| = \sqrt{\frac{1}{R^2} + \frac{10^2}{R^2}} = \frac{\sqrt{101}}{R} \approx \frac{10.05}{R} \tag{L-17}$$

となる．したがって，コンデンサに流れる交流電流の比率は，並列接続時の電流分割の関係を使って以下のように求められる．

$$\frac{1/X_C}{|Y|} = \frac{10/R}{10.05/R} = 0.995 = 99.5\%. \tag{L-18}$$

この結果から，交流成分に関しては，Y に流れる電流のほとんどがコンデンサ C に流れることがわかる．即ち,「10:1」ルールを満たすとき，交流にとっては，**図 L-3**(b) に示したように，抵抗 R を抵抗ゼロの導線でバイパスしたのと同等となる．

例えば，周波数 $f = 20$ Hz（$\omega = 126$ rad/s）の交流を想定し，$R = 1$ kΩ とすると，バイパスコンデンサの C の値としては，おおよそ，

$$C > 80\ \mu\text{F} \tag{L-19}$$

であればよいということになる．

なお，バイパスコンデンサの有無による上記のような違いは，以下のように解釈することもできる．即ち，抵抗 R がバイパスされていないときは，抵抗 r に印加される電圧は，直流の場合と交流の場合のどちらの場合も，印加された電圧から R での電圧降下を差し引いたものとなる．トランジスタの場合，この R による電圧降下が発生することによって，ベース・エミッタ間（r に相当する）の直流バイアス電圧の安定化という恩恵が得られる.[*1] しかし，交流成分についても同じように差し引かれると困ったことが起こる．ベース・エミッタ間に交流電圧 v_{AC} を印加したかったのに，この R があることによって，v_{AC} よりも小さい電圧がベース・エミッタ間に印加されることになるからである.[*2] これは，実効的な増幅率を小さくするため，一般にはあまり望ましいことではない．このときバイパスコンデンサがあると，交流成分については R が関与しなくなるため，v_{AC} が差し引かれることなくベース・エミッタ間に印加される．これにより増幅率の低下を避けることができる．

L.4　集積回路の RC 遅延対策

第 12 章で述べた集積回路の RC 遅延の影響を低減するための方策の代表例は極めて単純であり，以下のような方策である．

[*1] この「安定化」のメカニズムについては、電子回路学にて学習されたし．

[*2] 当然であるが，直流バイアス電圧も R での電圧降下を差し引いたものになるが，こちらは設計時にその電圧降下分を補うだけの電圧が印加されるようにすればよい．

- **R を小さくする**
- **C を小さくする**

電気回路的には極めて当たり前のことである．しかし，回路素子は現実に存在する物質を使って製造するものである．あり得ない物質を想定した理論を構築しても，実用的には全く意味が無い.[*3] そのため，以下に示すのように，入手可能な物質で実現するためにはどうしたらよいかという検討をすることになる．

- **R を小さくする**

抵抗 R は，配線材料の抵抗率を ρ，断面積を S，長さを L とすると，

$$R = \rho \frac{L}{S} \tag{L-20}$$

で表される．したがって，R を小さくする可能な施策は以下の三つである．

L 配線を短くする
2 箇所を配線でつなぐ距離は，ULSI の微細化によって短くなる．したがって，微細化をそのまま歓迎すればよいはずである．

S 配線を太くする
配線の太さは，ULSI の微細化によって細くなる．したがって，微細化に伴って何らかの別の対策をする講じる必要がある．なお，**図 12-19**(a) に示したように，多層配線の最下層には高密度に実装されたトランジスタが存在するため，それらを配線するために配線は細くなる．しかし，上層についてはそうした制限が無いため，他の制限事項を考慮した上で可能な限り太い配線が用いられている．

ρ 低抵抗率の配線材料を使う
上記の何らかの別の対策がこれにあたる．現存の金属材料の中から，より抵抗率の小さい材料で，かつその他の要求事項を満たす材料を選定することになる．なお，究極の方策として，抵抗ゼロの超伝導を用いるという施策も考えられる．

集積回路の黎明期から用いられていた配線材料は， 抵抗率が $\rho = 2.8\ \mu\Omega$ cm のAl であった．Al よりも抵抗率の小さい材料として，Au (2.4 $\mu\Omega$ cm)，Cu (1.7 $\mu\Omega$ cm)，Ag (1.6 $\mu\Omega$ cm) が挙げられる．これらの材料のコスト，プロセス整合性，信頼性などが検討された結果，Cu が利用されるようになった．

なお，近年では，トランジスタ周辺のローカル配線と，遠方まで伸びるグローバル配線とでは，課せられる制限や可能な施策が異なることから，それらを区別した施策が検討されている．特に，オンチップメモリとの接続を担う配線などのグローバル配線については，RC 遅延や配線間のクロストークの問題が無い光通信の技術を用いた信号伝達の方式が検討されている（光インターコネクトと呼ばれている）．

[*3] 現時点ではあり得ない物質であるが，将来実現されるかもしれないという可能性があれば話は別である．その良い例がメタマテリアル呼ばれるものである．

● C を小さくする

C を小さくするための方策を考えるためには，電磁気学に関する知識を有している必要がある．電磁気学によると，コンデンサのキャパシタンス C は

$$C = \frac{\varepsilon_{\mathrm{r}}\varepsilon_0 S}{d} \tag{L-21}$$

で与えられる．ここで，ε_{r} は配線間の絶縁体の比誘電率，ε_0 は真空の誘電率，d は配線間の距離，S はコンデンサの面積（すなわち，配線の側面の面積）である．したがって，C を小さくするために講じることのできる施策は以下の三つである．

S 断面積を小さくする

これは配線を細くすることに対応するため，先述の配線を太くしたいという要求と逆である．ただし，配線が対向しない面については太くてもかまわない．また，後述の配線間距離が十分広い場合には断面積に関する制約はある程度緩和されるので，太い配線でもかまわない．

d 配線間隔を広くする

これは微細化とは逆行する．特に，多層配線の最下層は高密度に実装されたトランジスタに近いため，それらを接続するための配線の間隔はどうしても狭くなってしまう．ただし，トランジスタから遠く離れた上層の配線については配線間の隙間を大きくすることが可能である．

ε_{r} 低誘電率の絶縁体を使う

上記二つの施策とは異なり，この施策は他の要因と干渉しない唯一の逃げ道となっている．

集積回路の黎明期から用いられていた絶縁体は比誘電率が 4 の SiO_2 である．そのため，これよりも小さい比誘電率をもつ低誘電率材料（low-k 材料と呼んでいる）の探索もしくは開発が始まった．なお，**図 12-19**(a) に示したように，多層配線の階層の上層部の配線については場所に余裕があるため，縦方向や横方向の d を広くするという方策がとられている．[*4]

R を小さくする施策と比較すると，C を小さくするための施策には，実は限界がある．抵抗率については超伝導を用いれば究極的にはゼロにできる．[*5] 一方，比誘電率についてはゼロにすることはできない．最も小さい比誘電率の値は「1」であり，その値を示す材料は固体ではなくガス（又は真空）しかない．しかし，それでも R が有限である限り $\tau = RC$ はゼロにはならない．また，そのようなことをすれば配線間がスカスカになるため，機械的強度が無くなってしまうという問題もある．したがって，何らかの固体の絶縁物で配線間を埋めておく必要がある．固体物質で比誘電率の低い材料の典型例は有機高分子であり，その比誘電率は $2 \sim 3$ である．しかし，集積回路の製造工程における配線形成行程では数百度の加熱を伴うため，一般的な高分子はその温度に耐えることができない．現時点では，無機系の SiO_2 と有機系を

[*4] 配線の断面積が大きくなることによりコンデンサの面積が大きくなってしまうので，それによる C の増加を抑えるためにも d を広くする必要がある．

[*5] R がゼロであれば C が如何なる値であっても $\tau = RC$ はゼロとなり，C について気にする必要がなくなるというメリットもある．

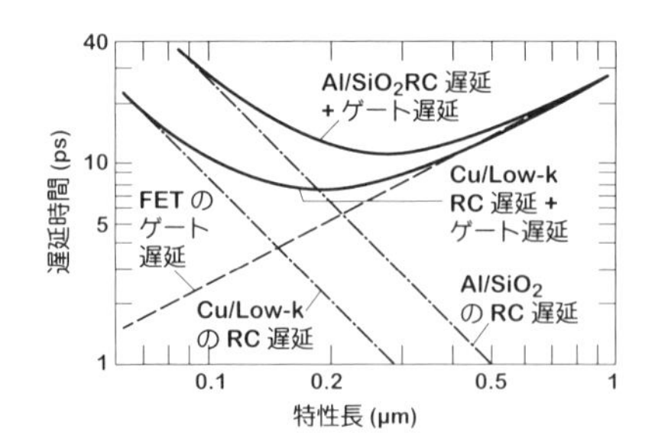

図 L-5　集積回路の微細化にともなうゲート遅延時間と RC 遅延時間の関係.

混在させ，機械的強度や耐熱性をある程度維持し，かつ比誘電率も SiO_2 よりはある程度低いというハイブリッド膜で我慢しているのが現状である.

図 L-5 は，従来の Al（$\rho = 2\ \mu\Omega$ cm）と SiO_2（$\varepsilon_r = 4$）による配線の場合と，Cu（$\rho = 3\ \mu\Omega$ cm）と Low-k 材料（$\varepsilon_r = 2$）による配線の場合の遅延時間と素子寸法の関係を図示したものである [吉川 (1999)]．トランジスタの寸法の微細化を進めると，ゲート遅延時間についてはいくらでも小さくなる．しかし，配線が関与した全体の遅延時間については，RC 遅延が重畳するために，あるところまでしか小さくならない．配線に Al を用い，絶縁体に SiO_2 を用いた場合には，素子寸法が 0.3 μm ぐらいから微細化の効果が無くなる．これに対し，配線に Cu を用い，絶縁体に $\varepsilon_r = 2$ の Low-k 材料を用いた場合には，0.2 μm まで微細化による高速化が図れることがわかる．しかし，0.2 μm よりも小さくなると，もはや，微細化しても高速化は図れないこともわかる.

こうした CPU の高速化の頭打ちが顕在化したことにより，CPU メーカーは，現在可能な最良の施策として別の解決策を講じるようになった．それがマルチコアの CPU の開発である．要するに，一つのチップの中に複数の CPU を組み込み，それらを連動させる方式である．純粋に CPU の処理速度が速くなったわけではないので，単純な数値計算などは速くならない．しかし，関連の無い複数のアプリの同時稼働や，並列演算が可能な画像処理のような場合には高速化が可能となる.

付録 M

電源の直列接続と並列接続

本書では，主として受動素子の性質について述べた．しかし，電気回路が機能するためには電源が不可欠である．この付録では，電気回路を学習したのであれば，電源に関してこれくらいは知っておかないと，思わぬ落とし穴にはまるかもしれない，という事項について述べる．

M.1 電源とは

電気回路で「電源」と言った場合，多くの場合は「電圧源」である．実存する電圧源には内部抵抗（あるいは内部インピーダンス）があり，純粋な起電力だけが存在するわけではないということについては，既に第 1 章や第 4 章で既に述べた．実存する電圧源を使うときには，この内部抵抗に加えて，**電流容量**というものを考慮する必要がある．すなわち，以下のように電圧源を捉えなければならない．

- 電圧源は，ある電圧を出す電気回路である．しかし，
- ある最大の電流までしか電流を出力することはできない．その電源が出せる最大電流のことを電源の**電流容量**と言っている．例えば，電源の二つの端子間を短絡したとき（抵抗値がゼロの負荷をつないだとき），理想電源ならば無限大の電流が流れることになるが，そんな電源は実存しないのである．

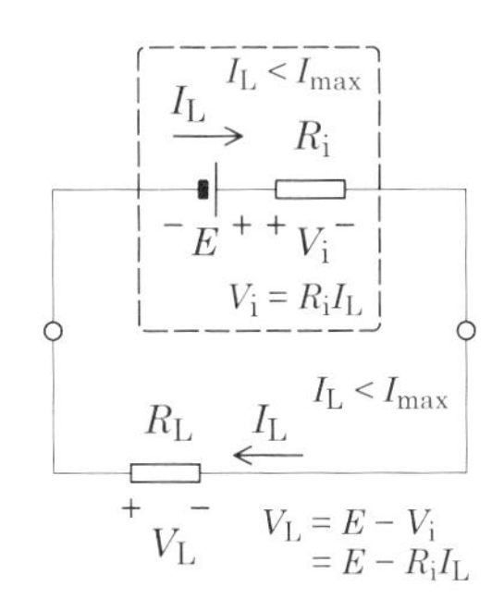

図 M-1 内部抵抗をもち，電流容量が I_{max} の直流電圧源に負荷抵抗 R_L を接続した回路．

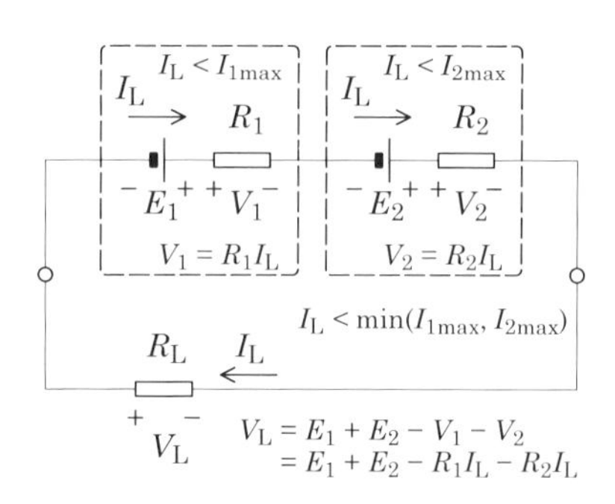

図 M-2 異なる性能の直流電圧源を直列に接続した場合.

ここで, **図 M-1** に示すように, 内部抵抗 R_i をもち, 電流容量が I_{max}, 起電力が E の直流電圧源を考え, それが負荷抵抗 R_L に接続された回路を考えてみる. 負荷に対してこの電源が 1 個だけ接続されている場合は, 負荷に供給できる電圧と電流は以下のような特性をもつことになる.

- **電圧**
  負荷に印加される電圧 V_L は, E とはならず,

$$V_L = E - R_i I_L \tag{M-1}$$

  となる. これは, 負荷を接続することによって電流 I_L が流れ, 内部抵抗 R_i での電圧降下 $R_i I_L$ が発生するためである.

- **電流**
  負荷に供給できる最大の電流は I_{max} である.

M.2 直列電圧源

次に, **図 M-2** に示すような, 電源の直列接続について考察する. 二つの電源の起電力は E_1, E_2, 内部抵抗は R_1, R_2, 電流容量は I_{1max}, I_{2max} であるとする. このとき, 負荷に印加できる電圧については, 内部抵抗が増える分だけ電圧降下が大きくなるが, 基本的には,

> 直列接続した電源全体の電圧は, それぞれの電源が直列接続のときと同じ負荷電流となる負荷に接続されたときの電圧の和となる.

$$V_L = E_1 + E_2 - (R_1 + R_2) I_L. \tag{M-2}$$

ここで, I_L はこの閉路を流れる電流である. 例えば, 特性が同じ二つの電源を直列接続すれば, その出力電圧は 2 倍になる.

次に電流に目を向けてみよう．負荷電流を式で表すと，

$$I_{\mathrm{L}} = \frac{V_{\mathrm{L}}}{R_{\mathrm{L}}} \qquad \text{又は} \qquad I_{\mathrm{L}} = \frac{E_1 + E_2}{R_1 + R_2 + R_{\mathrm{L}}} \tag{M-3}$$

となる．したがって，負荷抵抗値 R_{L} を小さくすれば負荷電流 I_{L} が大きくなる．どこまで大きくなるのであろうか．電流容量が決まっている電源が一つだけの場合については既に述べたが，今回のように二つの電源が直列に接続されている場合はどうなるのであろうか．

このことを考える上でのキーポイントは，キルヒホッフの電流の法則である．[*1] すなわち，閉路全体を流れる電流がどの場所も負荷電流 I_{L} と同じであるということである．したがって，I_{L} の値が電源 1 又は電源 2 の電流容量のどちらか小さい方の電流容量を超えた時点でアウトとなる．[*2] すなわち，以下のことが言える．

異なる電流容量の電源を直列接続すると，

- **電圧はそれぞれの電源の電圧の和となり増える**のだが，
- **最大電流は電流容量が一番小さい電源の電流容量によって制限される**．

電気回路の基礎を学習しているにも関わらず，直列接続したら「電流容量も増える」などと勘違いしないように．

M.3　並列電圧源（同じ電圧の電源の場合）

2 本の電池を並列ではめ込む製品は結構あると思う．このとき，何を期待して 1 本ではなく 2 本にしているのであろうか．結論から先に言うと，

- **出力電圧は同じ**だが，
- **電流容量が 2 倍**になる

ということを期待している．[*3] **図 M-3** に示した回路を用いて具体的に考察してみよう．

二つの電源は全く同じ特性であり，起電力は E，内部抵抗は R，電流容量は $I_{\max}$ とする．このとき，負荷を流れる電流 I_{L} は各電源を流れる $I_{\mathrm{L}}/2$ の和となっている．したがって，各電源は，$I_{\mathrm{L}}/2$ なる電流値が $I_{\max}$ を超えるまで電流を出すことができる．したがって，並列接続電源全体の電流容量は $2I_{\max}$ となる．一方，負荷の電圧 V_{L} は，

$$V_{\mathrm{L}} = E - R\frac{I_{\mathrm{L}}}{2} \tag{M-4}$$

となる．起電力の成分は電源が一つだけのときと変わらないが，一つの電源に流れる電流が半分になるので内部抵抗による電圧降下が半分になる．以上の結果をまとめると以下のようになる．

[*1] 第 9 章を参照されたし．

[*2] 電源が壊れるか，もしくは電流リミッターが働いて電源が OFF になる．

[*3] 直列接続の場合と比較すると，「双対」の関係になっている．

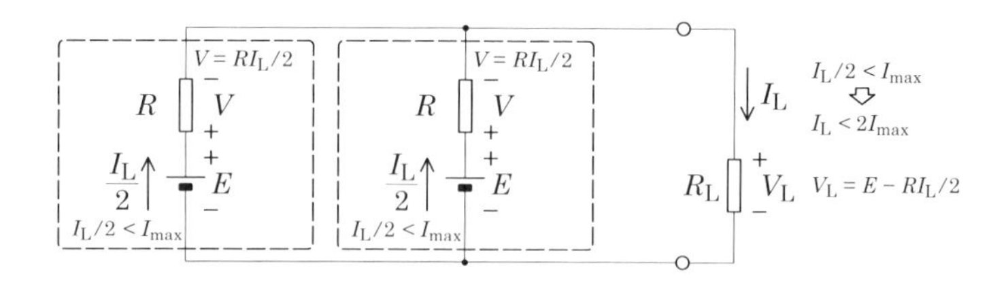

図 M-3 内部抵抗をもち，電流容量が I_{max} の直流電圧源を並列に接続した場合.

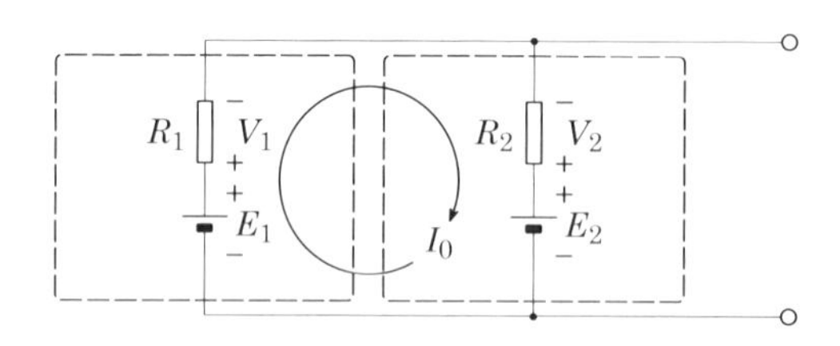

図 M-4 特性の異なる二つの直流電圧源を並列に接続した場合の無負荷状態 (負荷抵抗を接続しない状態) の回路図.

特性のそろった二つの電源を並列接続すると，同じ出力電圧で[*4] **電流容量を 2 倍にできる．**

M.4 並列電圧源（異なる電圧の電源の場合）

前の節では特性が揃った電源を並列接続した場合を考えたが，特性が揃っていない電源を並列接続するとどうなるであろうか．結論から先に言うと以下のようになる．

> 二つの電源の起電力が異なると電源どうしで形成する閉路に電流が流れてしまう．すなわち，**負荷をつなげなくても電力が消費されてしまう**．電池の場合には電池が消耗する．

図 M-4 に示した回路を用いて具体的に考察してみよう．無負荷のときの閉路電流を I_0 とすると，

$$E_1 - E_2 = R_1 I_0 + R_2 I_0 \tag{M-5}$$

となる．したがって．

$$I_0 = \frac{E_1 - E_2}{R_1 + R_2} \tag{M-6}$$

[*4] 電源が一つだけのときと比べて内部抵抗による電圧降下が半分になるが，ほぼ同じと考えてこのように言っている．

となる．

ここで，$E_1 = E_2$ の場合には $I_0 = 0$ となり，無負荷時にはこの閉路に電流は流れない．すなわち，電力の消費は無い．一方，$E_1 \neq E_2$ の場合には $I_0 \neq 0$ となり，無負荷の場合でも内部抵抗によって $(R_1 + R_2)I_0^2$ という電力が消費されてしまう．

電池の並列接続によって可動する道具の電池ボックスには，多くの場合,「必ず新品の電池をお使いください」と注意書きが書いてあるはずである．この理由は，並列接続する電池のうち，片方が少し消耗した（すなわち，起電力が小さくなっている）電池であると，上記の理屈により負荷とは関係無いところで勝手に電池が消耗してしまい，電池を使える時間が短くなってしまうことにある．

M.5　純粋な起電力の並列接続

前節では，電源を並列接続した例について説明したが，起電力だけをもつ複数の純粋な理想電圧源（内部抵抗をもたない）が，それぞれの起電力が異なるにも関わらず並列につながるという状況は物理的にあり得ない．

M.6　純粋な電流源の直列接続

異なる起電力を有する純粋な理想電圧源が並列に接続されるという状況が物理的にあり得ないことを前節で述べたが，電流に関しても同様のである．すなわち，異なる出力電流を有する純粋な理想電流源が直列に接続されるという状況も物理的にはあり得ない．

M.7　純粋でない電流源の直列接続：直列電流源

異なる出力電流の純粋な理想電流源が直列接続される状況は物理的にあり得ない，と前節で述べた．しかし，実在する電流源を導線でつなげれば，直列接続ができてしまう．このとき，何が起こるのであろうか．大まかに言うと以下のようになる．

> **内部抵抗を有する電流源を直列に接続すると各出力電流の平均値が流れる．すなわち，電流源を直列接続しても電流は増えない．**

「大まかに言うと」と書いたのは，正確に述べると多少複雑な式に基づくことになるからである．以下ではそれを説明する．

図 M-5 に示すように電流と電圧を割り振ると，R_1 と R_2 に流れる電流は

$$I_1 = I_{\mathrm{L}} - J_1, \tag{M-7}$$

$$I_2 = I_{\mathrm{L}} - J_2 \tag{M-8}$$

となる．電流源 1 の端子間電圧 V_1 と電流源 2 の端子間電圧 V_2 は，R_1 と R_2 の両端の電圧と等しいから，

$$V_1 = R_1 I_1 = R_1(I_{\mathrm{L}} - J_1), \tag{M-9}$$

$$V_2 = R_2 I_2 = R_2(I_{\mathrm{L}} - J_2) \tag{M-10}$$

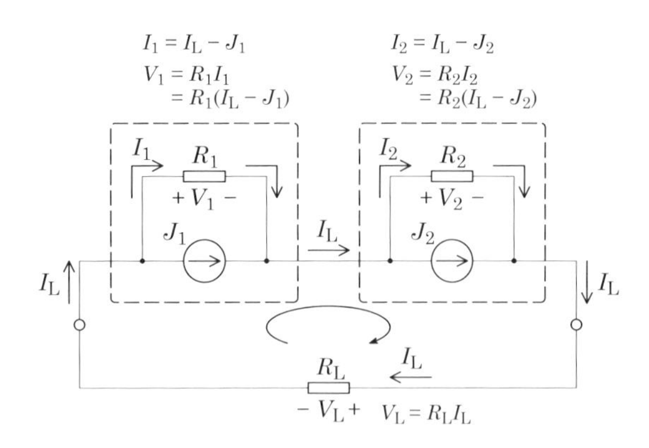

図 M-5 内部抵抗を有する特性の異なる二つの直流電流源を直列に接続した場合の回路図.

となる. 負荷抵抗 R_L の両端の電圧は $V_L = R_L I_L$ であるから, 図中に示した閉路の閉路方程式は以下のようになる.

$$\begin{aligned} 0 &= V_L - V_1 - V_2 \\ &= R_L I_L - R_1(I_L - J_1) - R_2(I_L - J_2). \end{aligned} \tag{M-11}$$

これより, 直列接続した電流源全体に流れる電流 (負荷に流れる電流) I_L は以下のようになる.

$$I_L = \frac{R_1 J_1 + R_2 J_2}{R_1 + R_2 + R_L}. \tag{M-12}$$

ここで負荷を短絡 ($R_L = 0$) した場合を考えてみると,

$$I_L = \frac{R_1 J_1 + R_2 J_2}{R_1 + R_2} \tag{M-13}$$

となり, それぞれの電流源の出力電流に内部抵抗比を掛けて足したものになっている. これは大まかに言えば平均値である. もう少し平均値であることをわかりやすくするには, 内部抵抗値が同じ ($R = R_1 = R_2$) という条件を適用してみるとよい. すると次式が得られる.

$$I_L = \frac{J_1 + J_2}{2}. \tag{M-14}$$

この式は, 負荷を流れる電流 I_L が二つの電流源の出力電流の平均値であることを意味する.

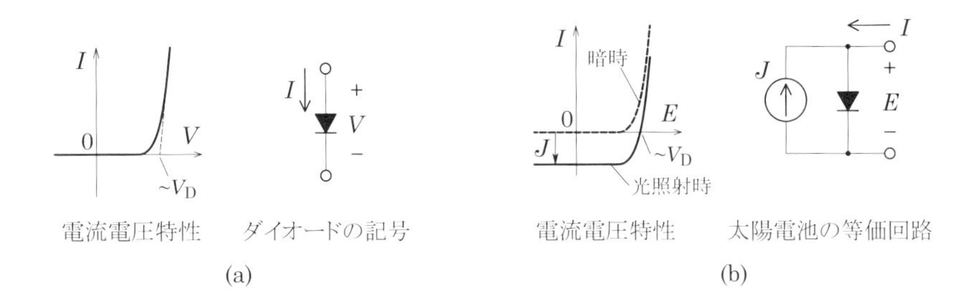

図 M-6　(a) ダイオードの電流電圧特性と回路記号．(b) 太陽電池の電流電圧特性（暗時と光照射時）と等価回路．

M.8　直列電流源の例：太陽電池の直列接続

前節のような異なる出力電流の電流源が直列接続される具体的な例は，多少特異な例であるので，電気回路の教科書ではあまり紹介されていないようである．しかし，現代の大変重要なエネルギーデバイスにおいて，こうした接続形態は実際に存在するのである．

電流源として機能する代表的なデバイスとして太陽電池がある．太陽電池は半導体の pn 接合ダイオード [松波 (1983); Sze (2007)] への光照射によって電流が発生する電流源である．一方，その電圧は光照射によって決まるのではなく，pn 接合を形成している半導体の物性（拡散電位）によって決まっている．その値は結晶シリコンの場合で 0.8 V 程度である．したがって，必要な電圧を得るためには複数の太陽電池を直列接続することが必須となる．商用電圧である 100 V にするためには 125 個もの太陽電池を直列接続する必要がある．すなわち，実用的な太陽電池は多数の電流源が直列接続されている状態となっているのである．

多数の太陽電池を直列に接続した場合，その総面積はそれなりに広いものとなる．すると，陰などの影響により，多数の直列太陽電池の中の一部だけ光量が少なくなる場合があり得る（部分陰の影響）[佐藤, 水野 (2016); Rauschenbach (1971)]．これは，出力電流の異なる電流源の直列接続という状況に相当する．理想電流源の場合には，出力電流の異なる電流源が直列接続されるということは物理的にあり得ない．しかし，太陽電池は理想電流源以外の構成要素も含まれており，その構成要素を介して物理的に起こり得る現象が生じる．本節では，このような太陽電池の直列接続における部分陰の影響を題材として，出力電流の異なる非理想電流源の直列接続について考察する．

M.8.1　一つの太陽電池の等価回路と電流電圧特性

太陽電池の直列接続を考察するためには，前節で取り扱った内部抵抗を有する電流源という概念だけでは不足である．この電気回路学基礎では取り扱っていないダイオードという回路素子を扱うことになる．そこで，本論に入る前に半導体の pn 接合を用いたダイオードの電流電圧特性を紹介する．**図 M-6**(a) は光が照射されていな

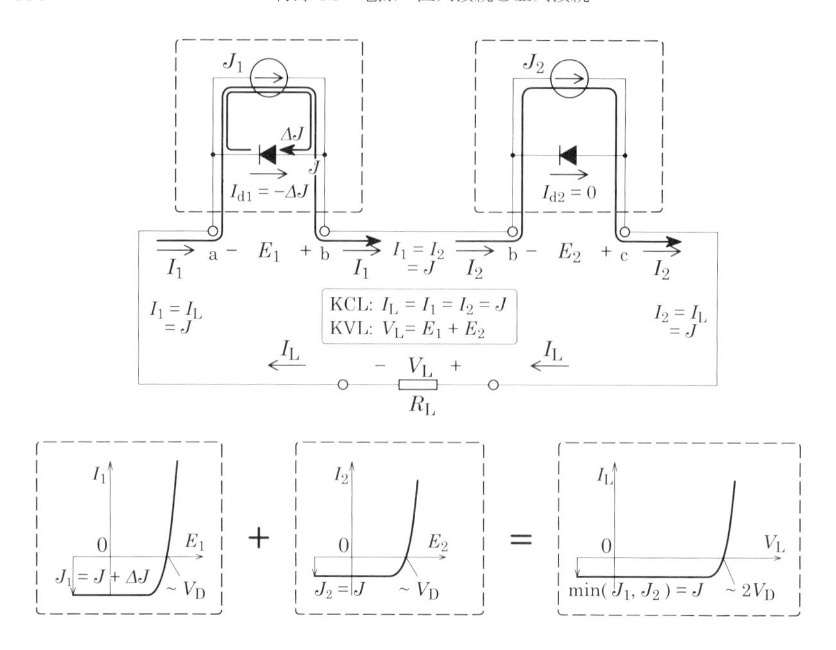

図 **M-7**　直列接続太陽電池の等価回路と電流電圧特性.

いときのダイオードの電流電圧特性である．この特性図からわかるようにダイオードには，電流をよく流す方向（順方向）と，電流の流れを阻止する方向（逆方向）がある．このような特性を整流特性という．*5 また，電流がよく流れる方向については，ある閾値電圧を越えると急激に電流が流れるようになる．このときの閾値電圧はおおよそ拡散電位（前述）と同程度となることがわかっている．図 **M-6**(a) には，拡散電位を V_D としたときに，V_D とダイオードの電流電圧特性の関係がどのようになるのかを示してある．

このような特性をもつダイオードに光が照射されると，図 **M-6**(b) に示したように光量に比例した電流（光電流）J が加わった特性になる．このとき，光電流が負の方向に加わることに留意されたし．これにより，電圧と電流の積で与えられる消費電力が負となる．すなわち，発電していることになるのである．

M.8.2　直列接続太陽電池の等価回路と電流電圧特性

図 **M-6**(b) に示した太陽電池を直列接続すると図 **M-7** のようになる．簡単化のために接続数は 2 個としているが，以下の議論は 2 個以上でも同じである．このような直列接続太陽電池において「部分陰」や「部分照射」が生じると，同図中における二つの電流源の電流値が $J_1 \neq J_2$ となる．このとき，直列接続太陽電池を電気回路的に扱うと，どのような電流電圧特性になるのであろうか．結論から先に言うと，

---

*5 整流特性の利用方法については第 12 章と付録 L を参照されたし．

直列接続太陽電池において，個々の太陽電池の出力電流の不均一が生じた場合には，以下のようになる．

- **電流　電流値が小さい方の太陽電池の電流となる**
- **電圧　二つの太陽電池の電圧の和となる**

2 個以上の多数の太陽電池を直列接続した場合には以下のようになる．

- **電流　出力電流が一番小さい太陽電池の電流となる**
- **電圧　すべての太陽電池の電圧の和となる**

100 個の太陽電池を使った直列接続太陽電池の内，1 個だけが部分陰で半分の出力電流になったとすると，素人ならば，直列接続太陽電池全体の出力が 0.5% 減るぐらいだろうと想像するだろう．しかし実際には，直列接続太陽電池全体の出力電流が半分になってしまうのである．また，100 個の内の半分の太陽電池に日光がよく当たり，それらの出力が増えたとしても，直列接続太陽電池全体の出力電流は増えないのである．素人にとってはパラドックスのようであるが，電気回路を学習した人にとっては当たり前となる．どのように当たり前なのかを以下で説明する．

M.8.3　直列接続太陽電池の電流

電気回路の電流は以下のキルヒホッフの電流の法則で支配されている．[*6]

節点に流入する電流の和はそこから流出する電流の和と等しい．

この法則を**図 M-7** に示した直列接続太陽電池の節点 a，b，c に適用すると

節点 a： $I_1 = I_{\mathrm{L}}$　　節点 b： $I_1 = I_2$　　節点 c： $I_{\mathrm{L}} = I_2$

となる．ここで，I_1 と I_2 は二つの太陽電池の端子間を流れる電流であり，I_{L} は直列接続太陽電池全体の端子間を流れる電流である．これより，

$$I_1 = I_2 = I_{\mathrm{L}} \tag{M-15}$$

でなければならないことがわかる．

もしも二つの太陽電池に照射される光量が同じであれば，それぞれの太陽電池がもつ電流源の電流値が等しく $J_1 = J_2$ となるので，以下のとおりとなる．

$$I_1 = I_2 = I_{\mathrm{L}} = J. \tag{M-16}$$

一方，部分陰などにより $J_1 = J + \Delta J > J_2$ となった場合はどうなるであろうか．もしも ΔJ の電流成分が節点 a や節点 b に寄与すると，$I_1 = J + \Delta J$ となってしまうので $I_1 \neq I_{\mathrm{L}}$，$I_1 \neq I_2$ となり，キルヒホッフの電流の法則が成立しない．そのため，ΔJ は同図中に示したように ΔJ の成分を有する太陽電池の内部で流れるのである．[*7]

[*6] 第 9 章を参照されたし．

[*7] この図ではダイオードを流れているように描いているが，実際のダイオードには内部抵抗として直列抵抗や並列抵抗の成分が含まれており，それらを介して流れる成分もある．

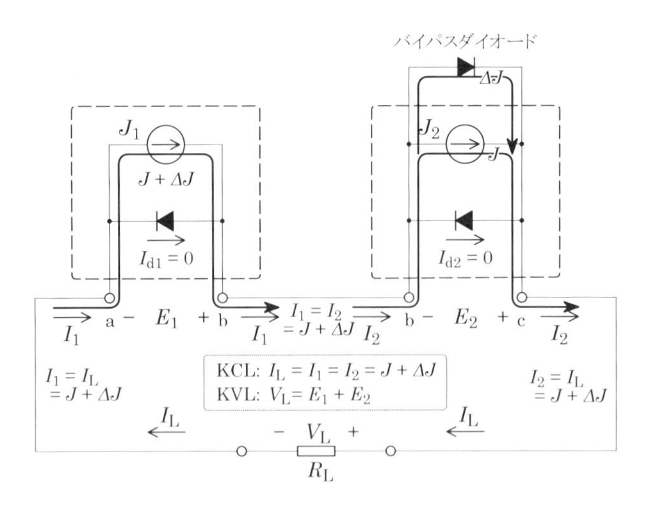

図 M-8 太陽電池の直列接続におけるバイパスダイオードの効果.

以上の理屈は，2 個以上の太陽電池を直列接続した場合についても同様であるから，一般には，**直列接続太陽電池では一番小さい出力電流の太陽電池が足を引っ張る**ということになるのである.

M.8.4 直列接続太陽電池の電圧

電気回路の電圧は以下のキルヒホッフの電圧の法則で支配されている.[*8]

閉路上の起電力の和は電圧降下の和と等しい.

図 M-7 に示した直列接続太陽電池の起電力 E_1，E_2 に適用すると，

$$E_1 + E_2 = V_L \qquad \text{(M-17)}$$

となる．ここで，E_1 と E_2 は二つの太陽電池の起電力であり，V_L は負荷抵抗 R_L での電圧降下である．後者は，直列接続太陽電池全体の起電力ということもできる．2 個以上の太陽電池を直列接続したときの全体の起電力は，個々の太陽電池の起電力の和となる．この理屈については，パラドックス的なところがないため理解し易いだろう.

M.8.5 直列接続太陽電池の部分陰対策

太陽電池の直列接続という方法は，一つだけでは 0.8 V という小さな起電力しかもたない太陽電池を実用的な 100 V の電源にするために必要な方法である．しかし，多数の太陽電池の中の一つでも陰になると，その出力電流が大幅に減少する．極端

[*8] 第 9 章を参照されたし.

な場合として，100 個の太陽電池の中の 1 個を真っ暗にしただけで，残りの 99 個の太陽電池がきちっと発電していても全体の出力電流は 0 になってしまうのである．

これを回避するための施策の一つは，すべての太陽電池に対する光照射量を同じにするという方法である．しかし，広い敷地で複数の太陽電池を接続して大面積で発電する場合，どの場所も同じ光照射量にすることは現実的には無理である．また，自然環境であれば，一部の太陽電池に葉などが飛来したり，ごみが付着したり，石が当たって破損したりする可能性がある．したがって，電気回路の知識を活かした別の施策が施されている．その一例としてバイパスダイオードというものがある．

バイパスダイオードは**図 M-8** に示したように，太陽電池に並列に接続される．太陽電池内部のダイオード成分の向きと逆であることに留意されたし．バイパスダイオードをこのように接続すると，自身の出力以上の電流が端子間に流れようとしたときに，その余分な電流をバイパスダイオードを経由して流すことができる．この施策をせずに直列接続したときには，ある太陽電池で発生した ΔJ という電流の増加分は，**図 M-7** に示したようにその太陽電池の中を流れるしかなかった．バイパスダイオードを接続すると，この ΔJ もその太陽電池の外に流れることが可能となる．これにより，部分陰やその他の原因によって直列接続太陽電池の一部の出力電流が下がっても，全体に大きな影響を及ぼさないようにすることができるのである．

付録 N

複素数に関する補足

本章の目的は，本講義を受講する人に以下の事項を理解してもらうことである．

- 電気回路学では虚数単位を i の代わりに j で表す．
- 「j との積」は「偏角を $\pi/2$ (90°) 増やすこと」．
- オイラーの公式
$$\mathrm{e}^{\mathrm{j}\theta} = \cos\theta + \mathrm{j}\sin\theta$$

N.1 はじめに

電気回路では虚数単位を多用する．その際，電気回路で電流を表すために用いられる i との混同を避けるために，虚数単位を j で表すので慣れてほしい．

数直線上の数しか扱わない高校数学で学ぶ虚数単位 j は，単なる $\sqrt{-1}$ の代用品として導入される．これに対し，電気回路，電磁気学，量子力学などにおいて「波 (波動)」が関与する現象を扱うときには，j がもつ別の性質が多用される．即ち，**j を掛け算するということが，数直線を数平面（複素平面）にまで拡張した領域で定義された数（複素数）の偏角を $\pi/2(=90^\circ)$ だけ増やすこと**という性質である．この性質を理解するためには，j を登場させる前に，まず数平面上の数の四則演算を定めておく必要がある．

また，電気回路では，交流信号を $A\sin(\omega t+\theta)$ と表す代わりに，振幅 A の情報（実効値）をその絶対値として有し，位相 θ の情報をその偏角として有する複素数で表す（フェーザという）．その概念の導入の際に，**オイラー（Eular）の公式**と呼ばれる以下の関係式を用いる．

$$\mathrm{e}^{\mathrm{j}\theta} = \cos\theta + \mathrm{j}\sin\theta \qquad \text{(N-1)}$$

本章では，j の基本的性質，上式における e の虚数乗という概念の導入，及びオイラーの公式の導出を行う．なお，虚数単位が関係する上記について既に知識を有し，かつ理解している人にとっては本章は無用である．

N.2 演算法則の復習

ここでは，数の種類によらず適用できるような四則演算の概念的な本質を実数の演算から抽出し，それを数平面上の数の演算に適用する．$\mathrm{j}^2 = -1$ などの虚数単位の性質は，その結果として現れることを示す．なお，四則演算のうち，引き算と割り

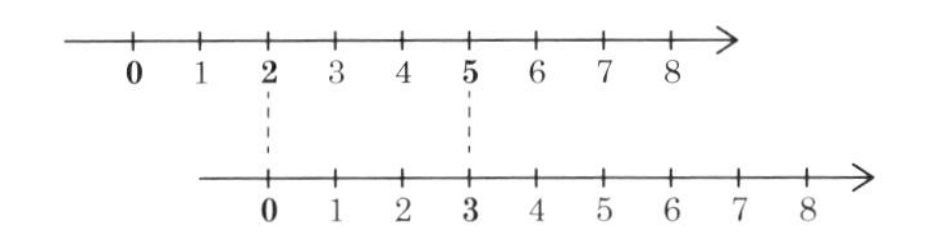

図 N-1　足し算の本質は目盛のずらし.

算は，それぞれ足し算と掛け算の逆演算であるから，多少手抜きであるが，踏み込んだ議論はしないことにする.

N.2.1　足し算とは

以下のような足し算は，一般的にはどのように解釈されているだろうか.

$$2+3=5 \tag{N-2}$$

正の整数しか扱わなかった頃の解釈の仕方は，以下のようなイメージかと思う.

$$\square\square+\square\square\square=\square\square\square\square\square \tag{N-3}$$

しかし，このような飛び飛びの値しかとらない数の概念にとらわれた解釈では，数というものを数直線上に連続して存在する実数へ，更には平面上に存在する数（複素数）にまで拡張できないのは明かである．足し算の本質的な点を考えると,「**足し算とは原点のずらしである**」と解釈すべきである．即ち，$2+3=5$ という足し算の解釈の仕方としては，**図 N-1** に示すように，以下のような解釈をするのがより本質的であろう.

- **足し算の本質は原点のずらし**
  数直線上で「0」を原点として「2」がある．このとき，この「2」を新たな原点としたら,「3」はもとの数直線上ではどこになるのか.

N.2.2　掛け算とは

以下のような掛け算は，一般的にはどのように解釈されているだろうか.

$$2\times 3=6 \tag{N-4}$$

正の整数しか扱わなかった頃の解釈の仕方は，以下のようなイメージかと思う.

$$\square\square\ \ \square\square\ \ \square\square\ \ =\ \ \square\square\square\square\square\square \tag{N-5}$$

では，以下の掛け算はどのように解釈するのだろうか.

$$(-2)\times(-3)=6 \tag{N-6}$$

負の数どうしの掛け算が正になることについては,「なぜか」については触れずに，強制的に覚え込まされたはずである．そこで，今一度，掛け算の概念の本質を考えてみると,「**掛け算とは数直線上の目盛のスケールと方向の付け替え**」であるといえる．したがって，$2\times 3=6$ の解釈の仕方としては，**図 N-2** に示すように，以下のような解釈がより本質的な解釈の仕方であろう.

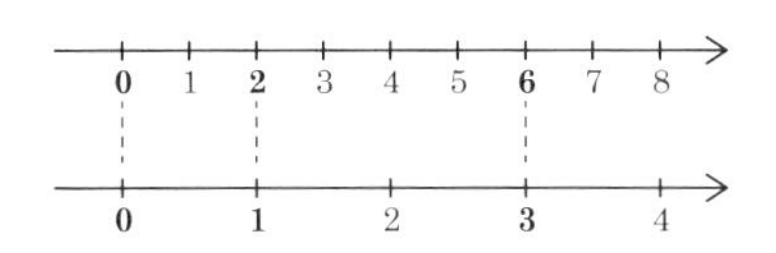

図 N-2　掛け算の本質は目盛のスケールの付け替え.

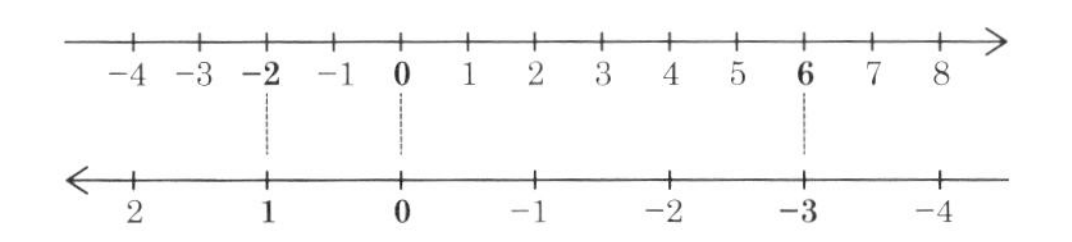

図 N-3　掛け算の本質に基づく $(-2) \times (-3) = 6$ の解釈.

- **掛け算の本質は目盛のスケールと方向の付け替え**
  数直線上で「0」から「1」までの距離と方向を基準 (ひと目盛) として「2」がある．このとき,「0」から「2」までの距離と方向を新たな基準（新たなひと目盛）とする目盛でみたら,「3」はもとの目盛ではどこになるのか.

このような解釈に基づいて $(-2) \times (-3) = 6$ を解釈すると，**図 N-3** に示すように，以下のような解釈となる.

> 数直線上で「0」から「1」までの距離と方向を基準 (ひと目盛) として「−2」がある．このとき,「0」から「−2」までの距離と方向を新たな基準（新たなひと目盛）とする目盛でみたら,「−3」はもとの目盛ではどこになるのか.

この解釈に従えば，強制的に記憶させられた以下の掛け算のルールが自動的に満たされる.

- (正) × (正) = (正)
- (正) × (負) = (負)
- (負) × (負) = (正)

また，後述のように，この概念は数の概念を数直線から平面にまで拡張したときの掛け算にも拡張が可能なのである.

N.3　数平面上の数の演算

ここでは，前節で抽出した足し算と掛け算の本質的な概念を，**図 N-4** に示すような数平面上の数 a と b の足し算と掛け算に適用し，その結果が数平面上のどこになるのかを明かにする.

N.3.1　数平面上の数の足し算

数平面上の数 a と b の和 $a + b$ を概念どおりに解釈すると以下のようになる.

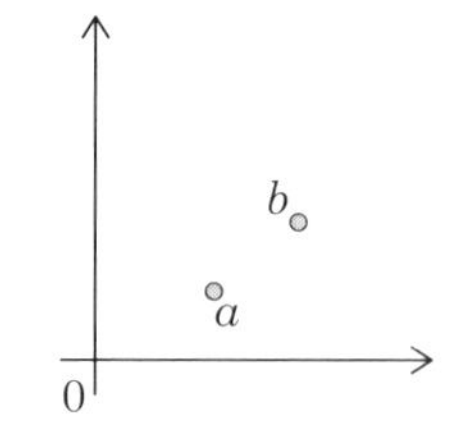

図 N-4 平面上の数（複素数）.

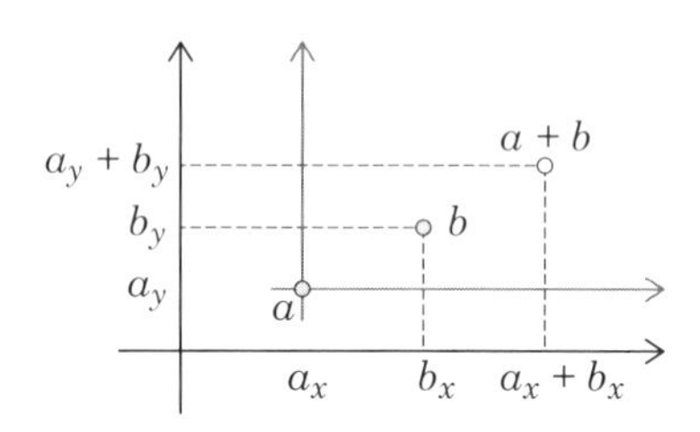

図 N-5 数平面上の数の足し算の概念.

- **平面上の $a+b$ の解釈**
  数平面上で「0」を原点として「a」がある．このとき，この「a」を新たな原点としたら,「b」はもとの数平面上ではどこになるのか.

これを図示すると，**図 N-5** のようになる．a，b の位置を（数直線と平行な成分, 数直線と垂直な成分）という形式を用いて (a_x, a_y)，(b_x, b_y) と表すと，$a+b$ の位置は，(a_x+b_x, a_y+b_y) となっている．したがって，以下のように言うことができる.

> **数平面上の数の和の計算結果は，数直線と平行な成分と垂直な成分をそれぞれ個別に和をとった結果を成分とする数となる.**

N.3.2 数平面上の数の掛け算

数平面上の数 a と b の積 ab を概念どおりに解釈すると以下のようになる.

- **数平面上の ab の解釈**
  数平面上で「0」から「1」までの距離と方向を基準 (ひと目盛) として「a」と「b」がある．このとき,「0」から「a」までの距離と方向を新たな基準 (新たなひと目盛) とする目盛でみたときの「b」は，もとの目盛ではどこになるのか.

これを図示すると，**図 N-6** のようになる.

ここで，a，b の位置を**図 N-7** に示すように，原点からの距離の大きさ（以降，単に大きさという）$|a|, |b|$，原点とその数を結ぶ線分が数直線となす角度（以降，単に角度という）θ, ϕ を用いて表すと（このような表現方法を極座標形式という），ab の

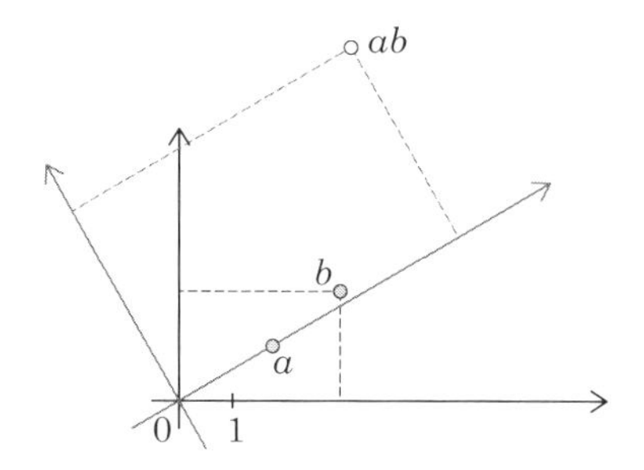

図 N-6　数平面上の数の掛け算の概念.

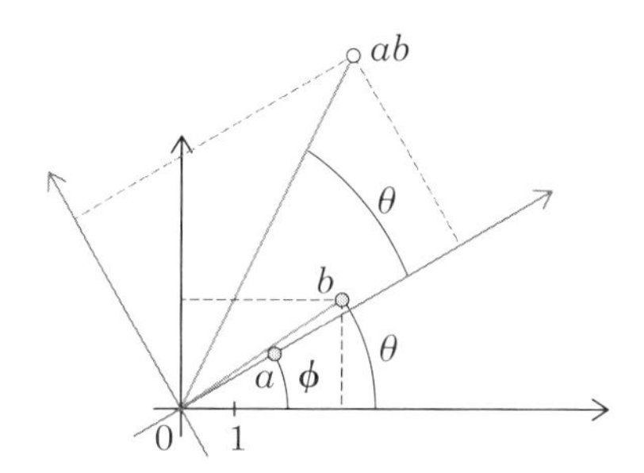

図 N-7　数平面上の数の掛け算の詳細.

位置は，大きさが $|a||b|$，角度が $\theta + \phi$ の数となる．したがって，以下のように言うことができる．

- **数平面上の数の積の計算結果は，大きさについては積となり，角度については和となる．**

N.3.3　数平面上の数のべき乗

掛け算の概念に従って $aa = a^2$ を考えると，以下のようになる．

- **数平面上の a^2 の解釈**
  数平面上で「0」から「1」までの距離と方向を基準 (ひと目盛) として「a」がある．このとき,「0」から「a」までの距離と方向を新たな基準 (新たなひと目盛) とする目盛でみたときの「a」は，もとの目盛ではどこになるのか．

これを作図すると，**図 N-8** に示すように，$0, 1, a$ を頂点とする三角形と相似形の三角形 $0, a, a^2$ が $0, a$ を結ぶ辺の上に積み重なる．一方，a^2 を極座標形式で見れば，

数平面上の数の二乗は，大きさについては二乗となり，角度については二倍となる．

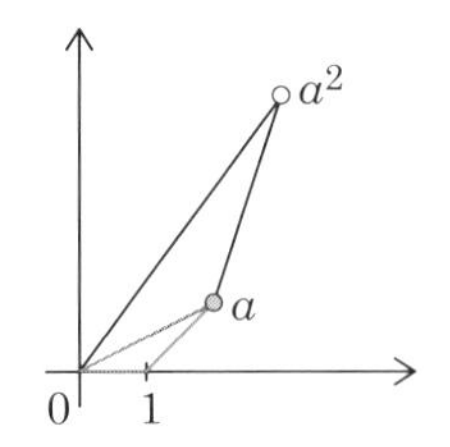

図 N-8 数平面上の数のべき乗.

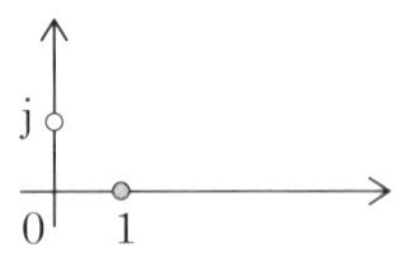

図 N-9 数平面上の垂直方向の基準 j.

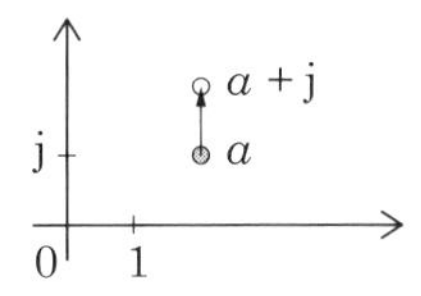

図 N-10 数平面上の数への j の足し算：a + j.

と言うことができる．これを一般的な n 乗に拡張すれば，以下のようになる．

- **数平面上の数の n 乗は，大きさについては n 乗となり，角度については n 倍となる．**

N.4 数平面における垂直方向の基準 j

数平面上の数直線方向（水平方向）の長さと方向の基準は 1 である．これに対し，**図 N-9** に示すような数直線と垂直方向の長さと方向の基準を j とする．これを極座標形式で表せば，大きさが 1，角度が $\pi/2$ (90°) の数である．以下では，この j の性質の一部を紹介する．

N.4.1 j の性質（その 1）：足し算

数平面上の数 a と j の和 a + j は，**図 N-10** からわかるように，a を垂直方向に j だけずらす．

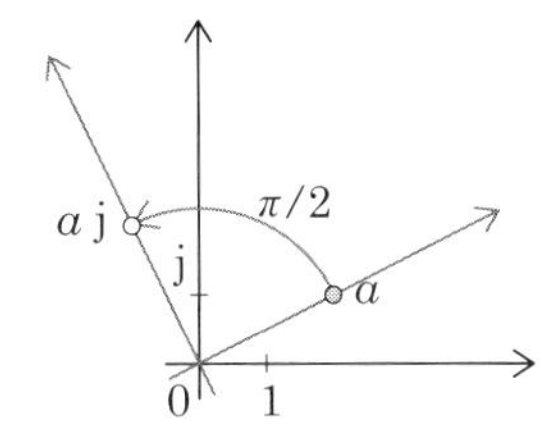

図 N-11　数平面上の数への j の掛け算：aj.

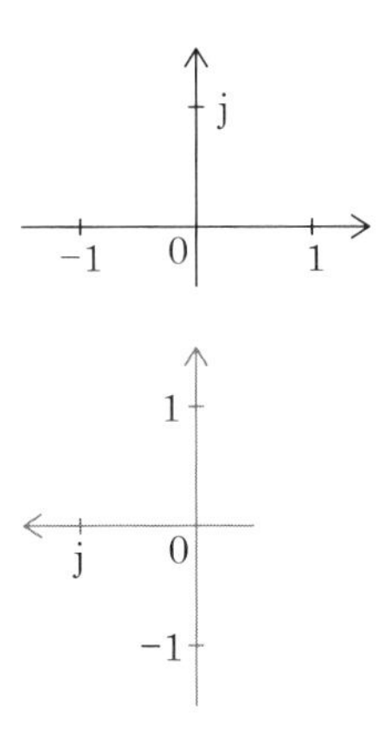

図 N-12　$\mathrm{j} \times \mathrm{j} = -1$.

N.4.2　j の性質（その 2）：掛け算

数平面上の数 a と j の積 aj は，極座標形式で表せば，

- 大きさが $|a\mathrm{j}| = |a||\mathrm{j}| = |a|$,
- 角度が $\theta + \pi/2$

の数となる．したがって，**図 N-11** に示すように，

- **数平面上の数に j を掛け算すると，その数の偏角が $\pi/2 (= 90^\circ)$ だけ増える（原点まわりに $\pi/2 (= 90^\circ)$ だけ回転する）．**

ということがわかる．この性質が電気回路などの波動を扱う分野において多用される j の性質なのである．

N.4.3　j の性質（その 3）：二乗

j^2 は，前の aj において $a = \mathrm{j}$ とした場合に相当する．したがって，j^2 の大きさは 1 となり，その角度は π (180°) となる．これを図示すれば，**図 N-12** に示すように

なる．即ち，

$$j^2 = -1 \tag{N-7}$$

となるのである．なお，この図を従前どおりに重ねて描くと，わかりにくくなるので分離して描いている．

即ち，数直線という井の中の蛙が数平面に飛び出たことで，これまで数直線上ではあり得なかった**二乗したらマイナスになる**という数がある，ということがわかったのである．恐らく高校では「二次方程式の解の $\sqrt{\square}$ の中が負になったら，$\mathrm{j} = \sqrt{-1}$ を使って $\square + \square\mathrm{j}$ のように書く」と突然言われて，それを使いこなす練習を一生懸命したかもしれない．それも一つの学習ではあるが，数直線という井戸の中にいた蛙が平面に飛び出たら，どんな数が考えられるであろうという考察から，こんな面白い数があったんだ，と発見的に考えた方が楽しくはないだろうか．

N.5　数平面上の数の表現方法

数平面上の数の演算が決まったところで，その数の適切な表現方法を検討する必要がある．この表現方法が数直線上の数の計算とごちゃ混ぜにして計算してもつじつまが合う表現方法でないと困る，というのはわかると思う．一つの表現方法は，

$$x + \mathrm{j}y \tag{N-8}$$

である．これによって数平面上の数を一つ特定することができる．また，$\mathrm{j} \times \mathrm{j} = -1$ という性質があるので，j を含んだ計算は，その性質を使えばよい，ということになる．この表現方法による数平面上の数の演算結果が概念どおりの位置と対応することは，幾何学やベクトルの概念を使えば証明できるが，ここでは省略する．なお，x の部分を「実数部（又は実部）」，$\mathrm{j}y$ の部分（もしくは y だけ）を「虚数部（又は虚部）」と呼ぶことになっている．ついでに他の数学用語を紹介する．平面上の数のことを「複素数」と呼ぶ．また，数平面のことを「複素平面」と呼ぶ．複素平面の数直線の軸を「実数軸（又は実軸）」，それと垂直方向の軸を「虚数軸（又は虚軸）」という．

三角関数を知っていれば，極座標形式のパラメータである大きさ r と角度 θ を用いて，次のような表現方法も可能であると発想するであろう．

$$r(\cos\theta + \mathrm{j}\sin\theta) \tag{N-9}$$

なお，正式な数学用語では，大きさを「絶対値」，角度を「偏角」と呼んでいる．

上記の方法以外にもう一つ大変重要な表現方法がある．それが次式である．

$$\mathrm{e}^{\mathrm{j}\theta} \qquad \text{あるいは} \qquad \exp(\mathrm{j}\theta) \tag{N-10}$$

この表現方法は，

$$\mathrm{e}^{\mathrm{j}\theta} = \cos\theta + \mathrm{j}\sin\theta \tag{N-11}$$

という関係式を満たし，**オイラーの公式**と呼ばれている．

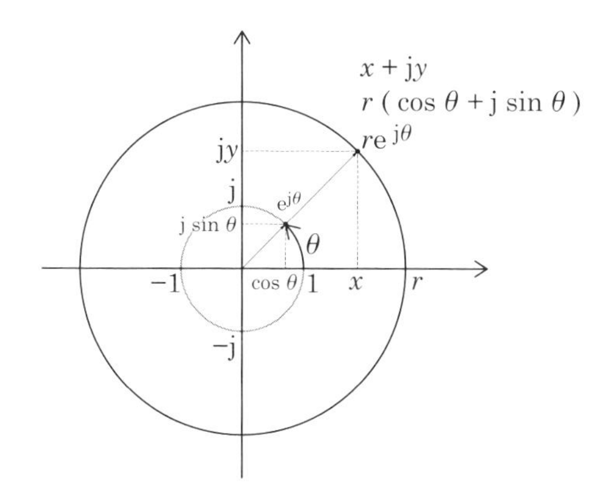

図 N-13　数平面上の $\mathrm{e}^{\mathrm{j}\theta}$.

多くの教科書では，このようになるということを以下のようにテーラー展開を用いて説明している．即ち，sin と cos が

$$\sin\theta = \sum_{n=0}^{\infty} \frac{(-1)^n}{(2n+1)!}\theta^{2n+1}, \qquad \cos\theta = \sum_{n=0}^{\infty} \frac{(-1)^n}{(2n)!}\theta^{2n} \tag{N-12}$$

とテーラー展開されるのに対し，e^x は，

$$\mathrm{e}^x = \sum_{n=0}^{\infty} \frac{(-1)^n}{n!} x^n \tag{N-13}$$

とテーラー展開される．この e^x のテーラー展開の x に $\mathrm{j}\theta$ を入れれば，オイラーの公式が成立することが示されるというものである．

確かにそうなのだが，大学入学までの間に指数関数と三角関数を全く別々のものとして習ってきた後に式 (N-11) を見せられたときの人間の姿としては，「何んじゃこりゃ」というのが自然な姿ではないだろうか．さらに，ノーベル賞受賞物理学者の朝永振一郎先生が述べているように [朝永 (2000)]，そもそも指数関数のべき数が虚数であるとはどういうことかという点についてもきちっと理解しておく必要がある．

次節では，多少無理をして式 (N-11) のような関係がもしかしたらあるのではないかということが高校生でも発想できるような道筋で作り話をしてみたいと思う．

N.6　オイラーの公式は高校生でも発想可能

N.6.1　$\mathbf{e}^{x}$，$\sin x$，$\cos x$ は似たものどうし

オイラーの公式へのきちっとした道のりは，後半で説明することにして，ここでは，高校数学の範囲内でオイラーの公式のような関係があるのではないか，という発想につながるかもしれない説明をしてみる．

指数関数 $u = \mathrm{e}^x$ と三角関数 $v = \cos x$, $w = \sin x$ は，高校において全く別物として習うが，ここでは，それが兄弟のようなものである，ということをまず示す．微積分を習った段階で，以下の関係があることは既にわかっているはずである．

微分 0 回	u	v	w
微分 1 回	u	$-w$	v
微分 2 回	u	$-v$	$-w$
微分 3 回	u	w	$-v$
微分 4 回	u	v	w

多項式で表されている関数の多くは，何回も微分すると，0 になるのは知っていると思うが，この三つの関数は，何回微分しても 0 にならず，しかも自分自身に戻るのである．こうした共通性は，微分を習ったときに，気づいていると思う．[*1]

微分したときの性質が似ているというのは，どういう意味をもつか考えよう．$y = f(x)$ という関数 f があったときに，その関数の微分係数

$$f'(x), \quad y', \quad \frac{\mathrm{d}f(x)}{\mathrm{d}x}, \quad \frac{\mathrm{d}y}{\mathrm{d}x}$$

というのは，その関数のある点における変化率である．即ち，微分係数は，関数の形を表しているといえる．実際に多くの関数が微分方程式によって定義されている．その挙動が似ているということは，関数自身がお互いに似ている，ということに他ならない．そうすると，なにがしかの演算処理でお互いを「=」で結べる可能性があるのでは，という発想にならないであろうか．

ここで，かなり無理矢理だが，cos の微分が仮想的に $+\sin$ になるとして (本当は $-\sin$ になる)，$v + w$ の挙動をみてみたら，[*2]

微分 0 回	u	v	w	$v + w$
微分 1 回	u	w	v	$v + w$
微分 2 回	u	v	w	$v + w$
微分 3 回	u	w	v	$v + w$
微分 4 回	u	v	w	$v + w$

となる．即ち，指数関数と三角関数の和は，微分に対して全く同じ挙動をすることになる．しかしながら，cos の微分が $+\sin$ になるなどということは許されないので，上記の話はむちゃくちゃな論法である．正しくは以下のようになる．

微分 0 回	u	v	w	$v + w$
微分 1 回	u	$-w$	v	$v - w$
微分 2 回	u	$-v$	$-w$	$-v - w$
微分 3 回	u	w	$-v$	$-v + w$
微分 4 回	u	v	w	$v + w$

しかし,「うまく小細工をすれば，もしかすると cos の微分が $+\sin$ になるなどとい

*1 4 回微分したら cos も sin も自分自身に戻るが，実はこの「4 回で戻る」という性質が j と深い関係があるのである．$\mathrm{j}^2 = -1$, $\mathrm{j}^3 = -\mathrm{j}$, $\mathrm{j}^4 = \mathrm{j}$.

*2 もしも cos と sin が微分に対してお互いに入れ替わるだけであれば，それらの和は微分に対して不変になるはず，という発想です．

うアホなことをしなくても，微分に対する挙動が全く同じになるような sin と cos の組み合わせがあるのではないか」という発想がこうした考察から生まれてこないだろうか．

ここで，脚注で述べた j のべき乗が 4 回で元に戻るということを思い出して，j に登場していただくことにより，凄いことが起こるのである．即ち，$y = v + \mathrm{j}w$ とすると，

微分 0 回	u	v	w	$v + \mathrm{j}w$	y
微分 1 回	u	$-w$	v	$-w + \mathrm{j}v$	$\mathrm{j}y$
微分 2 回	u	$-v$	$-w$	$-v - \mathrm{j}w$	$\mathrm{j}^2 y$
微分 3 回	u	w	$-v$	$w - \mathrm{j}v$	$\mathrm{j}^3 y$
微分 4 回	u	v	w	$v + \mathrm{j}w$	$\mathrm{j}^4 y$

となる．この挙動はどこかで見たことがないだろうか．そう，$z = \mathrm{e}^{kx}$ なる関数の微分である．z と y の微分に対する挙動を見比べてみると，以下のようになる．

微分 0 回	z	y
微分 1 回	kz	$\mathrm{j}y$
微分 2 回	$k^2 z$	$\mathrm{j}^2 y$
微分 3 回	$k^3 z$	$\mathrm{j}^3 y$
微分 4 回	$k^4 z$	$\mathrm{j}^4 y$

これを見たら，$k = \mathrm{j}$ としてしまいたくならないであろうか．即ち，もしかして

$$\mathrm{e}^{\mathrm{j}x} = \cos x + \mathrm{j}\sin x$$

などという関係があったりするのかも，という発想にならないだろうか．

ただ，この説明の論理の中には問題点もある．即ち，天から降ってきたかのように $v + \mathrm{j}w$ という組み合わせが与えられてしまっているからである．この組み合わせを何らかの論理的思考に基づいた道筋で見出すためには，やはり，上っ面だけではなく，本質的なところから考察する必要があると思われる．次節以降では，多少長くなるが，そのような観点で式 (N-11) に至る道筋を追うことにする．

N.7　$\mathrm{e}^{\mathrm{j}\theta}$ の定義

オイラーの公式では，$\mathrm{e}^{\mathrm{j}\theta}$ のように指数関数の指数（べき乗のべき数）が実数ではなく虚数になっている．「べき乗って，同じ数を何回も掛けることだったよな」という理解をしていれば，「虚数回掛けるって，何やねん」と思うのは自然なことである．したがって，一足飛びに式 (N-11) に向かうに前に，指数関数の指数を虚数も扱えるように拡張するところから始めなければならないことは理解できるはずである．このような拡張をするためには，平面数の演算法則を決めたときのように，指数関数の本質は何か，更にその前のべき乗の本質は何かという点を見出さねばならない．

N.7.1　そもそも「べき乗」とは何なのか

かつて，べき数として正の整数しか扱わなかった幼稚な頃のべき乗のことを思い出すと，$f(x) = a^x$ とは以下のような解釈だった．

- x が正の整数だけのとき
  a^x とは，a を x 回掛け算したものであり，これを a の x 乗と称する．

この概念では，x に虚数を入れると，虚数回掛け算するという意味不明の状態になる．また，実数まで範囲を狭めても，0.5 回掛け算するという意味不明の状態になる．そこで，まず実数全体をべき数として受け入れるための拡張作業を行う．一般には，以下のような論理でべき数として許可できる範囲を実数全体まで広げている．

- x として 0 も許可したいならば $\cdots$
  指数法則に従うと，$a^x \times a^0 = a^x$ だから，$a^0 = 1$ としよう．
- x として負の整数も許可したいならば $\cdots$
  指数法則に従うと，$a^{-x} \times a^x = a^0 = 1$ だから，$a^{-x} = 1/a^x$ としよう．
- x として m/n (有理数) も許可したいならば $\cdots$
  $a^{m/n} = (\sqrt[n]{a})^m$ としよう．
- x として無理数も許可したいならば $\cdots$
  無理数を無限小数で表したときの収束値としよう．即ち，無理数 x の近似値を有理数 m/n で表し，それをどんどん x に近づけていったときの $a^{m/n}$ の収束点が a^x である，という決め方である．

以上のようなべき乗の拡張解釈によって，数直線上の実数がすべてべき数になり得ることになった．しかし，

- x として虚数（あるいは複素数）も許可したいなら $\cdots$

については，どうしたらよいのであろうか．

数直線上の数の足し算，掛け算を複素数に拡張したときに，足し算と掛け算の根本は何か，ということに目を向けた．べき乗についても，べき乗という操作の本質は何だろうか，というところに目を向けることになる．

N.7.2 べき乗の拡張定義

多少天下り的であるが，べき乗を拡張してきたときに，頻繁に用いていたのが，指数法則である．べき乗の根本的性質は「**指数法則**」と呼ばれている演算法則にあるのではないか，という発想になる．即ち，べき乗というものを関数 f で表したときに，次の関係を満たすということが，対象とする数 x の種類に依存しないべき乗の本質である，とは考えられないだろうか．

$$f(x+y) = f(x)f(y). \tag{N-14}$$

この法則が，実数 x と実数 a (ただし，$a \neq 0$) に対して定義された

$$f(x) = a^x \tag{N-15}$$

を包含しているということは，次節で確認する．また，$f(x)$ の特徴であり，もう一つの定義にもなっている

その微分係数が常に自分自身（$\boldsymbol{f(x)}$）に比例する

という $f(x)$ の根本的性質も式 (N-14) から導かれる．

なお，式 (N-14) に正の整数だけを入れるとわかるのだが,「同じ数を何回も掛け算する」における「何回も」が「$(x+y)$」に対応し,「掛け算する」が $f(x)f(y)$ に対応している．この式を見ても，すぐに見えてこないのが $f(x)=a^x$ としたときの a である．何回も掛け算する「同じ数」(すなわち，べき乗の底) が式の中には現れてこない．これは，a がこの式の性質の一つとして隠れてしまっているからである．これについては，他の性質とともに次節で述べる．

N.7.3　$f(x+y)=f(x)f(y)$ のべき乗としての性質

式 (N-14) は，極めて奥の深い関係式であるが，そこに隠れている性質は，ぱっと見ただけではすぐには判らないので，少し探る必要がある．まず，式 (N-14) で定められた $f(x)$ が，従来のべき乗，並びにその実数全体への拡張版と整合していることを確認しておこう．

底

$f(x)=a^x$ というのがもともとのべき乗の定義であった．すると，a が指定されていないのにべき乗になるのか，ということになる．これについては，式 (N-14) において，x 回掛け算した結果である $f(x)$ に対して，もう 1 回だけ同じ数を掛け算するという状況を考えればすぐにわかる．この状況は，$y=1$ に相当するから，

$$f(x+1)=f(x)f(1) \tag{N-16}$$

となり，$f(1)$ が底なのである．すなわち，$f(x)=a^x$ と表すならば,

$$f(1)=a \tag{N-17}$$

となる．

正の整数乗

a^x において，x が正の整数の場合には，x は 1 を x 個足したもの，であるから，

$$\begin{aligned} f(x) &= f(1+1+\cdots) \\ &= f(1)f(1)\cdots \\ &= f(1)^x = a^x \end{aligned} \tag{N-18}$$

となる．

0 乗

もともとのべき乗では，0 を除く如何なる a に対しても，$a^0=1$ であった．式 (N-14) においても $f(0)=1$ となることを示そう．これは，$y=0$ の状況に相当する，すなわち，

$$f(x)=f(x+0)=f(x)f(0) \tag{N-19}$$

となり，このような関係を如何なる $f(x)$ に対しても満たすためには,

$$f(0)=1 \tag{N-20}$$

となるのである.

有理数乗

多少トリッキーであるが，$1/n$ を n 個加えれば 1 であるから，

$$f(1) = f\left(\frac{1}{n} + \frac{1}{n} + \cdots\right) = f\left(\frac{1}{n}\right)^n \tag{N-21}$$

となる．$f(1) = a$ であるから，

$$f\left(\frac{1}{n}\right) = \sqrt[n]{a} = a^{\frac{1}{n}} \tag{N-22}$$

となり，n 乗根を表していることになる．次に，$x = m/n$ とすれば，x は $1/n$ を m 個だけ加えたものであるから，

$$f\left(\frac{m}{n}\right) = f\left(\frac{1}{n} + \frac{1}{n} + \cdots\right) = f\left(\frac{1}{n}\right)^m = \left(\sqrt[n]{a}\right)^m \tag{N-23}$$

となる．すなわち，x を正の整数から有理数にまで拡張した状態を再現できる．

無理数乗

無理数乗については，結局のところ，もともとのべき乗を無理数に拡張したときと同じ論理を使うことになる．すなわち，無理数 x の近似値を有理数 m/n で表し，それをどんどん x に近づけていったときの $f(m/n)$ の収束点が $f(x)$ である，という定義の仕方になるのであろう．

以上の準備をすれば，x が実数の場合には，式 (N-14) を満たす関数 f が，式 (N-15) で表される従来の指数関数を表している，ということを受け入れてもらえるのではないかと思う．f が連続的に変化できる x の関数となったので，次は，この関数の特徴を見出すために，その微分係数が如何なるものになるかを考察する．

N.7.4 $f(x+y) = f(x)f(y)$ の特徴抽出

$y = f(x)$ の x が $x + \Delta x$ に変化したときの x の変化分 Δx に対する y の変化分 Δy の比 $\Delta y/\Delta x$ は，x が Δx だけ変化したときの変化率である．$\Delta x \to 0$ の極限における変化率がその関数の微分係数となり，その関数の変化の特徴を表す (すなわち，その関数の定義になり得る)．

ここでは，式 (N-14) で定められた $f(x)$ の微分係数の性質から $f(x)$ の特徴を抽出する．適切な微分方程式が得られれば，それがもう一つの $f(x)$ の定義式となる．

まず，x が正の整数だけの場合，すなわち，べき乗の場合について考察する．このとき，Δx として取り得る最小値は 1 である．すなわち，掛け算の回数を 1 回だけ増やすという行為に対する y の値の増加分が変化率となる．これを計算すると以下のようになる．

$$\frac{\Delta y}{\Delta x} = \frac{f(x+1) - f(x)}{1} = f(x)\ \{f(1) - 1\} \tag{N-24}$$

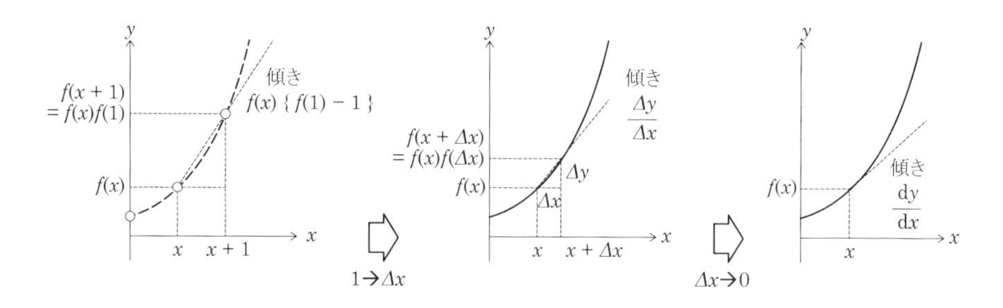

図 N-14 $f(x)$ の変化率と微分係数.

となる．$f(1)$ は定数であるから，この式は，掛け算の回数を 1 回だけ増やしたときの関数値の変化率が $f(x)$ の値に比例しており，その比例係数が $f(1)-1$ である，ということを意味する．これは，1 以外の数をべき乗の底とする場合，すなわち，$a=f(1)=1+r$ と表される場合，何回か掛け算した後にもう一回掛け算したときの増加率が r である，ということを意味する．この性質は利率が r の複利計算と同じであり，指数関数の定義の起源にもなっている．

次に，x として連続的に変化できる実数全体を許容した場合について考察する．この場合，$\Delta x \to 0$ の極限状態，すなわち，微分係数が得られる．x における $f(x)$ の微分係数を $f'(x)$（$= \mathrm{d}y/\mathrm{d}x$）とすると，

$$f'(x) = \lim_{\Delta x \to 0} \frac{f(x+\Delta x)-f(x)}{\Delta x} \tag{N-25}$$

$$= \lim_{\Delta x \to 0} \frac{f(x)f(\Delta x)-f(x)}{\Delta x} \tag{N-26}$$

$$= f(x) \lim_{\Delta x \to 0} \frac{f(\Delta x)-1}{\Delta x} \tag{N-27}$$

ここで，

$$f'(0) = \lim_{\Delta x \to 0} \frac{f(\Delta x)-1}{\Delta x} \tag{N-28}$$

であるが，これは定数なので，それを k とすると，

$$f'(x) = kf(x) \tag{N-29}$$

となる．この式は，

$f(x)$ の変化率が常に $f(x)$ に比例している

ということを意味しており，関数 f というものがどういう関数なのか，という重要な特徴を表す微分方程式となっている．また，その根源にあるのが，式 (N-25) から式 (N-27) への式変形の過程で使用しているべき乗の本質を表す関係式 (N-14) であることが理解されよう．

なお，多くの物理現象がこのような振る舞いをすることが知られており，そのような現象を記述する微分方程式として式 (N-29) が利用されている．また，$f(0)=1$ であることを示す式 (N-20) と合わせることによって，後で出てくる指数関数 e^{kx} の定義式にもなっているのである．したがって，式 (N-29) において，$k=\mathrm{j}$ としたらどうなるかということを見れば，$\mathrm{e}^{\mathrm{j}\theta}$ が如何なる関数なのかがわかるはずである．その前の準備として，$k=1$ の場合 (すなわち，e^{x} となる場合) について考察しておこう．なぜなら，e がまだ定義されていないからである．

N.8 実数の指数関数 e^{x}

式 (N-29) において $k=f'(0)=1$ としたものは，微分した関数が微分する前の関数と全く同じになる，という特殊な関数である．$f(x)$ が a^{x} と表されることから，こうした制限条件が課せられるのは a ぐらいである．したがって，この条件を満たす特殊な a が存在すると予測される．それを求めてみよう．[*3]

$f'(0)=1$ とは，

$$\lim_{\Delta x\to 0}\frac{f(\Delta x)-1}{\Delta x}=\lim_{\Delta x\to 0}\frac{a^{\Delta x}-1}{\Delta x}=1 \tag{N-30}$$

ということであるから，a を求めるために以下のような小細工的な計算をする．すなわち，

$$\frac{a(\Delta x)^{\Delta x}-1}{\Delta x}=1 \tag{N-31}$$

を満たす $a(\Delta x)$ があるとし，この $a(\Delta x)$ が $\Delta x\to 0$ のときに収束する先が a であると考えて，a の姿が如何なるものかを調べる．上式を変形すれば，

$$a(\Delta x)=(1+\Delta x)^{1/\Delta x} \tag{N-32}$$

となるから，

$$a=\lim_{\Delta x\to 0}a(\Delta x)=\lim_{\Delta x\to 0}(1+\Delta x)^{1/\Delta x} \tag{N-33}$$

である．ここで，Δx の代わりに $1/n$ と置き換えれば，$\Delta x\to 0$ は，$n\to\infty$ に置き換えることができる．したがって，

$$a=\lim_{n\to\infty}\left(1+\frac{1}{n}\right)^{n} \tag{N-34}$$

となる．上式の右辺は $n\to\infty$ のときに収束することがわかっており，収束先の a を e という特別の記号で表す．すなわち，

$$\mathrm{e}=\lim_{n\to\infty}\left(1+\frac{1}{n}\right)^{n}=2.718281828\cdots \tag{N-35}$$

[*3] それが e なのだが，ここではまだ e を定義していないので，まだ知らんフリをして下さい．

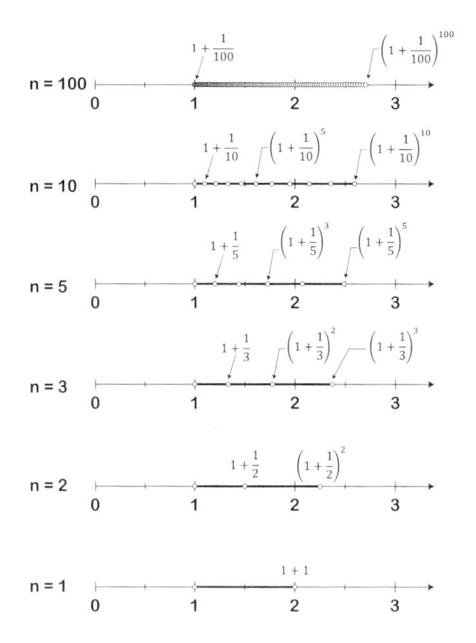

図 N-15　$\left(1+\dfrac{1}{n}\right)^m$ $(m=0,1,\cdots n)$ を $n=2,3,4,5,10,100$ について計算した結果．n が増加するに従い，$\left(1+\dfrac{1}{n}\right)^m$ は実数軸上を e に向かって進み，$n\to\infty$ では，実数軸上の e に収束する．

これを**ネイピア数**と言う．試しに，n を徐々に大きくしていったときの状況を実数軸上でプロットすると，**図 N-15** のようになる．$n\to\infty$ のときに，e に相当する点に収束している様子がわかる．

以上のことから，指数法則 $f(x+y)=f(x)f(y)$ を満たし，かつ $f'(0)=1$ となる関数を上記のような e を使って，

$$f(x)=\mathrm{e}^x \tag{N-36}$$

と表す，ということになる．これが一般に**指数関数**と呼ばれている関数である．

なお，式 (N-35) において，$1/n$ を x/n に置き換えた

$$\lim_{n\to\infty}\left(1+\frac{x}{n}\right)^n \tag{N-37}$$

という式において，$n = kx$ となる k を用意すると，

$$\lim_{n\to\infty}\left(1+\frac{x}{n}\right)^n = \lim_{k\to\infty}\left(1+\frac{1}{k}\right)^{kx} = \lim_{k\to\infty}\left\{\left(1+\frac{1}{k}\right)^k\right\}^x = \left\{\lim_{k\to\infty}\left(1+\frac{1}{k}\right)^k\right\}^x = \mathrm{e}^x \tag{N-38}$$

となることから，式 (N-37) も指数関数を表す式であると見ることができる．すなわち，e^x の定義式として，

$$\mathrm{e}^x = \lim_{n\to\infty}\left(1+\frac{x}{n}\right)^n \tag{N-39}$$

も OK，ということになる．

この定義式の導出過程に重要なことが潜んでいることに注意してほしい．すなわち，

$\boldsymbol{\mathrm{e}^x}$ は $\boldsymbol{1+\frac{x}{n}}$ を $\boldsymbol{n}$ 回掛け算した数の $\boldsymbol{n\to\infty}$ における極限値である

という点である．この等価変換によって，e を虚数乗するという意味不明の行為を後述のように複素平面上で具体的に検討することができるようになる．

N.9 虚数の指数関数 $\mathrm{e}^{\mathrm{j}\theta}$

ここから，オイラーの公式にある e の虚数乗とも言うべきものを考える．同じ数を何回も掛け算するというべき乗の概念では，べき数に虚数を許容することは意味不明な行為であるが，べき乗の概念を拡張した式 (N-14)，式 (N-29)，式 (N-39) は，x として虚数を許可してはいけない，という制約は無い．そこで，まず，純虚数を導入しやすい式 (N-29) で示した微分方程式による定義を用いることにする．すなわち，

$$f'(x) = kf(x), \quad f(0) = 1 \tag{N-40}$$

である．この微分方程式の解は，

$$f(x) = \mathrm{e}^{kx} \tag{N-41}$$

となる．したがって，x として虚数を許可する代わりに，式 (N-40) において，単純に k を j という虚数単位に入れ替えて，

$$g'(\theta) = \mathrm{j}g(\theta), \quad g(0) = 1 \tag{N-42}$$

という微分方程式を解いたときに得られる $g(\theta)$ が $\mathrm{e}^{\mathrm{j}\theta}$ と表されるべき関数となる．

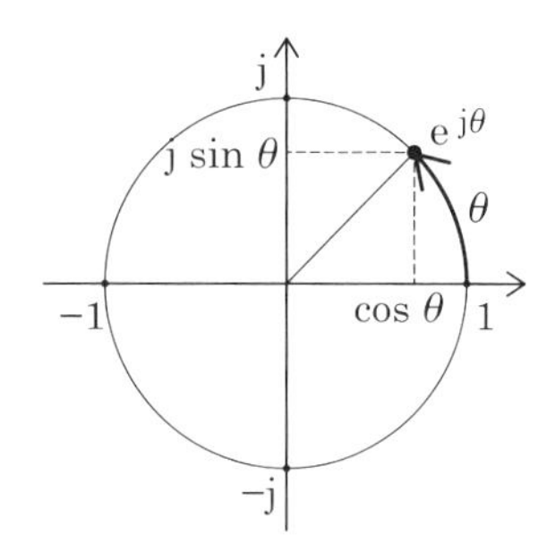

図 N-16　複素平面上の $e^{j\theta}$.

N.9.1　オイラーの公式の確認

ここでは，まず，オイラーの公式の右辺が微分方程式 (N-42) を満たしているかどうかを確認しよう．すなわち，

$$g(\theta) = \cos\theta + \mathrm{j}\sin\theta \tag{N-43}$$

なる関数がどこからともなく与えられたとする．上式を式 (N-42) に代入すれば，

$$g'(\theta) = -\sin\theta + \mathrm{j}\cos\theta = \mathrm{j}g(\theta) \tag{N-44}$$

となる．確かに式 (N-42) の微分方程式において $k = \mathrm{j}$ としたものになっている．また，$g(0)$ を求めると，

$$g(0) = \cos 0 + \mathrm{j}\sin 0 = 1 \tag{N-45}$$

となっており，式 (N-42) の条件も満たしている．したがって，この $g(\theta)$ という関数は，$e^{j\theta}$ と表されるべき性質をもっていることになる．すなわち，

$$e^{j\theta} = \cos\theta + \mathrm{j}\sin\theta \tag{N-46}$$

という等式が成り立つ．

なぜ，そんな右辺を考えついたのか，という発想の根源はともかくとして，このオイラーの公式は，**図 N-16** に示すように，$e^{j\theta}$ なる数が，複素平面上で原点から距離 1 だけ離れており，実数軸から角度 θ ラジアンだけ回転したところに位置するという標記になっている．$e^{j\theta}$ が複素平面上のこのような数であるということは，これまでに見てきたどの定義式を見ても，ぱっとは判らないのに対し，極めて明快な式であることは誰もが認めるであろう．

しかし，指数関数の指数が虚数になることによって，なぜ「回転」や「円運動」に関係する cos や sin が出現するのかという疑問に対する答えはこの確認作業からは見いだせない．その答えは，指数関数を「同じ数を何回も掛け算する」と解釈している限り恐らく判らない．既に述べた指数関数の本質的特徴に目を向ける必要がある．

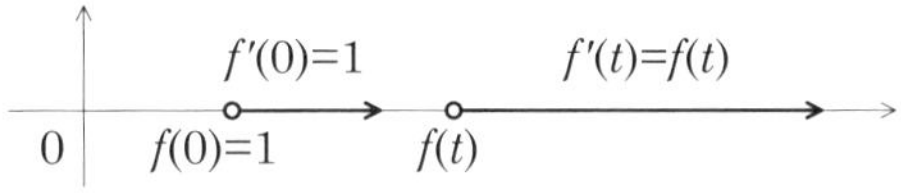

$f'(0)=1$ $f'(t)=f(t)$
0 $f(0)=1$ $f(t)$

図 N-17 $f'(t) = 1f(t)$ で表される点の挙動.

N.9.2 なぜ cos や sin が出てくるのか（その 1）

ここでは,

指数関数の変化率は自分自身に比例する.

という特徴に目を向けて，式 (N-40) と式 (N-42) が意味するところを再考する．両者ともに共通なのは，初期値が 1 であることと，その変化率が自分自身に比例していることである．異なる点は，その比例係数 k が 1 か j かという点だけである．

微分方程式は x や θ という独立変数の変化に対して $f(x)$ や $g(\theta)$ の値が如何なる変化をするのかということを表す方程式である．したがって，この違いが関数値の動きに現れることになるはずである．その「動き」を見てみよう．動きを表すときには，独立変数として時間 t をとると物理的な描像を描きやすい．そこで，方程式を以下のように書こう．

$$f'(t) = \frac{\mathrm{d}}{\mathrm{d}t}f(t) = 1f(t), \quad f(0) = 1 \tag{N-47}$$

$$g'(t) = \frac{\mathrm{d}}{\mathrm{d}t}g(t) = \mathrm{j}g(t), \quad g(0) = 1 \tag{N-48}$$

このようにすると，$f'(t)$ や $g'(t)$ は $f(t)$ や $g(t)$ が表す点が数直線上や複素平面上を動くときの速度という物理的な意味をもつことになる．すると，以下のような描像を描くことができる．

- **$k = 1$ の場合**
  速度として与えられる方向が常に実数軸方向である. したがって，$f(t)$ で表される点は，**図 N-17** に示すように，$f(0) = 1$ を出発点として，実数軸上を速度 $f'(t) = f(t)$ で移動する．
- **$k = \mathrm{j}$ の場合**
  速度として与えられる方向が実数軸方向ではなく，j と $g(t)$ の掛け算によって決まる方向，すなわち，常に 0 から $g(t)$ に向かう線分と直角の方向になる. その大きさ $|g'(t)|$ は j を掛け算しても変わらず 1 である．物理を多少学んだ者であれば，これが，**図 N-18** に示すように，0 を中心とする半径 1 の円周上を接線方向に速度 1 で等速運動する円運動に他ならないということがわかるであろう．接線方向の速度が 1 であるから，時刻 t までの間に動いた軌跡 (円弧) の長さは t ラジアンとなる．したがって，$g(t)$ の実部は $\cos t$ と表され，虚部は $\sin t$ と表されることになるのである．

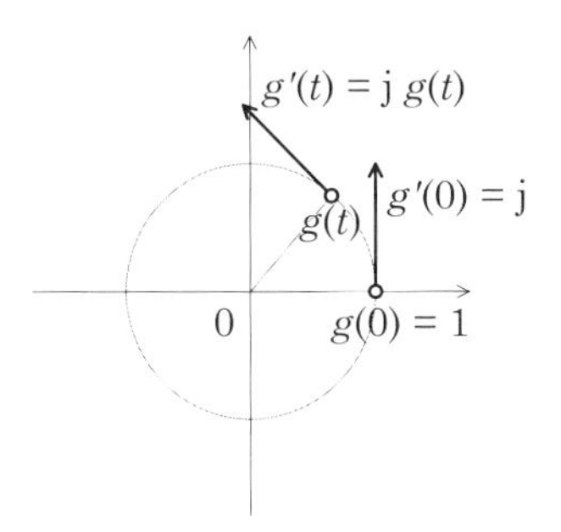

図 N-18　$g'(t) = \mathrm{j}g(t)$ で表される点の挙動.

N.9.3　なぜ cos や sin が出てくるのか（その 2）

前節では，k という係数が 1 か j かによって，微分方程式で規定される関数が実数軸上を動くのか，複素平面上を回転するのかが決まっていることを述べた．ここでは，k そのものについて考察する．というのは，$k = 1$ から $f(t) = \mathrm{e}^t = \left(\mathrm{e}^1\right)^t$ の底に相当する e^1 が定義されたのに対して，$k = \mathrm{j}$ から $g(t) = \mathrm{e}^{\mathrm{j}t} = \left(\mathrm{e}^{\mathrm{j}}\right)^t$ の底に相当する e^{j} が定義されることになるからである．

$k = f'(0)$ は，指数法則を満たす $f(t)$ の微分係数を計算する過程において現れており，$k = 1$ とは，

$$\lim_{\Delta t \to 0} \frac{f(\Delta t) - 1}{\Delta t} = 1 \tag{N-49}$$

ということであった．$f(t) = a^t$ と表されるとしたときに，上式を満たす a が

$$a = \lim_{n \to \infty} \left(1 + \frac{1}{n}\right)^n \tag{N-50}$$

となり，この a を $\mathrm{e} = \mathrm{e}^1$ と定めたのである．また，$\mathrm{e}^t = \left(\mathrm{e}^1\right)^t$ は，上式の $1/n$ を t/n にすることで定義されることを確認した．すなわち，

$$\mathrm{e}^t = \lim_{n \to 0} \left(1 + \frac{t}{n}\right)^n \tag{N-51}$$

によって e^t を定義した．これにより，

$\boldsymbol{\mathrm{e}^t}$ は $\boldsymbol{1 + \frac{t}{n}}$ を $\boldsymbol{n}$ 回掛け算した数の $\boldsymbol{n \to \infty}$ における極限値である

ということを導いた．

以下では，この拡張可能な指数関数の概念に基づいて，指数が虚数の場合について考察する．$k = \mathrm{j}$ にした場合には，

$$\lim_{\Delta t \to 0} \frac{g(\Delta t) - 1}{\Delta t} = \mathrm{j} \tag{N-52}$$

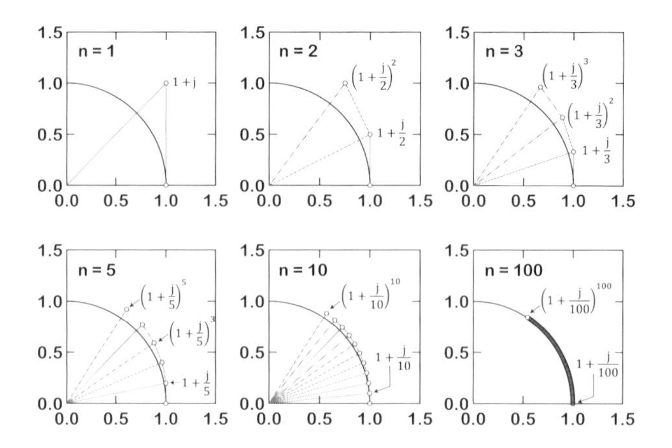

図 N-19 $\left(1+\dfrac{\mathrm{j}}{n}\right)^m$ $(m=0,1,\cdots n)$ を $n=2,3,5,10,100$ について計算した結果．n が増加するに従い，$\left(1+\dfrac{\mathrm{j}}{n}\right)^m$ は半径 1 の円周上に位置するようになる．$n\to\infty$ では，原点から距離 1 だけ離れ，実数軸から偏角 1 ラジアン回転した位置に収束する．

ということを意味する．ここで $g(t)=b^t$ と表されるとすると，上式を満たす b は，

$$b=\lim_{n\to\infty}\left(1+\frac{\mathrm{j}}{n}\right)^n \tag{N-53}$$

となる．この b は，e^{j} と表されるべきものであり，$\mathrm{e}^{\mathrm{j}t}=\left(\mathrm{e}^{\mathrm{j}}\right)^t$ の底になる数である．これが如何なる数であるかを原理に基づいて求めてみよう．

図 N-19 は，

$$\left(1+\frac{\mathrm{j}}{n}\right)^m,\quad m=0,1,\cdots n \tag{N-54}$$

を $n=2,3,5,10,100$ について計算した結果である．

- $n=1$ の場合は，$1+\mathrm{j}$ となる．すなわち，実数軸の 1 から虚数軸方向に (= 垂直に) 1 だけ立ち上がった位置となる．
- $n=2$ の場合は，$1+\mathrm{j}$ の虚数部が 1/2 に縮小したものがべき乗の底となる．その 1 乗は，そのものである．その 2 乗は，複素数の掛け算の原理から，$0,1,1+\mathrm{j}/2$ を結んだ直角三角形の斜辺の上に相似形の直角三角形を積んだときの頂点の位置になる．
- $n=3$ の場合は，$1+\mathrm{j}$ の虚数部が更に 1/3 に縮小したものがべき乗の底となって，3 乗まで計算することになる．すなわち，相似形の直角三角形を 3 回積み上げるたときの頂点の位置になる．

- $n = 4$ の場合は，$\cdots$
- $n = 5$ の場合は，$\cdots$

と計算を実施してゆくと，$n \to \infty$ のときに，以下の状況に収束して行くことがわかる．

- 大きさ
  1 に足される数がどんどん小さくなるため，大きさは 1 に近づく
- 偏角
  直角三角形を積み上げるときに，必ず一つ下の斜辺の上に次の直角三角形の底辺が乗ることになる．したがって，べき乗を繰り返す毎に，複素平面上の点は前の斜辺に対して直角方向に移動する．その移動距離は $1/n$ であり，その方向は半径 1 の円の接線方向に近づく．接線方向への $1/n$ のずれを n 回繰り返すという動きで n が大きくなれば，実数軸上の 1 から開始して，半径 1 の円周を 1 ラジアンだけ移動した位置に移動するという動きに近づくことになる．

この結果から，指数が虚数になることによって円運動が関係してくることがわかる．また，その根本的な起源は，先述の微分方程式の場合と同様に，掛け算すると常に原点からその点を結ぶ線分に対して直角方向に動くということなのである．

以上の考察を基にすれば，e^{jt} が複素平面上の如何なる数であるかもわかる．すなわち，

$$e^{jt} = \lim_{n\to\infty}\left(1 + \frac{jt}{n}\right)^n \tag{N-55}$$

であるから，回転する角度が 1 ラジアンではなく t ラジアンとなる．したがって，その実部は $\cos t$ となり，その虚部は $\sin t$ と表されることになるのである．

N.9.4　指数関数の更なる拡張

式 (N-39) を二項展開すると，最終的には，

$$f(x) = \sum_{n=0}^{\infty} \frac{x^n}{n!} \tag{N-56}$$

という式が得られる．

e^x がこのように表されてしまうということが何を意味するのかについては私もまだ知らないが，この式は四則演算のみで計算可能であるため，計算機で e^x を計算するときに都合がよく，実際に利用されている．また，オイラーの公式を有無を言わせず証明するための道具としてもよく使われている．

またさらに，e^x という関数が式 (N-56) のようにべき級数展開で表されることによって，以下のように e^x を更に新たな領域に拡張することが可能である．

- x に行列を入れる
- x に演算子を入れる

以上のように，物事の上っ面だけではなく根本的な点を明かにすれば，様々な展開

が拓けるということがわかると思う．これはあらゆることに共通することであると思う．

追記

こうして $e^{j\theta}$ なるものを再考すると，円運動や振動を記述するための cos や sin という概念は，$e^{j\theta}$ の概念に付随するもの，と見えてしまう．そもそも，cos と sin という関数は，どちらか片方でもう片方を表すことができるのであるから，「どちらか片方でよいではないか」，あるいは「これら二つの関数の挙動を支配しているもっと上位の関数があるはずだ」と考えてもおかしくはないであろう．それが $e^{j\theta}$ である，と見ることができないだろうか．もしも，cos や sin という概念が見出されるよりも先に平面数の概念が確立されて $e^{j\theta}$ の概念が見出されていたら，cos や sin などという関数はこの世に現れることなく，$e^{j\theta}$ の実部や虚部を表す，reexp θ や，imexp θ などという関数が使われることになっていたかもしれないと想像されるが，いかがだろうか．

謝辞

本付録における平面数の考え方や，べき乗の拡張概念，オイラーの公式の説明などは私のオリジナルではなく，中学生の頃に「甲斐さんとこ（現：甲斐塾）」で教わったものである.[*4] こうした斬新な教育をされた甲斐 喬先生に敬意を表すとともに，深く感謝したい．

[*4] http://ha5.seikyou.ne.jp/home/Minck/kaijuku/

参考文献

Malvino, A., & Bates, D. 2016, Electronic Principles 8th Edition (New York: McGraw-Hill Education) ch. 8, 280

Miller, T. J. E. 1982, in Reactive Power Control In Electric Systems, ed. T. J. E. Miller, (New York: John Wiley & Sons) ch. 1, 1

Millman, J., & Halkias, C. C. 1972, Integrated Electronics: Analog and Digital Circuits and Systems (Tokyo: McGraw-Hill Kogakusha) ch. 4, 87

Millman, J., & Halkias, C. C. 1972, Integrated Electronics: Analog and Digital Circuits and Systems (Tokyo: McGraw-Hill Kogakusha) ch. 8, 233

Nilsson, J. W., & Riedel, S. A. 2015, Electric circuits 10th Edition (Harlow: Pearson Education) ch. 6, 196

Rauschenbach, H. S. 1971, Electrical output of shadowed solar arrays, IEEE Trans. Electron Devices, ED-18, 483

Sze, S. M., & Ng, K. K. 2007, Physics of Semiconductor Devices 3rd Edition, (Hoboken: John Wiley & Sons) ch. 2, 79

押山 保常, 相川 孝作, 辻井 重男, 久保田 一. 1983, 改訂 電子回路 (東京: コロナ社) ch. 1, 1

春日 隆. 1993, フーリエ級数の使いみち (東京: 共立出版)

吉川 公麿. 1999, ULSI の微細化と多層配線技術への課題, 応用物理, 68, 1215

佐藤 宣夫, 水野 健一. 2016, 太陽光パネルにおける陰影に伴う出力変動特性, 千葉工業大学研究報告 No.63, 9

高橋 雄造. 2011, 電気の歴史 (東京: 東京電機大学出版局) 63

朝永 振一郎. 2000, 科学者の自由な楽園 (東京: 岩波書店) 95

松波 弘之. 1983, 半導体工学〔第 2 版〕(東京: 昭晃堂) ch. 4, 64

参考図書

より深く学習したい人のために，筆者も参照した電気回路学及び数学の入門書，専門書，演習書，技術書，ウェブサイト，啓蒙書を以下に記す.

入門書

藤瀧 和弘. 2011, 絵で見てなっとく！電気回路がよくわかる (東京: 技術評論社)

高橋 和之. 2015, 基礎からわかる電気回路 (東京: ナツメ社)

山下 明. 2016, 文系でもわかる電気数学 (東京: 翔泳社)

山下 明. 2017, 文系でもわかる電気回路 (東京: 翔泳社)

薮 哲郎. 2017, 世界一わかりやすい電気・電子回路 (東京: 講談社)

専門書

専門書については，日本語の教科書が多数出版されているので，ここでは，筆者が参照した洋書を紹介する．

Alexander, C. K., & Sadiku, M. N. O. 2013, Fundamentals of Electric Circuits 5th Edition (New York: McGraw-Hill)

Nilsson, J. W., & Riedel, S. A. 2015, Electric Circuits 10th Edition (Harlow: Pearson Education)

演習書

大下 眞二郎. 1983, 詳解 電気回路演習（上） (東京: 共立出版)

大下 眞二郎. 1983, 詳解 電気回路演習（下） (東京: 共立出版)

技術書と技術説明ウェブサイト

長友 光広. 2011, トランジスタ技術 SPECIAL for フレッシャーズ No. 114 LCR & トランス活用 成功のかぎ (東京: CQ 出版)

宮崎 仁. 2016, トランジスタ技術 SPECIAL No. 136 電気の単位から！回路図の見方・読み方・描き方 (東京: CQ 出版)

トランジスタ技術 SPECIAL 編集部. 2017, トランジスタ技術 SPECIAL No. 138 オームの法則から！絵ときの電子回路 超入門 (東京: CQ 出版)

TDK 株式会社. テクマグ及びニュースセンター
http://www.tdk.co.jp/techmag/
http://www.tdk.co.jp/corp/ja/news_center/publications/

株式会社村田製作所. EMICON-FUN!
https://www.murata.com/ja-jp/products/emiconfun/

サガミエレク株式会社. コイルを使う人のための話
http://www.sagami-elec.co.jp/jp/techinfo/techinfo.php

数学：啓蒙書

電気回路学で使用する複素数や線形代数についても，日本語の教科書が多数出版されているので，ここでは，筆者が参照した啓蒙書を紹介する．

遠山 啓. 1959, 数学入門（上） (東京: 岩波書店)

遠山 啓. 1960, 数学入門（下） (東京: 岩波書店)

示野 信一. 2012, 複素数とはなにか (東京: 講談社)

索引

●著者略歴

白藤　立（しらふじ たつる）

1988年　京都工芸繊維大学工芸学部卒業
1990年　京都大学大学院工学研究科修士課程修了
1991年　京都大学大学院工学研究科博士後期課程中退
1991年　京都工芸繊維大学助手
2001年　京都大学国際融合創造センター助教授
2007年　京都大学産官学連携センター准教授
2009年　名古屋大学大学院工学研究科特任教授
2010年　大阪市立大学大学院工学研究科教授
博士（工学）

共著：
『大気圧プラズマ 基礎と応用』（日本学術振興会プラズマ材料科学第153委員会編，2009年，オーム社）
『マイクロプラズマ　基礎と応用』（橘　邦英編，2009年，オーム社）
『プラズマプロセス技術～ナノ材料作製・加工のためのアトムテクノロジー』（プラズマ・核融合学会編，2017年，森北出版）

電気回路学基礎

2018年8月1日　第1版第1刷発行

著　者　白藤　立
発行者　麻畑　仁
発行所　(有)プレアデス出版
〒399-8301　長野県安曇野市穂高有明7345-187
TEL 0263-31-5023　FAX 0263-31-5024
http://www.pleiades-publishing.co.jp
装　丁　松岡　徹
印刷所　亜細亜印刷株式会社
製本所　株式会社渋谷文泉閣

ISBN978-4-903814-89-6　C3054　Printed in Japan